凝煉知識品味閱讀

he New Viewpoint

ganization Behavior and the Practice of Management

■戴國良 博士 編著

組織行為學

全方位理論架構與企業案例實戰

自序

「組織行為」是想要成為成功管理者的第一步，也是如何有效管理好一個組織的重要科目。「組織行為學」對企管系及傳播管理系學生來說，可視為是另一個科目「管理學」的下集內容。這兩個科目是唇齒相依，互為表裡，相得益彰的。

本書目標：從企業實務觀點出發，理論結合實務，真正學到新東西與有用的東西

筆者觀察了國內外不少相關的教科書，發覺這些教科書有點深、有點過於理論化、有點冗長化、有點複雜化、有點外國化。總體來說，似乎並不容易讓讀者讀完一整本書。

基於這樣的深刻體認，筆者希望能撰寫一本具有豐富內容，理論與實務並重，而且又能讓讀者很輕鬆看懂，還能夠學到東西的一本《組織行為學》。這是本書誕生的背景。

本書的四大特色

總體來說，本書具有四大特色：

㈠架構完整，邏輯有序

本書參考國內外相關書籍，由於來源的豐富化，而成為一本具有十八個章節的完整架構，而且邏輯有序。

㈡口語化表達、避免理論的艱澀

本書盡可能以口語化的淺顯用詞加以表達，避免像翻譯國外教科書那樣的艱澀冗長與理論教條化。

換言之，簡單易懂是本書撰寫的原則。

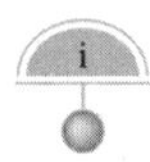

㈢標題化與重點化的表達方式，容易啟動學習興趣

本書內容盡可能提綱挈領，完全以凸顯的主標題及副標題，清晰表達每一個段落的重點。因為標題即為內容重點。

㈣ 100 個案例說明，知道理論的用法

本書在每章最後單元中，盡可能加入國內外企業的實務案例，使原先的分析觀點或是理論內容，能從實務中得到印證與了解。而理論與實務兩相結合，亦有助於讓讀者了解如何在實務上運用理論。本書中的案例，達到將近 100 個之多。

结語：衷心祝福與感恩

本書能夠順利完成，必須感謝我的家人、我世新大學的同事與我的長官長久以來的支持與鼓勵，以及我的學生殷切的期待。當我在每一個深夜，寫作陷入心煩與勞累時，總會想起他們的影像與加油聲，使我能再振作起來。是的，我傾聽到了廣大學生們的心聲與需求，這是我在漫長撰寫過程中，心靈上最大的支撐力量。

成功，只留給做好真正準備的人。從此刻起，在我們每一分鐘的歲月裡，努力累積做好一切準備。相信這是我們對自己最深切的自我承諾。

戴國良

導讀

一、組織行為的架構圖解

組織行為即在了解組織中個人、群體與組織三者之間互動的內涵、成因、現象、程序與解決方案的一門學問。

因此，它是由六個構面所形成的，如下圖所示：

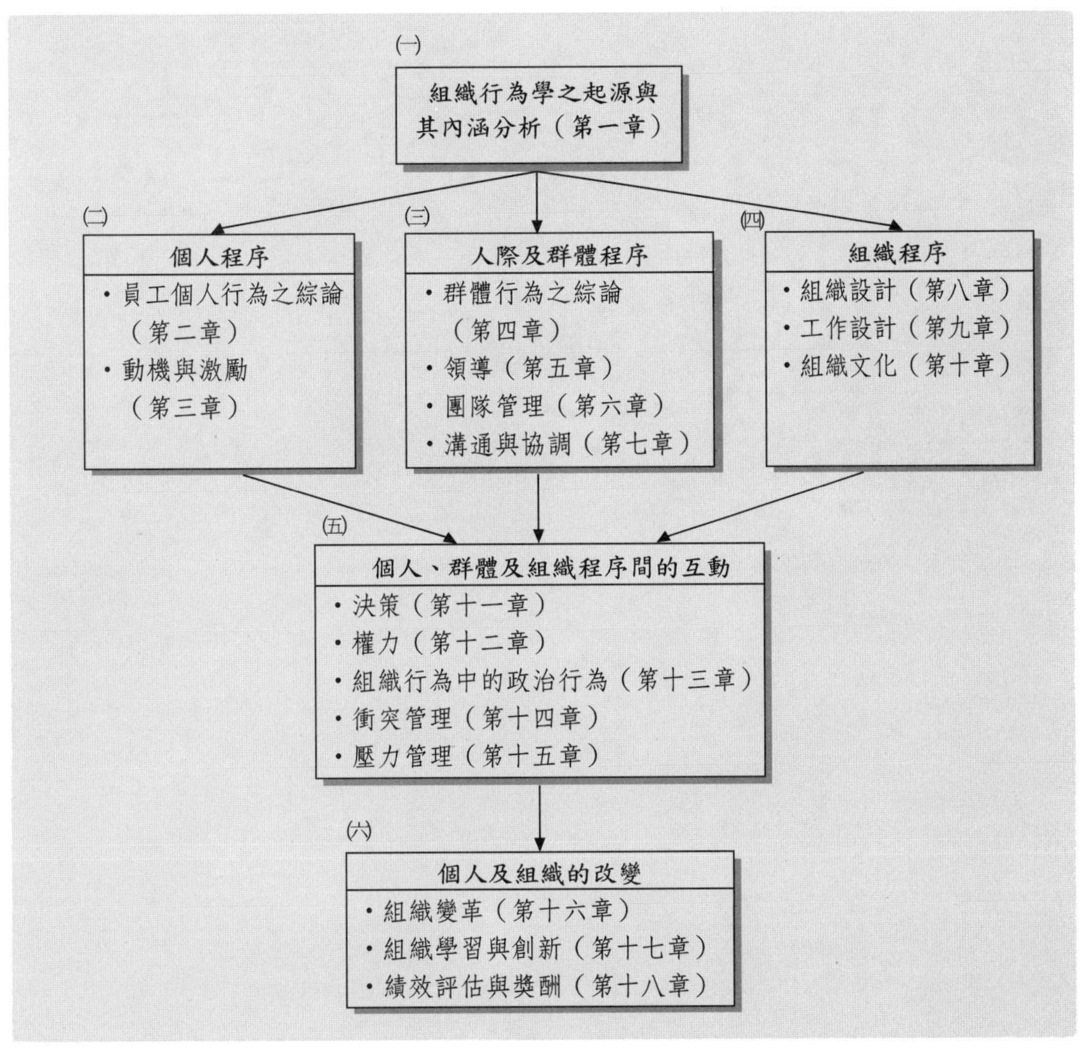

二、企業概論、管理概論及組織行為學三門企管系必修課之關係圖，以及在企業實務上扮演的角色

由外而內的三層不同導向關係。

「企業概論」、「管理概論」（或稱管理學）及「組織行為學」是企管系一、二年級最重要的必修基礎課程之一。作者本人以工作十六年的企業界實務經驗，再回過頭來思考這三門課的角色區別，大概可以用下圖三個圓圈加以表達：

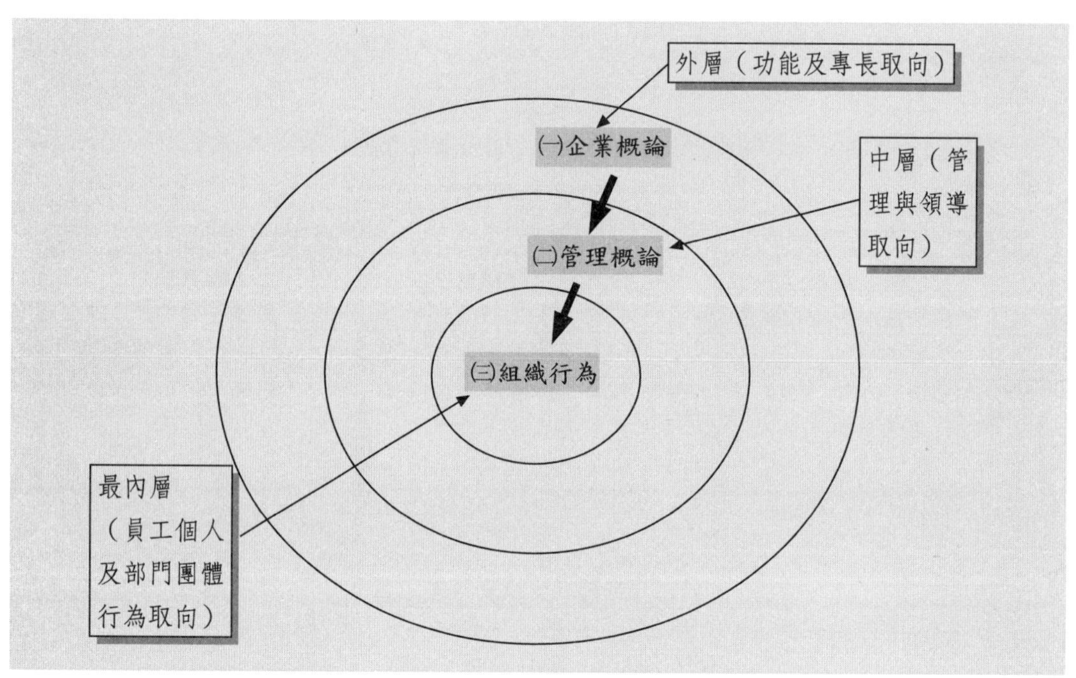

目錄

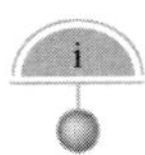

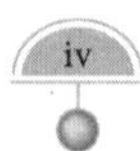

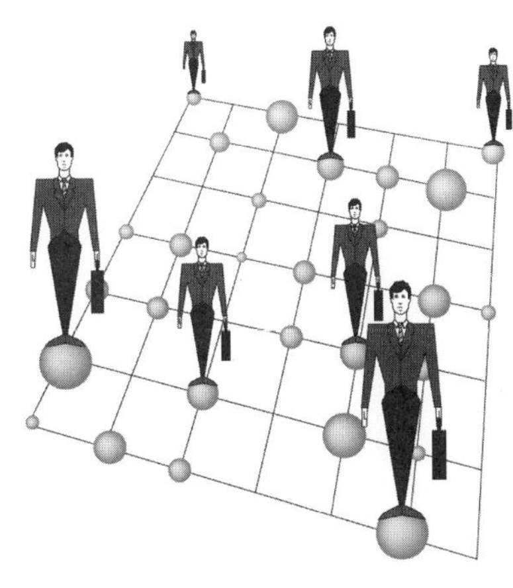

chapter

組織行為學之起源與其內涵分析

Organizational Behavior

第一節　組織與管理的重要性

一、組織之基本概念

㈠組織的意義與構成要件

組織是指二個人或二個人以上所形成的合作體系，下面是國外學者對組織條件或要素之描述。

1. 巴納德（C. Barnard）的四項條件

⑴成員共同追求之特定目標與共識（common goal）。

⑵成員自願為目標效力之行動（voluntary action）。

⑶成員具有相互溝通之網路（mutual communication）。

⑷組織之成果由全體共享（result sharing）。

因此，組織構成要件，包括了「人員」、「目標」、「行動」、「溝通」及「成果」。

2. 彼德斯及瓦特曼（Peters & Waterman）

這二位學者在調查完六十多家美國優良企業經營後，認為組織構成之七項要素為：

⑴共識之價值觀（shared value）。

⑵獨特之管理風格（management style）。

⑶因應環境變化之經營策略（strategy）。

⑷完整的管理制度（system）。

⑸素質優良的人員（staff）。

⑹領先的科技（technology）。

⑺合理化的組織架構（structure）。

二、管理之基本概念

企業營運活動，是一個投入→轉化過程→產出的三個連結制度。

但是這三個連結制度之過程，必須藉助組織與管理活動之助力，才會成為有效的營運。

組織與管理活動在企業投入與產出營運活動中的角色，如圖 1-1 所示：

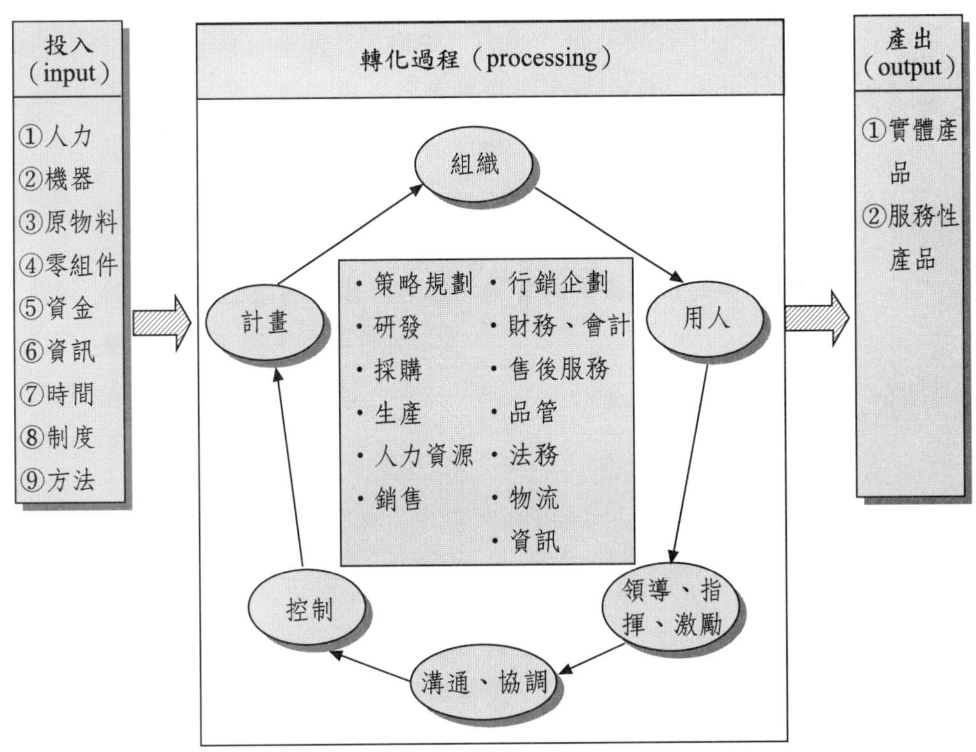

圖 1-1 組織與管理活動在企業營運中之角色

三、組織與管理之必要性

管理學大師彼得・杜拉克（P. F. Drucker）曾提出，為求使組織之運作更有效率，其主要任務有三點：

1. 為組織決定組織的目的及使命，使組織能發揮經濟效益。

2. 要有效設計組織及工作，使員工發揮最大生產力。

3. 為顧及組織永續存在與影響力，組織應負起社會責任。

因此，企業的運作，是配合「組織」與「管理」功能，兩相結合，才能達成組織之願景、目標及提升組織效能。

四、組織的冰山

組織與管理並不是件容易的事。組織有些人事物是在冰山上面，有些則是在冰山下面隱藏的東西，如圖 1-2。

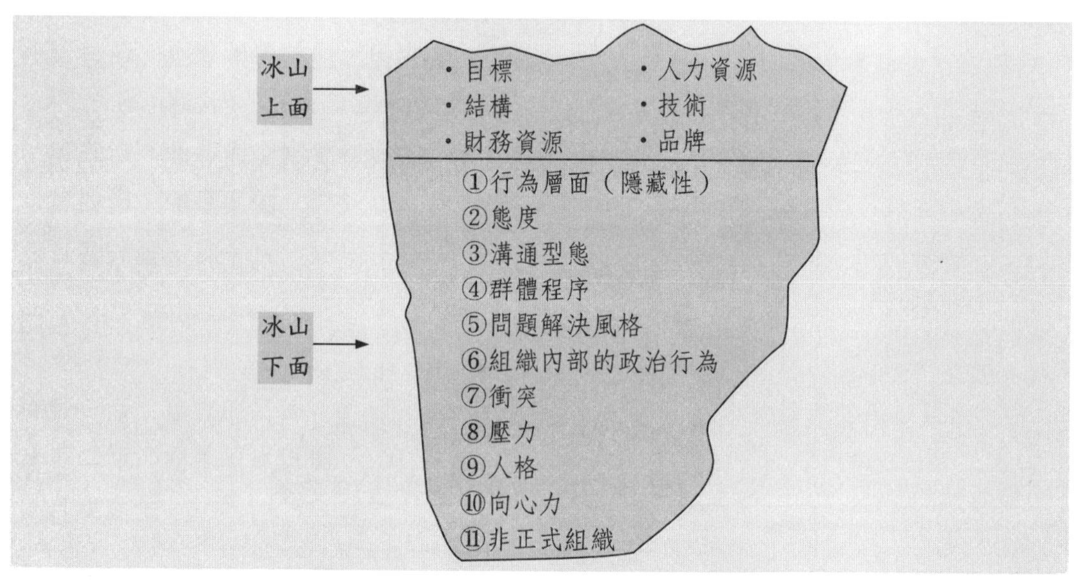

圖 1-2　組織冰山上面與下面的事情

五、組織行為學在解決哪些內部問題？

「組織行為學」主要在提供系統性的分析與歸納方法，了解組織內部個人、群體與組織整體之問題與解決方案的建議與執行。

總的來說，組織行為學著重在解決下列組織冰山下的若干問題：

1. 管理者如何從事管理工作及激勵部屬？
2. 個人如何進行決策？
3. 群體的決策何時會優於個人決策？
4. 影響有效領導的因素有哪些？
5. 組織應如何改變其結構，以增加組織效能？
6. 工作設計是否對生產力造成差異？
7. 在個人事業生涯中，員工會碰到哪些問題？他會如何解決這些問題？
8. 在大部分組織中，壓力的主要來源為何？
9. 組織中的政治活動行為為何會增加？
10. 如何進行人員及組織變革？

六、組織行為的基本概念

「組織行為學」中，有四個基本概念，提出來做說明（如圖 1-3）：

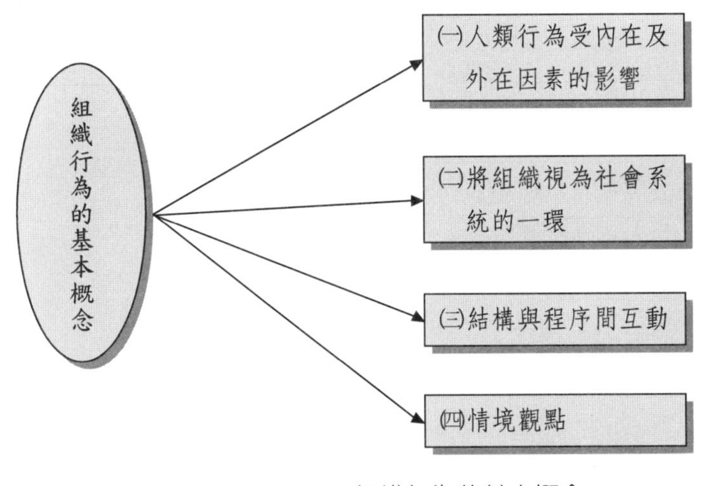

圖 1-3　組織行為的基本概念

(一)人類行為受「內在」及「外在」因素的影響

從心理學角度看，人類行為每個人都會有不相同的地方存在。此種差異是受到每個人對內在及外在因素互動的影響。

1.內在因素：包括員工個人的學習能力、動機、知覺、態度與人格。

2.外在因素：包括組織的架構、流程、政治運作、獎酬系統、考績制度、管理者領導風格、企業文化等。

㈡將組織視為「社會系統」的一環

組織中的個人及群體，會有他自己的心理及社會性需求，他們需要公司及社會的認同、肯定、讚賞，也需要地位及權力，更扮演不同角色。因此，組織不只是內部封閉體系，也與大社會相互結合與互動，彼此受到影響。

㈢結構與程序間「互動」

「結構」是代表一個組織如何把人專業分工及如何聚集起來。而「程序」則是代表組織的工作如何有效落實執行，包括決策如何制定、如何領導、如何溝通、如何處理衝突、如何疏解壓力，以及如何提高組織績效等，均是一種重要的過程。

㈣「情境」觀點

長久以來，行為學家總是強調，個人的行為是由個人的人格特質與環境互動而產生的結果。因此，要了解一個人的組織行為，就應先分析他所面對的情況因素。包括：

1.組織結構合不合理？

2.同儕及上級壓力大不大？

3.工作壓力源自哪些？

4.組織政治行為的嚴重程度？

5.領導是否有效？

6.指揮體系是否一元化？或令出多門？

7.物質獎酬是否足夠，獎酬是否與外部有競爭力？

8.公司是否為一個公平、公正與透明的環境？

第二節 「科學管理」學派與「行政管理」學派

一、科學管理興盛時期

在 18 世紀產業革命之後，對企業組織行為與人員管理之觀點，大多視組織為一個「封閉系統」（closed-system），而此時期，科學管理學派也跟著出現。此學派的研究觀點，係以員工的生理途徑（psysiological approach）為重點，而忽略掉員工的心理因素。

此學派主要的學者代表，有下列：

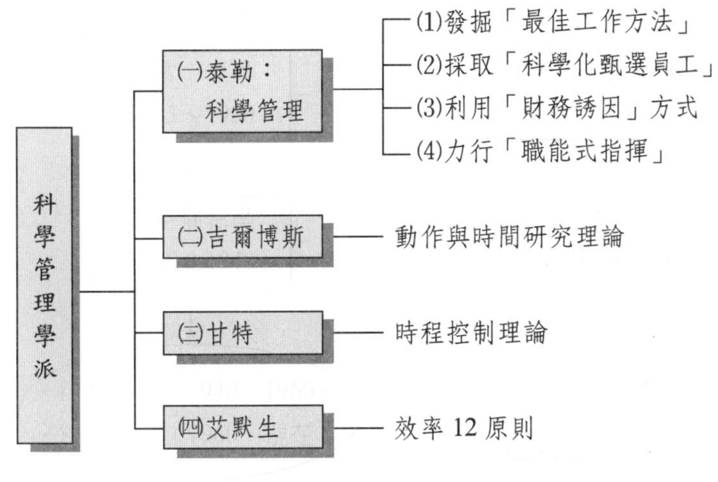

圖 1-4 科學管理學派的四個理論代表

㈠泰勒之科學管理（F. W. Taylor, 1856～1912）

泰勒是科學管理運動的倡導者，後人尊其為「科學管理之父」。

他喜歡用科學調查、研究及實驗方法，而以發現的事實做為改變工廠效率的基礎。

泰勒有二本主要著作：《工場管理》（*shop management*）（1903）；《科學管理原則》（*The Principles of Scientific Management*）（1911）。

泰勒的科學管理體系及其核心理論精神，主要在強調以下四點：

1. 發掘「最佳工作方法」（finding the one best way）

透過觀察及實驗方法，有系統性的蒐集資料、分析及實驗，以建立員工最佳工作方法，提高效率，降低生產成本。

2. 採取「科學化甄選員工」

對員工的甄選、教學及訓練，採用科學化方式。

3. 利用「財務誘因」方式

利用適當物質經濟的誘因，才能使員工順從主管的指導。故他主張採用「差別計件獎酬制」。

4. 力行「職能式指揮」

此係將經理人員與一般員工之工作加以區別，分工而治。

㈡吉爾博斯（Frank Gilbreth, 1868～1920）之動作研究

吉爾博斯對工作的經濟節省原則有特別研究，主張採用「動作研究」（motion study）及「時間研究」（time study），發現了人類十七種基本動素，提出「動作經濟原理」，對員工在工作時節省工時貢獻甚大。後人稱之為「動作研究之父」。

㈢甘特（Henry L. Gantt, 1860～1930）之時程控制理論

甘特對工作進行時程安排與控制有其研究，主張採用控制圖表（Gantt Chart），而將一切預排之工作及完成工作，均繪於甘特圖上，以了解各項工作之進度。

㈣艾默生（Harrigton Emerson）效率十二原則

學者艾默生對工作效率，也提出他的「效率十二原則」（The Twelve Principles of efficiency），成為「效率專家」。

二、行政管理理論崛起之觀點

科學管理學派純就「生理觀點」及「封閉體系」來看待工廠管理，但對於組織中及各階層之管理行為的解釋，卻無法提出全方位的行為觀點。此時，行政管理理論適時出現。主要的代表人物有以下幾人：

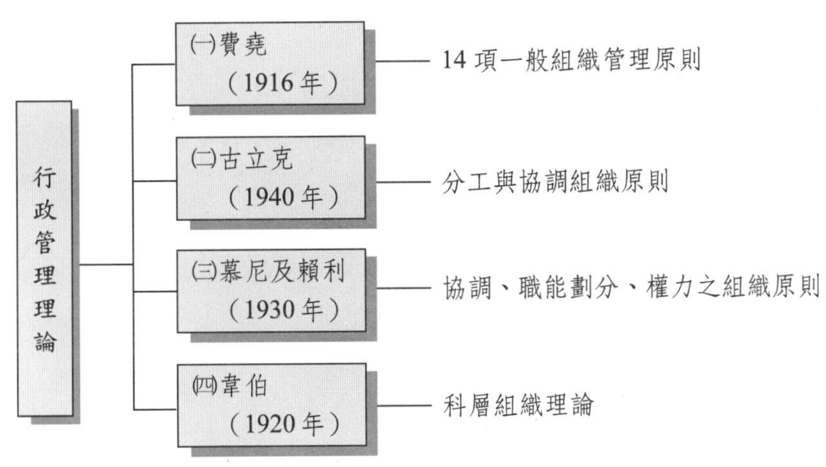

圖 1-5　行政管理理論的四個理論代表

(一)費堯的一般管理論點

費堯（Henry Fayol）在 1916 年發表《一般及工業管理》一書，提出組織中的管理程序及管理工作，即計畫、組織、指揮、協調及控制等。他並提出十四項管理原則如下：

1. 專業分工（specialization/division of labor）

期能各適其職，快速上手熟練。若再佐以分段派工（第一段：完全照標準操作；第二段：依教戰手冊處理變化調整狀況；第三段：憑經驗解決異常），新手可快速變熟手。

2. 權責對等（authority with corresponding responsibility）

權力源於企業組織、制度、標準、默契，而非個人；願承擔多大責任，即可擁

有相對執行權力。

3.遵守紀律（discipline）

不論約定俗成，抑或是共同決議，任何團隊成員必須遵守，以免內耗及失控。其原則是讓個人有最大自由發揮空間，但不干擾他人，且不脫軌，不過並非井然有序，而是亂（活力與創意）中有序。

4.統一指揮（unity of command）

對於早期組織，原則上，由誰指揮，向誰報告，採單一對應。而當今組織多元化，加上職掌明確，指揮報告體系由屬人為主轉為論事為主，以減少延宕及誤傳。

5.統一方向（unity of direction）

為避免各自為政，力量分散，宜由共同之高階主管整合出一致的努力方向及目標。

6.犧牲小我（subordination of individual interests to the general interest）

個體目標不得妨礙整體目標，必要時，先犧牲小我短利，以成就大我之最大利益，而獲取長期回饋之效益。

7.報酬對等（remuneration of staff）

「每個人只願做可被衡量的事」、「當努力與報酬成正比時，才能激發一個人的動力」、「公平合理，信賞必罰」。

8.分權管理（decentralization）

中央與地方均權，將決策權與執行權予以劃分，凡有法規、標準可循者，授權地方自治，凡須集中控制最有利者，由中央集權。企業要做大，發展為集團，且不致分崩離析，此為重要關鍵。

9.交流網路（scalar/line of authority）

早期交流，須透過下行指揮、上行報告、平行協調體系，以確保組織穩定運作。

10. 常態管理（order）

凡任何例行有規律、穩定無問題、狀況可控制、簡明無疑難……等事務，皆訂成標準，納入日常管理（on going management）。

11. 三公一合（equity）

公平（協議遵行）、公正（沒有特權、例外）、公開（過程透明、交流管道暢通）、合理「理念交集，大家同意」，庶可避免內鬥。

12. 穩定維持（stability of tenure）

改善的成果須維持住，改善的經驗須累積、擴散、傳承，企業須保持穩定成長，方能暢通升遷管道，養成全方位人才。

13. 自動自發（initiative）

須激發員工內在的原動力，並促使其自動自發去改善、創新、勇於承擔，向高目標挑戰。

14. 團隊合作（esprit de corps）

莫在內部爭排名，宜攜手挑戰自己、標準、同業，以產生團隊精神，同仇敵愾，爭取業界領先。

㈡古立克（Gulick）之組織理論（1940 年代）

古立克提出著名的「分工原則」（division of work）及「協調原則」，主張依據目的、程序、人員及工作場所等標準，建立部門及人員。並贊成提高組織效率，激勵員工，以促其順從。

㈢慕尼（J. Mooney）及賴利（A. Reilly）之組織原則（1930 年代）

此二人提出組織三大原則為：

1. 協調原則，行動才能產生力量。

2. 職能明確、劃分合理，才能產生效果。

3.權力程序，發揮組織運作。

㈣韋伯（Max Weber）之「科層體制」理論

韋伯提出最有名的組織理論，就是「科層體制」（bureaucracy）。他認為組織規模會日益走向擴大，因此，更須正式化、嚴謹化及階層化之管理程序與紀律來維持。

1.科層組織特色及缺點

德國社會學家韋伯（Max Weber, 1864～1920）是對組織設計最有深遠影響力的學者之一，並被尊為「組織理論之父」。做為一位社會學家，韋伯看到工業革命帶給組織的影響。他受到工業革命後的現象所啟發，認為理想的組織要像機器般有效率而且理性，他稱這理想型的組織為「官僚」（bureaucracy，科層）。

2.科層組織特色

科層組織特性有七：

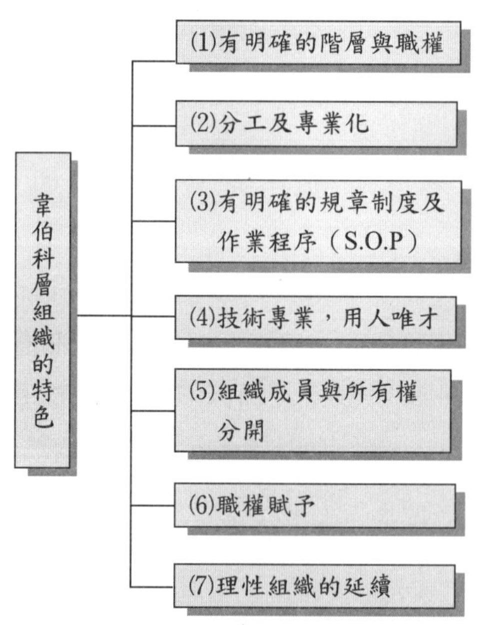

圖 1-6　韋伯科層組織的特色

⑴有明確的階層與職權，這樣才能理性地控制員工的行為。每一個下級都受上級的監督。

⑵分工及專業化。組織的任務切割愈細愈好。把每一個人的工作分成簡單例行的工作，這樣才能專精、有效率。

⑶有明確的規章制度與標準作業程序（Standard Operation Procedure, SOP），這可以避免因人員變動所造成的不連續性。

⑷技術專業，用人唯才。完全理性才有效率，不受個人感情影響，只根據制度辦事。

⑸組織成員與所有權分開。韋伯認為企業主重點在於利潤不在效率，企業主與組織成員非同一人，才能制定適合組織本身的決策。

⑹職權。權力與職權是賦予官僚組織的各個位置而不是個人，不因人設事；不適任的人很容易被調換。

⑺理性組織比成員要長久，所以要有記憶，要有各式記錄以確保延續。

3.科層組織也有兩項顯著的缺點

⑴員工長期受法規制度約束，易形成重視法規，而忽視企業目標之本末倒置現象。

⑵重形式，易造成組織被動與僵化。

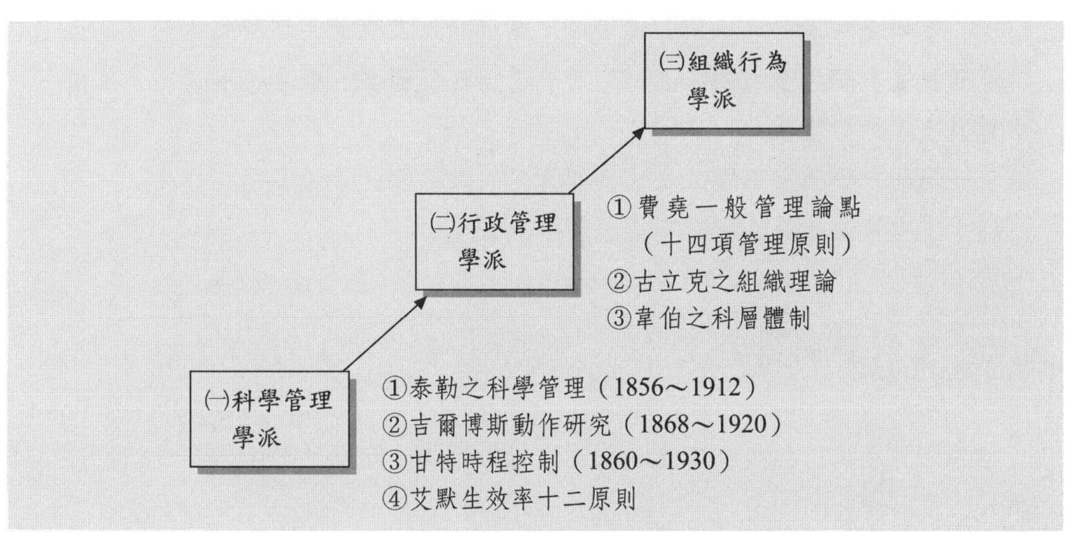

圖 1-7　科學管理與行政管理學派代表人物

第三節　組織行為學的起源

一、古典理論學派的缺失

以科學管理學派為代表的古典管理學派，其所強調重視的效率觀念，固然正確且備受重視，但仍存在以下缺失。

對員工的工作動機視為以物質報酬為主要誘因，此種主要為生理取向，卻忽略了人性問題。員工不一定完全為金錢的奴隸，員工也會追求物質以外的其他因素。包括渴望安全、歸屬感、友誼情感、成就感、工作豐富化等。而非像一部機器，日復一日的做下去。而這些心理因素，也會影響到個人與組織的行為表現。

二、霍桑研究（Haw Throne Studies）之出現

哈佛大學教授梅約（Mayo）在1927～1932年的西方電器公司芝加哥霍桑工廠，展開了一系列研究工作，測試工廠的物質工作環境對員工工作生產力之影響如何。

〈結果〉

本研究結果發現工廠的現場環境狀況對員工生產力並無很大影響。而真正提高員工生產力的原因，卻是在：人性面因素。例如，和諧的人際關係及友善的監督等。

因此，如何使工廠工人快樂與滿足，被認為是最重要的措施之一。亦即：「有快樂的員工，即有高生產力。」

三、行為科學的興起

霍桑研究之後，有不少學者開始對「人群學派」做很多的研究。今日的行為學派就是由人群學派而來。

主要創始人，可以推舉李溫（K. Lewin）為代表，其主要貢獻在群體動態學方

面，他認為群體行為是互動與勢力所形成的組合，進而影響群體結構與個人行為。

四、組織行為學之展開

在 1960～1970 年代，「組織行為」（organizational behavior）研究出現，此後發展成一種跨學門整合與多層面分析員工、群體與組織的行為之學術領域。它包括了心理學、社會學、人際關係、政治學等，而使大家對組織中的個人、群體（部門）、公司組織，以及此三者之互動介面等之行為與程序，有更深入的研究分析與闡述，以期了解這些對組織效能之影響為何，並思考如何加以妥善安排、對應及改善，而使組織成為一個高效能的組織體。圖示如下：

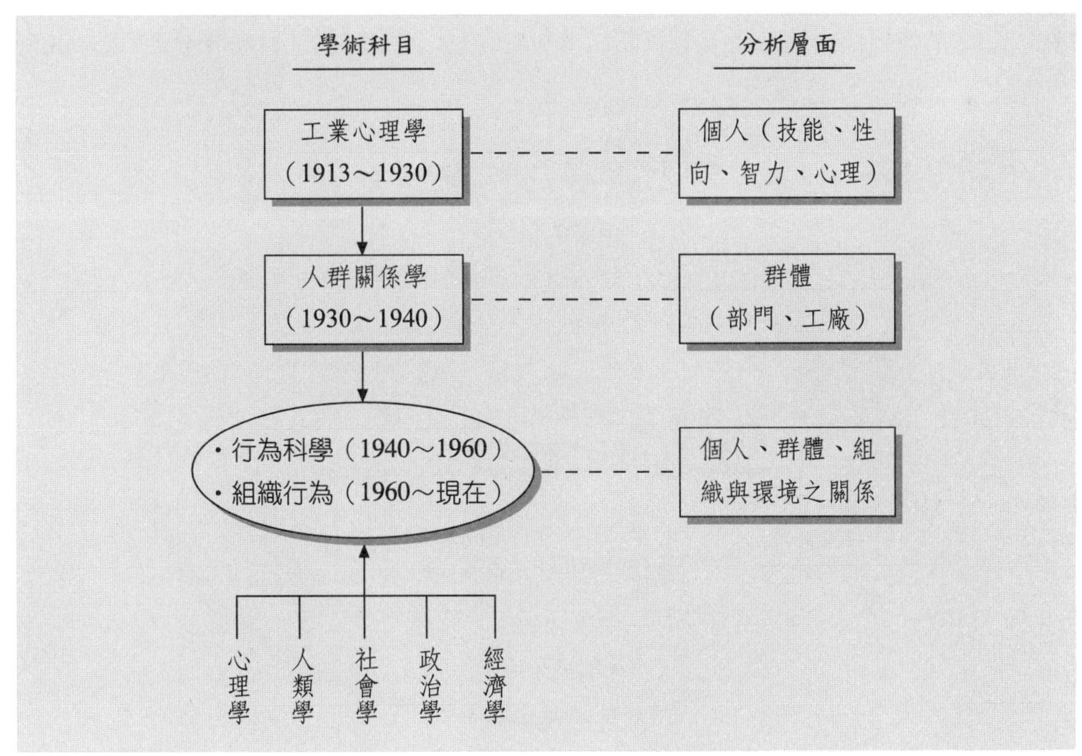

圖 1-8　組織行為研究之演進關係圖

第四節　系統學派與權變學派

一、系統學派（System Approach）

本學派認為每一個組織與每一事件，都是由許多的系統所組合而成，不是單一事件及單一原因可以解釋的。因此，它將一個組織的建構而成，視這些為由許多系統所組合而成。這些包括：⑴工作流程與規章；⑵單位分工與專長；⑶獎酬結構；⑷溝通網路；⑸領導與指揮體系。將這些許多子系統合在一起運作，即造成我們所謂的組織。因此，它把這整個部分視為是一個完整的系絡（Context）。

在此完整系絡中有三大要素，即：input（投入）、轉換（processing）及 output（產出）（如圖 1-9）。

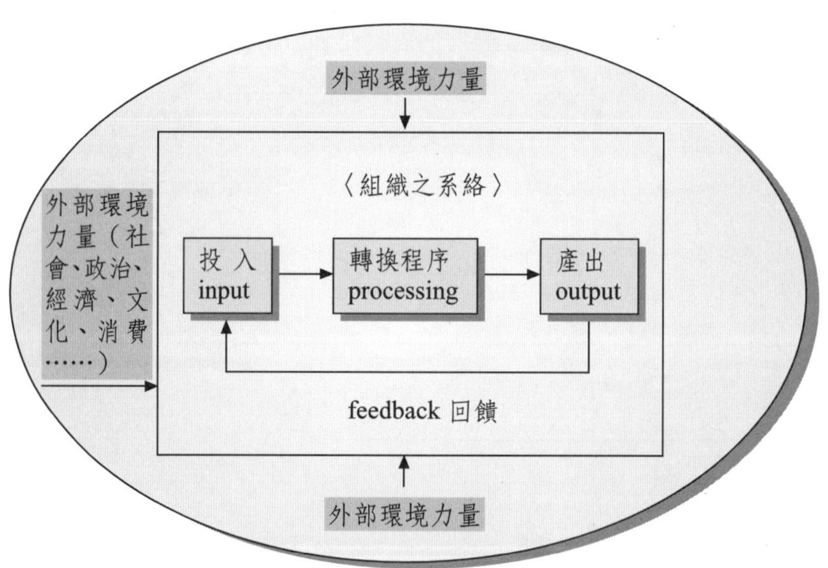

圖 1-9　系統學派架構圖

二、權變學派（Contingency Approach）

權變學派學者認為沒有任何一個規章、制度、流程或行為，可以應用在組織的所有狀況。狀況是在變化中的，因此，只能依據公司內外部環境與情境下，正確的判斷所處的情境狀況及條件，而採取不同的權變管理與組織行為策略。

權變學派認為對公司而言，並沒有一套放諸四海皆準的最佳方法，而只能是因應變化與改變的權宜方案與對策。

第五節　組織行為學之內涵

總體來看，組織行為學之內涵，主要集中在四個構面，簡述如下：

一、行為與程序構面

㈠個體（個人）行為層面（individual behavior）

個體（個人）行為在組織中的分析，是最基本的。因為個人而影響到群體，一般集中在下面幾點：

1. 個人工作動機如何？
2. 影響個人學習、態度、知覺與滿足感的力量如何？
3. 個人心理因素與工作角色相互關係之了解如何？

㈡群體行為層面

群體（或部門、單位）是組織形成的核心，因此，對群體之構成、發展、規範、群間行為等之了解與分析，是必要的工作。

二、變革與發展構面（Charge & Development）

組織不是一個封閉體系，而是一個開放體系，亦即會受到外部環境及內部公司環境之影響。因此，組織自然會隨著時間性、階段性、環境變遷等之變化，而有所變革、改變及與時俱進。因此這種變革與發展，亦為組織行為中的重要一環。

三、組織績效構面（Organizational Performance）

組織的存續，必然是因為有好的與不斷進步的營運績效存在。因此，須探討影響組織效能之因素有哪些？如何評估？如何改善加強？等問題。

四、組織政治構面（Organizational Politics）

無論在個人、群體內、群體間、組織及組織外部等，必然會面對到非理性的「政治行為」。此亦為組織行為學中，最新趨勢的一環。

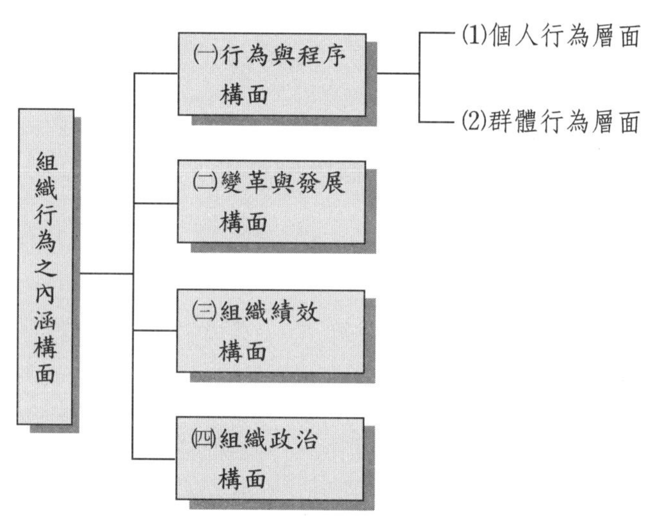

圖 1-10　組織行為之四大構面

第六節　彼得・杜拉克對組織、管理、學習與領導的最新看法

全球管理學超級大師，年逾九十歲的彼得・杜拉克教授，在 2003 年時，曾提出

他對組織與管理的最新五點看法。茲摘其重點如下，以使本教科書內容，能與世界發展同步前進。

一、快速「降低管理層級」的數量

1. 資訊到處在移動，而且移動的效果普及每個地方。以公司為例，任何已嘗試圍繞資訊來設計組織的企業，已快速降低管理層級的數目，至少裁減掉一半，而通常是 60%。

最使人側目的例子是 Massey Ferguson 公司。由於幾近破產，這家全球規模最大的農具及柴油機製造商，需要大幅整頓。自組織角度來看，這是一家複雜的企業，總部設在加拿大，主要在歐洲從事生產，60%的市場在美國。由於這家公司是由曾在通用及福特工作過的人管理，因此組織就像是一家美國汽車公司，擁有十四級管理層級。如今，這家公司只有六級管理層級，而且數目還在降低。

2. Masscy Ferguson 公司思量管理企業所需的資訊，發現了一個偉大的真理：許多管理層級事實上什麼也不管理，他們只是增幅器，擴大來往於組織之內的微弱訊號而已。假如一家公司能夠圍繞所需的資訊重設組織，這些管理層級就變成累贅了。

3. 1990 年代企業面臨的最大挑戰，可能是來自經理人員，然而，我們對這項挑戰卻絲毫沒有準備。自二次大戰結束至 1980 年代初，三十五年來的企業管理趨勢是設立愈來愈多的管理層級，啟用愈來愈多的幕僚。如今，這種趨勢已急遽轉向。

4. 為了因應需要，所有大企業必須以資訊為中心，重新建構組織，而這種重組一定會導致管理層級的數目大幅裁減，然後是裁減「一般」管理職務的數目。到了 1995 年，「通用」公司可能自目前的十四或十五個管理層級，裁減至剩下五或六個管理層級，比如裁撤全部介於營業部門和最上層之間的三或四個層級，再裁撤向這些層級「報告」的大批幕僚。

二、交響樂團：明日組織模範

1. 大型組織之所以必須以資訊為基礎，人口結構是理由之一。逐漸構成勞動主力的知識工作者，無法適應過去的指揮及控制方法；另一個理由是，將創新及企業精神系統化的需要，這正是知識工作的精髓所在。第二個理由是和資訊科技達成妥協的需要。電腦可以輸出大量的資料，不過資料並不是資訊，資訊是切題及有目的的資料。企業必須決定自己需要用什麼資訊來推動業務，否則就會埋沒在資料中。以這種方式設計組織，需要一個新的結構。雖然現在要繪製出一個資訊型的組織，也許還嫌太早，不過我們可以從一些廣泛的考慮著手。

2.一百二十五年前，當大型企業首次問世時，能夠模仿的唯一組織結構是軍隊：層級的、指揮與控制、縱向參謀；而明日的模範則是交響樂團、足球隊或是醫院。馬勒（Mahler）的交響樂團需要三百八十五名演奏家上台，更別提演唱者了。假如我們按照今天組織大型公司的方式，組織一支現代化的交響樂團，將需要一名執行長，加上一名主席指揮，再配置兩位非主管指揮、六名副主席指揮及無數的副總裁指揮。交響樂團的情形並非如此，而且只有一名指揮，每位專業的演奏家均直接對他演奏，因為每個人都演奏同樣的曲子。換句話說，在這些專家及高級經理人之間，並不存在中介人。他們組織成一個巨大的專案小組，而這組織全然是平面的。

3.圍繞資訊來設計組織，就是集中注意力，以免人們變得一頭霧水。交響樂團之所以能夠演奏，正是因為所有的演奏家知道，他們正在演奏莫札特，而不是海頓的作品。一個醫療小組施行手術時，也彷彿在演奏一首樂曲，雖然這不是一首訴諸文字的曲子。一家企業或政府機構的表演，是在進行當中譜寫自己的樂譜，因此一個資訊型的機構，必須將本身的結構，圍繞在向企業及專家明確指出的期望及目標上；其中必須有強烈的組織性回饋，以便每名成員可以期望成果，藉此自我控制。

三、彼得・杜拉克提出三項本能，讓未來管理更具效能

彼得・杜拉克管理大師在2003年的專書《說未來管理》中，認為鑑於變遷中的世界經濟，以資訊為基礎的組織降臨，及將創新和企業精神系統化的需要，一位主管需要具備什麼樣的技能及能力，才能夠在未來具有效能呢？可以想到的有三項：

㈠走到外頭管理

當公司四周所有東西——市場、技術、流通管道及價值——都處於改變狂潮中，待在辦公室，等報告擺上主管的辦公桌上，可能費時太長了。一個至高無上的建議對高級經理人說道：下一次當銷售人員去度假時，請你走到外頭，接替他的工作。不要在意這名銷售人員回來後抱怨說，顧客對代替他工作的人之無能深表不滿。這

種實習的意義在於，逼迫你走到外頭，走進成果所在之處，亦即市場中。切記，在公司裡頭是找不到成果的。

外在的觀點可能促使公司查看潛在顧客，從而獲益。一家公司擁有 22%的市場占有率，在大多數產業均是市場領袖，然而更具意義的數字是，有 78%的潛在顧客在其他地方買東西。這通常是顯示契機的第一個指標。

㈡找出工作時所需的資訊

人們必須學習為他們自己的資訊需求負責。在資訊型的組織中，每個人必須經常釐清他需要什麼資訊，以便在自己的工作上奉上寶貴的貢獻。

經理人的工作應該是辨認：

1. 現在他正在做什麼？
2. 他應該做什麼？
3. 他要如何從 1. 得到 2.？

這絕不是一件輕而易學的事。不過，唯有將這項工作付諸施行，資訊才會開始成為我們的僕人及工具，而且以行銷資訊系統（MIS）部門的成果為工作重點，而不是像現在一樣，以成本為考量。

在明日的資訊型組織，人們絕大部分必須自我控制。同樣的，經理人也應該花點時間，思考未來在貢獻及成果方面，他們的公司應該要他們負起何種責任。設定一項明確的優先議題是必要的。不要分心，不會分散，不要企圖同時做太多事。

㈢將學習融入制度中

效能的第三項成分是，將學習融入制度中。

四、學習不間斷，才能和契機賽跑

國內知名的《商業週刊》在 2003 年 8 月 11 日的封面專題中，專訪世界級管理大師彼得・杜拉克（Peter F. Drucker）。在專訪中，彼得・杜拉克提出「學習」的重要性。茲將該文中頗為精彩的問答，摘述如下：

問：您在書中說到，現今在新組織當中的舊經理人是面臨挑戰最大的一群。如果今天一名四十歲的經理人員來到你面前，請您對他下個階段的生涯發展提出一些建議，您會怎麼說？

答：我只有一句話：繼續學習！

學習還必須持之以恆。離開學校五年的人的知識，就定義而言已經過時了。

美國當局如今要求醫師每五年必須修複習課程，及參加資格重新考試。這種做法起初引起受檢者的抱怨，不過這些人後來幾乎毫無例外，對外界的看法有了改變，以及為自己忘掉多少東西而感到驚訝。

同樣的原則，也應該應用到工程師，尤其是行銷人員的身上。因此，經常重返學校，而且一次待上一個星期，應該要成為每一位經理人的習慣之一。

這世界充滿了契機，因為改變即是契機。我們處於一個風起雲湧的時代，而變化起自如此不同的方向。

處於這種情勢之下，有效能的主管必須能夠體認契機，並且和契機賽跑，還要保持學習，經常刷新知識底子才行。

五、彼得・杜拉克對領導者特質的看法——世界變化太快，沒有永遠的領導者

世界級管理大師彼得・杜拉克在2003年所出版的著作《談未來管理》中，針對領導者的看法，提出以下精闢的說明：

現今許多關於「領導」的討論，其實都沒有什麼讓我感覺深刻的。我曾經跟政府部門許多領袖一起共事過（包括兩位美國總統杜魯門與艾森豪），也跟企業界、非政府非營利組織，例如，大學、醫院或是教會的領導者，有過許多相處的經驗。

我可以說，沒有任何一位領導者是一樣的。成功的領導者只有兩點共同的特質：他們都有許多追隨者（所以，不是管理階層就是領導者，領導者要有追隨者）；另外，他們都得到這些追隨者很大的信任。

所以，所謂的領導者並沒有一個定義，更不要說第一流的領導者了。而且，某一個人在當今的情勢下，或者在某一個時機、某一個組織是第一流的領導人，卻很可能在另外一個情勢、另外一個時間，跌得四腳朝天。

最重要的還是一個組織的自我管理、自我創新，領導者不是永遠的，尤其不可能依賴超級領導者，因為超級領導者的數量有限；若是公司只想靠英雄或天才來治理就慘了。

第七節　組織 DNA 的 4 項構件

一、組織 DNA 的 4 項構件

美國博思管理顧問公司副總裁蓋瑞・尼爾森，曾協助數十家國際公司的組織改造與轉型的企管顧問工作，他曾總結出成功組織 DNA 的 4 項構件，如下：

要打造成功組織，唯一真正的要務就是妥善整合下列 4 項要素：

1. 稱職的成員，必須能夠明快地作出很棒的決策。
2. 組織文化與企業環境，必須建立在適切的價值觀與共同的文化上。
3. 資訊流通，必須讓每位成員都能夠充分獲取市場訊息。
4. 適切的激勵措施，必須讓每位組織成員都能夠受到激勵。

企業面臨的最根本挑戰就是，整合上述 4 項要素，讓個別員工的私利能夠符合組織的利益。克服這項挑戰的困難之處在於，組織 DNA 的 4 項構件不能單獨運作，而且彼此間相互依存，牽一髮而動全身。要怎麼讓這 4 項要素協調一致，並沒有通用的法則，唯一的要務是讓這 4 項構件相輔相成，不要相互牴觸。

二、健全與非健全組織的區別

他認為「健全組織」與「不健全組織」，可用下圖扼要表達：

(一)健全組織

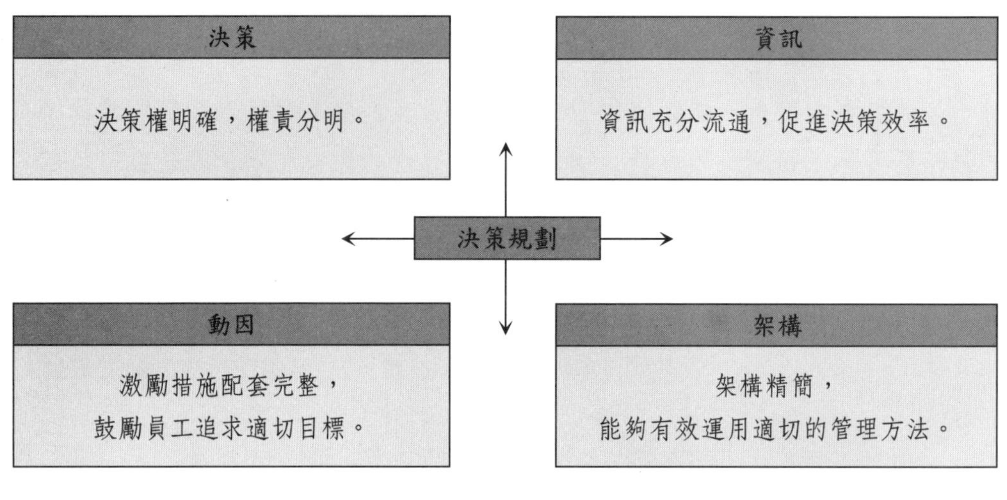

(二)不健全組織

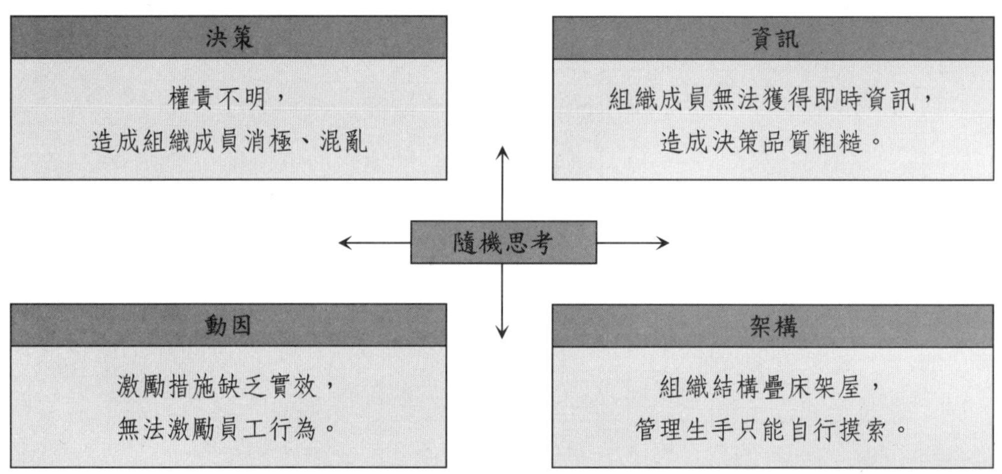

三、針對組織DNA的4項要素展開變革

如前所述，蓋瑞・尼爾森（Gary Neilson）認為必須針對組織DNA的這4項要素，不斷進行變革，才能長保組織能力的強大。這四項要素的具體內容，摘述如下：

1. 決策

提升決策能力的首要之務通常在於確立決策層級以及決策標準。在許多情況下，組織都沒詳細說明或是仔細分析決策模式，而決策常常是隨機思考後作成的，沒有經過深思熟慮。

很明顯地，任何組織的整體績效，都是成員日常決策累積的結果。某種程度來說，成員決策是在取捨，在各種選項中做選擇。每項決策都希望能夠幫助企業，讓企業更進一步成功攫取市場。

一般來說，每位成員都希望自己的決策能夠適切、合理，但是如果無法掌握最新資訊，整個決策過程會粗糙不堪。要提升組織決策品質，關鍵通常不是指責過去的決策粗糙，而是去了解決策的邏輯。然後才能著手排除決策障礙。

在決策層面必須注意的重要問題，包括下列幾項：

⑴擁有決策權的層級。

⑵決策者掌握的資訊、面臨的限制、擁有的工具和獎勵措施。

⑶正式的決策績效評量方式。

關鍵是要讓決策流程更明確、責任更分明。只要決策權責能夠明確釐清，就比較不會發生推諉卸責的情況。要讓各個成員都能夠自行決策、貫徹執行，並且勇於承擔決策結果，只有這樣，決策才會明快。

2. 資訊

很明顯地，資訊層面的關鍵在於，必須讓決策者能夠充分掌握必要資訊，才能作出最適決策。資訊是所有組織的命脈，因此最重要的管理課題就是，讓決策者在權責內能夠掌握最詳盡的資訊。

要注意的是，所謂資訊包含資料、數據、市場訊息，以及所有相關協調機制的詳細狀況。基本上，資訊就是能讓組織創造績效的所有必備資料。在資訊層面必須思考的重要問題，包括下列幾項：

⑴如果有重要顧客戶對公司不滿意，自己要花多長時間才能察覺顧客的反應？

⑵如果裝配線上的員工想出一個點子，每年可以為公司節省數百萬美元，員工有哪些管道，可以和有權執行這個點子的主管溝通？

⑶如果研發部門的工程師正在研發的點子，是之前已經嘗試且作廢的，工程師

得花多長時間，才會發現之前已經做過了？

⑷如果有重要成員明天就要離職，他們在組織內累積的經驗和知識有沒有辦法留下來？

資訊層面的問題，有可能是資訊氾濫，讓決策者無所適從，也可能是資訊不足，所以組織只能在暗中摸索。資訊也會影響組織即時反應的能力，而不適當的資訊也可能會大大影響其他 DNA 構件。

3.動因

這裡所謂的「動因」，是指包含獎勵措施以及職涯規劃等非財務面的獎勵辦法。顧名思義，動因就是驅動員工行動的力量，能夠推動組織向前邁進。如果組織的獎勵措施和希望達成的目標牴觸，成員的行動一定會選擇要獲得有形獎勵。因此，讓獎勵措施符合組織目標，是非常重要的課題。

在動因層面必須考慮下列幾項重點：

⑴員工是不是清楚了解，自己必須要有什麼樣的表現，才能夠在組織內脫穎而出？

⑵組織動因能不能給決策者清楚的方向，並且產生足夠誘因，讓決策者能夠全力提升組織價值？

⑶組織成員有沒有機會定期與高階主管對談、評量成員目前表現，並且規劃未來職涯發展？

你會很驚訝地發現，能夠持續妥善處理動因層面課題的組織少之又少。在許多情況下，組織會認為財務報酬就夠了。長期下來，組織成員會變得習以為常，認為領取紅利好像與工作表現無關，或是因為自己的付出看不到回饋，因此另謀出路。更糟糕的是，表現卓越的人才如果覺得自己懷才不遇，會轉而尋求其他能夠一展鴻圖的機會。組織如果能夠根據健全的績效評量指標，採用公平、前後一致並且優厚的獎勵制度，就能大大提升組織成員的士氣。

4.架構

因為要調整組織架構比較容易，所以經理人如果決定要打造更穩固的組織，通常都會先從組織架構著手。然而實務上，組織架構應該是綜合考量決策、資訊和動因之後，規劃出的合理結果。架構是根據這些抉擇產生的結果，而不是決策規劃的起點。何況，從組織架構圖，通常無法看出真實的日常決策方式。

常見的組織架構問題包括下列幾項：

⑴職務升遷流於形式化，造成組織膨脹。

⑵冗員充斥，疊床架屋。

⑶員工和事業單位之間彼此對立。

5.小結

要記住，天底下沒有一套通用或完美的組織架構，可以保證企業一定成功。對許多成功組織來說，不明確劃分部門功能，採用更多跨部門團隊的方式運作比較適當；對有些組織來說，以產品線劃分組織架構最適當，而對其他組織來說，按照功能或區域劃分才更適當。重點是要找出最合適的組織架構，並且利用這個架構讓組織決策明快、資訊暢通，並且用合適的獎勵措施鼓勵組織成員。

第八節　人材資本，決策經營

日本豐田汽車現任最高顧問指出：「企業盛衰，決定於人材。」人材資本的概念與重要性，早已受到各大企業的重視，尤其人材的徵選、任用、晉升、訓練、教育等，更影響著企業世世代代人材的養成。人材資本，決勝經營。在這方面，有幾家優秀的日本企業的做法，值得吾人借鏡參考。

一、TOYOTA（豐田汽車）公司

TOYOTA 是世界第二大汽車廠，在全球各地雇用員工人數已超過 25 萬人，全球海外子公司也超過 100 家公司。該公司設立一個非常有名的幹部育成中心，稱為「豐田學院」，由該公司全球人事部人才開發處負責規劃與執行。

TOYOTA針對各不同等級幹部，推出一系列的EDP（Executive Development Program）計畫，係針對未來晉升為各部門領導者的育成研修課程。TOYOTA學院的經營，擁有二項特色：一是該培訓課程內容，均必須與公司實際業務具有相關性，是一種實踐性課程。二是該公司幾位最高經營主管，均會深度參與，親自授課。以最近一期為例，儲備為副社長級的事業本部部長幹部培訓計畫課程中，即安排張富士夫社長及六名副社長、常務董事，及外國子公司社長等親自授課。授課的內容，包括了：TOYOTA 的全球化、經營策略、生產方式、技術研發、國內行銷、北美銷售、經營績效分析、公司治理……等。此外也聘大學教授及大商社幹部前來授課。

最近一期 TOYOTA 高階主管研習班，計有 20 位成員，區分為每五人一組，每一組除了上課之外，還必須針對TOYOTA公司的經營問題及解決對策，提出詳細的報告撰寫。最後一天的課程，還安排每一小組，向張富士夫社長及經營決策委員會副社長級以上最高主管群做簡報，並接受詢問及回答。每一組安排二小時時間，這是一場最重要的簡報，若通過了，才可以結束研修課程。每一小組的成員，包括了來自日本國內及國外子公司的幹部，並依其功能別加以分組。例如，有行銷業務組、生產組、海外市場組、技術開發組……等。

張富士夫社長表示：「人才育成，是 100 年的計畫，每年都要持續做下去，而現有公司的副社長以上的最高經營團隊，亦必須負起培育下世代幹部的重責大任。」

二、Olympus 光學工業公司

Olympus 光學工業公司近幾年來，在營收及獲利方面，也都有不錯的表現。該公司人事部門最近提出「次世代幹部育成計畫」。並奉該公司菊川剛社長指示，於十年後，務必培育出 30 歲世代的事業部長（即事業部副總經理）及 40 歲世代的社長（即總經理）人材為目標。因此，人事部門制定了十年為期的標準研習計畫，將選拔目前 30 歲左右的年輕人材，做為儲備幹部。並經十年歷練及研修完成後，可以在 40 歲以前，做到事業部長或幕僚部長。此外，還有一種為期五年的高階幹部短程研習計畫。此即針對 43 歲左右的事業部長人才，經過五、六年左右的培訓及歷練完成，希望在 50 歲之前，可以擔任公司的社長或副社長的高階職位。除了研修課程之外，還必須給予三種方式的必要歷練，包括調至海外子公司歷練，給予重要專案任務歷練，以及調至關係企業擔任高階主管歷練等方式。換言之，在 Olympus 公司人材的選拔、教育及晉升，均有一條非常明確的 road map（路徑），只要對公司有貢獻、自己願意力爭上游的優秀人材，均可以如願的達成晉升目標。2003 年度該公司人事部門從 4,300 名員工中，挑選出下世代接班幹部群計 13 人的少數精英型人材，並給予每年一次固定二夜三天的集體研修，最後還要向董事會決策成員，提出個人對公司事業經營與改革的主題報告，通過者，才算是當年度的合格者，否則會被要求再重來一次。這是一種對人材嚴格的要求過程。

該公司社長菊川剛即表示：「現在日本已有不少中大型公司，已出現40歲世代社長，這是時代趨勢，不應違逆。」菊川剛社長現年62歲，他自己也認為嫌老了些，因此，最近嚴令人事部門必須加速人材育成的速度。希望十年後，不要再有60歲以上的老社長了，因為那無法為Olympus公司的整體形象及企業發展加分。

三、结語：選拔、研修、歷練、考核四位一體

對於公司各世代高階人材的養成，必須有系統、有計畫，以及有專責單位去規劃及推動，而公司董事長及總經理親自的參與及重視，則更為必要。對公司接班人材的育成，必須包括四項重要工作：⑴每年一個梯次對有潛力人材的選拔；⑵施以定期的擴大知識與專長的研修課程；⑶在不同的工作階段中，賦予重要單位或職務或專案的工作實戰歷練；⑷最後再考核他們的表現績效成果，看看是否是值得納入長期培養及晉升的對象候選人。

日本第一大汽車TOYOTA公司社長張富士夫，針對人材議題，語重心長的下過這麼一個結論：「人材育成，是公司董事長及總經理必須負起的首要責任。因為，人材資本的厚實壯大與否，將會決定公司經營的成敗。而TOYOTA汽車今天能躍居世界第二大汽車廠的最大關鍵，是因為它在全球各地區都能擁有非常優秀、進步與團結的豐田人材團隊。因此，有豐田的人材，才有豐田的成功。」

第九節　案　例

案例1

如何在不加薪的情況下，讓員工賣命工作？
——榮譽重於金錢

當失業率節節升高，對上班族來說，能保住工作似乎是當下最好的消息。但是，企業沒錢加薪，又該如何叫員工工作更努力？

《Fast Company》最新一期封面故事指出，其實，薪水不是員工為公司賣命最

關鍵的動機，能在工作中得到榮譽感才重要。例如，通用汽車（GM）曾經考慮在數年內關閉旗下一家組裝廠。廠長雷夫・哈汀（Ralph Harding）得知消息後，對廠內員工發表演說表示：「要讓全公司知道關閉本廠是很笨的決定！」從此不多花一毛錢，有效動員全廠上下齊力改善品質，降低成本。最後，他們以遠勝於他廠的表現讓通用總部收回成命。

最近推出《榮譽重於金錢》（*Why Pride Matters More Than Money*）新書的企業團隊管理專家卡然巴哈（Jon Katzenbach）表示，員工榮譽感的確比錢重要，然而要做好這點，首先得跟員工有個人化的接觸，例如，幫忙解決托嬰問題之類的生活事務，他們才會對你推心置腹。另外，誠實且直接的溝通，讓員工覺得工作過程比目的更重要等，也是關鍵。

案例 2

美國摩托羅拉公司（Motorola）對員工與公司的關係，做出十種假設——即公司如何看待員工？

1. 員工的行為是他們所受待遇所產生的結果。
2. 員工都很聰明、有好奇心、有責任感。
3. 員工需要一個合理的工作環境，並了解他們工作的原因。
4. 員工需要知道他們的工作和企業目標有何關係。
5. 人只有一種，絕非只有主管才有創意而其他人只會執行命令。
6. 沒有「唯一」的管理方式。
7. 沒有人比正在做這份工作的人更明白該怎麼做。
8. 員工希望以他們的工作為榮。
9. 員工希望能參與影響他們的工作的決策制定過程。
10. 主管的責任在於運用員工的能力與想法，來解決企業的問題並創造機會。

☞ 自我評量

1. 試說明組織構成要件。
2. 試闡述管理之涵義。
3. 組織與管理為何為企業經營所必要？
4. 何謂組織冰山之涵義？
5. 組織行為學目的在解決哪些內部問題？
6. 組織行為有哪四項重要基本概念？
7. 試分析科學管理學派之主張。
8. 試分析行政管理學派之觀點。
9. 試說明費堯管理十四原則。
10. 試分析組織理論之父韋伯的科層組織之特色及缺點。
11. 試分析古典理論學派之缺失以及組織行為學之崛起。
12. 何謂系統學派及權變學派？
13. 試說明組織行為學之內容。
14. 試說明彼得・杜拉克在 2003 年的著作《談未來管理》一書中，對未來組織、管理、學習及領導的最新見解？
15. 試說明蓋瑞尼爾森所提出之組織 DNA 的 4 個要素為何？其間關係又為何？

chapter 2

員工個人行為之綜論

Individual Behavior

第一節　人格特質之定義、形成原因、類型及取向

第二節　員工個人行爲本質、動機與特性

第三節　知覺、歸因及學習增強權變理論

第一節　人格特質之定義、形成原因、類型及取向

一、人格特質之「定義」

1. 人格一詞，在心理學家看來，係強調人格心理特徵之獨特性。多數心理學家將人格特質視為描述一個人整體心理體系成長與發展之動態觀念。

2. 學者歐波特（Gordon Allport）即定義人格特質為：「人格（Ptrsorality）乃指個人心理與生理體系之動態組織，以對環境做適度之調整。」

3. 從另一個角度看，人格亦可說明一個人如何影響另一個人，如何了解他內外在特質及如何自我評價之過程。

二、人格特質的「形成」

對於人格特質的形成，有如下三種說法：

㈠先天遺傳對人格特質的影響

這是「遺傳論」的人格特質說法，此理論認為遺傳因素對每個人的人格特質影響深遠。但僅此理論，並不足以說明全部的人格特質形成原因。

㈡外部環境因素對人格特質的影響

這是指每個人所處的環境，對其個人人格形成有相當之影響。例如，家庭規範的薰染，同事友誼，同學情感，學習經驗，長官的教導，以及社會群體、文化意識、種族等環境均屬之。

例如，我們常說「中國人勤奮」、「日本人團結」、「美國人民主進取」、「英國人保守」、「德國人理性」、「西班牙人悠閑」等。此即受社會文化因素之影響，也就是「社會化」之過程（socialization）。

㈢情境權變因素的影響

人格特質雖有穩定性及一致性，但也不是全然不變的。在不同情境及不同刺激下，人格特質亦可能做一些即時與短暫的調整改變。

三、人格取向

下列五種人格取向，對組織行為有其影響力（如圖 2-1），茲簡述如下：

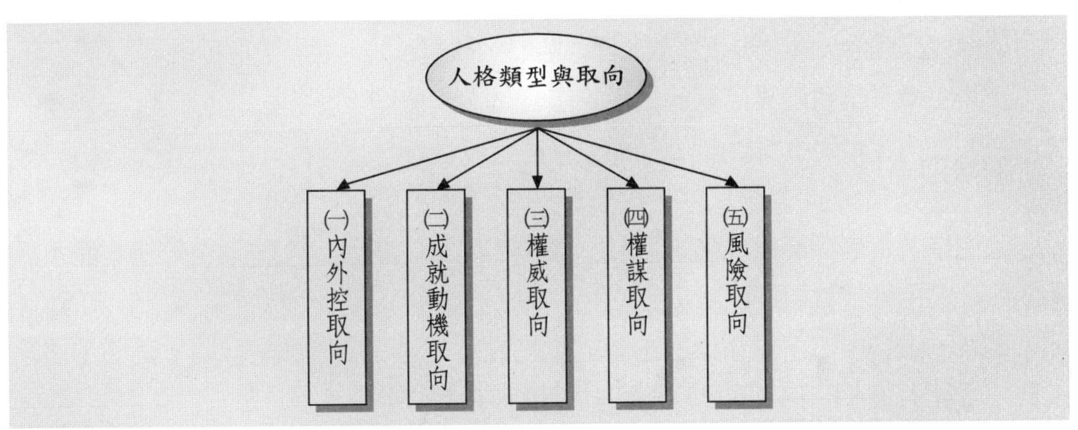

圖 2-1　人格類型取向

㈠內外控取向

此即指組織中個人對自認控制命運之程度。

1. 對命運自主性較強者，稱為「內控者」。
2. 而聽天由命者，稱為「外控者」。

㈡成就動機取向

成就動機係指個人在追求成功、追求進步、追求晉升、追求挑戰及追求自我實現之程度。

一個組織中成員若多能有成就動機，就會成為一個有活力、能學習與不斷進步的組織體。反之，則為一個落後的組織體。

㈢權威取向

權威取向者，係指一個人追求權力與威望之心態狀況。

權威與民主是相對的，以現今世界潮流來看，民主戰勝了權威，因此組織行為應以民主風尚為主軸較佳。

㈣權謀傾向

與前述權威傾向相似之觀念，稱為「權謀傾向」。此名詞源於 16 世紀義大利學者馬基維利所宣揚的「霸權取得」及「權術操作」之觀念而來。

此種權謀理念，強調現實主義、理性觀點，為達目的，可以不擇手段。

企業組織不是政治界，因此，權謀主管是愈少愈好。

㈤風險取向

此係指決策者願承擔風險之意願。願承擔風險之主管，下決策會較快，而不願承擔風險之主管，會規避風險。

當然，組織中，不同單位的主管，應該會有不同程度的風險取向。例如，法務人員、會計人員、財務人員的風險取向就會較為保守些。

四、人格類型

一般來說，組織成員中各式各樣的成員，大致可以區分為下列六種人格類型：⑴務實型（realistic）；⑵研究型（investigative）；⑶社交型（人際關係）（social）；⑷保守型（conventional）；⑸進取型（enterp rising）；⑹藝術創作型（qrtistic）。

第二節 員工個人行為本質、動機與特性

一、個人行為之模式

員工個人行為（individual behavior）模式，大致可以區分為四種模式：

㈠理性模式或情感模式（rational v.s. emotional model）

理性模式係指員工個人行為，均依一定合理程序、規範制度與思考慎重而行事或發言，不涉及對人、對事的情感表現。

而情感模式，則認為員工的言行帶有情緒性與感情性因素在內，而自我表現、率直表現，這與上述的理性表現，是不一樣的。

㈡行為模式或人性模式（behavioral v.s. humanstic model）

行為模式，係指從實際面去「觀察」人的行為，了解環境對個人行為之影響為何，但並不考慮員工行為者本人的思想及感情因素。而人性模式，則透過對員工個人人性因素，以了解員工個人的行為。

㈢經濟模式或自我實現模式（economic v.s. self-actualizing model）

經濟模式係指人類行為是由經濟誘因導向，強調員工個人如果付出努力，即可得到相對的報酬與滿足。本質上，它是主張員工個人是自利取向、競爭的及較為關心自我生存的。

但自我實現模式，則認為人亦非完全之經濟性動物，人會有自我成長、自我理想實現的需求，而自我實現的需求，並不一定全然是物質經濟的，有時也會有精神層面的。

㈣性惡模式或性善模式（theory X v.s. theory Y）

此為 1980 年，學者麥克瑞哥（Mc Gregor）所提出。

X 理論係假定人性本惡，例如，人不喜歡工作，好逸惡勞，因此，必須多加鞭

策、督導及管理。

Y 理論則假定人性本善，會主動做事，有上進心，只要施予適當激勵，他就會追求責任，完成目標。

二、個人行為之本質

㈠個人行為以「目標導向」為主軸

無論員工個人行為係屬上述何種模式，在本質上，均為「目標導向」（goal-oriented）。亦即，員工個人行為，係受某種目標之誘導而產生。因此，行為乃是滿足員工需求與誘因之過程。

例如，員工可能認為高階主管（例如，副總經理層級以上主管）的薪資福利待遇很好，又有配車，因此，就設定他的目標導向，希望十年後，也能從現在的基層員工，經過努力，而達到晉升為副總之工作生涯目標。在此十年間的一切工作行為及表現，即為此目標（如圖 2-2）。

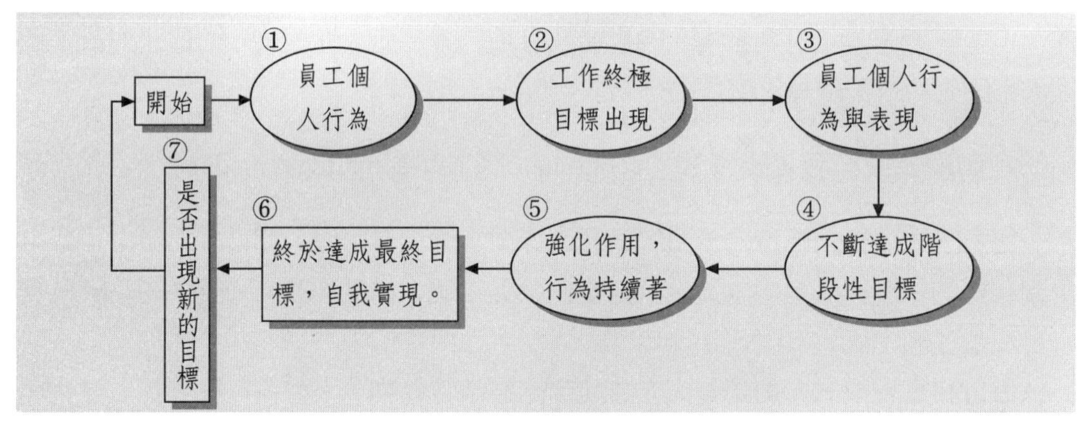

圖 2-2　個人行為以「目標導向」為主軸之變化

㈡了解個人行為之三種途徑

1. 學習論

此論點認為員工個人行為可經由學習歷程而建立，其理論基礎源自於巴夫洛夫（Ivan Parlov）之「古典制約論」（Classical Conditioning）及桑戴克（Edward Thorndike）的「工具制約論」（Operant Conditioning），均在說明學習過程為「刺激」（stimuli）與「反應」（response）之運作過程。

另外 C. L. Hull 的「驅力論」（Drive Theory）主張亦相似。此種論點均強調環境刺激對行為之影響，亦決定個人未來之反應。

例如，某員工看到五年前，同時一起進到公司的同事，都已晉升到經理，而他卻仍是一個小組長而已，此種刺激，會影響他日後想晉升的行為意圖。

2. 認知論

員工個人在工作及生活環境中，所有具目的的活動，均受到其對環境中人、事、物之認知活動所支配。至於認知程度，則受：⑴過去經驗；⑵目前情境；⑶對未來期待等三個因素所影響。

3. 心理分析論

此為佛洛依德所創，強調內心「驅力」（drives），對員工個人行為之重要性以及潛意識對行為之影響。

三、員工個人行為之動機

㈠動機——是一種內在歷程

1. 動機涵意

所謂「動機」（motive）係指引個人活動、引導該項活動，並維持該活動導向到某一特定目標的所有內在歷程。

因此，包括了：⑴引發；⑵導引；⑶維持等三種行動，此行動均不易看到，故稱為「內在歷程」。

2.動機的種類

行為科學學者仍將動機區分為二類：

⑴內在因素：內驅力、情感、情緒、本能、需求、慾望、衝動。

⑵誘引行為：涉及環境中的因素或事件，如誘因、目的、興趣、抱負等由個人希望從行為事件中表現出來。

綜合來說，動機確為內在因素，而就組織行為觀點，我們可以視為引發個體行為的原動力。

㈡「動機」與「激勵」關係密切

動機既然為行為之原動力，因此，滿足員工個人行為動機之持續加強作用，此即為「激勵」。換言之，透過各種激勵工具，可以大大引發員工行為的動機。

例如，國內高科技公司，如果經營良好，都有不錯的股票分紅利得，此項誘人的紅利報酬，往往超過年薪好多倍，因此，誘導公司全體員工努力投入公司的營運發展。

四、員工個別差異與環境因素，對工作績效有影響

員工的工作績效，除了受前述的員工個人動機及激勵因素影響之外，亦受員工個人的「個別差異」及「環境因素」影響。

換言之，如圖 2-3 所示，員工個人差異及環境因素，影響了他們的能力及激勵程度，也影響了工作績效的表現。

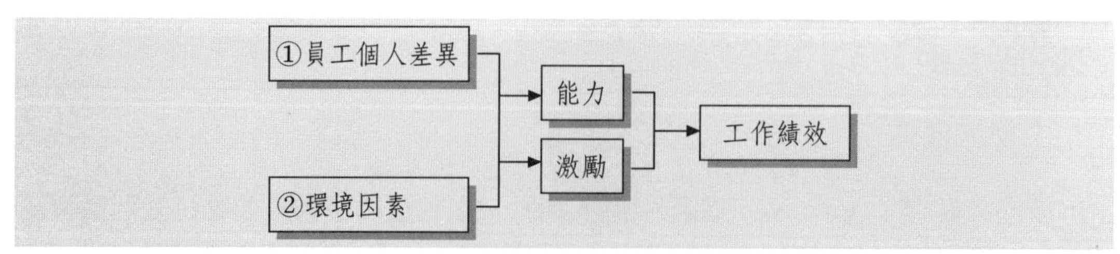

圖 2-3　員工工作績效的影響來源

五、員工個人差異之意義

員工個人差異（Individual Difference）係指在個人的生理及心理方面有所不同。例如，在性格、體格、能力、動機、興趣、調整、態度、價值觀、思想、體力等因素均屬之。

但員工個人差異與他個人的工作績效，最密切相關者，主要表現在「動機」及「能力」兩方面。

例如，有些員工個人的成長動機、晉升動機、物質動機、領導動機很強，最後就會當上主管。

有些員工個人的技能、學歷、經驗、專長等能力很強，最後也會當上主管。相反地，有些人，特別是女性部屬的成就動機往往比較弱一些。

六、「實體環境」對員工個人行為之影響

㈠實體環境

1. 實體環境項目

舉凡一切工作條件，例如，聲光、通風、布置、工具、技術及任務設計、組織規模等均屬之。

2. 實體環境之影響

噪音、光線不夠明亮、過大聲量、通風不良、冷氣不足、布置路徑不順、工具陳舊、任務設計單調、重複性工作、休息不足等，均會影響到組織中成員的行為及其工作績效。

七、「內部社會環境」對員工個人行為之影響

所謂社會環境，並不是指外部的政治社會環境，而是指公司內部的人際因素（如

主管、同事、部屬、客戶等）以及制度因素（如政策、規則、計畫）等，以人性層面為主，對勞心工作及心理狀態影響較大者。

因此，公司對內部社會環境之強化改善，亦可增進員工個人能力與動機之加強。例如，有些公司晉升及薪酬制度不良，自然會阻礙員工個人向上的動機，進而影響了個人行為及其工作績效。

第三節　知覺、歸因及學習增強權變理論

一、知覺

㈠知覺的意義

知覺（Perception）是一種對環境中刺激的選擇及組織，提供受刺激者的一種有意義的經驗。

㈡知覺的器官

知覺的五種感覺器官，包括味覺、嗅覺、聽覺、視覺及觸覺。

知覺包括對世界中的事件、人、東西、狀態等之了解，並涉及蒐集、獲得及處理來自各方的資訊。

㈢知覺的選擇（perceptual selection）

係指一種人們對於刺激的過濾功能，使得我們可以只重視到一些最主要的刺激。知覺的選擇，受到下列因素影響：

1. 外部因素

⑴外部刺激的大或小。愈大，知覺可能性愈大。

⑵外部刺激的強度大小。

⑶對比：刺激與原不被刺激之對比。

⑷重要性：重要的多次刺激或是次數較少刺激。

⑸創新性：案件的創新性如何。

2. 內部因素

⑴人格（personality）。

⑵學習（learning）。

⑶動機（motive）。

二、歸因

㈠歸因的意義

所謂歸因（Attribution），是指組織內的某員工，將某件已發生的大事、物、地等歸責於那個因素。此即行為原因的知覺。

例如，最近半年來，本公司業績不佳，衰退 20%，有不少人歸咎於市場景氣環境不佳，人力不足等歸因因素。

㈡歸因程序的一般化模式

歸因程序（attribution process）包括前因、歸因、結果三個程序（如圖 2-4）。

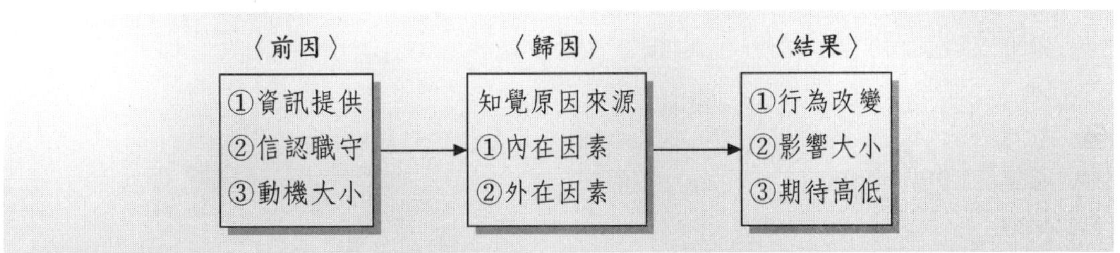

圖 2-4　歸因程序三步驟

三、學習增強的權變理論

㈠定義

所謂學習的增強理論（Contingency of Reinforcement），就是指員工個人行為及其「前因」與「後果」之間的關係。這些會影響這個行為的發生。

因此，有三個基本要素：

1.前因（antecedent），此指行為前的刺激。

2.行為（behavior）。

3.後果（consequence），此指行為產生的結果。

㈡正面增強（positive reinforcement）

亦即由組織依規範、制度，提供員工一個正面的權變報酬因素，以誘使員工的行為，可以達成公司組織要求的目標或績效。正面增強的原則為：

1.增強的「即時性」原則（immediately）。若期望行為一出現，公司應立即給予增強，效果會較大。

2.增強的「強度夠」原則（size）。

3.增強的「權變」原則（contingent）。即要機動調整改變。

4.增強的「剝奪」原則。此係指一旦被剝奪，員工未來有出現此行為之機率就會很小。

㈢處罰（punishment）

處罰係指由員工在完成某個行為之後，針對錯誤行為，由公司對於此一事件，加以處罰，希望未來能夠降低此種錯誤行為的次數。

㈣賞罰的工具項目

1.獎酬項目

⑴**物質報酬：**①薪資；②加薪；③分紅配股；④年終獎金；⑤業績獎金；⑥績

效獎金。

⑵**地位象徵：**①個人辦公室；②配車；③增加司機；④增加祕書助理。

⑶**福利措施：**①退休金；②年假；③不休假獎金；④大飯店簽帳卡；⑤娛樂設施及旅遊；⑥個人醫療服務。

⑷**精神面：**①會議中稱讚；②會議中頒獎；③鼓勵；④餐敘；⑤記大功、小功、嘉獎。

⑸**從工作中得到的報酬：**①晉升職稱；②工作輪調；③工作權力；④工作責任；⑤指揮中的成就感。

⑹**自我管理的報酬：**①自我實現的肯定；②自我讚賞滿足。

2.處罰項目

⑴減薪。

⑵降級。

⑶解聘（資遣）。

⑷記過或申誡。

⑸調派更辛苦的單位。

⑹考績乙等、丙等。

⑺減少年終獎金或紅利的分配。

☞ 自我評量

1. 試說明人格特質之定義及其如何形成。
2. 試說明人格有哪幾種取向及類型。
3. 試分析組織中個人行為之四種行為模式。
4. 試闡述個人行為之本質究竟如為何。
5. 如何了解個人行為之途徑？
6. 試申述員工個人行為動機的涵意及類型。
7. 試申述動機與激勵之關係何在。
8. 試說明影響員工工作績效之個別差異與環境二大因素。
9. 試述知覺之意義。知覺選擇因素為何？
10. 試說明歸因的意義及其程序。
11. 試說明學習增強的權變理論為何。

chapter 3

動機與激勵

Motivation & Incentive

第一節　動機的形成與類型

一、動機的形成

動機起因於「需求」（needs）與「刺激」（stimuli）。如圖 3-1 所示，員工個人行為基本模式，大致是經過刺激（原因），而使員工個人有了新的需求、新的期望、新的緊張及新的不適。因此，會衍生出新的個人行為與行動，而朝向他在新刺激之下的新目標。

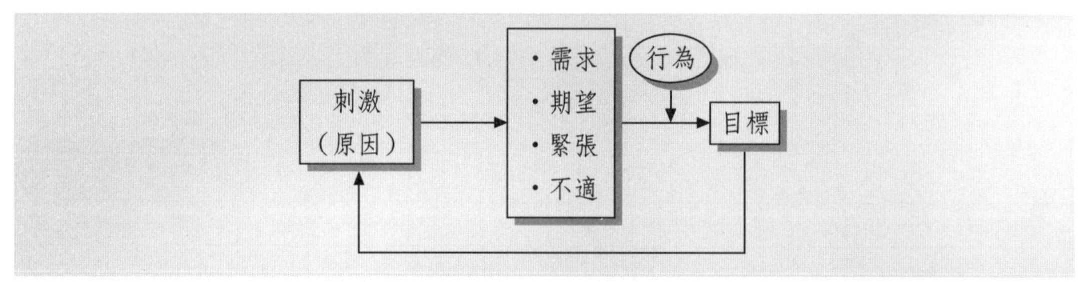

圖 3-1　行為之基本模式

二、動機之類型

根據學者 Ivancevich 的分法，他將與工作相關之動機區分為下列四種（如圖 3-2）：

㈠勝任動機與好奇動機

員工對工作希望經由完成任務，表示能夠勝任。而對新目標與新工作之挑戰，亦充滿好奇的動機，想一探究竟。

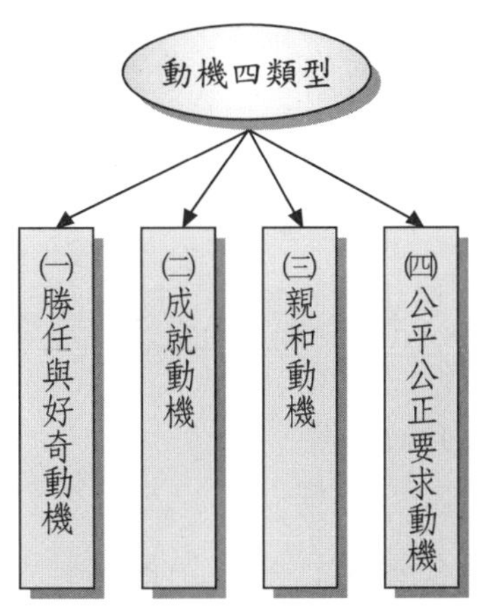

圖 3-2 動機四類型

(二)成就動機（achievement）

當員工完成一項挑戰目標後，他會感到很有成就感。這是一種成就動機與榮耀動機。

(三)親和動機（affiliation）

除有成就感之外，員工也有渴望能夠與他人合作、親密、友誼、談心之需要。否則會變成物質人、經濟人。

(四)公平公正要求動機（equity）

員工對報酬、薪資、紅利分配，均有「公平合理」之要求，因此物質報酬不在多寡，而在公平性。一旦公平動機不能滿足，員工就會站起來表示意見。

三、基本的「動機理論」與「動機流程」

不管就管理理論或企業實務來看，組織中員工的績效，係由組織員工的「能力」及「動機」二者相乘而得。

如下表公式：

績效＝f（能力×動機）

換言之，績效必須同時存在能力與動機才行，缺一不可。有能力無動機，或有動機無能力，均無法創造出公司良好的績效。

當公司高階決策者討論到員工的動機時，所要關心的主題有幾個：

1. 驅動員工行為的動機為何？

2. 這個行為朝向哪一個方向？

3. 如何維持或持續這個行為？

因此，我們提出員工個人的動機程序，如圖 3-3：

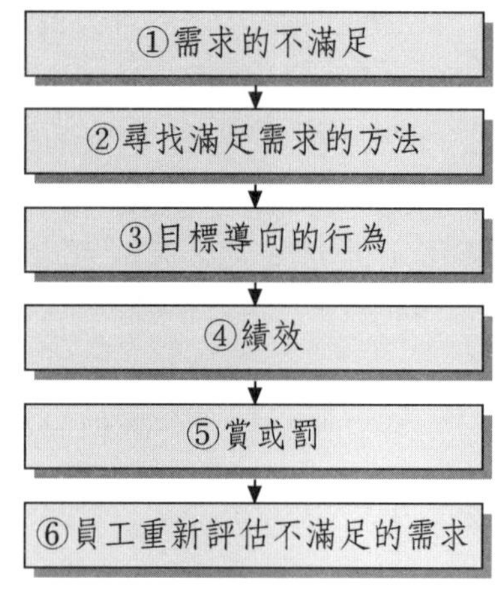

圖 3-3　動機產生的程序

第二節　激勵理論四大學派

近代激勵理論之發展，大致可以歸納為四個主要學派，分別是：

1. 內容理論（content theory）：著重在對個人內在需求因素的探索。

2. 過程理論（process theory）：著重在對個人行為如何被激發、導引、維持及停滯之過程。

3. 增強理論（reinforcement theory）：著重在說明採取適當管理措施，可利於行為發生或終止行為。

4.整合激勵模式。

一、激勵的「內容理論」

㈠「人性需求」理論（human needs theory）或「需求層次」理論

美國心理學家馬斯洛（Maslow）認為人類具有五個基本需求，從最低層次到最高層次之需求，大致如下（如圖 3-4）：

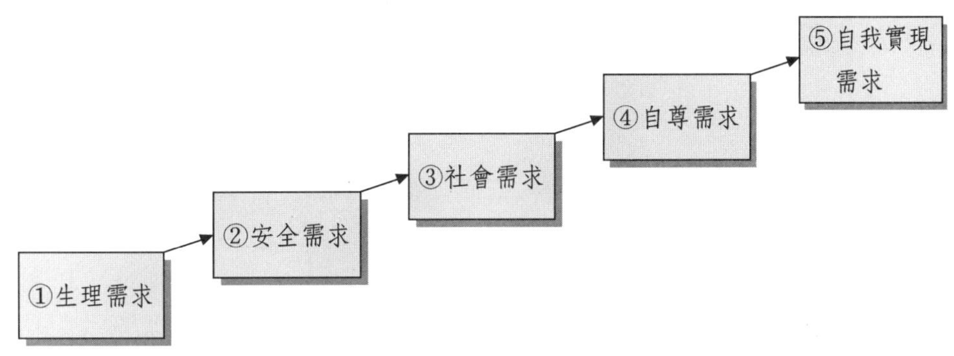

圖 3-4　馬斯洛的人性需求五種層次理論

1.生理需求（physiological needs）

在馬斯洛的需求層次中，最低水準是生理需求。例如，食物、飲水，蔽身和休息的需求。例如，人餓了就想吃飯，累了就想休息一下，甚至包括性生理需求。

2.安全需求（safety needs）

防止危險與被剝奪的需求就是安全需求。例如，生命安全、財產安全以及就業安全等安全需求。

3.社會需求（social needs）

一旦人們的生理與安全需求得到滿足後，這些需求再也不能激勵行為了。此時，社會需求就成為行為積極的激勵因子，這是一種親情、給予與接受關懷友誼的需求。

例如，人們需要家庭親情、男女愛情、朋友友誼之情等。

4.自尊的需求（ego needs）

此項需求是有關個人的自尊，亦即對自信、自立、成就、信心、知識、地位、尊敬與鑑賞的需求。包括個人有基本的高學歷、在公司的高職位、社會的高地位等自尊需求。

5.自我實現需求（self-actualization needs）

最終極的自我實現需求開始支配一個人的行為，每個人都希望成為自己能力所能達成的人。例如，成為創業成功的企業家。

6.小結

綜合來看，生理與安全需求屬於較低層次需求，而社會需求、自尊與自我實現需求，則屬於較高層次的需求。一般來說，一般基層員工或一般社會大眾，都只能滿足到生理、安全及社會需求。而社會上較頂尖的中高層人物，包括政治人物、企業家、名醫生、名律師、個人創業家或專業經理人等，才較有自我實現機會。

7.批評

馬斯洛的人性需求理論，為人所批評的一點，是其不能解釋個別（人）的差異化，因為不同的人會有不同的層次需求。不過，此批評並不妨礙它成為一個重要的基礎理論。

㈡「雙因子」理論或「保健」理論（the motivator-hygiene theory）

此理論是赫茲伯格（Herzberg）研究出來的，他認為「保健因素」（例如，較好的工作環境、薪資、督導等）缺少了，則員工會感到不滿意。但是，一旦這類因素已獲相當之滿足，則一再增加工作的這些保健因素，並不能激勵員工；這些因素僅能防止員工的不滿。另一方面，他認為「激勵因素」（例如，成就、被賞識、被尊重……等），卻將使員工在基本滿足後，得到更多與更高層次相關的滿足。例如，對副總經理級以上的高階主管，薪水的增加，對他們來說，感受已不大，例如，每個月二十萬薪水，增加一成，成為二十二萬元，並不重要。重要的是他們是否做的有成就感，是否被董事長尊重及賞識，而不是像做牛做馬一樣被壓榨。另外，他們是否有更上一層樓的機會，還是就此退休。

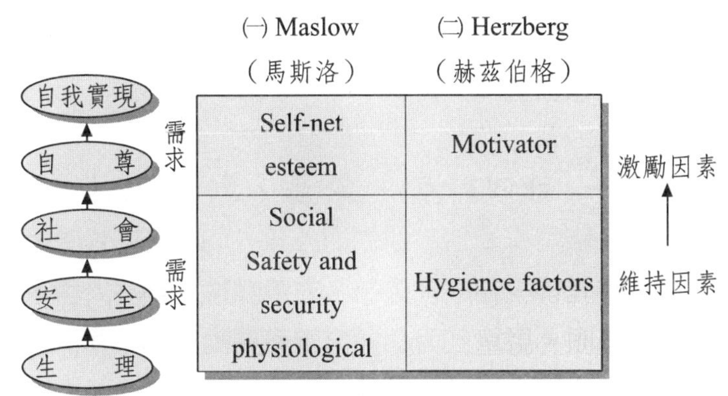

圖 3-5 馬斯洛與赫茲伯格的比較

㈢成就需求理論（need achievement theory）

心理學家愛金生（Atkinson）認為成就需求是個人的特色。高成就需求的人，受到極大激勵來努力達到成就工作或目標的滿足，同時這些人喜歡聽到別人對他們工作績效的明確反應與讚賞。此理論之發現有：

1. 人類有不同程度的自我成就激勵動力因素。

2. 一個人可經由訓練獲致成就激勵。

3. 成就激勵與工作績效有直接關係，即愈有成就動機之員工，其成長績效就愈顯著、愈好。

學者麥克里蘭（David McClelland）的需求理論係放在較高層次需求（higher-level needs）上，他認為一般人都會有三種需求：

1. 權力需求（power）

權力就是意圖影響他人，有了權力就可以依自己喜愛的方式去做大部分的事情，並且也有較豐富的經濟收入。例如，總統的權力及薪資就比副總統高。

2. 成就需求（achievement）

成就可以展現個人努力的成果並贏得他人之尊敬與掌聲。例如，喜歡唸書的人，一定要唸個博士學位，才會感到有成就感。而在工廠的作業員，也希望有一天成為領班主管。

3. 情感需求（affiliation）

每個人都需要友誼、親情與愛情，建立與多數人的良好關係，因為人不能離群而獨居。

麥克里蘭的三大需求與馬斯洛的五大需求論有些近似，不過前者是屬於較高層次的需求，至少是馬斯洛的第三層以上需求。

麥克里蘭建議公司經營者，扮演一位具有高度成就動機的典範者，使員工有模仿學習的對象，並且成為一個高成就動機的員工，尋求工作的挑戰及負責。

㈣阿爾德弗（Clay Alderfer）ERG 激勵理論

依照學者阿爾德弗（Clay Alderfer）的看法，他基本上認同馬斯洛（Maslow）的五個需求層級看法。但他把需求層級濃縮為三大類，分別是：生存（existence）、關係（relatedness）及成長（growth）等，簡稱為 ERG 理論。

1. 生存需求（existence needs）

相當於馬斯洛之生理與安全需求。是指物質的基本需求，例如，空氣、水、薪水、紅利、工作環境等之滿足。

2. 關係需求（relatedness needs）

相當於馬斯洛之社會與自尊需求。與同事、上司、部屬、朋友及家庭間建立良好的人際關係。

3. 成長需求（growth needs）

相當於馬斯洛之自尊與自我實現之需求。個人表現自我，尋求發展機會的一種需求。

㈤激勵內容理論之間的關係

茲整理前述四個有關激勵的內容理論內涵之相關項目，如圖 3-6：

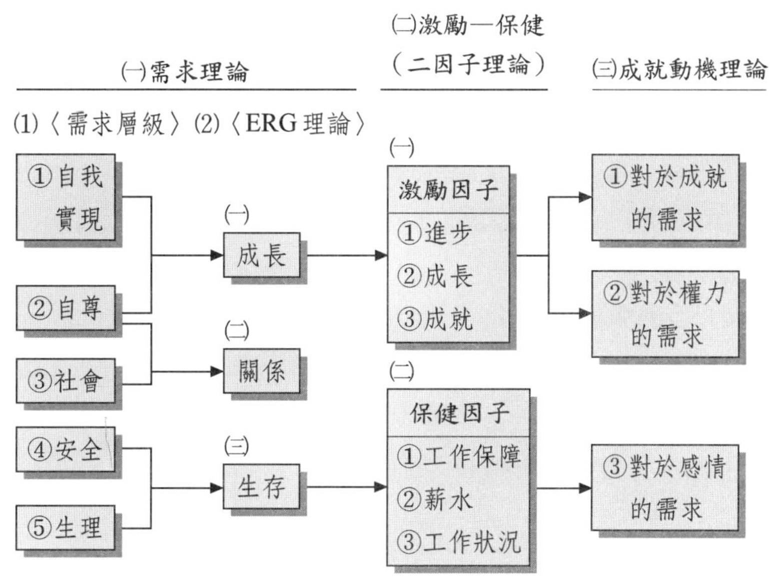

圖 3-6　激勵內容理論之相關性圖示

二、激勵的「過程理論」

㈠公平理論（equity theory）

激勵的公平理論認為每一個人受到強烈的激勵，使他們的投入或貢獻與他們的報酬之間，維持一個平衡；亦即投入（input）與結果（outcome）之間應有一合理的比率，而不會有認知失調的失望。亦即，愈努力工作者，以及對公司愈有貢獻的員工，其所得到之考績、調薪、年終獎金、紅利分配、升官等，就愈為肯定及更多。因此，這些員工在公平機制激勵下，就更拚，以獲取努力之後的代價與收獲。例如，中信金控公司在 2003 年度因為盈餘達一百五十億元，因此，員工的年終獎金，即依個人考績獲得四到十個月薪資而有不同激勵。

此理論是亞當斯（J. S. Adams）學者所提出。此理論認為員工感到公平是提高工作績效及滿足的主因。因此公司在各種制度設計上，必須以「公平」為核心點。

㈡期望理論（expectancy theory）

激勵的期望理論認為一個人受到激勵而努力工作，是基於對成功的期望。

汝門（Vroom）對期望理論提出三個概念：

1. **預期：**表示某種特定結果對人是有報酬回饋價值或重要性的，因此員工會重視。

2. **方法：**認為自己的工作績效與得到激勵之因果關係的認知。

3. **期望：**是努力和工作績效之間的認知關係，亦即，我努力工作，必將會有好的績效出現。

綜言之，汝門將激勵程序納為三個步驟：

1. 人們認為諸如晉升、加薪、股票紅利分配等激勵對自己是否重要？Yes。

2. 人們認為高的工作績效是否能導致晉升等激勵？Yes。

3. 人們是否認為努力工作就會有高的工作績效？Yes。

4. 關係圖示：

努力→高的工作績效→導致晉升、加薪→對自己很重要

㈠期望　㈡方法　㈢預期

5. MF = E × V

（MF = 動機作用力 ； E = 期望機率 ； V = 價值）

（MF = Motivation force）

6. 案例：國內高科技公司因獲利佳、股價高，並且在股票紅利分配制度下，每個人每年都可以分到數十萬、數百萬，甚至上千萬元的股票紅利分配的誘因。因此，更加促動這些高科技公司的全體員工努力以赴。

三、激勵的「增加理論」

㈠「增加理論」的重點

此理論重點在於公司可透過各種不同形式的獎賞，予以引發、塑造或改變。例

如，公司有「提高獎金」、「研發獎金」、「業務獎金」、「訓練獎金」、「創意獎金」等各種增強的獎賞。

㈡鼓勵優於處罰

本理論主張「鼓勵優於處罰」，鼓勵可產生激勵作用，而處罰則易導致反效果及消極。

㈢行為調整（修正）

1. 意義

行為調整（behavior modification）乃是藉獎賞或懲罰以改變或調整行為。行為調整基於二個原則：

⑴導致正面結果（獎賞）的行為有重複傾向；而導致反面結果則有不重複之傾向。

⑵因此，藉由適當安排的獎賞，可以改變一個人的動機和行為。例如，對業績或研發成果有功的人，馬上給予定額獎金發放以鼓勵。相反地，若有舞弊、貪瀆之員工，則立即予以開除。

2. 增強類型

⑴正面增強（positive reinforcement）。

⑵負面增強（negative reinforcement）。

⑶懲罰（punishment）。

3. 增強的時程安排

⑴固定間隔時程，即固定一個時間獎懲。

⑵變動間隔時程，不固定一個時間獎懲。

⑶固定比率時程，即固定一種頻率或次數辦理。

⑷變動比率時程，即不固定一種頻率或次數辦理。

㈣行為強化理論基本前提（因素）

強化理論（reinforcement）基本上是學習理論與司肯諾（B.F. Skinner）理論的延伸。它是由兩位傑出的心理學家巴卜洛夫與桑戴克對行為的實驗分析發展出來的。這個理論建立在三種根本的因素上：

1. 強化理論認為個體或個人在基本上是被動、消極的，同時也只考慮作用於個體身上的力量（forces）與此力量所產生結果之兩者關係而已，否認了個體是積極、主動引發行為的假設。例如，公司必須訂有懲罰守則及管理辦法。

2. 強化理論也否認「個體行為是導自於個體的需求（need）、目標（goals）」的解釋。因為強化理論學者，認為有關需求等方面是不可觀測，且難以衡量的。他們所注意的是能觀察且能衡量到的行為本身。

3. 強化理論學者以為，相當持久性的個體行為變化來自於強化的行為或經驗。換言之，藉著適當的強化，希望表現出來的行為可能性可能增加，而不希望表現出來之行為的可能性，亦可能減少，或者兩者可能同時發生。例如，公司董事長經常會在高階主管會報上，不斷耳提面命詮釋，或是相關部門也會不斷舉行教育訓練的洗腦課程，以強化每個員工應有的行為思想及模式。

強化理論學者認為行為是環境引起的，他們主張，無須關心內在認知的事情，控制行為的是強化因子（reinforcers）：任何一個事件，當反應後立即跟隨一種結果，則此行為被重複的可能性會增加。強化理論忽略個人的內在狀況，而只集中於當一個人採取某行動時，會有什麼事情發生在他身上。由於它不關心是什麼導致行為的發生；因此，嚴格來說，它並不是激勵理論，但它對分析何種控制行為的研究提供了有力說明，所以在激勵討論裡，一般都將之考慮進去。

四、激勵的「整合模式」

波特與勞勒（Porter & Lawler）兩位學者，綜合各家理論，形成較完整之動機作用模式（如圖 3-7）。

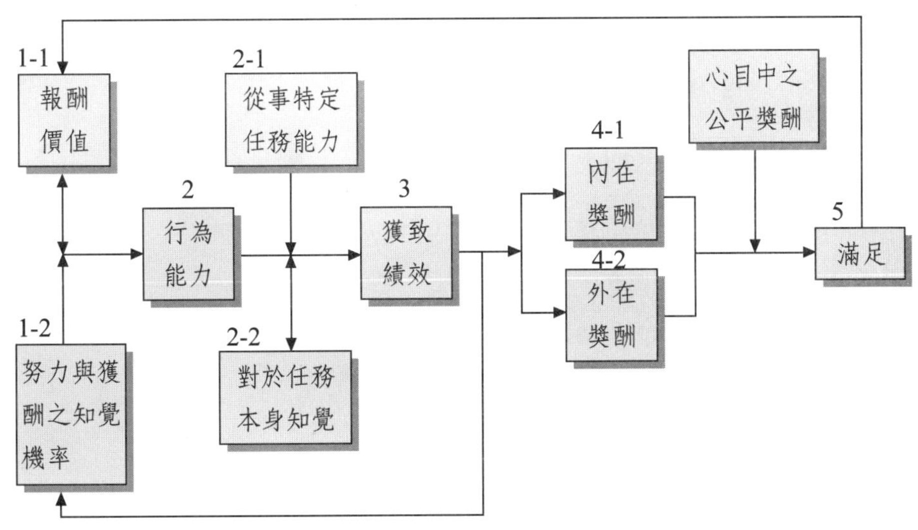

圖 3-7 波特與勞勒動機作用模式

依上圖來看，可知：

1. 員工自行努力乃因他所感到努力所獲獎金報酬的價值很高與重，以及能夠達成之可能性機率。

2. 除個人努力外，還可能受到工作技能與對工作了解這二個因素影響。

3. 員工有績效後，可能會得到內在報酬（如成就感）及外在報酬（如加薪、獎金、晉升）。

4. 這些報酬是否讓員工滿足，則要看心目中公平報酬的標準為何。另外，員工也會與其他公司比較，如果感到比較好，就會達到滿足了。

五、激勵理論之綜合

茲將有關激勵理論，再彙整歸類為如下三種不同角度的看法：

㈠內容理論（content theory）

著重於對存在「個人內在需求」因素之探討，主要有：

1. 馬斯洛（Maslow）之需求層級論。

2. 赫茲伯格（Herzberg）之雙因子理論。

3. 艾德佛（Alderfer）之 ERG 理論。

4.麥克里蘭（McClelland）之成就論。

5.艾吉利斯（Algyris）之成就論。

㈡過程理論（process theory）

旨在說明個體或員工行為如何被激發導引的過程，主要有：

1.亞當斯之公平理論（equity theory）。

2.汝門之期望理論（expectancy theory）。

3.洛克（Locke）之目標理論（goal-Setting theory）。

㈢強化理論（reinforcement theory）

說明採取適當管理措施，可利於行為的發生或終止。下面以行為修正加以說明：行為修正乃是藉獎賞或懲罰以改變或修正。行為修正基於二條原則：

1.導致正面結果的行為有重複之傾向，而導致反面結果的則有不重複之傾向。

2.藉由適當安排的獎賞，可以改變一個人的動機和行為。

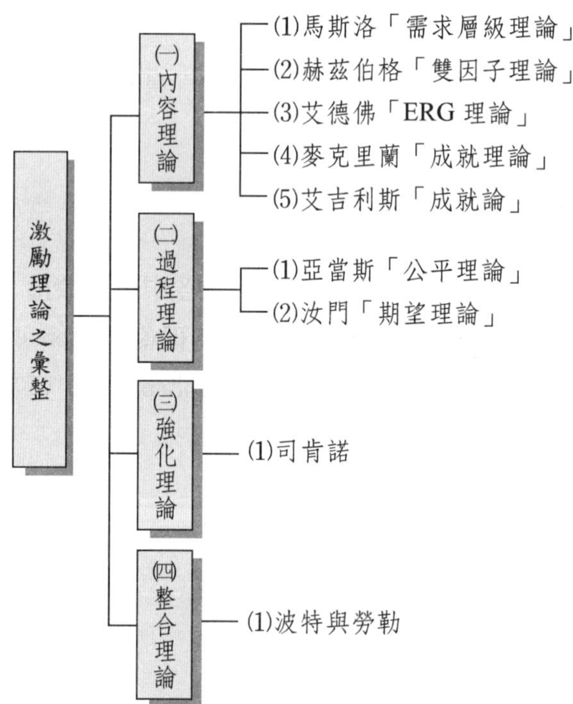

圖 3-8　激勵理論彙整

第三節　激勵員工作戰力的六項企業實務法則

激勵員工的定義：「利用適當的機制與方案，鼓勵員工積極投入工作，為公司創造長久的競爭優勢。」

為順應未來趨勢，經營者應立即根據自身的條件、目標與需求，發展出一套激勵員工作戰力的計畫。員工在這種計畫的激勵之下，勢必會創造高度的創造力與生產力。以下是鼓勵員工作戰力的六項法則（如圖 3-9）：

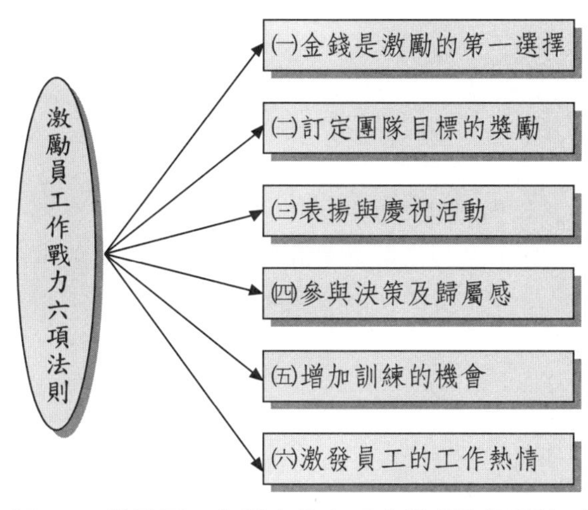

圖 3-9　激勵員工作戰力的六項企業實務經驗法則

一、金錢是激勵的第一選擇

許多企業利用金錢來激勵員工，結果付給員工的薪資與福利不僅因為企業的生產力大增而回收，而且更增進員工的作戰力與士氣。

二、訂定團隊目標的獎勵

許多企業只對個人的業績給予獎勵，但事實上，成功的後面必須靠許多員工一起努力才能完成，如果只有少數人獲得獎勵，更會影響整體團隊的績效與合作默契。

相關的研究顯示，過度強調個人獎勵，會破壞團隊合作的基礎；會鼓勵員工爭相追逐短期且可立即看見成效的工作目標；甚至會誤導員工相信獎勵與員工績效一點關聯也沒有。

三、表揚與慶祝活動

無論是公司、部門或個人的表現，都應挪些時間給團隊，來舉辦士氣激勵大會或相關活動。舉辦這些活動最主要在營造歡樂與活力的氣氛，可以提振員工的士氣與活力。

四、參與決策及歸屬感

讓員工參與對他們有利害關係之事情的決策，這種做法表示對他們的尊重及處理事情的務實態度，員工往往最了解問題的狀況，也知道改進的方式，以及顧客心中的想法；當員工有參與感時，對工作的責任感便會增加，也較能輕易接受新的方式及改變。

五、增加訓練的機會

美國雀伯樂鋼鐵廠（Chaparral）非常鼓勵員工接受訓練，在任何時候該公司都有 85%的員工接受各種訓練。如果員工想要上大學，或到其他地方學習新的製程與技術，公司都會提供休假與旅費來鼓勵。經由這些公司所提供的訓練，員工的作戰士氣相當高昂。

六、激發員工的工作熱情

藉由激發員工的工作熱情也可以成功地提升作戰力。美國五金連鎖公司家庭倉庫（Home Deport）是一個能激發第一線員工良好工作情緒的環境，堅信每位員工的表現是企業成敗的關鍵。他們相信與員工的關係，除了冰冷的制度外，還有感情的存在。只要有心培養這種員工的熱情，讓員工的情緒管理有更好的表現，就更能增加公司的整體作戰力。

第四節　激勵案例

案例 1

日本花王公司對研發商品有成者，給予五百萬日圓高額獎勵。

㈠研發健康食用油，大為暢銷

花王公司的旗下商品「健康 EIKONA」食用油於 1980 年代後期取得專利。最近，花王公司發放總額高達五百萬日圓的獎金給研發有功者。特別的是，這些受獎者之中不只是現任職員，還包含三名已辭職及退休的「前」職員。

花王說，今後只要對公司有一定程度的貢獻者，即使已轉到其他同業任職，花王一樣會毫不猶豫地發給應得的獎金。

事實上，「健康 EIKONA」絲毫不因售價高而影響銷售量。最大原因是其打出的「讓脂肪不上身！」的訴求，得到消費者的支持。根據統計，到 2002 年 9 月中為止「健康 EIKONA」的營業額較之前一年同期，成長了 20%。現在，「健康 EIKONA」的事業版圖正逐漸從食用油開始拓展至其他食品。2002 年 9 月發行的「健康 EIKONA 美乃滋」的銷售額遠比預估為高，且尚在持續增加中。

除了打著「健康 EIKONA」名號的商品以外，HOUSE 系列的咖哩製品以及提供給雪印乳業製造奶油的原料等等，也都有傲人的銷售額。今年單單是「EIKONA」的關聯商品預估，就可達到二百三十億至二百四十億日圓。

橫掃日本國內之後，「EIKONA」更將目標瞄準海外。明年 1 月起正式進軍美國。繼子公司的化妝品商品之後，花王再以「EIKONA」前進到美洲！

㈡激勵獎金有二種制度辦法

獎金的支給方式有「公司內部實施獎勵辦法」與「專利收入獎金」兩種。「專利收入獎金」是指公司將獲得專利的獎金轉發給研發人員的獎勵制度。另一方面，「公司內部實施獎勵辦法」是指若是研發出的商品，能符合下列條件：

1. 在正式上市後，獲得三年以上的高銷售額的好成績。

2. 受專利權的保護。

3. 每年有五十億日圓以上的營業額，或者達到十億日圓以上的利潤，則可獲頒獎金。設定的門檻相當高，至於決定過程則是由公司內設置的「智慧財產權中心」與研究部門的高層共同審查，最後再於經營會議中決定。

這回接受獎金的是在 1980 年代「健康 EIKONA」的研發初期中有功的十四人。其中包含三位離職者。離職的三人中，有兩位在大學及研究機構中任職，另一位則是家庭主婦。特別是這三位中的其中一位在「健康 EIKONA」的主要成分的開發上居功厥偉，因此津鷲部長說：「對於頒發獎金給離職者這件事，我們打從一開始就沒有猶豫過！」

花王的頒發獎金制度緣起於 OLYMPUS 光學工業的訴訟事件。原任 OLYMPUS 研發職務的離職員工提起訴訟，對自己在職期間所研發的產品，要求資方付給自己相等價值的獎金。這之後，包括地板清掃用具以及「妙鼻貼」等商品的發明者共計二十八人，花王都發給獎金，每一組的總額皆高達五百萬日圓。至於獎金則是以判定的數目為參考值所設定。

案例 2

美國 IBM 薪資與獎勵制度的變革
——依績效而敘酬

美國 IBM 卸任總裁葛斯納（Louis V. Gerstner）在 2002 年度曾親自撰寫一本極佳的著作，描述 IBM 自 1990 年代的慘淡危機經營到目前的回春成功的心路歷程。該書名為 *Who Says Elephants Can't Dance: Inside IBM's Historic Turnaround*（中譯書名為《誰說大象不會跳舞》）。葛斯納總裁於 1994 年危機時上任，即進行薪資與獎勵制度的結構改革。

㈠老制度非常僵化與假平等

葛斯納認為「老」IBM 對於薪酬的看法非常僵化：

1. 所有層級的薪酬主要由薪水構成。相對地，紅利、認股權或績效獎金少之又少。

2.這套制度產生的薪酬差異很小。

⑴除了考核不理想的員工，所有的員工通常每年一律加一次薪。

⑵高階員工和比較低階的員工之間，每年的調薪金額差距很小。

⑶加薪金額落在那一年平均值的附近。比方說，如果預算增加 5%，實際的加薪金額則介於 4%和 6%之間。

⑷不管外界對某些技能的需求是否較高，只要屬於同一薪級，各種專業的員工（如軟體工程師、硬體工程師、業務員、財務專業人員）待遇相同。

3.公司十分重視福利。IBM 是非常照顧員工的組織，各式各樣的員工福利皆十分優渥。退休金、醫療福利、員工專用鄉村俱樂部、終身雇用承認、優異的教育訓練機會，全是美國企業中數一數二的。基本上，這是個有如家庭、保護得無微不至的環境，重視平等和分享，甚於績效上的差異。這種舊制度在 IBM 的黃金盛世或許很好用，但在葛斯納總裁到任之前的財務危機期間卻宣告崩解。葛斯納的前任解雇了數萬人。這項行動深深震撼了 IBM 文化的靈魂。

㈡新制度依績效敘酬，才具激勵性

葛斯納總裁到任後，在薪酬制度上做了四大變動，新制度依績效敘薪，而不是看忠誠或年資。新制度強調差異化，總薪酬視市場狀況而有差異，加薪幅度視個人的績效和市場上的給付金額而有差異，IBM 員工拿到的紅利，依組織的績效和個人的貢獻而有差異，IBM 員工根據個人的關鍵技能，以及流失人才於競爭對手的風險，授與的認股權有所差異。

表 3-1 IBM 新舊薪酬制度對照表

㈠舊制度	㈡新制度
齊一	差異
固定獎勵	調整獎勵
內部標竿	外部標竿
依照薪級	視績效良窳

案例 3

美國大陸航空提供獎金誘因，以提升員工績效。

其實，提供正確的激勵誘因，把企業的目標和個人的事業生涯目標合為一體，是十分重要的成功因素。這方面的例子有：葛雷・布雷尼曼（Greg Brenneman）於1994 年走馬上任大陸航空公司（Continental Airlines）的執行長，當時，該公司正瀕臨第三度破產，而且幾乎每一項顧客滿意度都敬陪末座。布雷尼曼和他的團隊為了追蹤和改善公司的績效，採取了無數的措施：他們為員工訂下目標，並且提出確實有效的獎勵辦法，以鼓勵員工達成目標。例如，為了改善準時起降，如果大陸航空的準點率排名前五名時，員工每個月可獲獎金六十五美元，若排名第一則發給一百美元等。結果在短短幾個月內，大陸航空的準點率果真攀升到前幾名。

案例 4

美國 Wal-Mart 貫徹利潤與員工分享，激勵員工更好的表現。

飯店創辦人山姆咸頓在提到 Wal-Mart 成功的十大經營法則中，其中有三條與激勵有關，茲列示如下：

第二法則

和同仁分享利潤，視同仁為夥伴，同仁也會以你為夥伴，你們一起工作的績效，將超乎你所能想像的。你仍然可以保持你對公司的控制力，但是你的行為要像一位為合夥人服務的領導者。鼓勵同仁持有公司股票，將股權打折賣給他們，同仁退休時贈送公司股票。這方面我們做得很好。

第三法則

激勵你的夥伴。錢和股份是不夠的，必須每天不斷想些新點子，來激勵並挑戰你的夥伴。訂立遠大的目標，鼓勵競爭，記錄成果。獎品要豐富，如果招式已老，要推陳出新。讓經理調換職位，保持挑戰性。讓每個人猜測你的下一招是什麼，別讓他人輕易猜到。

第五法則

感激同仁對公司的貢獻。支票與股票選擇權可以收買忠心，但是更需有人親口感謝我們對他所做的事。我們喜歡經常聽到感謝的話，尤其是我們做了足以自傲的事之後。任何東西都無法取代幾句適時的真心感激話，不花一毛錢，卻又價值連城。

案例 5

台北喜來登大飯店
——創造「榮譽因子」激勵員工

台北喜來登飯店的業績頻創新高，除 2005 年 11、12 兩個月都有單日營收破千萬元的紀錄，2006 年春節假期的餐飲生意亦較前一年多出了近 350 萬元。全新開幕的光環加持與全新硬體，固然是喜來登業績扶搖直上的原因，外界不知的是，這也是總經理約瑟夫・道普（Josef Dolp）推動員工激勵方案後展現的初步成果。

「只是獎金不足以激發員工士氣」，約瑟夫・道普認為，錢，只是台北喜來登眾多激勵因子中的工具之一，為達目標還需要更多「榮譽因子」輔助。因此，將於 1 月 12 日表揚的年度最優員工，踩著紅地毯上台接受表揚，家人應邀觀禮，家屬還會收到總經理親筆的感謝函，而單位主管也將錄製DVD送給同仁紀念。約瑟夫・道普認為，唯有發自員工內心的服務，才能稱為「高感度」的服務，而這也才是未來立足市場的優勢利基。

☞ 自我評量

1. 試說明動機的形成。
2. 試說明動機有哪些類型。
3. 試申述動機理論及過程。
4. 試說明激勵理論的「內容理論」。
5. 試說明激勵的「過程理論」。
6. 試圖示激勵內容理論之相關性。
7. 試說明激勵的「增強理論」。

8. 試說明激勵的「整合模式」。

9. 試述激勵員工作戰力的六項實務法則。

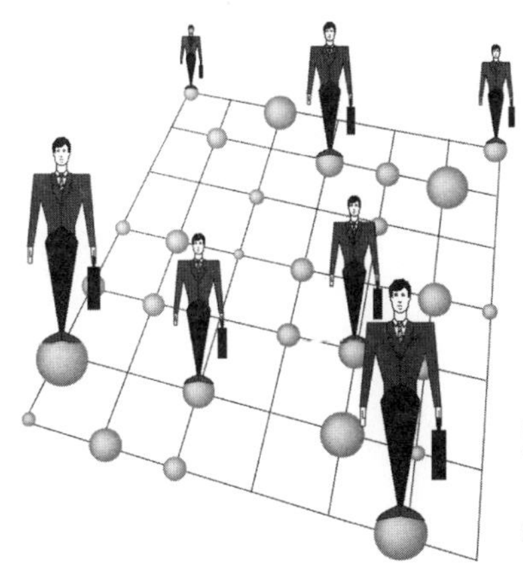

chapter

群體行為之綜論

Group Behavior

第一節　群體的定義、要素、重要性、類型及理論模式

第二節　群體發展過程與群體向心力

第三節　群體內行爲分析及群體內互動

第四節　群體行爲案例

第一節　群體的定義、要素、重要性、類型及理論模式

一、群體之定義與要素

㈠定義

1.根據學者史恩（E. Schein）之研究，對群體之定義為：「群體為一群彼此面對面溝通中，相互認識，認為同屬一個團體中之個人所形成之結合體。」

2.另外，學者華力斯（M. J. Wallace）則定義為：「群體乃是為了達到共同目標，而存在相互依賴關係之二個人以上組成的團體。」

㈡要素

根據上述之定義，我們可以歸納出一個組織的群體（group）應具備之要素，如下：

1.應由二人或二人以上組成。

2.二人以上成員之間，應有互相見面、交談、共事、合作之機會，雖然未必同屬一個部門、一個單位，但應屬同一個群體。

3.成員之間應具有共通之意識、目標。例如，保護其工作、追求其利益及面對相同威脅等。

4.因此，成員彼此之間視為同屬一個群體，而且相互吸引，形成生命共同體。

二、群體（群居）活動的本質觀點

人是群居的動物，人們必定會被其他不同的人所吸引，找尋相似夥伴，而有群體行為。

群體行為，可以從五種本質觀點來看：

㈠知覺觀點（perception viewpoint）

此即認為群體中每個人，都會了解到自己與其他人之群體關係，而且具有體察共同的知覺。

㈡動機觀點（motive viewpoint）

此即認為組織成員是基於滿足某些需要，而參加群體。例如，公司中經常會出現不同的派系，大體上都是為了升官發財，而靠攏到有權勢的高級長官的團隊去。

㈢相依觀點（interdependence viewpoint）

此即團體成員與成員之間相互依存、依賴的組合體。例如，以電視台的新聞部為例，採訪一則新聞到播出，必須要有文字記者、攝影記者、主編、副控、主播及導播等，這一群人的工作，均有相互依賴性。

㈣互動觀點（interactive viewpoint）

此即指群體是一群互動關係之個人所組成的。例如，生產部門與銷售部門，必會針對顧客需求及訂單狀況，而有互動行為。

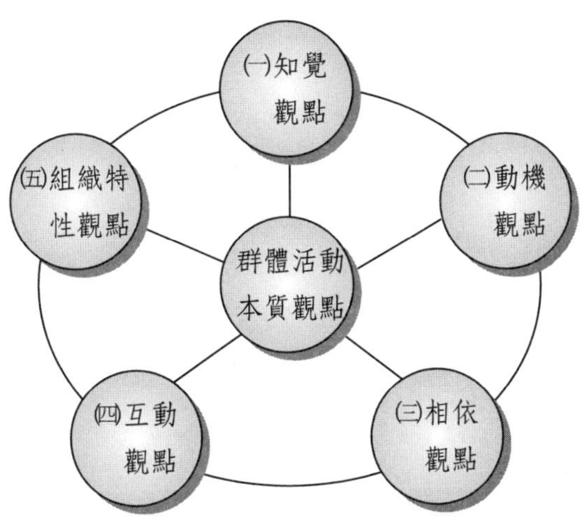

圖 4-1　群體（群居）活動的五種本質觀點

㈤組織特性觀點

此即指群體是一群個人所組成之社會單位，其相互間有地位及角色之相互關係，且訂有規範、價值等條件限制成員之行為。

三、群體研究的重要性

在社會學、組織行為學及社會心理學科目之中，群體均為重要的研究範圍，主因有三個：

1. 因群體是文化中，社會秩序的關鍵因素。
2. 群體在個人及一般社會中，扮演一種重要的中介角色。
3. 群體行為是經理人有效達成目標之主要方法。

因此，公司每個主管均應了解：

1. 滿足群體之手段為何？
2. 影響群體行為之過程為何？
3. 群體成員間互動最大及衝突最少之做法為何？
4. 如何提升群體行為與工作績效間的關係？

四、群體類型

如依公司組織程序來區分，群體可以有二種類型：

㈠正式群體（formal group）

在正式組織內部，群體內部成員均具有正式的職位、職權、職責與職稱。

例如，業務部、財務部、生產部、管理部……等，或是某某專案委員會、專案小組等。

㈡非正式群體（informal group）

係指在組織內部，由各成員之間互動而自然吸引組成的私下群體。可能由相同部門或不同部門、不同階級、不同工作性質的人員所組成。例如，組織內部的台大幫、成大幫等。

另外，也有人將群體類型歸納為以下幾種：

1. 指揮隸屬群體（command group）：係指由主管與直接部屬所構成，與組織表上完全一致，此乃一種正式群體（formal group）。例如，同一個工廠的相關單位上、下級之同事群體。

2. 任務群體（task group）：為進行某項專案任務所形成之暫時性群體組合。

3. 利益群體（interest group）：組織內某群人員為爭取其共同攸關之利益而形成之群體組合。

4. 友誼群體（friendship group）：這類群體分子係因興趣、性別、族別、教育、族群、宗教、血統等因素而自成一個群體組合。

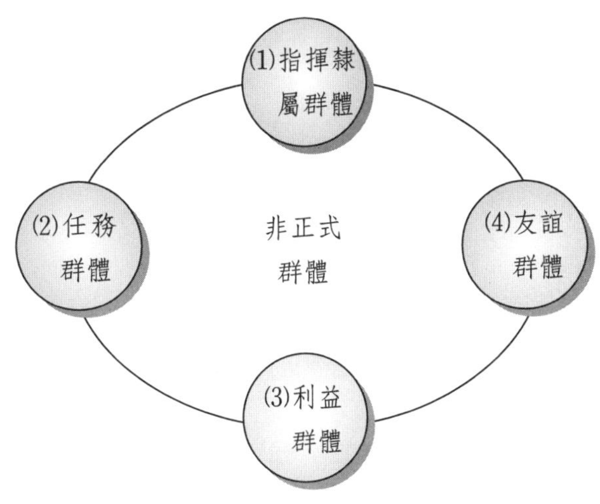

圖 4-2 非正式群體的種類

五、個人加入群體之原因

學者 Reitz 認為個人加入群體，有六項原因，如下：

㈠追求安全之需求（security）

工作群體可為成員帶來較大的安全感。

㈡社會與親和之需求（social affiliation）

工作群體可為成員帶來社會與親近的生活感。

㈢被尊重、被賞識之需求（esteem）

工作群體可為成員帶來自尊與被讚許之滿足。

㈣權力需求（power）

成員可透過工作群體，對外展現權力力量。

㈤成就需求（accomplishment）

成員在工作群體中，可以在努力後得到升官加薪的成就感。

㈥認同需求（identity）

成員在工作群體中，可被大家的認同感所滿足。

六、員工個人之間相互吸引之基礎

在工作群體中，員工個人之間因為存在有下列相互吸引的基礎，因此，才會形成一個組合體。這些吸引基礎，包括：

1. 因為工作距離近，而有互動之機會。
2. 某些成員地位高，職權大。
3. 某些成員的背景相似性（similarity）高，且態度與價值觀亦相近。
4. 人格特質相似，故有惺惺相惜之現象。
5. 為達成群體活動及目標者。

七、群體形成的理論模式

有組織行為學者將群體形成的原因加以理論化，並提出四種理論模式：

㈠「工作需求」理論（demand-of-job theory）

企業實務上的各種工作推動，不可能由一個人去完成，通常要由一個部門或跨部門分工且組合而完成。因此，每個人必須藉由工作群體的力量才會成功。而個人就因工作需求而必然的融入此群體中。

㈡「成果比較」理論（outcome comparison theory）

組織中個人相互吸引之關係，係受個人與群體結合之物質報酬所影響。如果群體不能為個人帶來所預期的報酬，個人可能就會脫離此一群體，轉而投向其他群體。

㈢「互動關係」理論（interaction theory）

當互動機會愈多，成員之群體意識也就愈強。若組織內兩個單位很少有互動機會，就可能成為兩個互為獨立運作的單位，不易融入對方的群體內。

㈣「相似性」理論（similarity theory）

很多研究顯示，群體的形成與維持，乃是成員彼此之間具有某種程度的密切關係。包括性別、年齡、教育水準、學歷科系、社經地位、宗教、個性、態度等之相似性項目。

㈤總結來看

群體形成的原因，可簡易歸納如下：

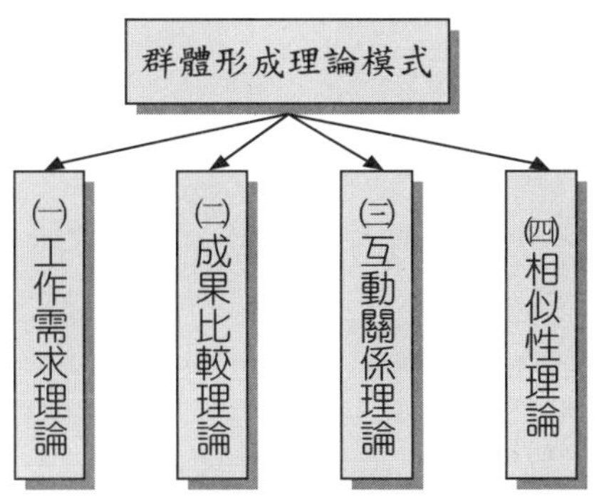

圖 4-3　群體形成的四種理論模式

1. 工作地點或位置相互鄰近

由於工作地點或位置互相鄰近的關係，人與人較有接觸與溝通的機會，是同一個單位的同事或不同單位的同事。例如，同一個廠房或同一棟辦公大樓或同一層樓。

2. 經濟與權力利害關係

人與人之間如果面臨經濟與權力利害關係時，也會聚集成為一個工作群體。

3. 社會及心理上理由

此可由下列四種理論來加以說明，顯示同事彼此之間，亦易於形成凝聚的工作群體：

⑴馬斯洛的生理、安全、社會、自尊與自我實現的五大需求。

⑵工作本身之相依需要理論。

⑶互動理論（interaction theory）。

⑷相似理論（similarity theory）。

係指成員各種個人特質與特性間具有相似密切之關係。

第二節　群體發展過程與群體向心力

一、群體之動態發展（成長）過程

㈠克魯格觀點

學者克魯格（Glueck）認為群體形成與發展，可以歷經四個階段：

1. 初步形成（initial formation）

由一群具有共同意願，為達成預定目標而努力之個人集合而成。

2. 設定目標（elaboration of objectives）

群體對目標之設定，做為大家努力之承諾。

3. 制定結構（elaboration of structure）

建立群體內相互分工、協調、職掌等關係，並推出群體領袖。

4. 產生非正式領袖（emergence of informal leader）

推出非正式領袖以協助正式領袖之不足。

㈡貝士觀點

學者貝士（Bass）將群體成員區分為四個階段：

1. 環境適應階段

此階段之群體活動有四個：
⑴澄清群體成員關係及互賴。
⑵確認領導角色及澄清權威與責任關係。
⑶規定結構、規章與溝通網路。
⑷研擬目標、完成計畫。

2. 問題解決階段

成員相互交換意見，討論如何處理面臨之問題。此時群體之活動有三個：
⑴確認及解決人際衝突。
⑵再進一步澄清規章、目標及結構之關係。
⑶在群體中，成員發展出一種參與之氣氛。

3. 績效激發階段

此時群體活動主要有：
⑴針對目標完成群體活動。
⑵發展適於任務執行之資訊流通及回饋系統。

(3)群體成員向心力日增。

4.評估控制階段

此階段之群體活動，包括：

(1)領導角色著重幫助、評估及回饋。

(2)角色及群體予以更新、修正及強化。

(3)群體顯示完成目標之強烈動機。

(三)總結來看

1.彼此接受

當一個人在組織中，可能處在過度孤立徬徨的心理需求下，漸漸尋求到相依為命的人，彼此接受、想法相同、觀念亦近，因此，形成一個數個人以上的群體。

2.解決問題

在此階段中，群體成員互相交換意見、互相討論、互相解決工作上的難題，經由解決問題的經驗，而形成工作群體。

3.產生激勵作用

在此階段，群體的發展更趨成熟化，成員之間也互相了解、信任，更與團隊合作，彼此互予激勵。同事之間養成了共同鼓勵與共同榮譽的高度精神感。

4.控制作用

一個群體具有某種地位與影響力之後，對成員會產生一種實質與精神上的控制，期使所有成員都必須遵照群體規範行事。這是一種社會內化與組織文化養成的無形做法。

二、群體向心力（Cohesiveness）或凝聚力

向心力是指在群體中的每個成員相互吸引力與彼此親近之程度。

向心力愈強，則群體的團隊合作力量愈大，群體的生產力及績效亦會較高。

㈠影響向心力（凝聚力）之五項因素

1.群體地位

此群體在社會、政治及經濟上地位愈高，則其凝聚力愈強，或是公司某些部門，受到老闆的極度重視與賞識，其權力也較大，故其成員凝聚力亦愈強。

2.成員對群體依賴程度

成員從群體中所得到之各種滿足愈高或福利愈好，則凝聚力也愈強。

3.群體人數

群體人數過多且無效率之聯繫制度，將會降低其凝聚力。例如，十個人與一千人單位的同事單位，其凝聚力自不同。

4.成功之經驗

群體有成功之典範經驗，足令成員欣慰與驕傲，則凝聚力便相對增強。例如，R&D 研發單位，開發出一款令公司大賺錢的新產品成功經驗。

5.管理階層的工作要求與壓力大小

工作要求愈多與壓力愈大，可避免群體同仁精神鬆散掉，而缺乏目標與動力。

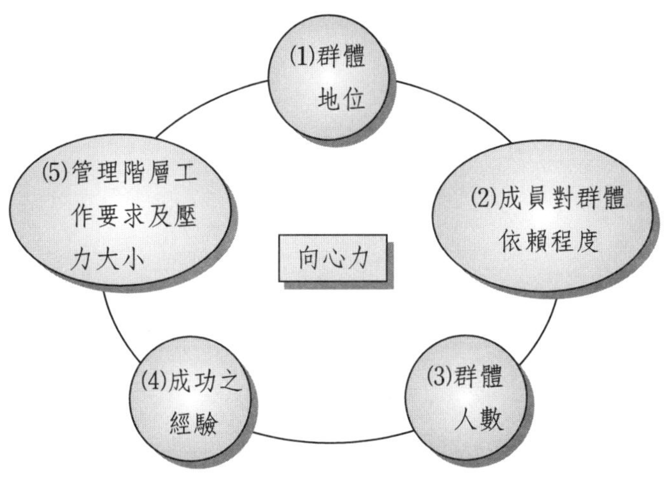

圖 4-4　影響組織群體向心力（凝聚力）的五項因素

㈡增加或減少向心力之因素

1. 增加向心力之因素

⑴對目標一致共識高。
⑵個體之間互動頻次多。
⑶個體相互吸引程度強。
⑷群體競爭程度高。
⑸群體威望高。
⑹群體距離近。

2. 減弱向心力之因素

⑴對目標看法不一致。
⑵群體規模偏大。
⑶群體不愉快的經驗多。
⑷群體內競爭程度高。
⑸被其他群體支配程度大。

三、群體對組織之正面功能

群體的存在，對組織之正面功能包括：

1. 真正發揮群體決策之效果，此即集思廣義之功效。
2. 增進人員間之合作共識，唯有共識，行動力量才會發揮。
3. 有助於新進人員在組織內部社會化作用，避免生疏或間離，很快能融入此組織內。

四、非正式組織產生之原因

公司內部亦經常會出現小規模的非正式組織，這並非正式的層級組織關係。這些起因是：

㈠感情（affiliation）

非正式組織團體滿足了個人感情的需求。

㈡協助（assistance）

非正式組織可為個別成員提供精神與實質之協助。

㈢保護（protection）

個別成員需視為組織之一分子，必會受到多數成員之保護，裨免於遭受傷害。

㈣溝通（communication）

個別成員對周遭人事物之發展與八卦消息具有知悉的慾望，而非正式組織也提供此種管道。

㈤吸引（attraction）

不管是何種工作內容的組織成員，均對其他成員具有某種吸引力，讓人想去接近他們、了解他們。

五、非正式組織之特質

非正式組織成員，具有三種特質：

㈠抗拒改變（resistance to change）

對於會影響或企圖弱化非正式組織之任何舉動或改變，最初都會遭遇到抗拒。

㈡具社會控制效果（social control）

個別成員必然會遵守非正式組織之規範及慣例，因此具有一種社會性之自發的控制效果。

㈢會有非正式之領導（informal leadership）

非正式組織也是一個小型組織體，要有效生存著，就必須要有領導與指揮系統才行。

六、如何導引非正式組織

小型非正式組織，若能採取下列五種有效導引做法，則對正式組織而言，亦是一種助益，不必害怕。這些做法與心態包括如下：

1. 認可其存在性，不需刻意去摧毀它（recongnize its exist）。
2. 傾聽非正式組織及其領導人之意見與建議。
3. 在未採行進一步行動之前，應先考慮對非正式組織帶來之可能的負面效果，避免使其遭受傷害（consider negative effect）。
4. 要減少抗拒的最好行動，就是讓非正式組織之成員參與正式組織之部分決策（participate in decision-making）。
5. 以放出正確消息來消弭小道消息之流傳（releasing accurate information）。

七、如何讓群體更有績效

在管理做法上，應設法讓非正式組織群體更有績效才對，包括：

㈠規模（size）

群體的成員人數應該適當，不可太多，以三到九人或五到十一人較為恰當。

㈡組合（composition）

群體成員之個性、教育程度、特質均應力求相似。

㈢群體規範（group norm）

群體必須建立自己內部標準化之規範，以供個別成員遵守。

㈣凝聚力（cohesiveness）

群體的凝聚力是表現在讓外界的個別一直想進入該組織，而原有的個別成員也不想離開此群體，此即「近悅遠來」之意。

㈤集體思考（group think）

此係指組織之個別成員均可貢獻其智慧與經驗，期使透過「集思廣義」而達到最好之對策與結論。

㈥建立群體成員之地位（status of group members）

每一個群體成員在組織中應該有其職稱、職務、地位與權責。

㈦群體成員之角色（roles of group members）

每一位成員在群體中可扮演二種角色：

1. 任務角色（task role）。
2. 維繫角色（maintenance role）。

㈧衝突（conflict）

群體的部分衝突行為，會有助於群體績效之改善與問題發掘，對此而言，衝突並非全是不好之事。

第三節　群體內行為分析與群體內互動

兩個以上群體互動發生過程，稱為群間行為（Intergroup behavior）。此種群間，從實務上看，可以是企業組織間不同的二個部門之間的互動行為，或是同一個部門下二個不同單位之間的互動行為。

一、影響群間行為與產出的要素

影響公司組織內群間行為與產出成果的要素有以下六項：

㈠目標（goals）

群體的目標如果能與其他群體的目標相互整合，共同形成組織的目標，那是最好的，是一種雙贏與多贏的狀況。但是，如果各行其是，只顧自己目標的達成，而不顧別人的目標，則會相互抵消掉。因此，目標在群間，不能衝突，也不能混淆不清，也不能過度惡性競爭。因此，最好是相容、一致、共同的、互利的目標。

㈡不確定性（uncertainty）

不確定性係指員工個人或群體，對下列三種不確定性的感受：

1. 狀況的不確定性。
2. 影響所及的不確定性。
3. 反應的不確定性。

因此上述三種不確定性，亦會影響到群體與群體間的權益、衝突、互利、壓力、權力等關係。

㈢替代性（subsititntability）

如果組織內某個部門，或某個人的功能，可以被替代掉，則在原群體之影響力就會減弱。

㈣工作關係（task relations）

群體間存在有三種不同的工作互動關係，包括：

1. 獨立自主的工作關係（indedpendent）。
2. 互依的工作關係（interdependent）。
3. 依賴的工作關係（dependent）。

而這些互依互賴的群體間工作關係，對組織工作的推展與績效目標的達成，有其重要性。

㈤資源分配（resources sharing）

資源分配在組織中，面臨二個問題：⑴資源過少，不夠分配；⑵資源還可以，但分配不均。此即患寡又患不均。

因此，資源的分配，在群體之間，會產生競爭分食的衝突，或是合作無間的配合。

而高階主管，必須思考下列幾個問題：

1. 資源總量的擴大（資源發展擴大些）。

2. 在有限的資源下，資源配置的優先順序（即 priority）。

3. 資源分配的公平性問題。如此，才能降低組織間資源分配的衝突，而引起個人或部門間的衝突。

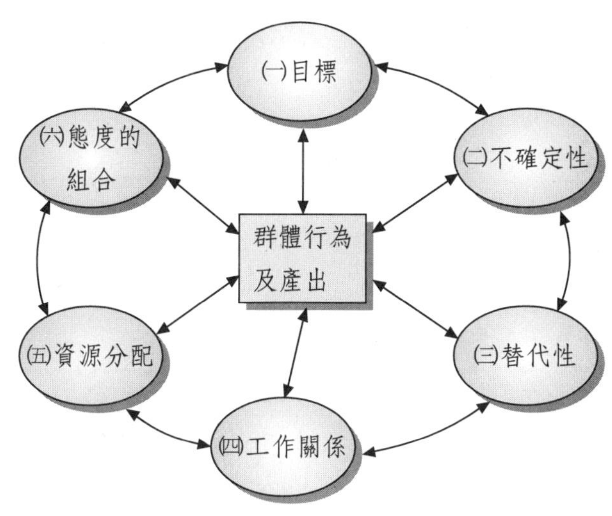

圖 4-5　影響群體間行為績效之六項因素

㈥態度的組合（attitude set）

此即指許多群體與部門間，對彼此想法與看法的問題，以及合作或競爭的基本態度。如果群體間的態度是合作與雙贏取向，部門間就會和諧而努力共同打拚，達成組織目標。

二、群體間績效分析

影響二個以上部門群體間之績效因素，包括三項因素：

㈠任務不確定性程度高或低

1. 任務明晰程度（clarity of task）。如果二個群體之間的權責、指標、流程、規章及政策明確，則其群體績效就愈高。

2. 任務環境穩定程度（task environment）。工作任務觀念穩定且單純，則績效亦高。

㈡目標取向

群體間之目標取向愈一致與共識愈高者，則群體間的績效也就較高。

㈢互依關係（interdependence）

兩群體間的互依關係，有三種型態，如表 4-1。若其互依關係的規章、制度、流程愈清楚，便愈能提升群體間的績效。

表 4-1　群體間互依的三種型態

型態	互依程度	說　明
①聯合式	低	A.→ B.→ C.→ 三個部門群體均各自獨立，但其目標對組織整體有貢獻。
②串聯式	中	A.→B.→C.一部門之產出，成為下一部門之投入。
③交互式	高	A.⇄B.⇄C.每個部門之產出為其他部門之投入，反之亦然。

三、如何建立有效的群體間關係

針對前述群體間行為與產出的六大影響要素之說明後，此節我們談到，組織究竟應如何建立有效的群體間關係，基本上有六種做法，說明如下：

㈠建立跨越群體的更高目標與獎酬

群體有各自的努力目標與獎酬制度，但如能設計一種跨越群體或稱為超群體

（superordinate group）的大家共同追求的目標與獎酬制度，則可以誘導相關群體間，共同努力或聯合實力去達成它，如果不聯合，則聯合利益就不可能達成。

㈡利用更高組織層級來做報導整合（organizational hierarchy）

組織可以利用更高層級的上司、長官或決策仲裁者，以協調及整合方式，進行群體間的不協調或本位主義或衝突。當然，此高層人士，必然是有老闆的真正授權，及有權力之高階主管才行。否則各部門一級主管也不會聽從他的裁示。

㈢計畫程序的落實（planning process）

透過公司有制度性與已經機制化的規劃程序、或流程、或辦法、或規範等，才可以達成良好的群體間互動與互助關係。

㈣聯絡角色（linking roles）的扮演

公司在規模日益擴大之後，也常會在組織上設立一種專責聯絡角色，以解決不少互依群體間的溝通及行為問題。

企業實務上均委由管理部門的主管負責，以「走動式管理」的做法，以了解及搓和解決群體間的問題。

㈤工作團隊（或小組）的成立

工作團隊（或專案小組）也經常在公司組織內出現，它是為了解決各群體間或各組織間的協調與分工問題，而形成的一種臨時性組織，以完成特定性的重大任務目標。一旦完成任務，就很可能解散而回到原單位去。

㈥整合性角色與群體單位

整合性角色（integrating role）是指公司指派一名高階人員，永久性的協助及整合多個部門的工作角色。

例如，產銷協調單位經理、決策委員會召集人、稽核委員會召集人、專案經理人、品牌維護召集人等。

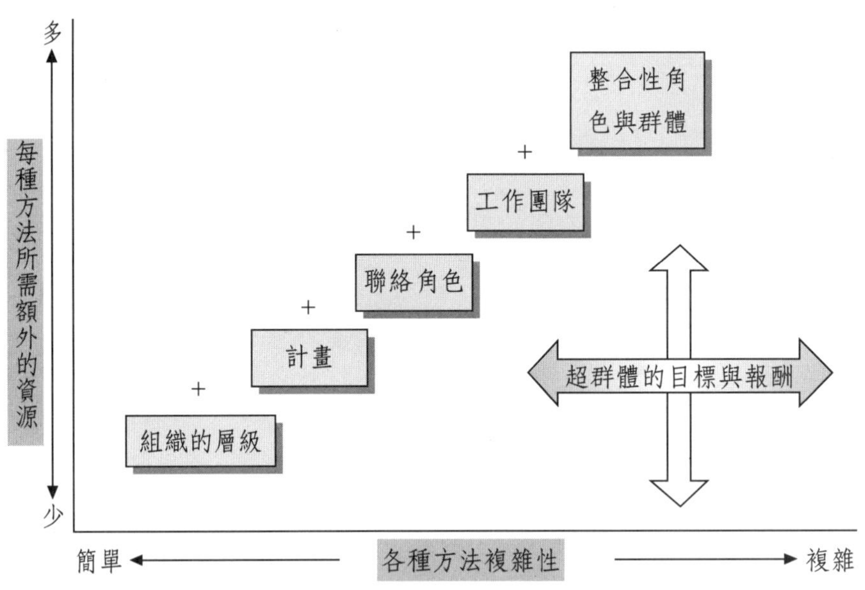

圖 4-6　建立有效的群體間互動方法

四、群體的多樣性

㈠群體的型態

1. 友情群體（friendship group）

是指那些為滿足組織成員個人的安全、自尊與歸屬的需求所成立的群體。

2. 工作群體（task group）

是指為了達成組織目標所形成的群體。又可包括：

⑴互動群體：是指各單位成員必須相互行動，互相支援協助，才能完成工作。

⑵同動群體：是指某單位成員，可以相當獨立的進行工作，暫時不會與對方有互動行為的群體。

五、群體發展的階段

一般來說，許多群體或單位的發展都是經過五個階段：

1. 形成（forming）：了解群體的狀況。
2. 整合（storming）：將自己與群體如何融合在一起，整合工作。
3. 規範（norming）：依照群體所擬定的規矩及流程來工作。
4. 執行（performing）：參與群體的執行力。
5. 結束（adjoining）：從投入到完成任務，退出或暫停工作。

六、影響群體行為及產出的因素

影響一個群體（或部門）的行為及它的產出因素，包括下列七項因素：

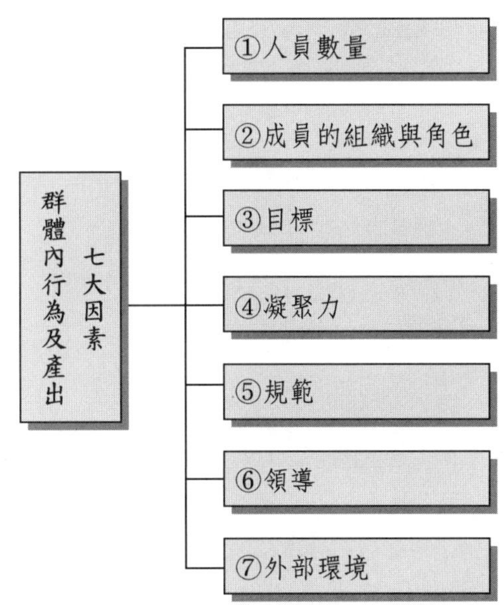

圖 4-7　影響組織內部群體行為與產出之因素

1. 此群體（部門）人員數量規模的大或小。
2. 成員的組成及角色：成員的角色有三種：(1)工作導向角色；(2)人際關係導向角色；(3)自我導向角色。

3.規範（norms）：係指被群體大部分成員所接受，且公認為適當之行為準則。大眾的認知與行動方式均一致。

4.目標：群體的目標是希望能使群體中的所有人都能接受及認同。

5.凝聚力（cohesiveness）：凝聚力是指組織成員中，自願且樂意留在群體中的慾望、心情與承諾。

6.領導：不管是正式或非正式領導，其領導風格與領導成效，均深深影響到群體後來的行為。

7.外部環境：外部大環境自然也會影響到內部群體行為的層次因素。

第四節　群體行為案例

案例 1

韓國三星電子集團的組織行為策略：強調無派系主義，排除學緣、地緣、人緣關係。

在三星電子，詢問個人的出生地及畢業學校是被禁止的。某位幹部說：「自我入社至今二十年來，從沒有被人問過是從哪一所大學畢業的。」

在錄用新進職員時也一樣。學校、出生地等都不是大問題。在決定是否予以錄用的最後面試階段，則完全不參考面試者的個人基本資料。

一旦通過基本的文件審查，就將面試者的個人資料擱在一旁，只放面試的評分表，經由集體討論方式進行面試甄選。過年過節，三星也嚴禁職員到公司上司家中拜訪、送禮。

三星之所以採用這樣的政策，是因為學校、出生地等背景的派系之分，隨時都可能變成「集體利己主義」。李健熙董事長也多次強調：「省籍地域的利己主義、學校派系的利己主義、部門山頭的利己主義，都會降低組織的競爭力。」在此考量下，自然禁止任何可能會被誤會成派系之分的行為。

從 1994 年開始，三星在錄用規定中，乾脆廢除學歷的限制。這正是所謂的「開放錄用」。

「人才的好壞不在於學歷，而在於個人所具有的潛在能力。」李健熙董事長是

這麼指示的：「錄用人才不要把學歷放在心上。只要能發揮能力，就要比照大學畢業的職員給予同等的待遇。」

一旦以能力做為考量標準的人事政策逐漸生根，超越派系的企業文化更加公開，從外部吸收所謂的「異邦人」也會逐漸增加。「只要是有能力的人，就不要去區分其出生背景為何，而要盡力地延攬進來。」

案例 2

群體間互助合作
——三星電子集團麾下跨公司合作好典範

㈠四家三星關係企業共同開發產品

名品 Plus One 電視（1995 年）、三十四吋全平面電視（2000 年）、世界最大六十三吋電漿電視（2001 年）……都是三星電子的代表作。

四家電子相關企業總共投入了五十五名研究員以及二百二十七億韓圜的研究費。研究人員分別由三星電子、SDI、電機以及 Corning 等四家關係企業公司遴選出來。

三星電機協理金載助說：「因為在整機和零組件上都有最高技術團隊的有效合作，才能在短時間內研究出新產品。同時三星電子的行銷人力，必須從技術開發階段便開始參與，這樣才能比其他競爭對手提早一步商品化。」

㈡互助合作的核心：跨公司總經理級團隊會議

在第一線工作者的協力合作的背後，有三星電子關係企業的總經理會議在當後盾。這個由李建熙董事長召開，每年兩次。會議的場所雖然主要在承志園（三星創辦人李秉喆的故居），但有時也會依當時情況，或是策略目標另擇他地舉行。中國上海（2001 年 11 月）、美國德州奧斯汀（2000 年 2 月，德州首府）的會議，也同時體現了該年海外市場的重點所在。

電子、SDI、電機、Corning、Techwin、紡織、SDS 等三星電子相關企業總經理團隊，2002 年 4 月 19 日於龍仁「創造館」召開會議，除了十年後三星電子要靠什麼存活的主題之外，也討論為了讓數位產品的融合發揮到極大，所面臨的事業領域調整問題。總經理團隊一旦勾勒出未來的藍圖，各事業部長級的幹部就必須根據新策略，每月召開一次會議，更具體地確立產品開發計畫。

此外，各產品也有許多小型會議。為了無線通訊技術開發的「關係企業合作會議」，出席人員包括三星電子記憶體事業部總經理黃昌圭、三星情報通訊事業部總經理李基泰、三星 SDI 綜合研究所副總經理裵哲漢，以及三星電機綜合研究所協理金載助等人。

案例 3

統一企業高清愿董事長與合作對象的群體互動成功三要件——感情、尊重與肯定

過去二、三十年來，統一曾與許多日商公司合作，引入先進的技術，以提高產品品質。在這類技術移轉的工作中，扮演最關鍵角色的，就是日商公司派遣來台的日籍顧問們。

對於這些顧問，高清愿非常尊敬，應對進退之間，都是持學生之禮，視他們為自己的老師，必恭必敬，在禮數上，不敢有所輕忽。

這些顧問，除了在日常生活受到統一周全的照顧，閒暇時，公司還會派人帶他們遊山玩水，彼此相處得極為融洽。雙方的情誼，也從公務延伸到私誼。

在這種情況下，日籍顧問無不卯足全力，毫無保留的協助統一進行技術提升的工作。有時，公司遇到技術發展的瓶頸，他們甚至會不眠不休的從旁協助，來克服難關。

十多年前，有家製造奶品的日商，與統一交流多年，雙方合作無間。後來這家日商又與國內一家食品公司合作，生產冰淇淋，但是沒過多久，雙方合作關係即告吹。

數年後，這家日商一位高層人士告訴他們原因，因為國內那家業者，對日方技術人員的尊重與重視的程度，較之統一，萬不及一。

這件事反映了一個人盡皆知的道理，人與人，或公司與公司之間，要走長路，要維繫良好的互動，有三樣東西不能少，就是感情、尊重與肯定。

案例 4

統一企業高清愿董事長指出
——統一員工具有高度向心力，高薪也不易被挖走

這幾年，人性化的管理，在企業界高唱入雲，不過說歸說，在現實生活面上，老闆不尊重員工的例子仍時時可聞。前兩天從友人處，就聽到兩則小故事。

其中一個小故事，是發生在中部一家知名的企業主身上，這個老闆脾氣暴躁，屬下所擬的公文，若不合其意，脾氣一上來，就連罵帶吼的，把公文摔到員工身上。

另一個故事，則是中部一位年輕的企業界第二代，由於父母過於驕縱，與員工互動，鮮少使用「尊重」這兩個字，員工若拂逆其意，脫口大罵不說，還夾雜許多侮辱人身的髒話。

像這類老闆，縱使提供員工再好的待遇，恐怕也很難贏得他們衷心的愛戴，因為一個人的人格是無價的。

在這個世界上，每個人都有不同的命運與際遇，在社會上所扮演的角色，也各有差異，可是職位無分高下，大家的人格，都是生來就平等的，沒有一個人有資格，仗著他的權勢、地位或財富，去侮辱他人的人格。

至於怎樣才能留得住人才，將心比心，相互尊重，上下良好的互動關係，往往是首要且必要的條件，至於薪資待遇，有時卻成為次要的考慮因素。

以統一公司為例，中、高層幹部對公司向心力極強，就絕大多數人而言，外界即使許以高薪或高位，也挖不走，原因就在於他們受到尊重、器重，對統一有感情，有向心力，同時對自己的前景也有信心。

高清愿曾表示，人與人相處，就像在照鏡子。經營者對其員工，也是同一道理，一個不懂也不願尊重員工人格的經營者，終將會被大時代的洪流淹沒。

案例 5

美國奇異（GE）公司威爾許總裁推動「合力促進」與「無疆界組織」之群體合作成功案例。

美國最大民營企業奇異公司前任總裁威爾許在一本介紹奇異公司如何成功的書中，深入介紹了威爾許總裁如何去除奇異公司龐大的官僚組織體的精彩過程。

茲摘述其精華重點如下：

㈠掃除部門之間的障礙，建立無疆界的組織體

1. 威爾許花了相當長的時間才發展出這個理念——「去除藩籬」（boundaryl-ess）。他自己也承認，這是冗長又拗口的觀念，然而，它卻似乎淋漓盡致地涵蓋了他所想要表達的精神。威爾許在精簡奇異與消除其官僚層級之後，他想要做的事情是使奇異內部與對外無任何障礙。

單單只做到改革、組織扁平化、機械化及上對下的評估方法，這些在 1980 年代的改革模式，已跟不上 1990 年代變化的腳步。要成為 1990 年代的勝利者，必須營造一種文化——讓人們能夠快速前進、更清楚地與別人溝通，以及讓員工能夠同心協力服務多元需求的客戶。

要營造企業「贏」的文化，必須建立所謂的「無藩籬障礙」的公司，我們不再有多餘的時間來穿越部門、部間（例如，工程部與行銷部）或人員間所設置的障礙，地理上的障礙也必須去除，我們的員工，不管在德里、首爾、路易斯維或斯克內塔第，皆應感覺同樣的自在。」

你該如何去除這一道道藩籬呢？威爾許說：「由上到下的垂直型管理層級，是較容易去除的，在這方面，奇異早在 1980 年代已大幅減少或壓縮了。」

「但不同部門間的水平型藩籬則相當不容易去除，他們彼此間的障礙，基本上是基於缺乏安全感而形成的。」

2. 什麼是「無藩籬障礙」的公司？威爾許說：「就是內部與對外溝通皆無礙的公司。」

建立「無藩籬障礙」的公司必須去除部門、階層以及區位間的障礙，而且要接近重要的供應商，讓他們與我們一同攜手合作，貢獻智慧，朝著共同的目標——滿

足客戶而努力。

威爾許認為，「無藩籬障礙」正是提高奇異生產力的不二法門。

3. 推行「無藩籬障礙」不只是單純的去除官僚體系的風格，終極目標是要重新定義老闆與部屬間的關係：破除階級觀念，上司與下屬不過是功能交錯的團隊；不再有管理者，取而代之的是企業的領導者；員工不再只是聽命行事，他們將被賦予權力與義務。

威爾許的觀點是：1990 年代要奠基於工作場所的自由化上，假如你想讓員工皆能貢獻所長，你必須讓他們能夠自由發揮，讓每個人皆有參與感，同時訊息也要公開化，讓每個人都知道所有的訊息，這樣他們才能自己做決策。

4.「去除藩籬」意指：任何問題皆廣徵每個人的意見，不因職位、膚色、性別、國籍或其他因素而有不同的待遇。

我們一而再的發現存在於組織內的藩籬，如工程部門與生產單位間、公司與供應商間、公司與客戶間、雅加達或上海的認知，波士頓或德蒙（Des Moines）間、性別間、種族間或其他無論重要或無關緊要的障礙。藩籬就好像路上的顛簸路面，它會減緩我們的速度，且會削減我們抓取機會的能力。

*5.*有一種壁壘是水平式的，它存在於奇異內部或奇異與供應商、顧客間。典型的例子如：行銷部指定了一項產品，交給工程部設計，然後交由生產單位來生產，如此便形成了一個冗長且緩慢的循環，而處於奇異外部的供應商與顧客通常都被摒除在外。現在，我們嘗試讓所有的人，從供應商到顧客皆能同時投入其中貢獻意念，且從頭至尾皆可參與。

*6.*另一種是垂直式的壁壘，這是大公司繁衍出來的一種階級組織，各階層互不重疊，但會減緩事情進行的速度，並扭曲溝通。

㈡推展合力促進計畫，重燃組織活力生機

1. 1988 年秋天前，威爾許準備開始執行其改革的第二階段。授權員工似乎是最佳的方式，也是重要的第一步。

過去，改善生產力是管理者的責任，而現在這項工作變成是公司上下全體員工的責任。威爾許稱此為：充分授權（enpowerment）。

要將授權、自由化與激勵員工的想法灌輸在一個已過度膨脹的官僚體系裡，在剛開始時，是相當困難的，因為我們會嚇到他們，且會造成複雜的訊息，我根本不

確定這些想法是否能被接納與信任。

2.所以他等到了 1988 年，才開始下一階段的改革，他稱之為「合力促進」。「合力促進」的目的在於：支持你的員工，給他們自信，讓他們覺得自己對公司整體的目標有直接的貢獻。

「合力促進」方案於 1989 年開始展開，這是威爾許改變奇異整體文化的十年野心計畫，在此階段，奇異要將意見的討論擴及整個公司內部。

後來，許多公司紛紛仿效奇異，以此方式推動改革方案，奇異成為史上第一家如此大規模推行全員參與的公司。

1994 年初，幾乎所有的奇異員工都已參與「合力促進」的活動。此方案成就了很多事情，其中之一是重新定義管理的概念，「傾聽員工的意見」成為管理工作的一部分。

3.威爾許已經準備好要釋放對員工的束縛了。他在推行「合力促進」方案時，心中有四項重要的目標：

⑴**建立信賴：**

①員工與上司交談時，必須感到自在。

②員工必須能夠誠實地說出想說的話，而不必擔心會被開除。

③員工開誠布公地說出自己的想法與貢獻智慧，公司將因此受益。

⑵**充分授權：**

①實際工作執行者對所參與的事情，較其主管有更多的認識。

②要讓實際工作者將其所知，傳遞給主管的最佳、也是唯一的方法，是讓他們擁有更多的權力。

③員工要擁有權力，相對的就必須在工作崗位上擔負更多的責任。

⑶**去除不必要的工作：**

①提高生產力是一項重要的目標。

②然而，去除不具任何效益的工作也很重要。

③去除那些從「合力促進」過程中，所獲悉應摒棄的工作，可讓員工立即受惠。

⑷**散播奇異文化：**公司一旦全面採行「合力促進」，將有助於勾繪與推動威爾許所要建立的企業新文化，那是一種無障礙阻隔，且員工追求的是速度、簡化及擁有自信心的文化。

威爾許開始構思計畫的細節。員工必須能夠當面向主管提出建議，那是相當重要的。另一方面，他們所提出的問題必須能夠立即獲得回應，假如可能的話，最好能夠當下就解決。

*4.*威爾許決定效法此種對話模式，他下令奇異所有的事業也要舉行區域會議（town meeting），每次會期達三天之久。參加的人員自高層、基層主管至按月及按時計薪的員工，每次約有五十人參加。

為了要打破僵局，讓會議順利進行，以及鼓勵發言，還邀請外界的顧問以及在企業組織方面學有專長的學者與會。他們的任務是：鼓勵與會者能夠忠實的說出心裡的話。

會議首先由事業領導人致詞，他會對特定的事業單位做介紹，說明其優缺點，並解釋它如何切中奇異的整體策略。

接下來的兩天，與會的人員會被要求從四個面向：報表、會議、評估方式及核可，評估所屬的單位。

這四個方面哪一個是合理的？哪一個不是？有什麼事情是可以去除，而又不會阻礙企業前進的腳步？提出這些問題的構想是：讓與會員工盡量發表意見。

讓與會人員就簡單的議題發表意見，也就是：「切身的問題。」讓他們對日常工作中會面臨的問題發表自己的看法。人們對這些毫無意義的積習，不曾質疑過它們存在的價值，但卻是積弊已深，延緩了生產的效率。

當員工愈來愈自在地面對上司，開誠布公的程度應該會更高，再棘手的問題也會被拋在腦後。

整個活動的目標是：將速度、簡化以及自信注入奇異的運作中。

一旦僵局打破，與會的其他人就紛紛起而效法。主管耐心的傾聽員工的意見，且當場回覆問題。很快的，整個會場內的發言變得相當踴躍。

5. 1996 年初期，幾乎所有的奇異員工都已參加過「合力促進」方案。每次參與這項活動的員工約有二萬人，目前這個方案仍持續進行著。

「區域會議」（town meetings）開始於 1989 年的 3 月，參加的人含蓋了支領月薪與時薪的員工。員工與主管同樣要穿著輕便的休閒服裝（如牛仔褲和 T 恤），其用意在於模糊兩者之間的區別。活動為期三天，且通常在廠外的會議中心舉行。會議舉行的前二天，主管必須迴避不准參加，否則將危及他們的升遷。直到第三天，主管才會受邀參加，與員工面對面溝通。

依規定，主管對員工提出的問題必須立即回覆。因此有 80%的問題立即獲得答覆，其他需要再研究的問題，主管也必須在一個月內提出答案。

剛開始，存在於兩個團體間的無形障礙仍高聳著，令人期待的自由溝通並沒有出現。然而，經過幾個階段後，雙方的氣氛開始轉變。

有些人鼓起勇氣發表意見，疑問與難題相繼被提出，這好像問題的本身一樣，說簡單也簡單，說困難也困難。

讓大家很驚訝的是，主管們竟然專注地傾聽大家的意見，安靜且很有耐心的。主管們看起來似乎真的感同身受，一點也不會因下屬挑戰上司而惱怒。

案例 6

集團跨公司資源支援與整體帶動集團母子公司組織力量成長——統一超商流通次集團的成功實踐

三年前，在統一集團的次集團發展策略之下，統一超商流通次集團這個虛擬組織誕生了。當時超商直接轉投資的公司只有二十家，如今增為三十二家。對這些子公司來說，統一企業有如第一代的大家長，統一超商是第二代，這三十二家公司，則是第三代。

為了讓這個事業集團，隨著規模擴大而創造更好的經營效益，這三年來我們所採用的是資源共享、共創商機、知識管理、學習性組織運作模式。從轉投資事業的表現愈來愈上軌道，母、子公司之間以母雞帶小雞的運作模式，逐漸發揮「以有限資源創造最大效益」的效果，即可看出這樣的策略是正確的。

統一超商流通次集團的這些子公司，因成立時間不同，有的不到一歲，有的才幾歲，如果單靠它們自己的資源，經營起來一定很艱苦，風險也高，母公司也會背得很辛苦。所以二年前，統一超商就成立資源共享中心，讓子公司可以共用母公司的後勤支援系統與服務。

這種資源共享的機制，讓集團旗下的事業，擁有大企業的體力，但仍保有小企業的彈性靈活精神，這樣也可以讓整個集團的投資和運作產生更大的綜效。

當一個家庭或集團沒有界限時，它的效益可以是極大化的。所以，集團關係事業除了資源共用，更重要的是要彼此相互扶持、互相支援。

為了建立這樣的機制，統一超商流通次集團，比照社團異業交流活動的形態，有定期的會議；各事業主管及高階幹部有定期的月會，區顧問以上的中高階幹部，每兩星期有經革會，不論什麼會議，都是傳遞與交換訊息、學習成長、激發創意與開發合作機會的重要場合。

☞ 自我評量

1. 試說明群體的定義及要素。
2. 試說明群體（群居）活動的本質觀點。
3. 試分析為何要研究群體。
4. 群體類型有哪些？
5. 試說明個人為何要加入群體之原因。
6. 試分析群體形成的四種理論模式。
7. 試申述群體之動態發展（成長）的過程觀點。
8. 試說明群體向心力（或凝聚力）之影響因素。
9. 試說明增加或降低群體向心力之因素為何。
10. 試說明群體對組織正面的功能。
11. 試分析非正式組織產生之因素。
12. 如何使群體更有績效？
13. 試說明影響群體內行為產出成果之因素。

chapter 5

領　導

Leadership

第一節　領導的意義、力量基礎及三類領導理論

第二節　影響領導效能之因素、如何改變領導能力、有效領導者之特質及成功領導六大法則

第三節　領導的企業實務及領導引擎

第四節　領導案例

第一節　領導的意義、力量基礎及三類領導理論

一、領導的意義

(一)管理學家對「領導」之定義如下列幾種

1.戴利（Terry）認為：「領導乃係為影響人們自願努力，以達成群體目標所採之行動」。

2.但邦（Tarmenbaum）則認為：「領導乃係一種人際關係的活動程序，一經理人藉由這種程序以影響他人的行為，使其趨向於達成既定的目標。

(二)一種較普偏性之定義

在一特定情境下，為影響一人或一群體之行為，使其趨向於達成某種群體目標之人際互動程序。

換句話說，領導程序即是：領導者、被領導者、情境等三方面變項之函數。

用算術式表達，即為：

$$L = f\ (l, f, s)$$

（l：leader, f：follow, s：situation）

二、領導力量的基礎

依管理學者 French 及 Raven 對主管人員領導力量之來源或基礎，可含括以下幾種：

(一)傳統法定力量（legitimate power）

一位主管經過正式任命，即擁有該職位上之傳統職權，即有權力命令部屬在責任範圍內應有所作為。

㈡**獎酬力量**（reward power）

一位主管如對部屬享有獎酬決定權，則對部屬之影響力也將增加，因為部屬的薪資、獎金、福利及升遷均操控於主管。

㈢**脅迫力量**（coercive power）

透過對部屬之可能調職、降職、減薪或解雇之權力，可對部屬產生嚇阻作用。

㈣**專技力量**（expert power）

一位主管如擁有部屬所缺乏之專門知識與技術，則部屬應較能服從領導。

㈤**感情力量**（affection power）

在群體中由於人緣良好，隨時關懷幫助部屬，則可以得到部屬衷心配合之友誼情感力量。

㈥**敬仰力量**（respect power）

主管如果德高望重或具正義感可使部屬對他敬重，而接受其領導。

三、影響作用的表現方式

領導意義既在對部屬及群體產生影響作用，那麼它在表現方式上，可含括：

㈠**身教**（emulation）

俗謂「言教不如身教」，領導人的一言一行，均為部屬所矚目模仿之對象。

㈡**建議**（suggestion）

透過對部屬之友善建議，期使部屬能改變作為。

㈢**說服**（persuasion）

此較建議方式更為直接，帶有某些的壓力與誘惑。

㈣強制（coercion）

此乃具體化之壓力，是屬於最後不得以之手段。

四、為何接受領導？

管理學者狄斯勒（Dessler）曾歸納以下五因素，來說明一般人為何要接受領導：

㈠利誘

一個領導者如果對部屬的獎賞具有相當之影響力時，則會得到部屬之服從。

㈡威逼

有些則利用威逼懲罰手段使部屬服從命令。

㈢責任、榮譽、國家

此乃美國西點軍校畢業生的座右銘，是一種無形的心理服從與認知；即使在企業組織內亦可努力形成此種心理服從。

㈣我需要你

當一個團體面臨危急狀況時，一個具有智慧而有辦法的人，即會變成領導者，因為每個人必須靠他才能度過難關。

㈤全看情況而定

此外，人們接受領導，也要看領導者之人格與其風格而定。

五、三類領導理論

管理學者對領導之看法，曾提出三大類的理論基礎，概述如下：

㈠領導人「屬性理論」（trait theory）或稱「偉人理論」（great man theory）

1. 意義

此派學者認為成功的領導人，大體上都是由於這些領導人具有異於常人的一些特質屬性。包括：外型、儀容、人格、智慧、精力、體能、親和、主動、自信等。

2. 缺失

⑴忽略了被領導者的地位和影響作用。

⑵屬性特質種類太多，而且相反的屬性都有成功的事例，因此，對於到底哪些屬性是成功屬性，很難確定。

⑶各種屬性之間，難以決定彼此之重要程度（權數）。

⑷這種領袖人才是天生的，很難做描述及量化。

㈡領導行為模式理論（ behavioral pattern theory）

1. 意義

此理論認為領導效能如何，並非取決於領導者是怎樣一個人，而是取決於他如何去做，也就是他的行為。因此，行為模式與領導效能就產生了關聯。

2. 類型

⑴懷特與李皮特的領導理論：包括：權威式領導（authoritation）、民主式領導（democratic）、放任式領導（laissez-faire）。

⑵李克的「工作中心式」與「員工中心式」理論：管理學者李克（Likert）將領導區分為兩種基本型態：

①**以工作為中心（ job-centered）**：任務分配結構、嚴密監督、工作激勵、依詳盡規定辦事。

②**以員工為中心（employee-centered）**：重視人員的反應及問題，利用群體達成目標，給予員工較大的裁量權。

依李克實證研究顯示，生產力較高的單位，大多採行以員工為中心；反之，則採以工作為中心。

⑶布萊克及摩頓（Blake & Mouton）的「管理方格」理論：此係以「關心員工」及「關心生產」構成領導基礎的二個構面，各有九型領導方式，故稱之為管理方格。

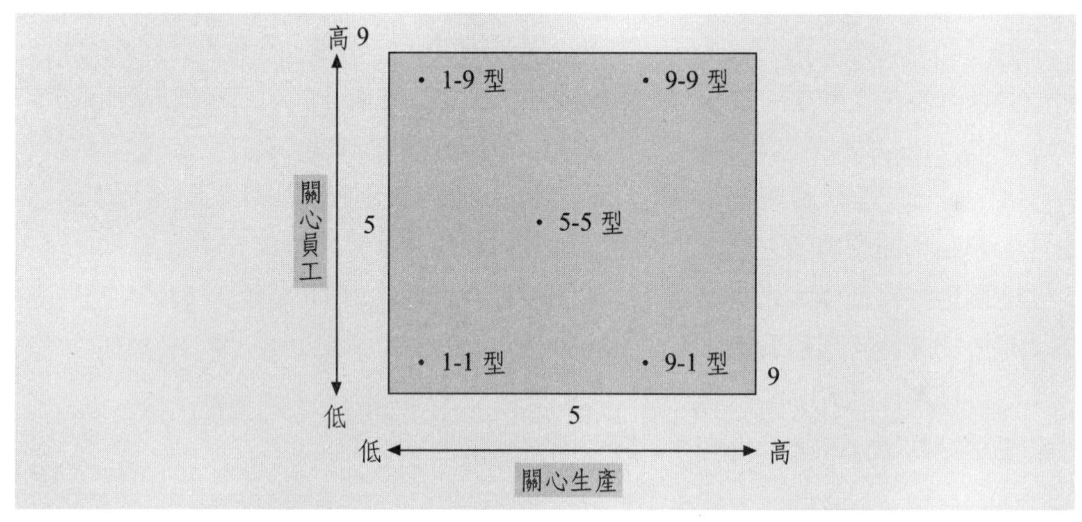

圖 5-1　管理方格的領導理論

說明：

1-1 型：對生產及員工關心度均低，只要不出錯，多一事不如少一事。

9-1 型：關心生產，較不關心員工，要求任務與效率。

1-9 型：關心員工，較不關心生產，重視友誼及群體，但稍忽略效率。

5-5 型：中庸之道方式，兼顧員工與生產。

9-9 型：對員工及生產均相當重視，既要求績效也要求溝通融洽。

㈢情境領導領論（contingency theory）

費德勒（Fiedler）提出他的情境領導模式，其情境因素有三項：

1. 領導者與部屬關係

此係部屬對領導者信服、依賴、信任與忠誠的程度，區分為良好及惡劣。

2. 任務結構

此係指部屬的工作性質，其清晰明確、結構化、標準化的程度區分為高與低。

例如，研發單位的任務結構與生產線上的任務結構，就大不相同，後者非常標準化及機械化，但前者就非常重視自由性與創意性，而且時間上也較不受朝九晚五之約束。

3.領導者地位是否堅強

此係指領導主管來自上級的支持與權力下放之程度；區分為強與弱。愈由董事長集權的公司，領導者就愈有地位。

將上述三項情境構面各自分為兩類，則將形成八種不同情境，對其領導實力各有其不同的影響程度。

在此種理論之下，沒有一種領導方式是可以適用於任何情境，且都有高度效果，而必須求取相配對之目標。費德勒認為當主管對情境有很高控制力時，以生產工作為導向的領導者，其績效會高。反之，在情境只有中等程度控制時，以員工為導向的領導者，會有較高績效。費德勒的理論一般又稱之為「權變理論」。

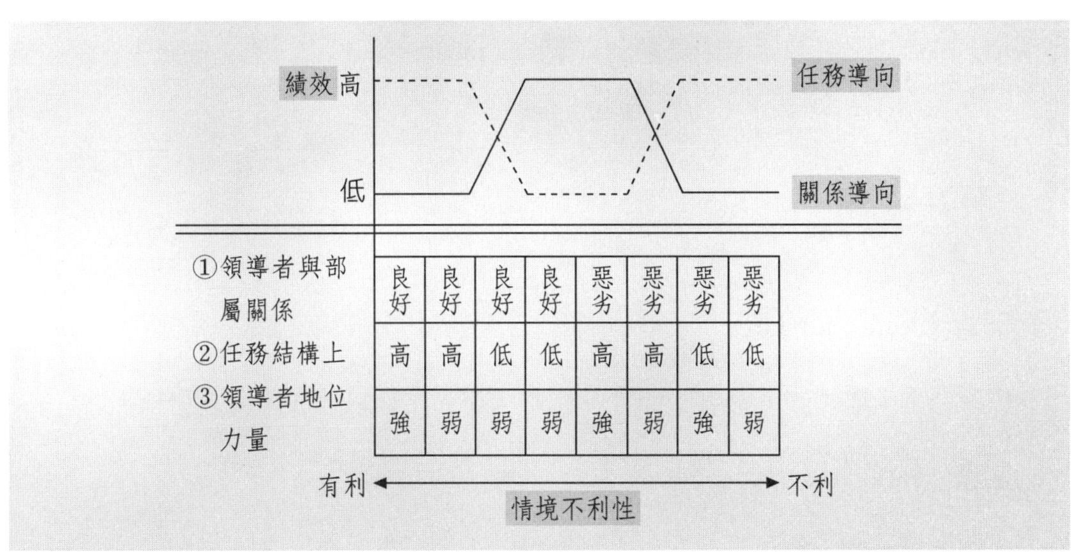

①領導者與部屬關係	良好	良好	良好	良好	惡劣	惡劣	惡劣	惡劣
②任務結構上	高	高	低	低	高	高	低	低
③領導者地位力量	強	弱	弱	弱	強	弱	強	弱

圖 5-2　權變理論的領導理論

六、領袖制宜技巧

㈠意義

費德勒發展一套技巧，可幫助管理階層人員評估他們自己的「領導風格」和「所處情境」，藉以增加他們在領導上之有效性（effectiveness），此係「領袖制宜」（leader match）。

費德勒領袖制宜的基本觀念乃是：

1. 須先了解自己的領導風格（leadership style）。
2. 再透過對三項情境因素之控制、改善與增強（主管與成員間關係、工作結構程度、職位權力）。
3. 最終得以提高領導績效。

亦即，費德勒認為一個領導者之績效絕大部分乃取決於：你的領導風格與對工作情境之控制力，在這兩者間尋求制宜配合（match）。例如，有些高級主管是強勢領導風格，其情境因素亦必然有些相配合之條件存在。

七、解釋名詞

㈠領導（leadership）

領導係指有能力去「影響」個人及群體，努力工作以達成組織之目標。

㈡影響（influence）

影響係指一個人的任何行為，能改變對他人的行為、態度及感覺等。

㈢權力（power）

權力係指有能力去影響別人的行為。

㈣領導（leadership）、威信（authority）與威權（power）之區別

層次最低的是威權，這是一種利用自己的地位，不管別人的意願，強迫他照你的決心行事的能力。

其次是威信，這是一種運用影響力，讓別人心甘情願照著你的決心行事的技能。

最高層次的當然是領導力，這是指一種可以影響別人，讓他們全心投入，為達成共同目標奮鬥不懈的技能。

八、有效的二種影響方式

㈠透過說服（influence by persuasion）

最有效的影響方式就是透過說服，而此說服者必須要有高度的可信度（credibility）。要如何才能有效發揮說服的影響呢（persuasion influence）？應遵循以下幾點：

1. 針對其需求而訴求。

2. 付出多而得到少。

3. 建立值得信賴感。

4. 站在對方立場，並且嘗試同意。

5. 引發其興趣。

6. 最後，恭謹表達自己的觀點。

實務上，通常派出高級主管或大老級人物或有影響力之社會意見領袖，較容易達成說服的目的。

㈡透過參與（influence through participation）

透過參與而發揮影響力，係針對中、高階人員而行，讓他有成就感、成長感以及滿足自我實現等。因此才會有參與管理的模式或是公司內部鼓勵提案的辦法規定。

九、生命週期領導理論（Life Cycle Theory of Leadership）

學者 Hersey 及 Blanchard 對領導的情境理論，他們稱之為生命週期理論；其認為有效的型態主要是基於部屬之「成熟度」（maturity）如何，如圖 5-3。

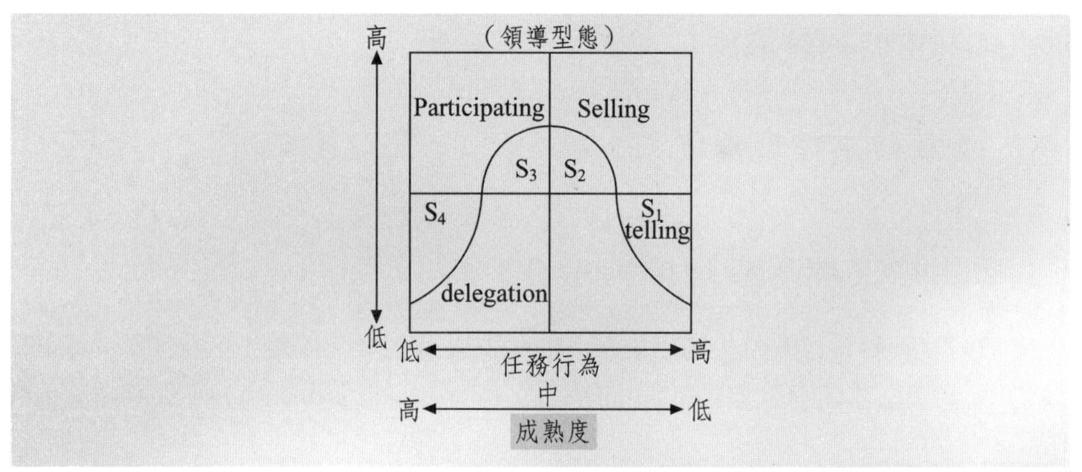

圖 5-3　生命週期領導理論

說明：

1. 在 S_1階段，員工的成熟度低，不願意且不能承擔責任，並且需要特別指示與指導，以及嚴密監督，故為「telling」型態。
2. 在 S_2階段，部屬願意但能力不足承擔責任，他們是中度成熟，因此領導者提供一個任務導向，並且強化他們的意願及樂於承擔責任，故為「selling」型態。
3. 在 S_3階段，部屬有高度成熟，部屬有能力但卻不願承擔責任，故利用參與型態，以結合低的任務行為與高的關係行為。
4. 在 S_4階段，部屬有高度成熟，而且有能力且有意願承擔責任，故授權型態適用於低的任務與低的關係行為情境下。

十、適應性領導理論（Adaptive Leadership Theory）

美國著名管理學家阿吉利斯（argyris），曾綜合各家領導理論，而以整合性觀點提出他的「適應性領導」（adaptive leadership）。

阿吉利斯認為所謂「有效的領導」（effective leadership），是基於各種變化的

情境而定；因此沒有一種領導型態被認為是最有效的，此必須基於不同的現實環境需求。

因此，他提出以「現實為導向」（reality centered）的「適應性領導理論」（adaptive leadership）。這從國家領導人及企業界領導人等身上，都可以看到這種以現實為導向的領導模式與風格。

十一、如何強化領導者效果

從「情境領導理論」來看，要強化領導者效果，可採取以下方法：

1. 修正並增強領導者的地位權力（position power）。
2. 重新設計工作內容（redesign work），以有利於領導人的權力及表現。
3. 重新組合群體之成員，以使與領導者一致（restructure group members），讓團隊成員都能支持新的領導人。

十二、李克的參與管理系統

美國密西根大學教授李克（Likert），提出他認為最具效能之參與式管理組織，李克將它稱之為「第四系統」（system IV），李克之四種類型之管理系統為：

㈠第一系統（剝削——權威式）

此即管理階層對於部屬不信任、不敢重用，因此，決策均由自己下達，並透過指揮系統運作。而部屬係生存於恐懼、威脅、懲罰之陰影下，不敢多所要求。

㈡第二系統（仁慈——權威式）

此即管理階層對部屬具有某種程度之信任，但主要決策與目標制度仍存於高層手中；上下階層交往完全是謹慎戒懼。

㈢第三系統（諮商式）

此即管理階層對部屬有較高程度之信任，並且將一般性決策及事務，授權部屬去執行。同時，獎勵也多於懲罰；上下階層交往較為頻繁，互動關係良好。

㈣第四系統（參與式）

此即管理階層對部屬有完全之信任，授權及分權狀況已成規章制度。由於員工高度參與，受到極大之激勵，組織氣候呈現高度的自主與民主；而能將團隊合作之精神完全發揮。

十三、獨裁、放任、民主之領導特色

㈠獨裁領導特色

1. 決策之制定權，皆集中於領導者手中，部屬完全處於受命被動地位。
2. 在領導者下命令前，對於命令之內容，執行命令之步驟，無法於事先預測。
3. 無論命令是否具有可行性，部屬無辯解之餘地。
4. 部屬對命令若執行不徹底，將會受到懲罰。
5. 對於部屬之讚揚或批評，隨心所欲，缺乏固定標準。
6. 領導者與部屬間距離頗遙遠。

㈡放任領導特色

1. 採無為而治之態度。
2. 權力下授，由部屬自行決定，不予干涉。
3. 領導者對於部屬之功過，不加批評或讚揚。

㈢民主領導特色

1. 與部屬分享制定決策之權利。
2. 決策做出之前，充分與部屬商討研究。
3. 對部屬之獎懲，係根據客觀之事實而來。
4. 領導者與部屬間維持和諧良好關係。

十四、參與式領導（Participation Leadership）

㈠意義

係指鼓勵員工主動參與公司內部決策之規劃、研討與執行。

㈡為何要參與式領導（優點）？

讓部屬參與有關公司之決策時，會有以下之優點：

1. 參與決策之各單位部屬，對該決策會較有承諾感及接受感，而減少排斥。
2. 參與決策可讓員工自覺身價與地位之提升，會要求自己有更優秀之表現。
3. 廣納雅言對高階經營者而言，會做出較正確的最後決策。

㈢參與式領導缺點

1. 參與決策雖提升部屬的期望，但是若他們的觀點未被採納，士氣便大幅下降。
2. 有些部屬並非都喜歡決策或做不同層次的事務，因為他們只希望接受指導。在如此意願下，參與式領導的成效便不會很大。
3. 參與式領導雖對部屬而言，會讓他們更覺地位之重要，但這並不就表示一定會有高度績效產生。有時，在不同環境下，集權式領導也有成功之案例。

㈣如何決定適當的參與程度（五種管理決策型態）

管理學者汝門認為參與式領導有五種參與程度，如圖 5-4。

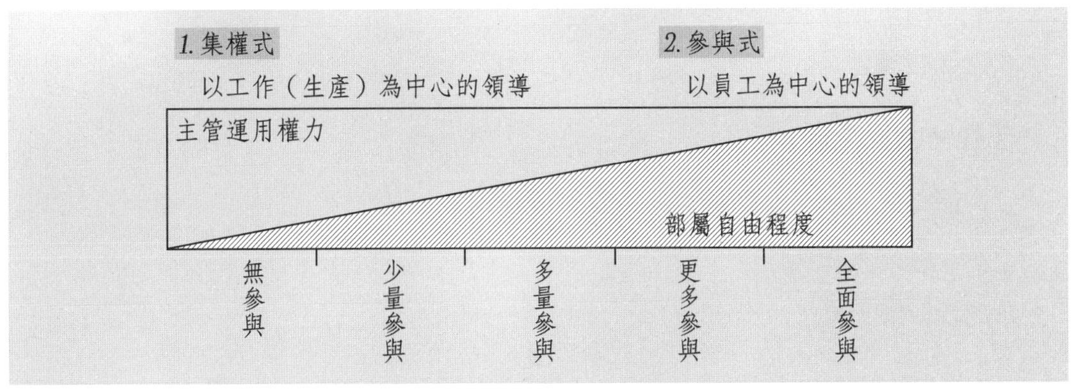

圖 5-4　集權式與參與式領導

㈤參與程度之七項情境

汝門認為要決定參與程度，須視下列七項情境狀況而定：

1. 決策品質之重要性程度為何？
2. 領導者所擁有可獨自做一個高品質決策之資訊、知識、情報是否充分？
3. 該問題是否例行化或結構化？還是複雜模糊？
4. 部屬之接納或承諾的程度，對此決策未來執行之重要性為何？
5. 領導者的獨裁決定，過去被部屬接納的可能性為何？
6. 部屬們反對你想要方案的可能性？
7. 部屬們受到激勵去解決該問題，而達成組織目標的程度為何？

第二節　影響領導效能之因素、如何改變領導能力、有效領導者之特質及成功領導六大法則

一、影響領導效能之因素

如依前述各項理論來看，我們可以綜合出影響領導效能的四大要素，簡述如下：

㈠領導者特質與能力

1. 領導者人格特質：⑴具自信心；⑵具溝通力。
2. 成就需求動機強烈。
3. 過去經驗豐富。

㈡部屬特徵與素質

1. 部屬人格特質：⑴理性；⑵溝通；⑶觀念知識。
2. 需求動機為何。
3. 過去經驗方面。

㈢領導者行為

1. 採人際關係導向型。
2. 採工作任務導向型。

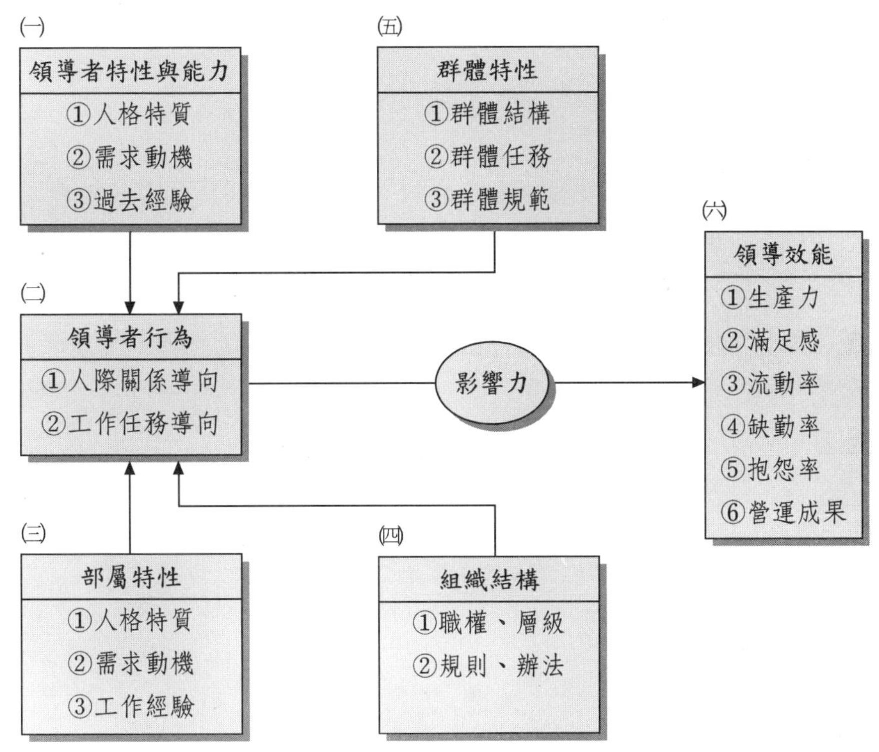

圖 5-5　影響領導效能的因素架構

㈣情境因素

1. 群體（部門）特性方面：⑴群體結構；⑵群體任務；⑶群體規範。
2. 組織結構方面：⑴職權、層級；⑵規則辦法。

二、改變領導方式

管理學者認為要改變主管之領導方式，可透過二種主要訓練來加以達成：

㈠領導能力訓練（leadership trainning）

領導能力訓練之內容包括：

1. 特定企業功能之專門知識（如財務、投資、策略、行銷）。

2. 較新的管理技術（如電腦、電子商務、顧客關係管理、核心價值、六個標準差、人力智慧資本、策略分析等）。

3. 人際關係訓練（如溝通、參與、激勵等）。

4. 問題分析與解決。

訓練之方法可為：讀書會、討論會、講習、演練、諮商及個案分析等。

㈡敏感能力訓練（sensitivity training）

所謂敏感能力訓練，意指經由這種訓練，使一個人得以了解（或敏感）自己以及自己和他人相處的關係。

更細來看，包括了解：

1. 自己行為。

2. 自己行為對他人所產生之影響。

3. 他人的情緒及需求。

4. 自己對他人行為的反應。

5. 群體動態程序。

6. 組織的複雜性以及改變程序。

三、有效領導者之特質（六種力量）

美國管理學者Ghiselli教授研究美國三百位企業經理，發現他們都具有六種近似的共同特質：

㈠督導能力（supervisory ability）

即指導他人工作，組織並整合他人行動以達成工作群體目標的能力。

㈡智慧力（intelligence）

即處理思想、抽象觀念與理念的能力，以及學習和做好判斷的能力。

㈢當一個高成就者的慾望力（desire to high-achievement）

一個人的成就慾望，反應在他希望在企業中能有更高的職位，與完成挑戰性工作的程度。

㈣自信力（self-confidence）

研究發現有效的領導者往往比他人更加自信。

㈤果斷力（decision-making ability）

一個果斷的人，在他衡量評估各種狀況後，知道必須做一個決定後，就馬上做下去了。

㈥自我實現的高度慾望力（self-actualization）

亦即想成為他們知道自己有潛力能成功的人，在他們一生生命中之最終極目標。

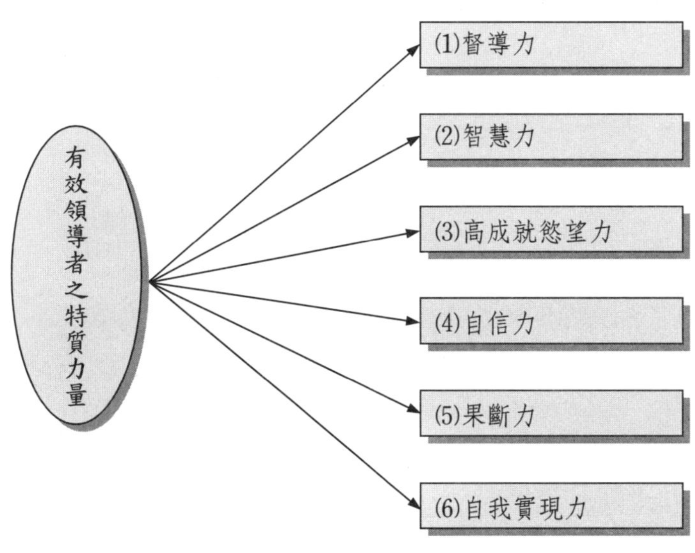

圖 5-6　有效領導者之特質

四、成功領導者的六大法則

要做一個成功的領導者，應秉持下列六項原則：

㈠尊重人格原則

主管與部屬間雖有地位上之高低，但在人格上係完全平等；所謂「敬人者，人恆敬之」，即是此意。

㈡相互利益原則（matual henefit）

相互利益乃是「對價」原則，亦即互惠互利，雙方各盡所能各取所需，維持利益之均衡化，雙方關係才會持久。上級的領導，亦必須注意下屬的利益才行。不能上面吃肉，下面啃骨頭。

㈢積極激勵原則

人性擁有不同程度及階段性之需求，領導者必須了解其真正需求，而多加積極激勵。以激發下屬的充分潛力。

㈣意見溝通原則

透過溝通，上下及平行關係才能得到共識，從而團結，否則必然障礙重重。順利溝通，是領導的基礎。

㈤參與原則

採民主作風之參與原則，乃係未來大勢所趨，也是發揮員工自主管理及潛能的最好方法。這也是集思廣義的最佳必然方法。

㈥相互領導

以前認為領導就是權力運用，是命令與服從關係，其實這是威逼而非領導，現代進步的領導乃是「影響力」的高度運用。而主管人員並非事事都懂、都有專長，有時部屬會有獨到之見解，因此，主管要有胸襟去接受部屬比自己強的新觀念。

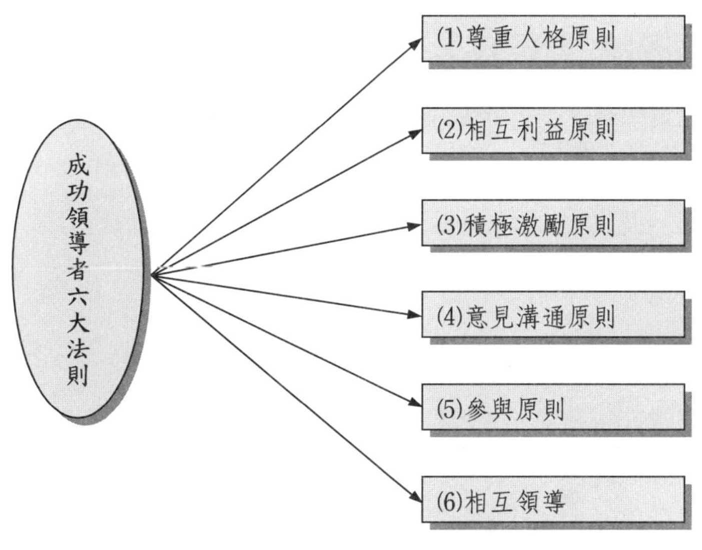

圖 5-7　成功領導者的六大法則

第三節　領導的企業實務與領導引擎

一、如何成功領導團隊？

在講究專業分工的現代社會，企業所面對的環境及任務往往相當複雜，必須集合眾人智慧及團隊運作，群策群力達成目標。因此，如何有效帶領團隊達成企業目標，已成為經理人的重要任務。

建議經理人可以從下列七大關鍵因素著手，掌握團隊運作的訣竅：

㈠建立良好的團隊「關係」

團隊的成功與否，主要繫於成員之間良好的互動與默契。身為經理人，除了可以觀察成員之間的互動情況，更須時時鼓勵成員相互支持。可以運用技巧，逐步鞏固團隊成員的關係，例如，鼓勵團隊成員分享好的創意點子、共同尋求進步與突破、共同追求成功與榮譽……等。唯有團隊成員互相了解與支持，尊重彼此的感受，方能維持正向提升的團隊關係。

㈡提高成員的團隊「參與」

由於任務與階段的不同，團隊成員的參與也就有所差異。因此，如何讓成員明白彼此的參與程度，以及尊重彼此的角色，是團隊領導者的重要工作。經理人有責任也有義務塑造一個良好而善意的溝通環境，讓每一位成員皆有表達意見的機會，並願意分享自己的經驗，進而提高成員的團隊參與。

㈢注意管理團隊「衝突」

任何一個團隊都很難避免衝突。但是，正面的團隊衝突，不僅不會傷害團隊的情感，更可以轉換為前進的動力。因此，正面的衝突，應視為一種意見整合的過程。在態度上，應該對事不對人，去了解衝突的原因及背景，進一步鼓勵成員使用合理的方式去解決衝突。

㈣誘導正面的團隊「影響力」

所謂的團隊影響力是指改變團隊行為的能力。在團隊中，每一位成員都掌握或多或少的影響力。但是，如何將影響力導向正面，以協助團隊持續努力，實為經理人的重要工作。可以試著檢視個別成員的影響力、判斷是否有少數人牽制大局的狀況，同時營造每一位成員的機會，讓他們也可以展現影響力。

㈤確立團隊「決策模式」

一個團隊究竟該採多數決策？還是少數決策？究竟有多少人應參與決策過程？經理人的責任在於凝聚成員的共識後，選擇一個合理的、共通的決策模式。一旦決策模式確定之後，就必須與團隊溝通該決策模式，以獲得成員的支持與配合。

㈥維持健全的團隊「合作」

任何一個團隊的運作，都是為了達成某種任務，或是完成某項工作。因此，為了確保健全的團隊運作，可以透過下列幾項指標，檢視團隊運作現況：團隊的目標是否經過全體成員的同意？團隊解決問題的方式是否有效且具體？團隊成員是否具有時間管理能力？團隊成員是否會互相幫助以促使任務順利達成？這些都有助於經理人偵測現況，以維持健全的團隊運作。

㈦制定公平的團隊「制度」

所謂的團隊規範是指成員所接受的團隊行為標準。公平的團隊規範不僅能幫助達成任務，更可以維持團隊運作不致偏差。因此，經理人有義務與團隊成員發展適用的規範，並形成團隊的行為文化。同時經理人不僅要設定規範，更要鼓勵嘉獎符合規範的正確行為，如果團隊中發生偏離規範的行為，則要檢討與改進。上述七項關鍵因素，你掌握了多少？

良好的團隊並非不假外力即可渾然天成，通常有能力、有效率的團隊，都是經理人苦心經營、隊員全力配合的結果。因此我們特別勉勵所有在職場努力的經理人，善用上述七項關鍵因素，帶領團隊，創造佳績！茲圖示如 5-8：

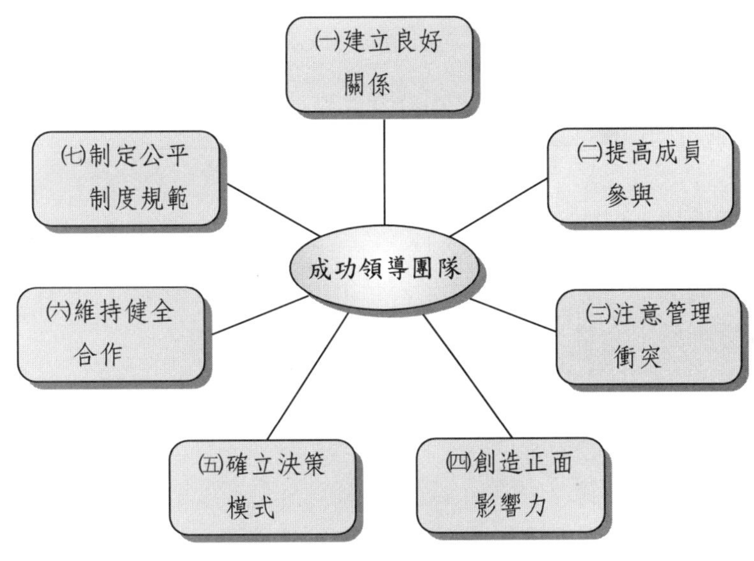

圖 5-8　如何成功領導團隊之七項原則

二、成功的領導人應具備五項重點特質

成功的領導人／經理人須把整個組織的價值及願景帶進所領導的團隊、與團隊分享，並且指揮若定、全心投入以達成公司的策略目標。為實踐分享式的管理，並在組織內成為一位價值非凡的領導人，需要具備以下幾項重要的特質：

㈠了解下屬的新責任領域、技能及背景，以使員工適才適所，與工作搭配得天衣無縫

若想透過授權以有效且有用的方式執行更廣泛的指揮權，需要把握關於下屬的資訊。

㈡應隨時主動傾聽

這涵蓋了傾聽明說或未明說之事。更要的一點是，這意味著以一種願意改變的態度，也就是等於送出願意分享領導權的訊號。

㈢要求部屬工作應採目標導向

經理人與下屬間的作業內容，與整個部門或組織的目標之間應存在一種關係。

在交付任務時，經理人應做為這種關係的溝通橋樑。下屬應了解他們的作業程序，使他們主動做出可能是最有效率的決策。

㈣注重員工部屬的成長與機會

無論在何種情況下，領導人／經理人必須向下屬提出樂觀的遠景，以半杯水為例，經理人得鼓勵員工注意半滿的部分，不要看半空的部分。

㈤訓練員工具有批判性與建設性思考

在他們完成一項工作後，鼓勵下屬馬上檢視一些指標，包括如何進行？為何進行？以及要做些什麼？給他們機會發問（例如，過去是如何完成這項工作的），這鼓勵他們想出新的作業流程、進度或操作模式，使他們的工作更有效率與效能。教導經理人如何領導的管理模式實在不勝枚舉，但通常比較強調風格，因而忽略技巧、能力、知識或態度。由這五大要點所組成的公式，保證能使經理人擁有配合度更高、更能做為強大後盾的團隊。

三、建立教導型組織

美國密西根大學商學院教授 Noel M. Tichy 在 2000 年曾出版一本好書《領導引

擎》（*The Leadership Engine*）該書榮獲該年度《商業週刊》推薦的商業書籍前十名。該書是研究調查美國十多家卓越優秀的企業之後，所撰成的調查報告。本書對於領導議題有第一線訪談調查的精華重點，具有實務性。

因此，本節在最後，將把此書重要之處加以摘述，並與前述各節領導理論相對照，以供擴展自身的領導視野與知識。

㈠贏家與輸家的差別

人們很容易將失敗公司的不幸境遇歸咎於全球市場的詭譎多變，以及在一個全新遊戲規則的市場環境中的經營困境。然而事實上就在同一時期，一批贏家也明顯出現。例如，當西屋公司在困境中努力掙扎之際，奇異公司、康柏電腦、星巴克等則是高度成功的企業組織，讓企業無法將不幸境遇歸咎於外在因素。

當其他企業失利時，為何有些企業卻能成功？

㈡成功的組織是「教導型組織」

企業之所以成為贏家，是因為它們有優秀的領導人，這些領導人還協助培養內部各層級的領導人才。評斷一個組織成功與否的最終依據，不在於它今天是否成功，而在於它能否保持領先優勢到更久的未來。「教導型組織」（teaching organization）的概念其實更勝於「學習型組織」（learning organization），企業要發展成為內部各個層級都有教導者的組織。

在加州的聖塔克拉爾市（Santa Clara），「英特爾公司」執行長安迪・葛洛夫（Andy Grove）每年都要踏進課堂好幾次。葛洛夫的課程中，主要探討身為一個領導人，在察覺產業變動和帶領公司通過生存考驗上，應該扮演什麼樣的角色。葛洛夫為什麼花時間這麼做？因為他相信如果英特爾內部各層級領導人都具備洞察趨勢的能力，又有勇氣付諸行動，英特爾就能在競爭對手衰退時，依舊蓬勃發展。因此，葛洛夫一心一意要為公司每個層級培訓出優秀領導人。

㈢發展「領導引擎」（leadership engine）

成功的企業是因為它們已經發展成為具備「領導引擎」的組織，內部各個階層皆有優秀領導人，這些領導人也積極培養新一代領導人。這部機器一旦啟動，競爭對手很難讓它停下來。至於失敗的企業，則是因為它們在需要領導的當頭，領導機器付之闕如。商場上絕沒有「不勞而獲」或「得來全不費功夫」的成功。贏家將是那些注重培養內部各階層領導人，並且努力不懈的企業。

㈣持續帶領組織轉型

當今世上最稀有的資源是，能夠持續帶領組織轉型，進而在未來世界中成功的領導人才。無論是個人或組織，凡是能建立「領導引擎」，並投資能培養後進的領導人，就能擁有持續的競爭優勢。

四、打造領導團隊

㈠企業成功關鍵：領導

企業和個人成功的關鍵在於領導。成功者都是一些具有理想、價值觀以及為所當為的精力和膽識的領導人。這些領導人並不侷限於企業高層，而是各個層級都有。成功的企業重視領導人才，具備期望和獎勵領導才華的企業文化，也積極投入時間和資源培養領導人才。換言之，企業的成功因素是豐富的領導人才，而之所以有如此豐沛的領導資源，在於周延、有系統的人才養成計畫。這正是成功者與失敗者的不同之處。

㈡有計畫地培養領導人

不論是企業體或個人，贏家與輸家的最大差別是，贏者了解到學習、傳授和領導是交織在一起的。傳授不是附屬的、輕鬆容易的工作，它不應當留給人力資源部門，或更糟糕的，乾脆交給外聘的顧問負責。聯合訊號公司的執行長每次召開預算檢討或策略會議時，就把它當作訓練和指導下屬的重要機會。在成功企業中，教導、學習和領導是每個員工的工作職責中不可或缺的一部分。

㈢企業的籌碼是人，而非策略

領導比「淨收益」或「經營成本」更難量化。構成領導的內容則是抽象、難以捉摸的特質，像是「理念」、「價值」、「活力」和「膽識」。盈虧報表上也不會列出一項：「領導：二億四千萬美元。」但是，領導人的存在和領導的重要性都是不爭的事實。1992 年，IBM 虧損將近五十億美元，而自從羅・葛斯特那（Lou Gerstner）加入 IBM 後，他以一組新的領導團隊，包括外面聘來和內部拔擢的人才，為 IBM 投資人每年賺得比競爭對手更高的投資收益（只有一年例外）。1996 年，該公司獲利將近五十五億美元。

㈣何謂成功的企業

1. 能成功的附加價值：最好的評量方法在資本市場。

2. 持續的卓越表現：必須在資本市場保有持續不斷的成功紀錄，而不是只有一、兩季的優異表現。

㈤企業內部的小小執行長（每個人）

領導人不只是執行長或其他高層主管，組織內其他層級的人也不可缺少帶動企業大規模轉型所需的領導特質。譬如，如果你是美國科技公司的一名服務工程師，你可能不需要就發展全球電信事業提出一套大策略。你大可把那類工作留給公司執行長。但是，你務必對自己份內工作有清楚的概念，對如何迅速修復客戶電話有一些不錯的想法，並具備完成工作的能力。事實上，那就是領導的精髓。就像已故的泰那科公司（Tenneco）執行長麥可・華許（Mike Walsh）曾經說過的：「任何重要職位上的人，都必須把自己視為一個小小執行長（mini-CEO）。他們的做法必須跟執行長一樣，對勢在必行的事情有清楚的概念，然後將他逐步完成。」

威務公司副總裁派翠西亞・愛斯波（Patricai Asp）指出：「任何生產力的提升、客戶的滿意、客戶服務或回應客戶的要求，都要靠人來完成。第一線工作人員每天進到客戶家裡和辦公室工作，他們就是公司的耳目。」

有時，組織就算知道領導的重要性，還是會走上失敗之途；這是因為選錯了領導人。成功企業很清楚，並不是每個人都能成為奧運選手，但是透過訓練和激勵，以及提供領導的歷練機會，他們可以讓每個人發揮最大潛能。

㈥成功領導人的五大特質

領導人是熱忱的學習者，他們從過去經驗中記取教訓，做為未來的借鏡。同時他們也具有「傳授」領導的能力，是贏家特有的一項核心競爭力。除此之外，這些領導人具有：

1. 理念

對於哪種做法能在市場上成功，以及如何經營組織，他們有很清楚的想法。他們會隨環境變動而更新想法，也協助其他人形成自己的想法。

2. 價值

成功領導人和組織都有一套人人能懂且身體力行的強烈價值。

3. 活力

領導人不但自己精力特別旺盛，也積極創造其他人的正面活力。他們的做法是，破除組織結構上不合理的官僚作風。

4. 膽識

成功領導人願意做出重大決定，也鼓舞和獎勵這麼做的人。

5. 故事

成功領導人透過講述兼具感性與理性的故事，使他們的願景和想法更加生動。

(七)「4E與1P」五項領導人特質——前奇異公司執行長傑克・威爾許的觀點

1. 第一個E是正面能量（positive energy）

正面能量意指往前衝的能力，也就是從實際行動中獲得成長，享受變化，擁有正面能量的人，通常外向樂觀。他們很容易和別人交談、做朋友。他們從早到晚都神采奕奕，極少露出疲態。他們樂在工作，從不抱怨工作辛苦。

擁有正面能量的人，熱愛人生。

2. 第二個E是鼓舞他人（energize others）的能力

正面能量能激勵他人振作。懂得激勵別人的人，能夠鼓舞他的團隊去做不可能做的事，而且在進行的過程，樂在其中。事實上，這種人能吸引別人搶破頭，找機會和他們共事。

鼓舞他人不只是做做巴頓將軍式的演說。你必須深入了解你的業務，也要具備強大的說服力，能講得頭頭是道，以激起他人的鬥志。

3. 第三個 E 是當機立斷（edge），也就是勇於做出「是或非」的困難決定

這個世界充滿灰色地帶。任何人都可以從各種不同的角度看某個問題。有些聰明人有能力從不同的角度切入，而他們也真的會去追根究柢分析。但是，有效率的人，曉得什麼時候該停止評估，就算手邊資訊不夠完整，也能當機立斷。

4. 第四個 E，就是執行力（execute），完成任務的能力

第四個 E 似乎毋庸贅述，但是奇異多年來一直只強調前三個 E。我們以為這些特質已經夠了，並據此評量了數百名員工，評量結果可以歸類於「高潛力」的人不少，其中也有許多獲得晉升至管理職。

結果顯示，你或許具備正面能量、善於鼓舞士氣，並能當機立斷，然而你還是無法抵達終點線。執行力是種不凡而獨到的能力，代表一個人懂得如何化決策為行動，克服阻力、混亂或者始料未及的障礙，往前推進，直到完成。具備執行力的人很清楚，做出成果才能致勝。

5. 如果候選人具備四個 E，接著你得看最後一個 P，那就是熱情（passion）

所謂熱情，我的意思是指，發自內心深處對工作產生真正熱忱的人。有熱情的人打從心底希望同事、下屬和朋友能夠勝出。他們熱愛學習與成長；若是身邊有志同道合的人，他們便大感振奮。

五、領導人攸關企業成敗

㈠領導人的重要性高過一切

領導人比其他因素重要的一項理由是，真正決定什麼該做，又能具體實現的人，就是領導人。的確，光靠一個人的力量改變不了這個世界，甚至連要改變一個中等

規模的組織都是不可能的。這需要凝聚很多人的精力、想法和熱忱。但是，如果沒有領導人，任何行動根本無從開始，要不然，也會很快就因為缺乏方向和動力而停擺。

㈡領導人的工作就是挑戰現狀

廣義而言，領導人的工作是階段性革命。他們必須不斷地挑戰現狀，並留意所做的一切是否得當，或哪些事情可以做得更好、更有效率。最重要的是，當發覺有改革必要時，他們必須立即展開行動。更具體地說，他們必須擔負兩項職責：

1. 認清現實

根據實際情況評估公司當前處境，而不是根據過去經驗或所期望的情況。為了看清現實，領導人不能只挑選想知道的資源來看，而必須看清自己和公司的缺點，並承認有改變的需要。

2. 發動適當的回應行動

一旦領導人了解問題、挑戰、機會何在，他必須：⑴決定一種回應方式；⑵確定必須採取的行動；⑶確保那些行動執行得既迅速又有效率。

㈢領導人如何帶動變革

奇異公司執行長傑克・威爾許（Jack Welch）設計了一部「奇異事業引擎」，著手整頓該公司的技術體系。這部機器由兩類事業部構成：一類是成長穩定且高獲利的事業部，它們能為公司賺入資金；另一類則是能運用所賺資金創造更高回收，本身也成長快速的事業部。威爾許提出的口號是，該公司必須「在任何所屬產業中排名一、二，否則我們只好整頓、關閉或乾脆賣斷該事業部。」事實上，在所屬產業排名一、二仍然不夠。他宣布說，任何想留在奇異的事業部，實際獲利必須達到平均值以上，並具有獨特競爭優勢。威爾許相信，那些成不了市場龍頭的事業部其實是在浪費公司資本，因此，他在任期內關閉了一些收支勉強平衡的事業。

㈣創造「無疆界」的企業文化

過去，在奇異，成千上百的員工和主管是在一個由無數小團體組成的事業體中成長的，在這樣的環境中，沒有人自覺須對其他團體的成敗負責。威爾許提出一個「無疆界」（boundarylessness）口號，來說明他想要的文化環境。威爾許以一個簡單的比喻說明「無疆界」的概念：「如果你把這家公司想像成一棟房子，房子會愈蓋愈高。當我們的規模擴大時，我們加蓋樓層，房子變得愈來愈大。當我們組織更複雜時，我們又按功能築起了牆。我們當前的目標應該是摧毀內部的牆——水平和垂直的隔板。」如此公司才可以「以大企業的體型，擁有小企業的速度。」一家「無疆界」企業的核心成員，是那些不管地位或部門重要性而毅然行動，並多方請益（包括公司內部、客戶或供應商）的人。

㈤建立機制，推行新做法

威爾許不厭其煩地教導「無疆界」的想法，並提供各種機制推行新做法。在奇異一向自豪的「動腦行動」中，無數的公司員工、供應商和客戶齊聚一堂，商議問題的解決之道。「動腦」並非可有可無的活動，威爾許要求每個事業單位召開這類會議。他還規定會議的形式，須由不同部門和層級的員工，共同研討某些特定議題。會議中，與會人員必須將階級和部門藩籬暫拋門外，也要求每個人提出看法。會議的目的在於產生結論，領導人也必須採行下屬所提的建議。

六、領導人必須有「可傳播的觀點」

㈠建立教導型的組織

英特爾的全部領導人，從執行長葛洛夫到經驗豐富的經理人之中（平均年資十二至十五年者），都必須負責教導工作，成效好壞還關係到他們的紅利。有的人負責教授公司的正式課程，有的人在世界各地的事業單位開課。那並不是決定紅利多寡的最大因素，但是卻是葛洛夫用來表明「這很重要，我要你們去做」的一種方式。如果你的主管向來不做教導，最後就跟 1990 年代初期的 IBM 一樣。他們把教導的工作全部交給那些本身不是領導人，或甚至公司外部的人負責。而一旦狀況改變，他們自己的人就不曉得該如何做出重大決定，因為這只能從公司的資深人員學到。

㈡領導就是教導

教導是領導工作的核心。領導人其實是透過教導來領導其他人。領導不是規定特定做法，不是發號施令或要求服從，領導是要讓其他人看到真實的情況，並了解達成組織目標所需採取的行動。教導關係到如何有效傳達想法和價值，因此，組織中任何層級的領導人都必須是一位「指導者」。簡單的說，如果你沒有「教導」，你就不是在「領導」。

七、釋放組織的能量

㈠全心投入，樂在工作

成功領導人往往具有不同凡響的活力。領導人將生命中的每件事情，都當作是一次改變和成長的機會。結果是，比起別人，他們工作更久也更賣力，甚至超出一般所能想像。「稍等一下」的想法從不曾出現在他們的腦海中。領導人似乎總是為了成功，而犧牲自己和私人生活。長時間工作和全心投入確實使他們無暇顧及其他事情。事實上，「樂趣」（fun）這個字眼經常出現在領導人口中。當有人問美國科技公司（Ameritech）執行長狄克・諾巴特（Dick Notebaert），如何保持衝勁十足，日復一日如此辛苦工作時，他輕描淡寫地說：「因為工作很有趣。」

許多成功領導人擁有過人的體能，他們的行動導向不但表現在決策上，也表現在體力上。

㈡創立運作機制

成功領導人用心設計管理程序，好讓新的點子能出現，員工的活力也能被激發出來。為此，領導人透過所創造的運作機制，確定同仁已有做決策的充分準備，並以系統性的後續追蹤來確定決策的執行。

八、真實與勇氣

要辨認一位領導人是否真正有膽識，可以看他是否願意公開承認自己的錯誤。

對領導人而言，公開認錯是面對現實的最大考驗。這也是一項具有正面意義的信號，意謂這位領導人能接受其他人坦承認錯。

九、領導和教導的做法

㈠命令他們

領導人對追隨者發號施令——聽命行事。這是最低層次的領導。

㈡告訴他們

領導人向追隨者講授他的可傳授觀點，追隨者也應當接受這項觀點。一切行動遵循共同認可的觀點。這是稍高一個層次的領導。

㈢推銷給他們

領導人提出他的可傳授觀點，說服追隨者那是正確的。還可能包括給予模擬參與、有限的幾個選擇，形同一種交心模式。這是再高一個層次的領導。

㈣教導他們

領導人教導別人發展他們的可傳授觀點，以及如何培養領導後進、教學相長，並因此形成行動的自信心。這是最高層次的領導。所需花費的時間最長，但是學習的深度最深，所有參與者的使命感和理解程度最高，領導人代代相傳的能力也最高。

十、領導人應具備好 EQ——丹尼爾・高曼的研究結果

《EQ》一書作者丹尼爾・高曼（Daniel Goleman）經過多年研究，認為主管的管理能力，在於情緒穩定，EQ 均衡才能先穩下自己的情緒，然後把部屬的情緒安撫下來，雙方取得和諧的共鳴，思考才有交集。高曼在他的著作《基本的領導力》（*Primal Leadership*）中，強調主管的 EQ 來自二方面：

㈠個人的能力

1. 自我覺察力

了解自我情緒的狀況，以及情緒可能產生的影響，做為決策的思考；精確的自我評量，以了解自己的優缺點；自信力，了解自我價值及能力。

2. 自我管理能力

控制自我情緒，以免情緒失控或因衝動而無法自制。在部屬心目中，相當坦白而獲得他們的依賴，並維持相當的靈活性以適應環境變遷；有旺盛的成就動機，把事情做到盡善盡美；有樂觀的心情，時時積極主動掌握機會。

㈡社交的能力

人際互動應懂得掌握彼此的良好關係，以潤滑人際關係與工作關係，順利整合外部與內部人力資源。茲分述二點如下：

1. 社會的覺察力

人際互動過程必須掌握以下重點：

⑴**同理心：**以同理心來設身處地思考問題，並適時掌握情緒的信號，感受其中的奧妙，亦即傾聽對方的意見，掌握問題的核心，才能與各種不同背景的人合作無間。

⑵**組織的覺察力：**領導者要有政治的敏感性，判斷組織的網路關係，並正確解讀權力結構，不但了解組織內部的政治關係，同時也能按照人性或價值來行事。

⑶**服務部屬：**確保第一線服務人員服務顧客時有適當的支援資源，以確保顧客滿意。

2. 關係管理

領導者與部屬的互動關係，可以經由下列幾個途徑：

⑴**鼓舞和激勵：**領導者能以共識遠景鼓舞並激勵部屬，以獲致共鳴，讓部屬能夠自動自發投入工作，而無需主管在後面窮追猛打。

⑵**影響力：**能依不同的部屬給予適當的誘導，並讓部屬心甘情願的接受，主動投入工作。

⑶**培育部屬：**悉心教導部屬，培養他們對工作的興趣，了解部屬的個人目標、優缺點與特質，以便適時給予建設性的回饋，扮演好教練的角色。

⑷**促動變革：**領導者了解變革對部屬的好處，並時時鼓勵部屬挑戰現況，引進新方法或新思維。領導者也懂得為部屬排除變革時所面臨的障礙。

⑸**化解衝突：**領導者負責化解部屬間的衝突，了解衝突的各方情境，以獲致雙方都可接受的解決方法，激發雙方潛力，朝共同的目標努力。

⑹**團隊合作：**整合團隊成員的特質，釐定共同的目標，建立成員之間的工作關係或職責分配；營造和諧的氣氛，以發揮個人所長，透過團隊合作創造更高產值，使團隊成員都有成就感。

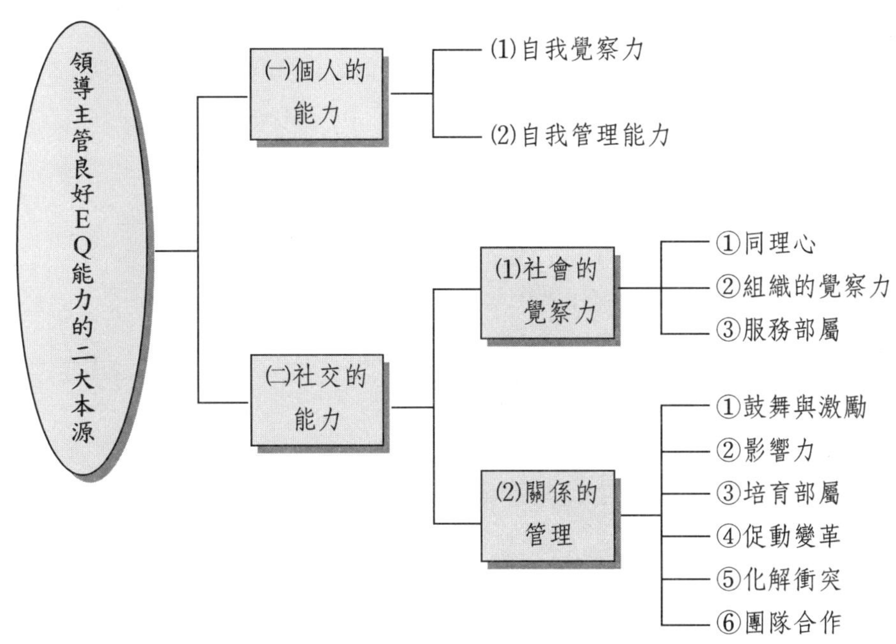

圖 5-9　領導主管良好 EQ 能力的二大來源

第四節　領導案例

案例 1

美國 IBM 公司葛斯納總裁成功的高績效領導八原則啟示錄

葛斯納（Gerstner）在 1993 年 4 月正式接掌 IBM 公司，出任執行長兼總裁。IBM 在 1990 年代初發生大幅虧損危機，他上任後，即積極進行內部重整及策略轉型，一年後，即脫離困境。依然保有 IBM 為美國資訊電腦服務業之龍頭寶座。葛斯納總裁在 2002 年卸任後，即親自撰寫一本描述他在 IBM 公司九年歲月的經營管理心得。他在書中，總結出八項推動 IBM 成功的高績效領導原則。深值吾人學習參考，茲重點摘述如下：

㈠市場是一切作為背後的驅動力量

IBM 必須專心致志，以服務顧客為念，並且在這個過程中，擊敗競爭對手，公司經營能夠成功，最重要的是擄獲顧客的心，而不是靠別的事情。

㈡ IBM 骨子裡是科技公司，品質至上是努力追求的最高目標

科技一向是 IBM 最大的優勢，IBM 只需要把這樣認知，注入產品的開發中，以滿足顧客的需求為最高職志。

㈢衡量成功的首要標準，是顧客的滿意和股東的持股價值

這是強調 IBM 必須向外看的另一種方式。上任的第一年，許多人，尤其是華爾街的分析師，問葛斯納要如何衡量 IBM 未來的經營是否成功——觀察營業利潤率、營業收入成長，還是其他的東西？葛斯納認為，他所知道最好的衡量標準，是提高股東的持股價值。如果顧客不滿意，那麼不管在財務或其他方面，公司都不算成功。

㈣必須像有創業精神的組織，把官僚習氣降到最低，而且時時專注於生產力

快速變動的新市場要求IBM改變原來的習慣。最具創業精神的公司，願意接受創新、承受適度的風險，並以擴張舊業務和尋找新業務雙管齊下的方式，追求成長。這正是IBM需要的心態，IBM必須加快行動腳步、更有效率的工作，且更聰明地花費。

㈤從沒有失去策略性願景

每一家企業如想成功，非得有方向感和使命感不可。因此不管從事什麼行業和正在做什麼，都應該曉得自己走在正確的路上，而且做的是很重要的事情。

㈥思考和行動都要帶著急迫感

葛斯納喜歡稱之為「有建設性的不耐」。IBM 擅長於研究、學習、設立委員會和辯論。但是在這一行，在這個時候，行動快速往往比懷有遠見要好。葛斯納並不是說規劃和分析不好，只是不能因此而停下來不做事。

㈦優秀、犧牲奉獻的人將有所成，尤其是他們的群策能力，攜手合成時

要消除官僚習氣和門戶之爭，最好的方法是讓每個人知道：葛斯納重視並獎勵團隊合作，特別是齊心一力，把注意力放在為顧客帶來價值上。

㈧十分重視所有員工的需求，也重視所處的社群

IBM希望員工有空間和資源去成長。而且IBM希望經營業務所在的大環境，因為IBM的存在而變得更好。

這八項原則是很重要的第一步，不只是因為它們定義了新IBM的優先要務，也因為它們能夠去舊除弊，革除靠作業程序來管理的惡習。但是如果IBM員工沒辦法把這些原則注入公司同仁的DNA裡面，那麼這第一步一點價值都沒有。光是勸誡和分析還不夠。

案例 2

選擇接班人的條件
——國內七家大型企業負責人的看法

企業的成功，經營團隊當然很重要，但團隊的舵手或領航者也是同樣重要。而公司總經理或執行長（CEO）即是舵手的角色。但要成為大企業集團的接班人或是最高負責人，不是一般的條件，必須要有特殊的及優秀的條件配合才行。根據國內知名《商業週刊》在 2002 年 8 月，對國內十二家大型企業負責人，專訪對他們選擇接班人條件的看法，得到以下結論，茲摘述重點如下：

(一)宏碁集團董事長：施振榮

1. 接班人最應該具備的「人格特質」：(1)領袖魅力；(2)正面思考；(3)自信。

2. 接班人最應該具備的「核心能力」：(1)創新能力；(2)經營能力；(3)溝通能力。

3. 接班人絕對「不能觸犯的大忌」：(1)停止學習；(2)違反誠信；(3)沒責任感。

4. 施振榮心目中的「接班人輪廓」：具領袖魅力，能夠開發舞台和人才，長、短效益並重。

(二)統一企業集團總裁：高清愿

1. 接班人最應該具備的「人格特質」：(1)品德第一；(2)領袖魅力，要能夠帶領一大群人。

2. 接班人最應該具備的「核心能力」：(1)做好內部溝通及跨部門協調；(2)開創新的賺錢事業；(3)充分了解自己經營的事業。

3. 接班人絕對「不能觸犯的大忌」：(1)沒有辦法賺錢；(2)沒有誠信；(3)投機取巧。

4. 高清愿心目中的「接班人輪廓」：具有全方位的功能。

(三)裕隆汽車董事長：嚴凱泰

1. 接班人最應該具備的「人格特質」：(1)心地善良；(2)正面思考；(3)具有經營事業的熱忱。

2.接班人最應該具備的「核心能力」：⑴研發創新，沒有研發，什麼都完了；⑵精確判斷產業的發展趨勢；⑶溝通能力。

3.接班人絕對「不能觸犯的大忌」：⑴策略錯誤；⑵搞小圈圈，破壞組織的機制；⑶停止學習。

4.嚴凱泰心目中的「接班人輪廓」：不斷創新，創造新的市場與商機。

㈣遠東集團董事長：徐旭東

1.接班人最應該具備的「人格特質」：⑴創新；⑵堅毅不撓；⑶正面思考。

2.接班人最應該具備的「核心能力」：⑴創新能力；⑵判斷能力；⑶讓專業人才做他們認為對的事情。

3.接班人絕對「不能觸犯的大忌」：不懂得用人唯才及授權管理的藝術。

4.徐旭東心目中的「接班人輪廓」：有眼光和願景，知道帶領企業往哪裡去。

㈤光寶集團統董事長：宋恭源

1.接班人最應該具備的「人格特質」：⑴不能有私心；⑵要很雞婆，能夠招呼很多人；⑶要有耐心。

2.接班人最應該具備的「核心能力」：⑴賺錢能力；⑵要站出來做判斷，不能躲在後面；⑶高科技隨時在變，要有創新能力。

3.接班人絕對「不能觸犯的大忌」：⑴搞派系；⑵待人不公正；⑶操守不佳。

4.宋恭源心目中的「接班人輪廓」：性格正直、勇於承諾、敢於創新。

㈥永豐餘造紙公司：何壽川

1.接班人最應該具備的「人格特質」：⑴勇氣，懂得堅持；⑵堅忍；⑶自信；⑷樂觀。

2.接班人最應該具備的「核心能力」：⑴判斷對錯的能力；⑵專業能力；⑶創新能力。

3.接班人絕對「不能觸犯的大忌」：⑴ A 錢；⑵不誠實。

4.何壽川心目中的「接班人輪廓」：對造紙業的專業能力要夠，大方向要能掌握，並知道如何落實，知道如何和同事互動。

(七)台新金控董事長：吳東亮

1. 接班人最應該具備的「人格特質」：(1)熱忱；(2)領袖魅力；(3)正面思考，不要被困難擊倒。

2. 接班人最應該具備的「核心能力」：(1)精確判斷市場的趨勢；(2)集合優秀人才；(3)擬定正確的策略。

3. 接班人絕對「不能觸犯的大忌」：(1)策略錯誤；(2)不正直。

4. 吳東亮心目中的「接班人輪廓」：具備足夠的 vision（願景）。

案例 3

CEO（執行長）未來的六大挑戰

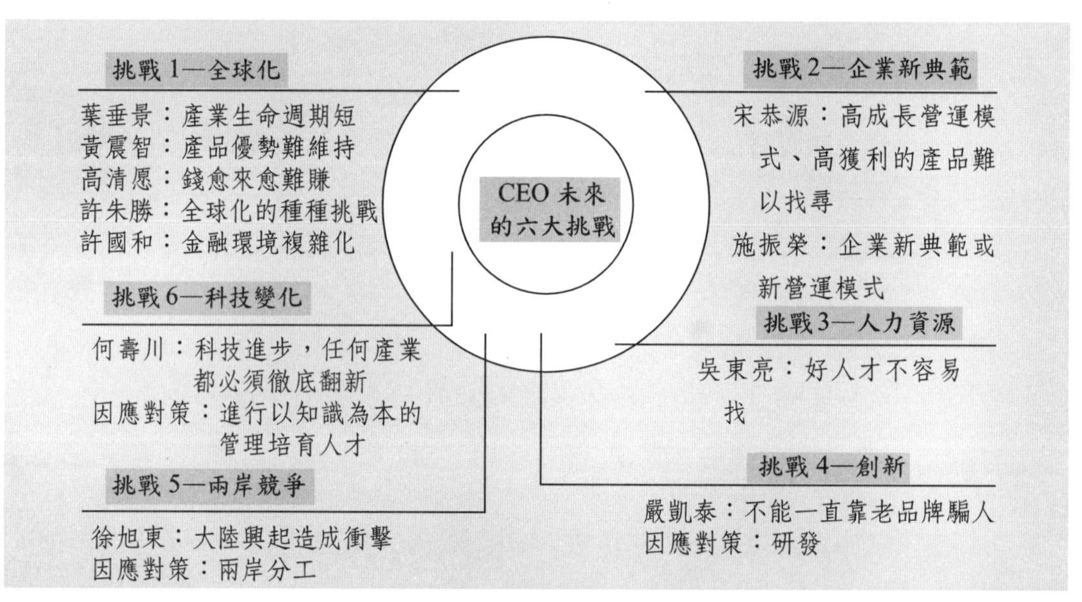

圖 5-10　CEO 未來的六大挑戰

資料來源：《商業週刊》，2002 年 8 月 5 日，97 期

案例 4

領導人與經理人的區別

「領導」是什麼？領導人的特質是什麼？與經理人又有何不同？領導人與經理人的角色，看起來類似，其實大不相同：⑴經理人基本上「向內看」，管理企業各項活動的進行，確保目標的達成。領導人則多半「向外看」，為企業尋找新的方向與機會；⑵管理的工作，是要面對複雜（complexity），為組織帶來秩序、控制和一致性。領導卻是要面對變化（change）、因應變化。企業組織裡，必然有一部分的高層職務需要較多的領導，另外一部分職位則需要較多的管理；⑶管理無法取代領導，同樣地，領導也不是管理的替代品——兩者其實是互補的關係；⑷管理的工作重點，是掌握預算與營運計畫，專注的核心是組織架構與流程，是人員編制與工作計畫、是控制與解決問題。而領導的重點卻是策略、願景和方向，專注的是如何藉由明確有力的溝通，激發出員工的使命感，共同參與創造企業的未來。因此，管理與領導，兩者缺一不可，缺乏管理的領導將引發混亂，缺乏領導的管理，容易滋生官僚習氣。不過，面對不確定的年代，隨著變化的腳步不斷加快，為了因應多變的市場與競爭，領導對於企業組織的興衰存亡，已經愈來愈重要。

表 5-1　領導人與經理的區別

㈠經理人的角色（manager）	㈡領導人的角色（leader）
管理	創新
維持	開發
接受現實	探究現實
專注於制度與架構	專注於人
看短期	看長期
質問 how & when	質問 how & why
目光放在財務盈虧	目光在公司未來
模仿	原創
依賴控制	依賴信任
優秀的企業戰士	自己的主人
㈠企業對於經理人的期待	**㈡員工對領導人的期待**
創造長期價值	可信任
了解市場與產業	公平
解讀環境、發掘機會	真實不造作
正確掌握顧客	心胸開明、開放
規劃、執行、獲得成效	體恤員工
以身作則，落實企業價值觀	有行動力
激發、栽培員工	有決斷力

案例 5

領導能力的五個層級

企管學者 Jim Collins 在 2002 年提出領導能力可區分為五個層級，第五級為最高級的領導人：

㈠第五級：最高級的領導人

藉由謙虛的個性和專業的堅持，建立起持久的卓越績效。

㈡第四級：有效能的領導者

激發下屬熱情，追求清楚而動人的願景和更高的績效標準。

㈢第三級：勝任愉快的經理人

能組織人力和資源，有效率和有效能地追求預先設定的目標。

㈣第二級：有所貢獻的人

能貢獻個人能力，努力達成團隊目標，並且在團體中與他人合作。

㈤第一級：有高度才幹的個人

能運用個人才華、知識、技能和良好的工作習慣，產生有建設性的貢獻。

對於晉身為最卓越的第五級領導能力，可以從二個面向，來做綜合描述（如表 5-2）：

表 5-2　第五級領導的二個面向

1. 專業的堅持	*2.* 謙虛的個性
創造非凡的績效，促成企業從優秀邁向卓越。	謙沖為懷，不愛出風頭，從不自吹自擂。
無論遇到多大的困難，都不屈不撓，堅持到底，盡一切努力，追求長期最佳績效。	冷靜沉著而堅定：主要透過追求高標準來激勵員工，而非藉領袖魅力，來鼓舞員工。
以建立持久不墜的卓越公司為目標絕不妥協。	一切雄心壯志都是為了公司，而非自己：選擇接班人時，著眼於公司在世代交替後會再創高峰。
遇到橫逆時，不望向窗外，指責別人或怪罪運氣不好，反而照鏡子反躬自省，承擔起所有責任。	在順境中，會往窗外看，而非照鏡子只看見自己，把公司的成就歸功於其他同事、外在因素和幸運。

資源來源：Kollins (2002) From Good to Great.

案例 6

共同領導決策，勝過由一人領導（Intel 英特爾公司）

談到領導力，大多數的人都會認為這是一種個人特質，事實上領導力應該也是一種團體特質。有些公司便以共同領導模式，取代一般的一人CEO領導模式，創造出傲人的佳績。

㈠共同領導模式的優點

採取共同領導模式的優點包括：

1. 讓領導人各自發揮，達到截長補短的效果，共同應付愈來愈複雜的企業經營環境。

2. 讓領導人之間彼此激發好的表現，減少公司領導人突然離職時，對公司造成重大衝擊。

3. 避免企業領導人過於以自我中心，以自我利益思考公司決策。

㈡英特爾成功的案例

英特爾（Intel）是共同領導模式的一個範例。從成立的第一天開始，公司就由三位創辦人一起領導，這三名創辦人的特質差異，剛好互補：⑴諾斯（Bob Noyce）

具有個人魅力，而且思路清楚，是英特爾對外的代表；⑵摩爾（Gordon Moore）是公司長期策略的思考者，掌管科技及財務，個性比較冷靜、理性；⑶葛洛夫（Andy Grove）則是比較情緒化，他喜歡設定制度，會親自盯著員工每季的工作表現，扮演的是最近似營運長的角色。這三名領導人當時每星期五都會開會，彼此分享想法與建立共識。在會議中，葛洛夫會如同火山爆發，大聲提出重要的議題，激盪出熱烈的討論。諾斯、摩爾則會較平靜地提出他們的看法，直到葛洛夫再度打斷他們為止。會議就在這個循環不斷重複下進行。英特爾的共同領導模式之所以成功，二大原因是：⑴他們每個人都有自己不同的專長與特質，這些差異不只沒有引發衝突，反而發揮最大的火力；⑵他們設定固定的開會時間，花費心力在溝通重要議題上，力求讓看法一致，在對內對外都不互相阻礙。

㈢成功實行共同領導之原則

成功實行共同領導模式包含五個原則：

1. 即使雙方的外在行為非常不同，內心的基本信念一定要一樣。
2. 兩人共用一間辦公室，但是安排出差、不同的私人活動等，可讓彼此都有喘息的空間。
3. 彼此信任，當一方對某件事充滿興趣時，另一方面應該予支持，讓他放手去做。
4. 講求公平，工作成果必須平等分享。
5. 把公司放在最前面。

案例 7

高階經理人甄選的十大條件（德州儀器公司）

曾任美國德州儀器公司執行長的 Fred Bucy 撰寫過一篇文章〈*How we measure managers*〉，提出他認為傑出高階經理人（top manager）應具備的十大條件，茲摘述如下：

㈠誠實（integrity）

經理人員可能很聰明、很有創意且很會替公司賺錢，但是如果不誠實，便不僅一文不值，而且對公司而言是個相當危險的人物。誠實的另一個定義是對所有事物的承諾，能不計任何代價去達成。

圖 5-11　德州儀器公司高階經理人應具備的十大條件

㈡冒險的意願（willingness to take risks）

的確，冒險並不好玩，什麼事都小心翼翼的人當然不會闖出什麼大禍。但是如果在經營上經理人做事老是講求安全第一，公司是不太可能快速成長的。企業要創造一種環境，讓經理人勇於去冒經過深思熟慮的風險，而不怕因為失敗而受責備。

㈢賺錢的能力（ability to make a profit）

企業存在的目的不單是為股東賺錢，但是由於企業若要對社會有所貢獻，仍需要靠利潤來達成。因此，企業仍需要會賺錢的經理人。

㈣創新的能力（ability to innovate）

卓越的經理人必須能夠創新，次之的經理人則要能獎勵與支持部屬的好點子。企業必須不斷有新創意流入，這些創意不單是科技方面，在管理改革方面，亦是被重視的。

㈤實現的能力（ability to get thing done）

經理人即使有全世界最偉大的產品計畫、最看好的產品創新，但是如果無法讓

它們付諸實現，那麼他還不能算是經理人。

㈥良好的判斷力（good judgment）

判斷力是一種重要的思考能力，使經理人能根據數據來發現以及感覺、評估、計畫方案和建議的價值。

㈦授權與負責的能力（ability to delegate authority and share responsibility）

主管人員可以將作決策的權力全部授予部屬，但他必須與部屬對事情的後果共同負責。經理人對部屬所做的事絕不能逃避責任，無論部屬所做的良好決策是多麼微小，主管都可以分享榮譽；無論部屬所做的不良決策是如何輕微，主管都要與部屬一起受責備，亦即各階層的經理人要層層授權、層層負責。

㈧求才與留才的能力（ability to attract and hold outstanding people）

企業有少數獨攬全局的主管可能會成功一時，但是有良好的管理團隊才能永遠成功。高階主管需要時時刻刻都擁有許多的能力、有共事方法的人使企業大展鴻圖。因此，良好的經理人不但應該樂意，也應該對於能幹部屬得以升遷到組織其他部門而感到光榮。高階主管在評估經理人時，應該著重在他如何建立團隊、如何培育部屬，然後才是他對組織的貢獻。傑出的經理人會培育出好的管理人才。

㈨智慧、遠見與洞察力（intelligence, foresight and vision）

好的經理人不單是今天很聰明，明天或十年後都應該還是很聰慧靈敏。大企業的經理必須快速學習，消化大量資訊，解決複雜的問題，並從經驗習得教訓。遠見是一種向前看事情的能力，能預見並解決即將到來的問題。經理人必須能預期問題，避免問題發生或大禍臨頭之前解決問題。經理人若沒有預見未來的能力，只能任憑命運的擺布，最後將會面臨無法預料的重重危機。至於洞察力則是一種長程的遠見。此種資質使得經理人得以想像未來年代的世界、業界以及自己公司會變成怎樣，因此，他可以開始計畫並解決未來的問題。

㈩活力（vitality）

企業要永續經營，大家應該使它藉著成長與改變而成為充滿活力之組織。一個企業組織若因充滿著因循苟且、得過且過的成員而變得呆滯，那它將很快失去優秀的人才、顧客以及所有的一切。

案例 8

台積電公司張忠謀對選才用將的個人看法

台積電公司張忠謀董事長在 2003 年 8 月接受《天下》雜誌專訪時，提到他個人對選才用將的看法，十分有建設性，特別摘述重要對談段落，如下：

問：你在選才用將上的原則是什麼？

答：個人特質和在職表現。個人物質就是要先看我們的四個重點：品德、創新、顧客服務、信守承諾。在職表現的衡量標準就是他的上司跟他合訂的一年的工作目標，一年以後看看你做了多少。

問：一個職場工作者每個階層需要什麼？公司能給怎樣的幫助？你會如何協助中、高階層？

答：我跟他們談話是滿多、滿有建設性的，我覺得這很重要。一個上司，不應該跟他屬下說：「你這個做得不好」，而應說：「我認為你怎樣做，就會做得更好。」

我跟他們幾乎是每週談話，有的人是每月一次個別談話。

問：台積電每個領域的主管都各具專業，身為他們的 CEO，怎麼給他們有建設性的想法？

答：他們的專業可能比我強，但我看得廣、看得遠。如法務做這件事也許在專業上是應該的，可是對客戶會有不好影響，那就不能做。又如生意忙時，趕著做生意，研發就做得少了，這對公司就不好。

另外，以行銷部門來說，生意不好，很多客戶就要減價，這就要看得遠一點。在專業部分我相信我所能貢獻的就是看得遠及廣。

案例 9

美國大型日用品公司 P&G（寶僑）公司培養高階主管的七項致勝要素

㈠領導能力（leadership）

具備高瞻遠矚的能力，能制定出「改變遊戲規則」的有效戰略，激勵並團結他人，在每一件事情上追求高標準和突破性的做法，並能坦率地面對現實，主動承擔複雜問題，並從失敗中記取經驗。

㈡能力發展（capacity）

透過發展自己以及他人的能力，做出非凡的成績，並且利用全球各種不同的經驗與技能，來迎接真正振奮人心的挑戰，明智地運用 20/80 原則，以應對不斷改變的工作，保持士氣高峰。

㈢勇於承擔風險（risk-taking）

要具備主人翁精神，果斷地行動，勇敢地承擔更大的任務，更快速地且有突破性的結果，快速累積並運用經驗，且勇於承擔風險。

㈣積極創新（innovation）

運用技術，將消費者與顧客的需要連結，建立信任關係，強烈的好奇心及試驗的自由。發揮企業家的精神，結合經驗，創造嶄新、富想像力的可能性。

㈤解決問題（solutions）

將數據與直覺結合在一起，做出卓越的業務決策，在問題中，找出隱藏其中的機會，提出與 P&G「做中學」價值觀一致的解決方案。

㈥團結合作（collaboration）

在危險中鼓勵個人創造力，運用適當的時機，適當的傳遞，將適當的人集合在一起。先了解別人，再讓人了解、相互信任。

㈦專業技能（mastery）

不斷更新並利用專業知識，以創造分享與運用知識的優勢。

案例 10

P&G 執行長積極培養領導人才，以維持創新及競爭力

㈠雷富禮執行長花費 1/3 到 1/2 時間在培育領導人才上

寶僑，一個產品網路遍及全球 160 個國家的企業，今年獲選全球前 20 大領導人企業第一名，原因是其管理具延續性，並拔擢內部人才，寶僑現任執行長雷富禮（Alan G. Lafley）曾說：「在對寶僑的長期成功上，我所做的事，沒有一件比協助培育出其他領導人更具長遠的影響力。」

現年 58 歲的雷富禮表示，他的時間有 1/3 到 1/2 都用在培育領袖人才上，而寶僑花在這上面的錢雖無法準確計算，但金額肯定很大。

㈡ P&G 人，每踏出一步都會受到評估

寶僑所做的就是讓領導能力培育變成全面性，並且深入寶僑文化之中。雷富禮認為，最大要點就在於寶僑是一部不停做淘選的機器，從大學畢業生進到寶僑就展開了，寶僑有流程、有評估工具。寶僑依據價值、才智、創造力、領導能力和成就進行拔擢。一個寶僑人在寶僑的生涯中，每踏出一步都會受到評估，這個應該就是寶僑人成長的最大動力。

㈢培育方式為短期訓練

在培育領袖人才的方法上，寶僑不同於奇異電器、摩托羅拉等企業，寶僑並未興建大學校園式培訓機構，而是著重為期一或兩天的密集式訓練課程，然後就要受訓主管返回工作崗位。此外，寶僑會從外頭聘請企管教練來上課，也採用過由顧問或大學設計的教學課程。

㈣儲存 3,000 名頂尖主管的人才系統

寶僑各產品線經理級員工的評分和給薪，不只依據他們的業務表現，他們發展組織的績效也被納入考量。此外，寶僑建立了一個名為「人才培育系統」的電腦資料庫，裡頭儲存了寶僑 3,000 名頂尖主管的名字，以及他們個人的詳細背景資料，此一系統被用來協助確認寶僑內部哪個人最適合填補哪個職缺。

案例 11

世界第一大製造業，GE（奇異）領導人才育成術

年營收額達1,300億美元，全球員工高達31萬人，事業範疇橫跨飛機、發電機、金融、媒體、汽車、精密醫療器材、塑化、工業、照明及國防工業等巨大複合式企業集團的奇異公司，多年來的經營績效、領導才能及企業文化，均受到相當的推崇，大家都好奇如何才能使世界第一大製造業的名聲，長期維繫成功於不墜。

㈠ GE 全球人才育成四階段

奇異公司全球人才育成制度，大致可以區分為四個階段：

1. 第一階段

係屬基層幹部儲備培訓，主要是針對新進基層人員，進行為期二年的工作績效考核計畫。以每六個月為一個循環，由被選拔出來的基層人員，自己訂出這六個月要做的某一項主題目標，然後再看六個月後是否完成此一主題目標。依此循環，二年內要完成四次的主題目標研究。其中一次必須在海外國家完成，大部分人選擇到美國奇異總公司去。至於這一些主題目標，可以是與自己工作相關或不完全相關。大部分仍是以基層的功能專長為導向，例如，財務、資訊情報、營業、人事、顧客提案、商品行銷、通路結構……等為主。此階段培訓計畫稱為CLP（commercial leadership program），每年從全球各公司中，選拔出 2,000 人接受此計畫，由各國公司負責執行。

2. 第二階段

稱為MDC計畫（manager development course），即中階幹部經理人發展培訓課程計畫。每年從全球各公司的基層幹部中，挑選 500 人出來做為未來晉升為中階幹部的培訓計畫。培訓內容以財務、經營策略等共通的重要知識為主。

3. 第三階段

稱為 BMC 計畫（business management course），即高階幹部事業經營課程培訓

計畫。每年從全球各公司的中階幹部中，選拔 150 人出來做為未來晉升為高階幹部的培訓作業。這 150 人可以說是能力極強的各國精英。

4. 第四階段

稱為EDC計畫（executive development course），即高階幹部戰略執行發展培訓計畫，每年從各國公司中，僅僅選拔出35 人，做為未來各國公司最高負責人或是亞洲、歐洲、美洲等地區最高負責人之精英中的精英之培訓計畫。

此四階段計畫，如圖 5-12 所示。

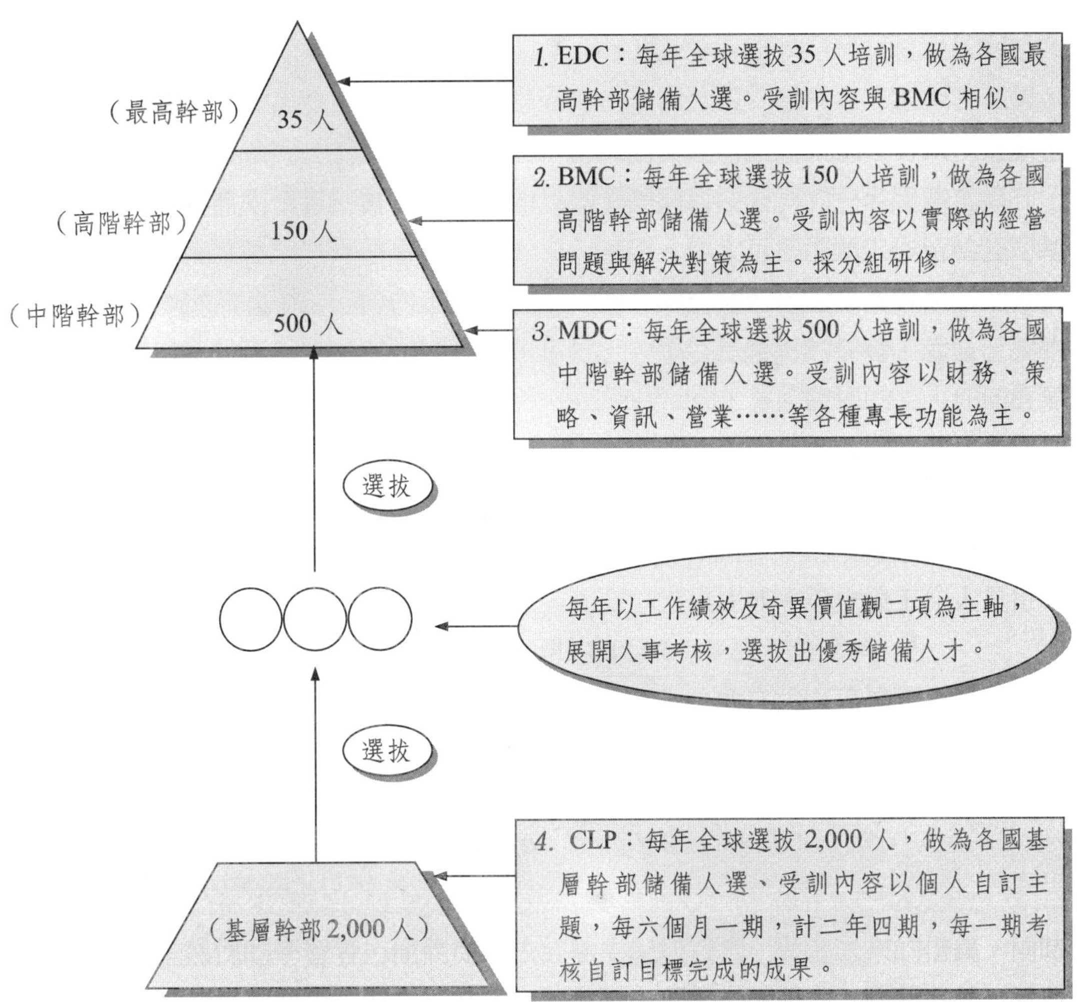

圖 5-12　GE 公司全球領導人才育成四階段

這四階段可以說是有計畫的、循序漸進的、全球各國公司一體通用的，而且是全球化人力資源的宏觀培訓人才制度。

㈡ BMC 研修課程案例

奇異培訓各國公司副總經理級以上的高階主管所進行的儲備幹部研修課程，每一年舉行三次，在不同的國家舉行。2003 年底最後一次的 BMC 研修課程，即選在日本東京舉行。此次儲備計畫，計有全球 51 位獲選出席參加，為期二週。行程可以說非常緊湊，不僅是被動上課而已，而且還有奇異美國公司總裁親自出席，下達這次研修課程的主題為何，然後進行 6 個小組的分組，由各小組展開資料蒐集、顧客緊急拜訪及簡報撰寫與討論等過程，最後還要轉赴美國奇異公司，向 30 位總公司高階經營團隊做最後完整的主題簡報，並接受詢答。最後由奇異總公司總裁傑佛瑞・伊梅特作裁示與評論。

以上是 2003 年底在日本東京舉行的 BMC 研修課程安排：

11/4	51 位受訓幹部在東京六本木奇異日本總公司集合，由美國奇異總裁伊梅特揭示此次研修主題——日本市場的成長戰略及做法，以及將 51 位予以分成 6 個小組，並確定各小組的研究主題。
11/5～11/7	邀請日本東芝……等大公司及大商社高階主管演講。
11/8	赴京都、奈良、箱根觀光。
11/10	工廠見習。
11/11～11/14	各分組展開訪問顧客企業、蒐集資料情報及小組內部討論。
11/15	各分組撰寫提案計畫內容。
11/16	週日休息。
11/17～11/19	各分組持續撰寫提案及討論。
11/20～11/21	各分組向奇異日本公司各相關主題最高主管，進行第一階段的提案簡報發表大會、互動討論及修正。
11/23～11/30	51 人先回到各國去。
12/1～/12/2	51 人再赴美國紐約州奇異公司研修中心，各小組先向奇異亞太區總裁做第二階段提案簡報發表大會及修正。
12/3	正式向奇異美國總公司總裁及 30 人高階團隊做提案發表大會，並由伊梅特總裁裁示。

㈢ GE 領導人才培訓的特色

奇異公司極為重視各階層幹部領導人才的培訓計畫，歸納起來，該培訓之特色，大致有以下幾點：

1. 奇異公司每年都花費 10 億美元，在全球人才育成計畫上，可以稱得上是世界第一投資經費在人才養成的跨國公司。
2. 奇異公司高階以上領導幹部培訓計畫，大多採取現今所面臨的經營與管理上的實際問題，以及解決對策、提案等為培訓主軸，是一種「行動訓練」（action learning）導向。
3. 奇異公司在培訓過程中，經常採取跨國各公司人才混合編組。亦即，不區分哪一國、性別為何或專長為何，必須混合編成一組。其目的是為了培養每一個幹部的跨國團隊（team）經營能力與合作溝通能力，而且更能客觀來看待提案簡報內容。例如，某次的BMC培訓計畫，即有日本某位金融財務專長的幹部，被配屬在「最先進尖端技術動向」這一組中，希望以財務金融觀點來看待科技議題。
4. 奇異公司在一開始的基層幹部選拔人才中，最重視的是二項考核項目，一項是「工作績效表現」，另一項則是「奇異價值觀的實踐」。
5. 奇異公司的培訓計畫，係以向極限挑戰，讓各國人才潛能得以完全發揮。
6. 奇異公司希望從每一次各國的研修主題中，產生出奇異公司的全球化經營戰略與各國地區化經營戰術。

㈣結語——培育人才，是領導者的首要之務

奇異公司總裁伊梅特語重心長的表示：「奇異全球 31 萬名員工中，不乏臥虎藏龍的優秀人才，但重要的是，必須有系統、有計畫的引導出來，然後給予適當的四大階段育才培訓計畫，就可以培養出各國公司優秀卓越的領導人才。然後奇異全球化成長發展，就可以生生不息。」

發掘人才，育成領導人才，奇異成為全球第一大製造公司，正是一個最成功的典範實例。

案例 12

GE 公司前執行長傑克・威爾許的八項領導守則經驗談

1. 領導在於栽培——以前，顧好自己；現在，顧好別人。

2. 領導人應做些什麼事？——領導的八項守則。

㈠守則 1：領導人孜孜矻矻於提升團隊的層次，把每一次的接觸都當作評量、指導部屬和培養部屬自信的機會。

1. 必須量才任用：把對的人擺在對的位置，支持和拔擢適任的人選，汰除不適任者。

2. 必須指導部屬：引導、評斷並協助部屬，從所有面向來改善績效。

3. 最後，必須建立自信：不吝鼓勵、關懷和表揚。自信能帶來活力，讓你的部屬勇於全力以赴、冒險犯難、超越夢想。自信是致勝團隊的燃料。

㈡守則 2：領導人不但力求部屬看到願景，也要部屬為願景打拚，起居作息都圍繞著願景運作。

不消說，領導人必須為團隊描繪一幅願景，大部分領導人也都這麼做了。但是談到願景，該做的事遠不止如此。身為領導人，你必須讓願景活起來。

㈢守則 3：帶人要帶心，領導人應該散發正面的能量和樂觀的氣氛。

有句老話說：「上樑不正下樑歪。」這主要是形容政治和腐化如何經由上行下效而遍及整個組織。不過，這句話也可以用來描述上級的不良態度，對任何團隊（不拘大小）所造成的影響。其結果會感染到每個人。

㈣守則 4：領導人因胸襟坦率、作風透明，以及信用聲譽而獲得信賴。

何謂信賴？我可以給你一個字典上的定義：但是你只要親身體會，便能明白何謂信賴。當領導人作風透明、坦誠、講信用，信賴便油然而生。就是那麼簡單。

㈤守則 5：領導人有勇氣做出不討好的決定，並根據直覺下判斷。

有些人天生就是和事佬；有的人則是處處討好，渴望被大家接受和喜愛。

如果你是領導人，這些行為無異搬磚砸腳；不論你工作的場合或內容為何，總有必須做出艱難決定的時刻。例如，解聘某些人、削減某個專案的預算、關閉廠房。

這些困難的決定，當然會招來怨言和阻力。你要做的事，是仔細傾聽部屬怎麼說，而且把你的做法解釋清楚。終究，你還是必須義無反顧，勇往直前，做你該做的事。不要躊躇不決或花言巧語。

㈥守則 6：領導人抱持懷疑與好奇心，探索並敦促，務使所有疑問都獲得具體的行動回應。

你還是專業人士的時候，必須想辦法找出所有答案。你的工作就是當個專家，成為自己那一行的頂尖高手，甚至整個房間裡就數你最聰明。

等你當了領導人，你的工作便是提出所有的問題。就算看起來像是房間裡最笨的人，你也泰然自若，不以為意。討論決策、提案、某項市場資訊的每次談話，你都必須用到諸如此類的句子：「如果這樣，會怎麼樣？」「有何不可？」「怎麼會呢？」

但發問是領導人的工作。你要的是更寬廣、更完美的解決方案。提出問題、健康的辯論、擬定決策、採取行動，才能讓大家得到完美寬廣的解決方案。

㈦守則 7：領導人以身作則，鼓舞冒險犯難和學習的精神。

贏家公司歡迎冒險犯難和學習精神。

事實上，這兩個觀念常常是徒有口惠，少有實際作為。有太多經理人敦促部屬嘗試新事物，一旦失敗就狠狠指責下屬。也有太多人活在自以為是，孤芳自賞的世界裡。

如果你希望部屬勇於實驗並擴大視野，就請以身作則。

以冒險犯難來說，不避諱談論自己犯過的錯，暢談你從中學到的教訓，據以塑造鼓勵冒險犯難的風氣。

㈧守則 8：領導人懂得獎勵褒揚。

工作既然在生活中占有舉足輕重的位置，做出點成績時，當然得好好慶祝。掌握所有機會，大肆慶祝，犒賞自己。如果你不做，沒人會做。

☞ 自我評量

1. 試述領導的意義及領導力量來源基礎。
2. 試分析一般人為何要接受領導。
3. 試申述三類的領導理論為何。
4. 何謂領袖制定技巧理論？
5. 試說明有效的二種影響方式。
6. 何謂生命週期領導理論？
7. 何謂適應性領導理論？
8. 試說明參與管理系統。
9. 試申述參與式領導之優缺點。
10. 試分析影響領導效能之四大因素為何。
11. 試說明如何改變領導方式。可透過哪二種訓練方式？
12. 成為有效領導者之六種特質為何？
13. 成功領導者之六大法則為何？
14. 做為一個領導人，究應如何成功領導一個團隊？
15. 成功領導人，應具備哪五項特點？
16. 試說明 IBM 前總裁葛斯納的高績效領導八大原則。
17. 試說明國內宏碁及統一集團對領導接班人之要求特質為何。
18. 試述 Jim Collins 新提出的五級領導人之內涵。
19. 試分析英特爾公司共同領導之原則為何。
20. 試簡述 Tichy 教授在《領導引擎》一書中的描述重點為何。

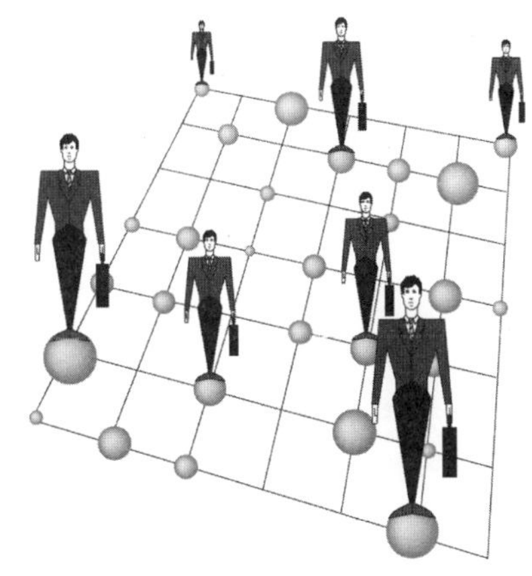

chapter 6

團隊管理

Team Management

第一節　團隊的目的、特質、影響團隊績效的因素及團隊領導管理

一、團隊的目的

愈來愈多的組織發現，團隊提供了一個有效的方法協助組織解決問題、增加員工對組織的認同感、提高員工工作潛能和快速回應環境變遷與顧客需求。因此，組織漸漸地運用團隊來完成組織目標，增加組織效能和提高生產力。在企業實務上，也常看到企業強調有堅強的研發團隊或是經營團隊或是銷售力團隊等。

團隊的主要目的是透過組織和管理一群人，讓他們在團隊所投入的心力能有效地凝聚、發揮，同時也能夠透過團隊的運作過程學習到更多工作上的知識、技巧與經驗。簡言之，團隊即是指將幾個人集結在一起，去完成一特定的工作或任務。進一步而言，團隊是一群人共同為一特定的目標，一起分擔工作，並為他們努力的成果共同擔負成敗責任。例如，可能是一個研發團隊、西進大陸設廠團隊、新事業籌備小組團隊、降低成本工作團隊、海外融資財務工作團隊或是教育訓練講師團隊等均屬之。

二、團隊的特質

基本上，團隊具有下列四項特質：

㈠團隊隊員具「相互依存性」

在團隊中，每個隊員均具有不同的技能、知識或經驗。每個隊員都能對這個團隊有不同的貢獻，團隊隊員能彼此了解彼此的特長及在團隊中的角色與重要性。團隊的隊員在團隊中分工合作，分享資訊，交換資訊，並相互接納。團隊的隊員體認到每個隊員的重要性，缺一不可，少了任何一個隊員，團隊的目標將法順利達成。

㈡「協調」是在團隊運作過程中不可缺少的活動

團隊的隊員通常具有不同的背景，或來自不同的單位。為凝聚共識，致力於達

成團隊的共同目標，團隊隊員應摒棄本位主義，敞開心胸，加強溝通協調，針對問題，解決問題。因此，身為團隊隊員應體認，唯有透過協調及充分溝通，才能完成團隊的共同目標。

㈢了解到這個團隊「為何存在」

團隊的界限（boundaries）何在，及團隊在組織中所扮演的角色地位和功能性為何。

㈣團隊隊員「共同擔負」團隊的「成敗責任」

團隊隊員的責任分享可分為兩個層面來加以分析。第一個層面是團隊隊員在平常的團隊運作過程中或團隊會議中共同分攤團隊的工作。例如，團隊的領導角色（team leadership）或團隊的各項任務指派。第二個層面是針對團隊的最後成果而言。團隊的存在都有其特定任務，能否達成此一任務便有成敗責任歸屬問題。團隊的特色之一，即在於順利完成團隊的目標時，全體團隊隊員將分享此一成果，共同接受組織的激勵與獎勵。相同的，當團體無法順利完成特定任務時，則全體團隊隊友將共同承擔此一失敗的責任，而非由單獨的團隊領導者（team leader）或管理者（manager）承擔失敗的責任。

三、團隊的「定義」

總言之，團隊在組織中的功能性上優於個人，因為團隊集結了不少各種不同技能、專業知識和經驗的人員一起為組織解決問題，他們更相信「三個臭皮匠，勝過一個諸葛亮」的基本哲學。因此，我們可以將團隊定義為：「一小群具有不同技能的人相互依存的在一起工作；這群人認同於一共同目標，而為了達成此一目標，他們貢獻自己的能力，扮演好自己的角色，彼此分工合作，溝通協調，為達成此一目標而齊心努力，並為此一目標的達成與否共同承擔成敗責任。」

四、團隊讓一加一大於二（眾人智慧）

工作團隊如此風行的原因，在於愈來愈多的任務需要用到集體的技術、判斷及

經驗，而且團隊的績效會勝過個人績效。當組織為了增加經營效率及效能而進行重組時，通常會以團隊為組織設計的基礎。管理者也發現，相較於傳統的部門式組織以及其他長久性的團體形式，工作團隊比較有彈性，而且也比較能適應環境的變化，可以很快的加以集結、部署、重新界定及遣散。

工作團隊也可以產生激勵作用，因為員工的參與本身就會有激勵作用。

五、影響團隊績效的九大因素

了解影響團隊績效的因素有助於提升團隊績效。值得注意的是，不是把團體改個名稱叫做工作團隊就會增加生產力，有效的工作團隊必須具備以下幾個重要特徵：

㈠工作團隊成員人數的多寡

一般而言，好的工作團隊其成員人數不多。如果人數過多，不僅會造成溝通上的困難，而且也容易造成權責不分、無凝聚力及無承諾的現象。專案組織是工作團隊的一個特定形式。當群體變得愈來愈大時，成員的工作滿足感會降低，而缺勤率及離職率會增加。但是有些專案非常複雜，區區人數很難應付自如，還是必須考慮完成專案的時間，來決定專案人員的數目。團隊成員小則有五至七人，中則十至二十人，大則二十至五十人均有可能存在。

㈡成員的能力好壞

團隊成員要能發揮效能，必須具備四種技能：技術的、人際的、觀念化的、溝通的技能。

㈢角色及差異性的互補性大小

每個團隊都有特定目標及需求，因此在遴選團隊成員時必須考慮到成員的人格特質及偏好。績效高的團隊必然會使其成員「適才適所」，讓每位成員都能夠發揮所長、扮演適當的角色。團隊成員亦不適宜全部是同質性的，存在異質化，也是必須的。

㈣對共同目標的承諾深度

團隊是否有成員願意施展其抱負的目標？這個目標必須比特定標的具有更寬廣的視野。有效團隊必有一個共同的、有意義的目標，而此目標是指導行動、激發成員承諾的動力。

㈤建立特定目標的明確化程度

成功的團隊會將其共同的目標轉換成特定的、可衡量的、實際的績效標的。標的可以提供成員無窮的動力，促進成員間的有效溝通，使成員專注於目標的達成。

㈥領導人與結構適當與否

目標界定了成員的最終理想，但是，高績效的團隊還需要有效的領導及結構來提供焦點及方向。團隊成員必須共同決定：誰該做什麼事情？每個成員的工作負荷量如何均衡？如何做好工作排程？需要培養什麼技術？如何解決可能的衝突？如何做決策、調整決策？要解決這些問題並達成共識，以整合成員的技術，就需要領導及結構。

由企業高層指派或由成員推舉。被推舉者必須要能夠扮演促進者、組織者、生產者、維持者及連結者的角色。

㈦社會賦閒及責任（不能容忍混水摸魚的成員存在）

成員可能「混」在團隊內不做任何貢獻，但卻搭別人的便車，這種現象稱為社會賦閒。成功的團隊不允許這種現象發生，它會要每位成員肩負起責任。

㈧績效評估及報酬制度

如何讓每位成員都能肩負起責任？傳統個人導向的績效評估及報酬制度必須加以調整，才能夠反映出團隊績效。個人的績效評估、固定時段的報酬、個人的誘因等並不能完全適用於高績效的團隊，所以除了以個人為基礎的評估及報酬制度外，還要重視以整個群體為基礎的評價、利潤分享、小團隊誘因，以及其他能增強團隊努力及承諾的誘因。

㈨彼此的互信：團隊領導人與成員之間

高績效團隊成員都是互信的，成員之間都會相信對方的廉潔、品格及能力。但是就人際關係而言，互信其實是相當脆弱的——需要長時間的培養，但卻容易毀於一旦，一旦破壞要再恢復更是難上加難。由於互信有相乘效果，互不信任也是一樣，所以領導者必須在組織團隊成員方面投入更多的關注。

六、組織走向「團隊化」的最新趨勢

近幾年來，另一種組織模型不斷出現在有關企業的報導和文獻中，一般稱之為「以團隊為基礎的組織」（team-based-organization），或簡稱為「團隊型」組織，代表人類進入所謂「知識社會」的產生。這種組織具備靈活和彈性的優點，適合知識社會所帶來的創新和多元的需要。

由於這種團隊具有完整自主和自我負責的特性，使得往昔那些用以於監督、協調和指揮作用的層層上級單位也都變為不必要了，所謂「組織扁平化」也就成為自然而然的結果。

今天的企業已不能完全依靠傳統金字塔組織，也可能須借助外部專家，結合內部各個部門的專業人士，在一起針對一個目標去推動，達到某個績效。

團隊的種類非常多，國家有國家團隊、內閣有內閣團隊，公司也一樣，有經營團隊、董事會團隊、管理團隊、部門的矩陣組織，以及任務團隊。

在發展團隊組織的過程中，和一般傳統的組織概念不一樣。比如，一個在國內發展的企業，有一天要到大陸或東南亞投資，就要發展出一個投資團隊或先遣部隊，這個先遣部隊派駐在上海、廣州或北京，他們有一個明確的目標要達成，將原來分散在各地的專業人才，比如財務、管銷或工程人員整合起來，成為一個有特殊目的團體。

七、任務團隊組建的五個階段

發展中的團隊在不同的階段有不同的挑戰，無法度過這一關即無法邁向下一階段，這個過程大概有五個階段：

1.開始階段，徵召人才，吸引人才，共同討論團隊的使命和目的。接下來，人馬集結好，開始在一個目標之下共同奮鬥，但這時會產生競爭、內鬥，各種人際之間的問題就產生了。

2.接下來就是穩定階段。當大家都清楚自己的角色定位，可以一起工作時，這個團隊就開始成型。

3.然後就開始了掙扎期。這麼多人在一起，每個人的工作方法、步調，對計畫的輕重緩急都不一樣，如何接受新任務？職位如何界定？如何分配？如何讓每個人在工作過程中有所成長，這些都是領導者要做的事情。

4.當有了正面的效應後，就可能是組織的成功階段。這時，大家就可能產生一種期待、期望、憧憬，士氣也被激發出來，想超越目標，將目標推得愈來愈高。

5.最後就是終止階段。目標達成團隊也就終止了，這時要慶賀，為了達到目標而產生的激勵、報酬、獎金、表揚，做一個總結。當然也可能是沒有達到目標的悔恨、沮喪與挫折。

八、任務團隊的「領導」

成功的組織可能會複製，將組織再擴大，人員重新分配，接受新任務。

一個團隊的發展，是周而復始的階段。在這幾個階段中如何去維持，使大家能夠很投入，並且在工作上有好的表現呢？

1.領導人應該將團隊的表現做為最高的表徵，而不是強調個人的英雄主義。

2.鼓勵團隊成員之間充分的溝通，願意表達、願意分享。

3.讓每個人都產生互相依賴的感覺，發展一個好的關係。

4.如果有問題發生時，應該列為專案，立即處理。

5.要求員工有隨時做簡報和口頭報告的能力。

6.提供資源和協助，幫助全體成員成長。

7.領導者應清楚自己的角色定位也是團隊成員之一，不要高高在上。

8.針對每個人對目標的承諾，進行監控，但不是傳統的管制方式。

9.透過工作的挑戰、定期訓練和生涯發展，來激發成員共同成長。

很多人對團隊的看法，只是一群人在一起工作而已。但團隊領導者的領導方式，是會影響到這個團隊的成敗的。

歸納起來，要發展一個好的團隊，首先，要有共同的價值觀。這個團隊之所以存在，是建立在某個價值的信念之下，大家願意為此付出，成員之間彼此依賴。

群體中每個人都願意表達自己對事物的感受和感覺，他們不是被壓抑的，可以充分表達自己的感想。

每個成員也要對團隊有承諾，既然被挑選到這個團隊中，就要將自己的能力貢獻出來，不能留一手，要竭盡心力，為團隊創造績效。

第二節　團隊領導案例

案例 1

統一集團董事長高清愿
——認為團隊精神是企業的靈魂

台灣的企業，這十多年來朝大型化、團隊化與多角化發展的同時，在經營管理上，團隊已經逐漸取代個人，企業的績效，也多取決於團隊精神能否落實。

統一企業在逐漸擴大，成為擁有幾十家關係企業的集團後，很深刻的體會到，團隊精神就是集團的生命力，從長遠來說，往往能夠決定集團的成敗。

畢竟，一個集團旗下的企業，總是有好有壞，差的企業需要整頓時，就得靠其他企業的奧援，包括人才甚至資金。在這個節骨眼上，有些企業的總經理，難免堅持本位主義，不願割愛。有人則能顧全大局，出人出錢，兩者的區別，就關係到團隊精神的有無。

統一超商總經理徐重仁先生，在零售服務業的經營成就，頗受各界肯定，他在統一集團內，另一個備受好評之處，就是行事以大我為重。舉凡服務業有關的領域內，統一有哪個關係企業的營運出了問題，找上他來解決，徐重仁先生從不推辭，這些企業在他整合資源，派員整飭後，都有了新氣象，不少並已轉虧為盈。

這類例子比比皆是。像是過去一年動輒虧一、二億的統一藥品，在統一超商派員經營後，2002 年獲利超過五千萬元。統一精工也是在統一超商的資金與財務人員進駐後，有了新面貌，2002 年賺了一億多。

團隊精神，最簡單的解釋，就是不自私，不本位，再了不起的企業，少了這個要素，也撐不了多久。

案例 2

友達光電組織變革，五人決策小組形成

國內面板廠龍頭友達光電又有高階組織變革，將成立以董事長李焜耀、總經理陳炫彬、執行副總熊暉、盧博彥、資深副總林正一為首的「友達管理決策會」五人小組，下屬「資訊顯示器事業群」（含 OA 與通用顯示器面板）及「消費電子顯示器事業群」（含中小尺寸與液晶電視面板）兩大核心事業。由於這是友達成立以來最大規模的高階組織變革，因此引起市場高度重視。業內看法認為，全球顯示器產業變化速度極快，友達全力拔擢旗下的「老實聰明人」精英團隊，將有助於提升後續市場高度競爭的戰力。

不同於三個月開一次會的董事會功能，主導這次組織布局的陳炫彬指出，管理決策會可以隨時開會，除了監督新組織的運作，管理決策會將更積極思考未來的經營策略，並深植客戶及供應商關係，也將著眼布局新技術及新事業的發展。

友達董事長李焜耀對這次的組織布局表示，二十一世紀絕對是人才競爭的世紀，未來友達要站在世界舞台大放異彩，人才絕對是決勝點。選擇這個時機點積極推動組織再造，是為了迎接下一波多種面板應用的快速營運成長，擴大經營團隊陣容，進一步強化未來的競爭布局。

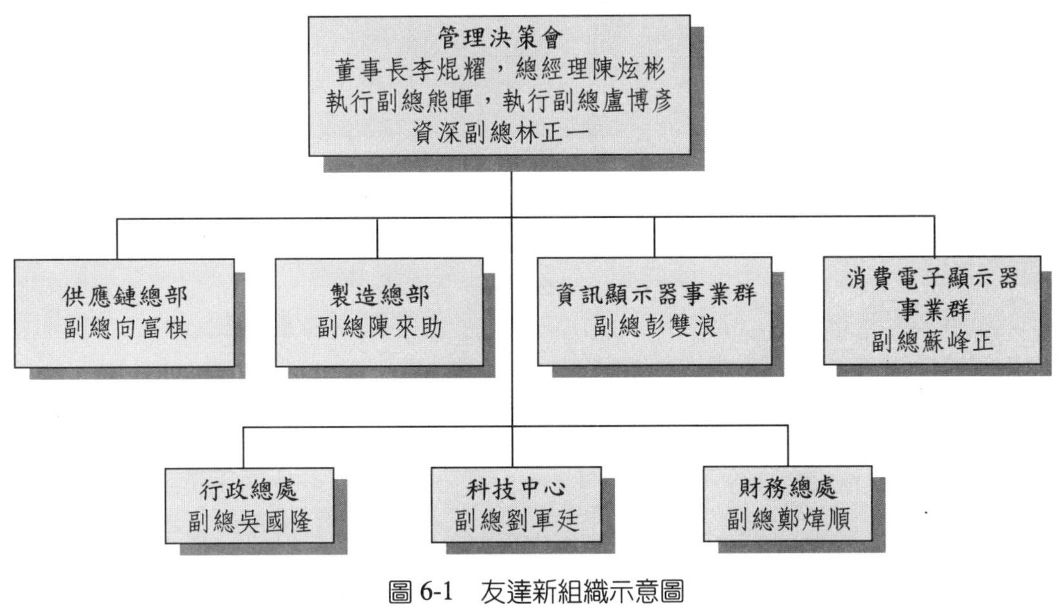

圖 6-1　友達新組織示意圖

案例 3

華碩電腦組織再造，規模 16 年來最大

㈠以產品別為基礎，調整為 15 個事業處（即利潤中心制）

全球最大主機板供應商華碩因應未來分家布局及配合集團併購策略，將展開「再造華碩」行動，將目前功能性區分的事業處，調整為 15 個以產品別為主體的事業處。這是華碩成立 16 年來，最大規模的組織調整行動。

華碩此次將產品業務劃分為：主機板、桌上型電腦、EMS、筆記本型電腦（NB）、OEM 代工、無線通訊、伺服器、光儲存、數位家電、多媒體、寬頻等 15 個事業處。這 15 個事業處將擁有屬於自己的研發、業務及行銷等團隊，

華碩新組織架構

事業群／事業處	主管	業務
華碩最佳化開放平台（AOOP）事業群	沈振來	主機板（品牌）事業處；EMS事業處（遊戲機）；數位家電事業處；桌上型電腦事業處；多媒體事業處；電源電池及機殼事業處
筆記本型電腦事業群	童子賢、鄭定群	自有品牌筆記型電腦事業處；OEM筆記本型電腦事業處
無線網通事業群	洪宏昌	手持事業處；無線網路事業處
OEM事業處	程建中	桌上型電腦及主機板等代工事務
伺服器事業處	童旭田	伺服器業務
光儲存事業處	鄭定群、紀憲昌	光碟機業務
寬頻事業處	黃中于	寬頻相關產品
機構元件事業處	童子賢、張恩白	發展機殼及關鍵零組件業務

圖 6-2　華碩電腦新組織架構

㈡原功能性組織，調整為支援及服務功能

華碩此次組織調整後，原「生產、行銷、研發、人資、財務」的功能性組織仍然存在，但分別改名為：業務總部、研發總部、製造總部、資材總部等，但組織性質已由主導性功能，轉變為服務、支援新成立產品事業處的功能。

㈢ 2006 年營收挑戰 5,000 億高峰

華碩近年來在巨獅策略下，擊敗其他主機板業者，穩居全球主機板龍頭；NB 業務也經營得有聲有色，營運績效與獲利能力在電子資訊大廠中數一數二；華碩進軍手機不久，上季已成為國產手機銷售冠軍。華碩去年營收近 3,700 億元，獲利預估超過 200 億元，今年營收目標將挑戰 5,000 億元。

㈣組織改革原因

不過，華碩營運想更上一層樓，和當年宏碁一樣，面臨全新的挑戰，其品牌與代工策略受到來自代工客戶端的壓力，及鴻海、廣達等勁敵的競爭。為此，華碩董事長施崇棠此次親率經營團隊，進行華碩有史以來最大規模的組織架構調整。

據了解，華碩計畫三年內把相關產品的品牌及製造部門分割，在提振自有品牌的 NB 新事業的同時，避免傷及既有的龐大原廠委託設計製造事業。

☞ 自我評量

1. 試述團隊之目的與特質為何。
2. 試分析影響一個團隊績效之因素為何。
3. 試述組建一個任務團隊的五項階段為何。
4. 如何在一個任務團隊中，扮演領導者的角色？
5. 試闡述統一企業集團高清愿董事長對團隊精神的看法。

chapter 7

溝通與協調

Communication & Coordination

第一節　溝通的意義、理論程序、目的及類型

第二節　影響溝通的因素、有效溝通的準則、各種溝通工具及協調

第三節　企業變革的溝通法則與溝通策略

第四節　溝通案例

第一節　溝通的意義、理論程序、目的及類型

一、溝通的意義

所謂溝通（communication）乃係指一人將某種想法、計畫、資訊、情報與意思傳達給他人的一種過程。不過，溝通並不僅僅透過文字、口頭將訊息傳遞給某人就算完事，更重要的是對方有沒有正確察覺到你的意思，不能有所誤解，而且要有某種程度之接受，不能全然拒絕，否則這種無效的溝通，稱不上是真正的溝通。

因此，溝通不只是一種情感表達交流，更是一種認知的過程。再進一步看，溝通具有二種層面：

㈠認知層面

訊息必須分享，才能達到溝通效果。

㈡行為層面

進而必須引起對方之行為反應，溝通才算完成。

二、溝通的理論程序（模式）

溝通學家白羅（Berio）認為溝通的程序，應含括以下要素：

1. 溝通來源（communication source）。
2. 變碼（encoding）。
3. 信息（message）。
4. 通路（channel）。
5. 解碼（decoding）。
6. 溝通接受者（receiver）。

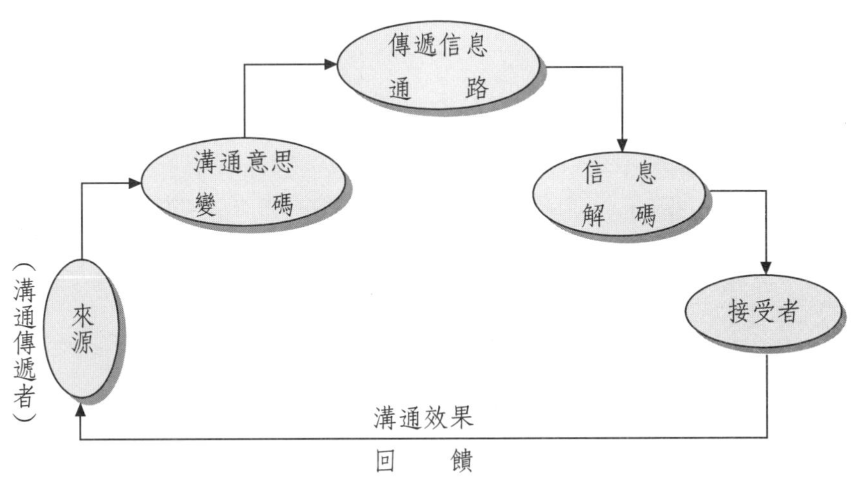

圖 7-1 溝通程序理論

三、接受者的影響作用

就接受者而言(receiver),下列幾項對接受者接收訊息有某種程度之影響:

㈠解碼過程

接受者的解碼過程與發送者(sender)的原意不同時,則溝通將失去效用。例如,研發部門向工廠生產線上部門傳達一些訊息,他們是否能正確吸收無誤。

㈡興趣問題

此項溝通問題,對接受者而言,並未具有濃厚興趣,則可能產生視而不見,聽而不聞之不利溝通情形。

㈢態度問題

如果接受者對某溝通主題已經有了先入為主的觀念,那麼對問題的本質將傾向固執化。

㈣信任問題

發送訊息人員是否受到接受者的信任，對溝通亦會產生決定性影響。

四、正式溝通（Formal Communication）

㈠意義

係指依公司組織體內正式化部門及其權責關係而進行之各種聯繫與協調工作。

㈡類別

1. 下行溝通

一般以命令方式傳達公司之決策、計畫、規定等信息，包括各種人事令、通令、內部刊物、公告等。

2. 上行溝通

是由部屬依照規定向上級主管提出正式書面或口頭報告。此外也有像意見箱、態度調查、提案建議制度、動員月會主管會報或是 e-mail 等方式。

3. 水平溝通

常以跨部門集體開會研討，成立委員會小組，也有用「會簽」方式執行水平溝通的。

五、非正式溝通（Informal Communication）

㈠意義

係指經由正式組織架構及途徑以外之資訊流通程序，此種途徑通常無定型、較為繁多，而信息也較不可靠，常有小道消息出現。

㈡類型

組織管理學者戴維斯（Davis）對非正式溝通予以規範四種型態：

1. 單線連鎖

即由一人轉告另一人，另一人再轉告給另一人，如下圖所示：

A→B→C→D

2. 密語連鎖（gossip chain）

即由一人告知所有其他人，有如其獨家新聞般，如下圖所示：

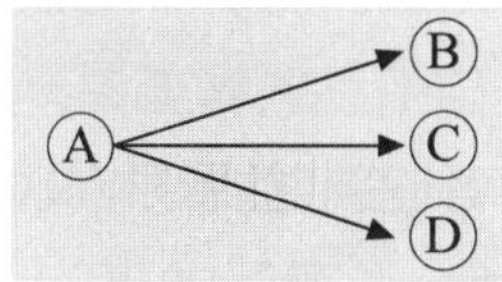

3. 集群連鎖（cluster chain）

此即有少數幾個中心人物，由他們轉告若干人。

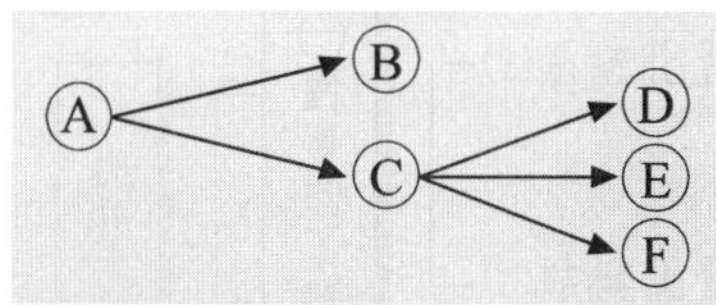

4. 機遇連鎖（probability chain）

此即碰到什麼人就轉告什麼人，並無一定中心人物或選擇性。

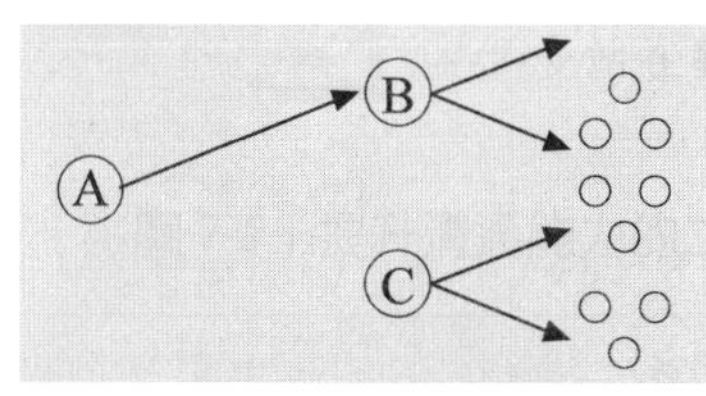

㈢對非正式溝通之管理對策

一般來講，面對非正式組織溝通所帶給公司之困擾，在管理對策上可採取下列方法：

1.最基本解決之道，應尋求及建立部屬人員對上級各主管之信任感，願意相信公司正式訊息，而拒斥小道消息。

2.除了少數極機密之人事、業務或財務事務外，其餘均無不可對所有員工正式公開，如此謠言自可不攻而破。

3.應訓練全體員工對事情判斷的正確理念及處理方法。

4.勿使員工過於閒散或枯燥，而讓員工無聊到傳播訊息。

5.公司一切之運作，均應依制度規章而行，而不操控於某個個人，如此，就會減少出現不必要之揣測。

6.應徹底打破及嚴懲專門製造不正確消息之員工，建立良好的組織氣候，導向良性循環。例如，國內聯電電子公司就曾經嚴厲遣退以 e-mail 方式散播對公司的不實或不利消息的幾名員工。此謂殺雞儆猴。

六、溝通之目的

學者 Scott 及 Mitchell 認為組織的溝通，是為達成四種目的：

1.表達感情、感受，爭取認同。

2.激勵士氣，達成組織營運目標。

3.資訊傳遞，提供決策資訊。

4.任務控制，管理績效達成。

表 7-1　溝通之目的

功能	取向	目標
①表達感情	感情	增加組織角色之接受程度
②激勵士氣	影響	致力於組織目標之達成程度
③資訊傳遞	技術	提供決策所需資料程度
④任務控制	結構	控管績效與權責

七、管理者人際間溝通網路（八種對象）

對一個公司的經理人員或管理人員而言，他們有一個頗為複雜的人際溝通網路，如圖 7-2：

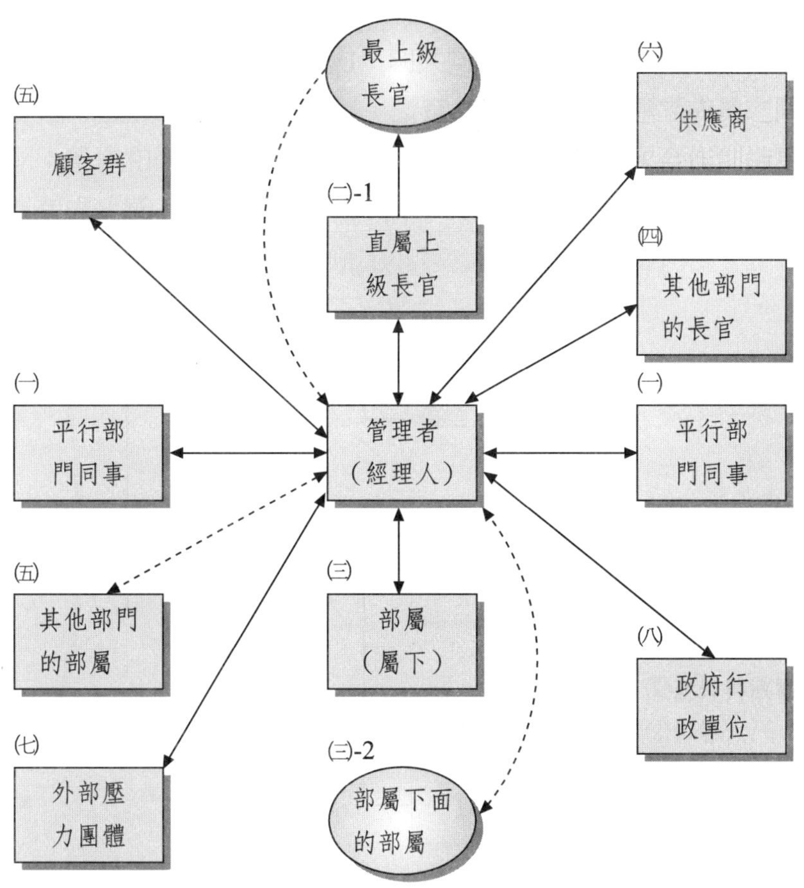

圖 7-2　一個公司管理者（經理人）人際溝通網路

第二節　影響溝通的因素、有效溝通的準則、各種溝通工具及協調

一、影響溝通之因素

根據學者 Shaw 的研究，影響溝通成效之因素，可從三大角度來看：

㈠影響方向及頻次之因素

1. 互動機會

員工雙方及多方互動交流機會愈多，就會加強有效溝通。

2. 員工的向心力

員工向心力愈強，愈能更加相互信任及有效溝通。

3. 溝通流程

溝通流程是否能簡化縮短，避免中間太多傳遞而失真，面對面開會表達是最佳的溝通。

㈡影響準確性因素

1. 訊息傳遞問題

⑴訊息是否未被充分傳遞或接收。
⑵訊息是否被歪曲（distored）或過濾（filtering）。
⑶訊息未被預定收訊人接收。
⑷訊息未準時遞送。

2. 訊息了解之問題

⑴發訊人在準備時，可能漏掉主要訊息，亦可能未充分表達。

⑵收訊人之心理狀態，對訊息做錯誤之解釋或忽略，或因知識、經驗不足，而無法了解本訊息之涵意。

㈢影響溝通效能之因素

1. 收訊人對訊息來源之認知程度。例如，訊息來源，如果是董事長（老闆）的手諭或是親自電話交待，則收訊人接到後，可能會馬上處理。

2. 訊息內容之特性以及被收訊人信服的程度。

3. 收訊人的特性如何。

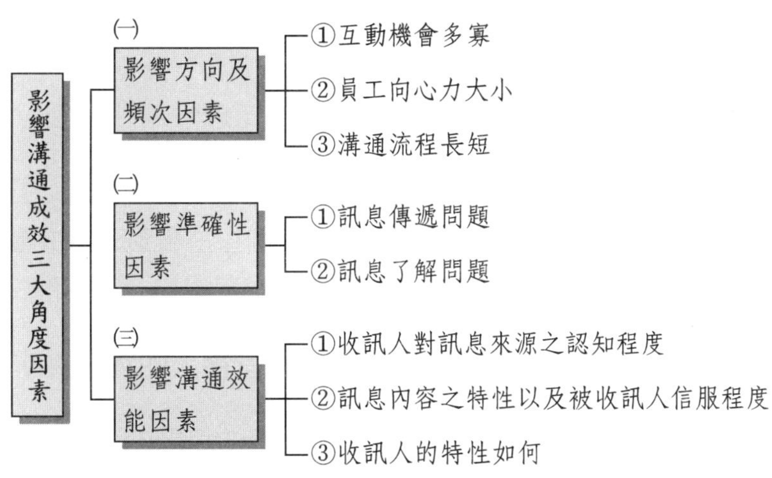

圖 7-3　Shaw 研究之影響溝通成效的三大類因素

二、組織溝通障礙

最常發生組織溝通之障礙，大致有以下五項原因：

㈠訊息被歪曲（message distortion）

在資訊流通過程中，不管是向上或向下或平行，此訊息經常被有意或無意的歪曲，導致收不到真實的訊息。

㈡過多的溝通（communication overload）

管理人員常要去審閱或聽取太多不重要且細微的資訊，而他們又不見得每個人都會判斷哪些是不需要看或聽的。

㈢組織架構的不健全（poor organizational structure）

很多組織中出現溝通問題，但其問題本質不在溝通，而是在組織架構出了差錯。此包括指揮體系不明、權責不明、過於集權、授權不足、公共事務單位未設立、職掌未明、任務目標模糊以及組織配置不當等。

㈣表達不良（roon-complete expression）

此即對發訊人之表達不良，例如，未能抓住重點及方向，或語言混淆。

㈤素質的差異

不同教育學歷程度的人，在發訊及收訊方面，亦可能會產生落差。

三、阻礙企業實務溝通的六大原因

溝通是不可或缺的，要「正確」的溝通卻不是一件很容易的事。尤其是想在像「企業」這樣由比較複雜的成員所構成的團體中順利溝通，實在是困難重重。

茲從實務工作面來看，阻礙組織的順暢溝通，大致可歸納為以下六項原因：

㈠溝通機會常被上級獨占

在企業裡溝通的機會常常被握有權力的支配階層人員所獨占。根據調查，溝通對象的 60%是上司，這是指中堅幹部在聆聽訓示或在開會中向上級報告，甚至用在阿諛上司所耗用的時間。在獨裁色彩愈濃厚的集團中，溝通機會被高階人員獨占的情況會愈嚴重。

如果溝通只是由上而下，或者雖是由下而上的溝通，卻是在觀察上司臉色的情況下進行的話，一來上司無法掌握真實情況，二來會引起可怕的後果。

㈡上級與部屬看法、想法均不一致

另外，企業內溝通之所以不順利的另一個原因是，上司與部屬的想法往往不一致。上司以要求提高工作效率為基本立場，但是部屬們常常以滿足自己的需求為思考點。

領導者必須了解這種立場的差異，設法察覺每一位待溝通部屬當時的情況，以及他的立場與想法，然後以正確的溝通技巧進行溝通。

㈢彼此的出發點不同

以「工資」為例，老闆都希望「工資要少一些」；員工們卻希望「工資要多一些」。

㈣態度不一樣

有錢人的兒子看不起十塊錢，窮人的兒子把十塊錢當作寶貝，見仁見智的態度阻礙溝通。

㈤投射自己的看法

有一些情報在被傳遞的過程中，由於傳送者會投射自己的意見而影響其真實性。

㈥簡潔化

有些事除了會被傳送情報者加油添醋之外，也會被他們在無意中脫落其中的一些重點，而變成不完整的資訊。

四、人際溝通障礙

人際溝通之所以產生障礙，主要導因於下列四項差異：

㈠認知的差異

每個人由於他的經驗、人格、教育、成長環境、所處位置等之不同，自然對事情會有認知的差異。

㈡語意差異（semantic）

同樣的字語對不同的人，可能代表不同的意思，因此引起溝通差距。

㈢扭曲過濾（filtering）

人們常傾向於過濾訊息並扭曲其原意。

㈣非口語溝通（nonverbal communication）

只透過文字、書面表達，未能體會到真正的涵義與肢體語言的誠意。

五、不善溝通的二大根源

事實上，深入分析「溝通」這個能力要項，可以發現，不善溝通的根源有二。

1. 是對欲傳達的「事」，缺乏系統性、結構性的了解與掌握。因而，當欲傳達給別人時，說起來零零落落，邏輯不清，甚至自相矛盾。對方接收時非常吃力，自然溝通就不良。

2. 把話說清楚只是溝通的基礎，要讓人「聽進去」，進而「認同」、「接受」，「人」的因素更為關鍵。大家都知道要與孩童對話，一定要考量其年齡與心智程度，並用其可理解的用語表達，才能與之溝通。更何況不論是主管對部屬、部門對部門，或者是跟客戶溝通，其立場經常互異，甚至是對立。若未能認知到「人」的不同，只一味想把「事」說清楚，結果不僅自己氣餒不已，對方也必然以「你根本不了解」或「根本不可行」來回應，完全達不到溝通的目的。

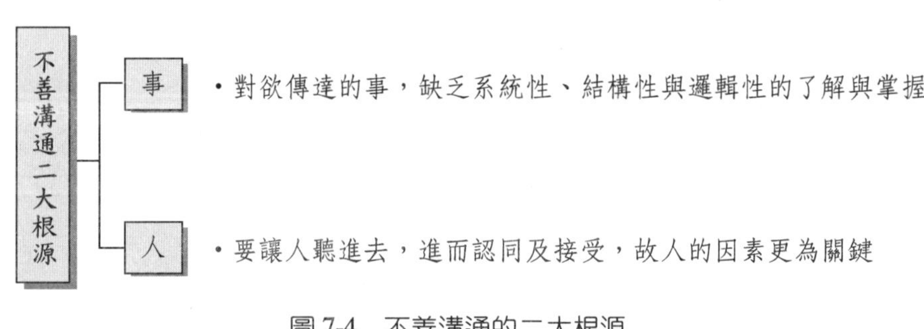

圖 7-4　不善溝通的二大根源

六、提升溝通能力的二大要訣

1.提升溝通能力的第一個要訣，在於對想表達的「事」，自我檢視是否的確有系統性、結構性的了解與掌握；若否，則預先思索、結構之。深一層思考，若在工作甚至生活中，即已養成良好的「系統習慣」與「結構習慣」。那麼即使口才並不突出，也能因論述有條有理邏輯分明，而讓對方輕鬆理解。

2.掌握好「事」的要訣後，則應思考「人」的因素。如何從對方的背景、環境、思惟模式與所處立場，模擬對方對這件事可能的態度與反應，以及自己該如何述說對方才聽的入耳，進而逐步、順勢導引到能認同你的想法。事實上，多數事物的推動與執行，必然都牽涉到與不同人的溝通與協調，若能建立「多了解別人、站在對方角度想」的習慣，事事想到「人」的因素，無形中建立「了解人的習慣」，行事也就能自然而然施展出此一要訣。

由此可知，提升溝通力的根源並非在於口才或演說技巧，而在於能力根源的「系統習慣」與「結構習慣」（事的了解），以及「對人深入了解的習慣」（人的了解）。每個人應更加注重在平日不斷的練習，養成「系統習慣」、「結構習慣」，以及「對人的了解」，就能夠改善溝通的能力。

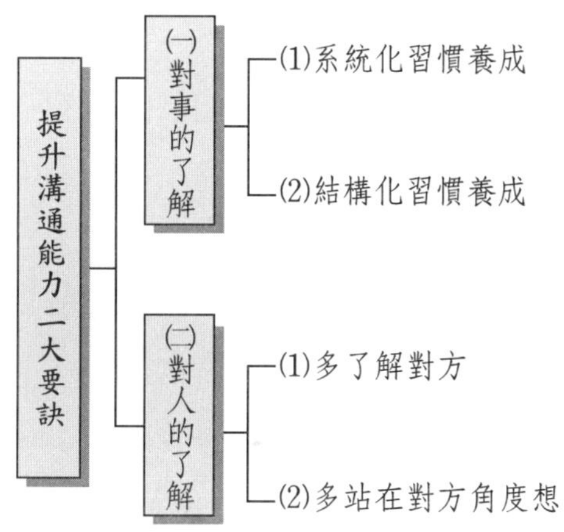

圖 7-5 提升溝通能力的二大要訣

七、如何改善組織溝通

要徹底改善組織溝通障礙，可從幾個方向著手：

1.將溝通管道流程化與制度化（regulate communication flow），即以「機制」代替隨興。

2.將管理功能（規劃、組織、執行、激勵、溝通、控制、督導）的行動加以落實而改善資訊流通（managerial action）。

3.應建立回饋系統（set up feedback system），讓上、下、水平組織部門及成員都能知道任務將如何執行？執行的成果如何？將如何執行下一步？

4.應建立建議系統（suggestion system），使組織成員能將心中不滿，或疑惑、建言，讓上級得知並予以處理。

5.運用組織的快訊、出版品、錄影帶、廣播等，做為溝通之輔助工具（newsletter、publication、videotape、broadcast）。

6.運用資訊科技（advanced information technology）來改善溝通，例如，跨國的衛星電視會議等（視訊會議或電話會議）。此外，亦經常使用公司內部員工網站或 e-mail 電子郵件系統，以達到傳達溝通效果。

八、有效溝通之十大準則

為尋求組織及人際之有效溝通，提出下列十大準則：

1.重視面對面親自溝通及雙向溝通。

2.適時親自追蹤了解發訊狀況並做回應。

3.掌握、專心、用心傾聽發訊人所表達的內容及重點。

4.訊息宜簡潔，必要時，可做二次、三次之重複。

5.溝通要在第一時間即刻迅速反應出去，而勿延滯。

6.溝通發訊出去的對象（即收訊人），如果是同時必須讓多數相關人員均收到時，即應同時多人處理溝通。

7.改善組織架構，根據體系、平行溝通、領導架構及傳遞專業單位等組織與人力之加強與變革。

8.加強跨部門互動交流的定期會議，形成常態互動溝通。

9.正式與非正式溝通均可雙方推動。

10.培養同理心，設身處地為對方著想。

九、溝通順利的五個條件

溝通順利成功，是組織內部成員想要達成的目標，這必須從五種條件來看待：

㈠信號條件

溝通只不過是「信號的交換」，無論是語言、發音、手勢，必須與聽眾相同，也就是必須使用聽眾所能接受的信號，在南洋某些島嶼的原住民，到現在還是「以搖頭表示否認」。

㈡表情條件

適時表示「喜、怒、哀、樂」的感情。一位推銷高手林君，有一次他的客戶喪母，他去表示哀悼之意。客戶很孝順嚎啕大哭，不出一分鐘他哭得比客戶更傷心，客戶深受感動，後來下了一張比平常多三倍的訂單。事後問他：「你怎麼能哭得那麼傷心？」他說：「他是四十歲喪母，我是九歲喪父，想到父親，我當然比他哭得更傷心了。我們是各哭各的啊！」

㈢儀表條件

華麗的儀表有彌補短拙口才的功效。初出道的藝人都穿得比老牌的藝人華麗多了。其實重視儀表也是對於溝通對象的禮貌，這也是為什麼特別注意儀表的推銷員，其業績會遠遠多出一般推銷員的原因。

㈣行為條件

這也可以稱為態度條件，在待人接物的時候，不驕傲，也不自卑。溝通時除非必要，不採取高壓或恫嚇的手段，也不要搖尾乞憐。

㈤環境條件

關心你的聽眾或溝通對象期待從你這邊獲得什麼信息，或想分享什麼好處。汽車大王亨利‧福特在 1900 年講過一句話：「年輕人，你想在各方面都成功嗎？你想成功就必須具備一種能力，這種能力就是能夠從別人的立場想事物，以及能夠從別人的角度看事物的能力。」

你在進行溝通的時候必須發揮這種能力。

十、如何掌握人性，做好成功溝通的十二項原則

如何做好組織及人員之間的溝通，有十二項原則大致如下：

㈠觀察

敏銳的觀察力是絕對可以訓練的。可由自然界和身邊的人、事、物開始訓練起，再加以追蹤印證自己的觀察是否正確，假以時日就能有敏銳的觀察力。尤其，在私下會議中或是正式會議中的觀察力培養，尤應重視。有正確的觀察，才能有適當與適時的回應及溝通表達。

㈡多看心理勵志、活化頭腦方面的書籍

看看有關心理方面和啟發心智的書籍，對於了解人性會有幫助的，也能增進頭腦的啟發。而不會陷入在鑽牛角尖的困頓之中，這對人性溝通，也大有助益。

㈢學習角色互換

看到朋友所發生的事情，或是看電視、電影裡主角的遭遇，在腦袋裡和他互換一下角色，如果自己是他，那會怎麼想？怎麼做？在思考學習中，不斷使自己的溝通能力增強。

㈣學習傾聽

「傾聽」是需要不斷練習的，一開始可能必須咬住牙先讓別人表達，但是一定要真的聽進心裡去，然後思考、分析、判斷一下，如果自己有更好的意見，再說出

來也不遲。專心傾聽是溝通的第一步，而且也是一種真誠的表現。

㈤練習說服別人的口語表達

要如何運用言語去說服人是必須學習的。把聲音盡量放輕柔，態度要誠懇，雙眼堅定地注視對方的眼睛，切勿讓人有不確定的感覺，遣詞用語要簡單易懂，最好是有一語道破的功力，切忌嘮叨不已。點到為止，讓人有思考的空間。

㈥注意別人心態的平衡

要注意別人心理平衡的問題，所以挖東補西，適度的補償有助於心理平衡。因此，有利要大家分享，有權要大家分權。

㈦了解別人的需求為何？

要清楚別人的需求為何，並且，讓人了解自己提議的願景在哪裡。欲做有效溝通，首先要清楚對象的真正需求究竟為何，這些都必須當面溝通清楚。

㈧意見是否有建設性？

同樣是意見，有人只是批評，有人從比較正面的方向思考，意見要有建設性才能夠真正解決問題。因此，溝通的方案，必須是有利於雙方的建設性解答。

㈨態度是否誠懇？能否得到別人信任？

誠懇的態度才更容易得到對方的信任。如果沒有信任，根本無從溝通。

㈩學習妥協、折衷的方法

沒有共識就要運用妥協、折衷的辦法將問題解決，所以也要學習妥協折衷的藝術。當雙方均有相當之資源與優勢條件時，就必須妥協。

⑪格局要大、客觀性要強

溝通高手一定要有大格局，放下主觀意識，盡量客觀地去看一件事情。因此，既要顧及局部，也要放眼大局。

㈦目的思維

所謂的「貓論」，指的是不論是白貓、黑貓，能抓住老鼠的就是好貓。這種強烈的企圖會讓你產生很大的力量。

十一、溝通管理的技巧

㈠有效溝通，從「態度」開始——真誠、自信、彈性的態度

「思想決定行為，行為產生結果」。想要進行有效的溝通，首先要從態度著手。「真誠」、「自信」、「彈性」是溝通的基本態度，必須讓對方感受到誠意，展現自信，不畏懼衝突，保持溝通的彈性，互相尊重對方立場，才能了解彼此需求和底線，找到雙方都能接受的空間。

㈡三大溝通技巧

1. 耐心傾聽

溝通最重要的關鍵在於傾聽。台積電董事長張忠謀把溝通視為新世紀人才必備的七種能力之一，在他看來，傾聽是最不受重視，但卻最重要的技巧，「有成就的人與別人最大的不同，就在於他聽得比別人來得多。」傾聽時，應全神貫注，注視對方的雙眼，身體不宜有過多的肢體動作，以免打斷說話者。傾聽過程中，要適度回應，重複對方說話的重點或最後一句，以做到確認對方的意思。另外，耐心傾聽其實也是自我學習成長的很好方式之一。因為人們聽到與看到的記憶是不太一樣的，聽到的反而記得更久、更深。

2. 對話能力

溝通是一種對話能力的展現，問話應盡量使用對方習慣的語彙，確認則以自己的話語重新詮釋對方的話，回應時盡量陳述事實，少用批評、侵略或攻擊性的言辭。組織中最常使用的溝通方法是口頭溝通，其中表情動作占了 55%，也就是訊息和傳遞，主要來自溝通時臉部和身體的表達功能，如果主管嘴巴上說沒關係，但表情僵

硬、身體呈現防衛狀態，部屬一定也會清楚地接收到這個不愉快的訊息。

3.衝突管理

衝突多半是因為既得利益與潛在利益擺不平而產生。組織中的衝突在所難免，但大部分的衝突都可透過溝通來管理。過去管理者常極力避免衝突的產生，但現在適度的衝突，則被視為激勵團隊良性競爭的積極手段。理想的衝突管理是將合作、競爭與衝突調整到最佳狀況，也就是每一方都不盡滿意但可接受的狀態，不管是說服還是妥協，最重要的是建立起共識。最好的狀況是形成「競合關係」，在意念上為共同目標努力，但在行動上則是為個人績效求表現。

十二、協調（Coordination）

㈠意義

協調活動是一種將具有相互關聯性（interdependent）的工作化為一致行動的活動過程。

基本而論，只要有兩個或以上相互關聯的個人、群體、部門，希望達到共同目標時，都需要協調活動。例如，政府為推動重大政務的各部會協調功能。或者是企業要推動某項重大事項，也必須協調組織內部各部門。

㈡協調技巧（方法）

管理階層人員欲獲致成功的協調，可以考慮下述協調方法：

1.利用規則、程序、辦法，或規章進行協調。

2.利用目標與標的協調。

3.利用指揮系統（組織層級）協調。

4.經由部門化組織協調（即改善組織配置）。

5.由高階幕僚或高階助理進行協調（代表最高決策者）。

6.利用常設之委員會或工作小組協調。

7.經由非正式溝通管道達成協調（整合者或兩個部門間）。

㈢協調途徑

1. 利用召開跨部門、跨公司之聯合會議討論。
2. 利用電話親自協調。
3. 親自登門拜訪協調。
4. 利用 e-mail 訊息協調。
5. 利用公文簽呈方式協調。

十三、企業內部的正式溝通管道來源

1. 正式的溝通管道是企業溝通的重要來源，範圍涵蓋所有的印刷品、視聽媒材、網路以及公司召開的會議，這些也是溝通的正式方式。而從公文、電子郵件、語音信件、建議方案、訓練課程、新聞稿、雜誌、留言版、布告欄到公司錄影帶、明信片、標語、海報、錄音帶、網際網路和企業內部網路，也都是溝通的管道。

2. 正式的溝通媒體可以提供背景資訊，讓員工隨時掌握最新資訊，了解企業環境、客戶期望，以及影響企業、左右企業目標的競爭對手與監理機構的活動。

3. 語音信件可以加速世界各地資訊傳送的速度，讓距離遙遠的人或無法常常碰面的專案小組成員交換資訊。

4. 網路科技，包含網際網路和企業內部網路，都是了不起的發明。網路科技使許多公司無法再對員工隱瞞資訊，正確的使用網路和電子郵件，比任何其他的管道更能開啟企業內部的溝通。

十四、各種溝通工具與資訊傳遞的達成效果

根據各種分析顯示，在各種溝通方法中，以面對面討論，所獲致之溝通效果最好。這也就是為什麼企業實務上，經常要召開各種面對面的會議模式。

茲列示各種溝通工具及其達成效果的程度，如圖 7-6。

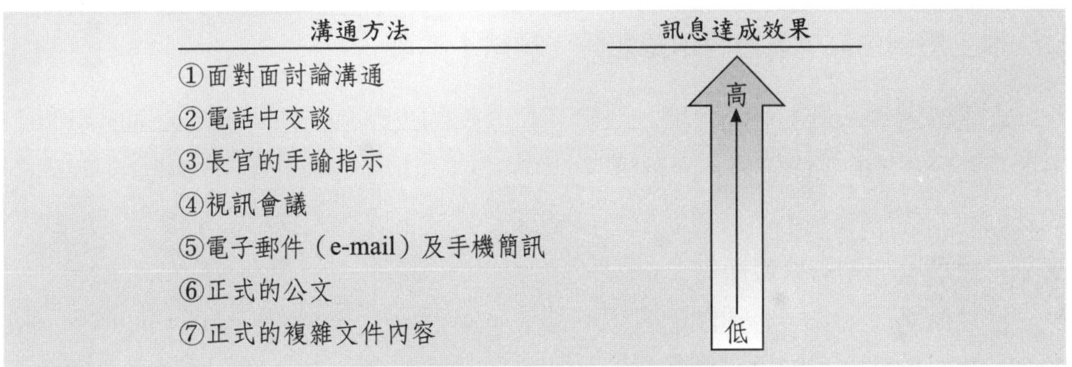

圖 7-6　七種溝通工具及資訊達成效果

第三節　企業變革的溝通法則與溝通策略

一、面對變革，員工「四種情緒階段」

企管顧問瑞琪絲（Anne Riches）在《*CEO Refresher*》雜誌中指出，面對公司重大改變時，一般員工的情緒變化通常會歷經四個階段。在每個不同階段，公司應該有不同的因應之道。

㈠拒絕相信事實，減少員工的恐懼感

一開始，員工可能會有些驚訝，並且因為不習慣或不知道未來的發展，而懷疑公司的做法。

在這個階段，公司必須盡可能減少員工的恐懼。向員工發布消息前，公司必須先做好完整計畫，準備員工所需的各種資訊。正式發布時，讓員工明確知道哪些人會受到影響，以及他們將面臨的挑戰。告訴員工改變將從什麼時候開始，以及公司估算改變計畫將持續多久，讓員工有心理準備。公司應該盡可能讓改變逐步發生，而不是像狂風暴雨一樣來襲，以減少對員工的衝擊。如能有效降低員工恐懼感，員工就比較容易改變想法而接受新的變革。

㈡員工感到生氣，並且有所抱怨時，請給予關懷

在驚訝過後，員工可能會開始公開反抗公司的改變，例如，因為公司重組而必須拋棄過去多年的工作習慣，重新學習一切的員工可能會說：「為什麼我必須改變？我替公司工作這麼多年，公司怎麼可以這樣對我？」或者「我已經這麼老了，我怎麼學得會那麼複雜的軟體操作？」

在這個階段，公司必須傾聽員工的想法，給予員工多一點同理心，而非多一點命令。員工希望公司知道他們的想法，並且對他們的擔心或建議有所回應。拒絕正視員工的感受，只會加深員工的反抗心理。員工即使生氣或抱怨，也只是一時的，不可能太持久。時間可以緩和抗拒的心態。

㈢接受事實，並開始逐漸轉變自己

不管是否心甘情願，在歷經前二個階段後，員工會逐漸接受公司即將改變的事實，並且開始配合調整自己的工作行為，在這個階段，員工需要公司實質的幫忙，公司要提供應有的訓練，並且讓他們參與研擬可行的執行細節。公司可以設定一些容易看到成果的短期目標，一方面讓員工有一些成就感，有繼續前進的動力；一方面也向員工顯示，改變公司確實有正面的影響。如果改變一直不見成效，公司必須特別小心，員工可能對改變計畫感到失望，情緒再度回到上一階段，又開始反抗公司的改變，甚至完全拒絕配合。若發生這種情況，公司要再度說服員工的困難度會更高。

㈣步入正軌，並給予獎勵

員工在接受公司改變一段時間後，開始熟悉新的工作職責，以及大家必須一起達成的目標。在這個階段，公司必須更紮實執行計畫，給予扮演好新角色的員工獎勵，以鼓舞公司士氣，順利完成整個變革過程。

二、企業變革的十大溝通原則

在變革過程中，所有環節的成敗關鍵都在溝通。策略規劃專家華特絲（Jamie Walters）在《公司》（*Inc.*）雜誌上指出企業在歷經改變時，和員工有效溝通的十大

原則：

㈠沒有任何一種溝通方式是完美無缺的

公司可以輕易列出改變要達成的目標，但是員工的習慣卻很難改變。改變可能會令員工感到不舒服，過程也可能會有些混亂。企業必須蒐集公司內外的資料和看法，以適合公司的特有方式與員工有效溝通。但溝通方式不是只有一種，可能是多種方式並用，才能達到成效。尤其對不同的人，也要有不同方式。

㈡釐清公司的目標，以及對員工的具體影響

公司必須向員工說明可行的改變目標，以及需要改變的充分理由。許多變革計畫大量使用專業詞彙，描述公司的遠大目標，卻沒有告訴員工，這些變革對他們每天工作的實質影響。公司在和員工溝通時，必須將這二個部分有意義地串連起來，讓他們知道應如何正確配合，將心力放在最關鍵的地方。例如，當公司的目標是減少官僚作風以增加效率時，必須告訴員工，他們在行為上需要做的具體改變是什麼，否則目標將流於浮濫。例如，台積電公司曾宣誓他們公司將從純代工製造角色，轉換為服務角色，此即一種重大轉變。

㈢明確傳達公司希望從變革中獲得的具體成果

公司必須告訴員工，希望改變的程度為何，什麼樣的成果才算到達標準，以及員工可以利用公司哪些現有的資源，達成這些效果。例如，組織扁平化及精簡變革的成果，就是希望獲利增加一成。

㈣管理團隊在討論改變計畫時，必須將溝通策略列為重要的一環

企業常常在溝通出了問題時，才請溝通專家來解決。如果高階主管不清楚消息宣布後員工可能的反應，以及他們需要與想要知道的資訊，不妨請求專家來協助。因此，溝通策略的原則、方向、管道與執行者等，均必須審慎討論定案。

㈤盡快與員工分享資訊

不要讓員工從外界得知公司即將發生變動，一旦員工的恐懼及不安全感在公司中蔓延，小道消息便會如同野火燎原般散播開來。這個時候，公司必須花好幾倍的

心力四處滅火，才能重回原來的穩定情況。因此，除了財務與技術機密資訊外，公司應該以透明公開原則，定期發布公司重大資訊。包括人事、財務、營運、策略及市場等。

㈥溝通次數很重要，但溝通品質以及前後資訊的一致性更重要

公司向員工頻繁溝通變革的重要性，但是卻忽略了，如果溝通內容不夠正確或不夠重要，反而會帶來負面影響。公司絕對不能給予員工錯誤的消息，否則信用會因而破產。此外，有時候公司也不能立即給予員工過多資訊，他們可能消化不良，或者因為尚未實際執行，無法體會過程中面對的問題，而造成不必要的疑慮。

㈦改變只是一個過程

宣布公司的改變只是改變的開始，之後還有漫漫長路要走。許多主管將改變所需的時間估算得太短，以致沒有足夠的準備。歷經改變時，公司必須預期員工的生產力可能會受影響，讓員工知道公司會給他們一點時間適應，不需要慌了手腳。變革之路需要不斷調整、溝通及再調整。

㈧善用不同的溝通管道

有些公司犯下的溝通錯誤，是只使用一種溝通方式，例如，只以電子郵件告知員工，為了要達到有效溝通，公司必須以各種管道向員工發布訊息，有時候甚至必須不斷重複告知。因此，出版品、電子郵件、廣播、口頭轉達等均可適用。

㈨妥善計畫及認真執行溝通

只有當公司妥善計畫及執行溝通的過程，才能達到真正的溝通效果。

㈩給予員工回饋的機會

公司必須提供不同的機會，讓員工能夠分享想法，尤其是他們之前歷經公司其他改變時的經驗，並且讓員工詢問。公司必須回答員工的疑慮，並且依據回饋對改變做必要的修正。員工參與的程度愈深，計畫的推行便會愈順利。

歷經改變是許多企業不可避免的課題。了解員工的想法，並且有效地與他們溝通，公司才能順利與員工一起走過改變。

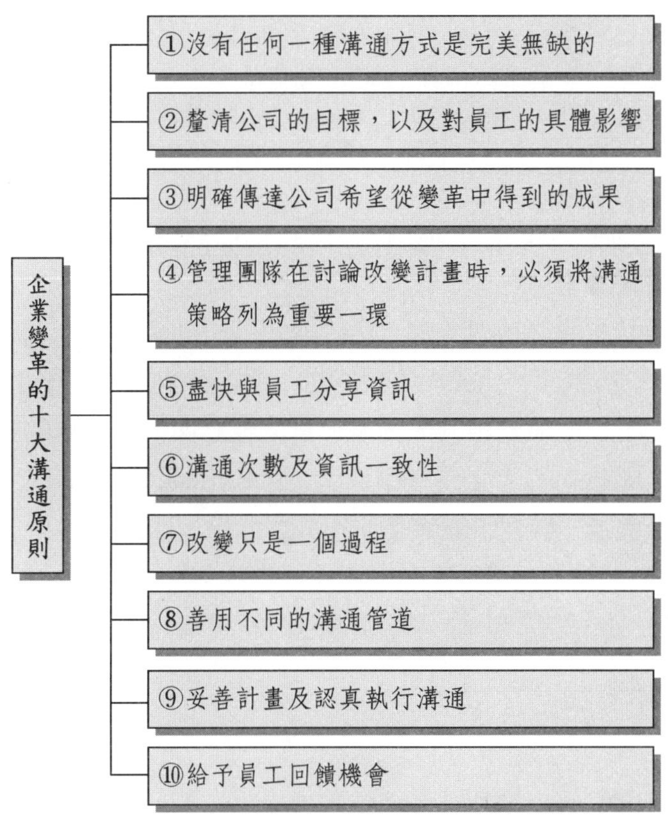

圖 7-7　企業變革的十大溝通原則

三、領導變革七要點

一般而言，領導者要帶動組織的變遷，通常要注意七件事情：

1. 在組織內建立緊急意識，在組織中形成非變不可的氣氛，讓員工了解此為組織的危急存亡之秋。

2. 透過各種力量形成強而有利的改革派組織聯盟，以主導整個組織的變革。

3. 領導者須發展出具說服力的願景與策略，並廣泛的對組織的每一階層溝通此一願景。

4. 在員工了解組織的願景後，即應授權員工實現此一願景，透過讓員工參與來帶動組織的改變，以化解阻力。

5.領導者要製造短期效益，以激勵部屬持續為組織的改變而努力，也讓部屬了解所有的努力都是值得的，未來的成果也是可預見的。

6.累積所有的小成果，帶動組織更大的變遷。

7.最重要的，就是要讓變遷成為組織文化的一部分。畢竟，組織的變遷是不會中止的，它是持續的過程。組織的成功並不在於一次變遷的成功，組織的成功是基於持續變遷的努力與成果。

今日的組織之所以需要持續的變遷，是因為組織所面臨的是一個持續改變的環境。在組織面臨變革的挑戰時，組織所需要的是一個「轉型的領導者」（transformational leader），一個重視組織變遷的人，是願景的建立與價值共享的領導者，而非只重視現狀維持與組織效率的「交易型領導者」（transactional leader）。如何培育更多優秀的轉換型領導者，實為組織變革能否成功的重要關鍵所在。

四、公司對員工的溝通策略——員工應了解哪些資訊，才能協助企業更加成功

想要連結策略目標與員工的公司，總是盡力提供一切能輔助員工判斷的資訊。員工則會投入比基本要求更多的努力，為公司成功盡一己之力。

在這些組織裡，決定員工應該掌握哪些資訊的不是管理階層，而是由「真正在做這件事的人」。如果得不到這些資訊，我們就會大聲抗議，因為缺乏這些資訊，就會對他們個人和企業造成不好的後果。有些人稱這樣的情形為「由需求拉動的溝通」。

領導者有責任確保員工擁有成功所需要的資訊，否則就是怠忽職守。到底成功需要哪些資訊呢？

㈠環境

環境是眼界的開端，我們藉此展望未來。環境能解釋原因，解釋所有事情的道理。

我們如何找出這些事情背後的道理呢？唯有創造一個理性而合適的架構，讓大家能確實了解整體的情況。

幾乎各行各業的人都知道持續的改變是必要的，也了解大環境愈來愈複雜。正因這無止境的變革，所以他們希望能展望未來，了解未來企業運作、新的規定是什麼？客戶真正想要和不想要的是什麼？競爭對手是誰？以及他們做了哪些事以贏過我們？就像我們想知道不熟悉的棋盤遊戲的競賽目標一樣，我們也想了解企業的目標和成功的要件。

當大家了解環境背景時，也會清楚整體情況，公司就會有一套管理決策時刻和管理自身行為的架構。環境背景賦予事物意義，是連結員工與策略的基礎。

㈡願景與策略

願景是一個目標，是對未來的描繪，策略則是一張教你如何抵達願景的地圖。

有遠見的公司之所以能達到這種境界，並不是因為發布了真知灼見的宣言，也不是因為寫下那些願景、價值、目的、任務或啟發性的宣言而偉大。提出一份宣言可以是建立一家有遠見的公司的一個有利的步驟，但這只是有遠見的公司不斷展現共同特質的數千個步驟之一。

願景要能夠清楚描繪未來，願景能協助人們了解最後的成果將會是如何。如果我們知道完成圖大致的輪廓，會更明白我們面臨決策時刻與行為選擇的時候該做的事情，我們所做的每一個動作都是為了要達到願景。

㈢關係

「關係」是人們能從行動中得到的獎賞或是懲罰，也是「這對我有什麼影響？」的解答。關係使員工與企業的連結更密切。

關係可以代表「交易」，也就是我們跟自己簽下的契約。透過我們對客戶與股東的服務，我們希望從彼此以及組織的身上得到關係。

每個人都受不同的事物驅使，有些人尋求更高的薪水、升遷或表揚。有些人是由內在的動機所驅使，像是職業道德，想提高自身價值與層次的機會，以及對任務的興趣或是學習新事物的興奮感受。

當大家知道這對他們有什麼好處的時候，又多連結一點。但是要知道這一點，就得明白他們該做什麼才能分享獲利，這就是「角色」。

㈣角色

員工必須了解他們的角色，以及他們和整體情況的關係才能做到連結，不過他們也需要資源才能扮演好自己的角色。

㈤支援

支援有多種形式：

1. 做決定需要的基本資訊，像是新產品的訊息。
2. 工具。
3. 安全設備。
4. 技術。
5. 訓練。
6. 推銷的支援。

第四節　溝通案例

案例 1

日產汽車公司 CEO「溝通成功」六要訣

日產汽車在 1999 年被法國雷諾汽車公司收購多數股權後，即派遣法國卡洛斯・高恩擔任日本日產汽車的執行長（CEO），並展開浴火鳳凰再生計畫。經過三年的變革計畫執行，日產汽車公司的獲利能力已有顯著回升，這都歸功於卡洛斯・高恩的強勢領導與成功的溝通。

在 2002 年 9 月卡洛斯・高恩接受日本《鑽石商業週刊》訪問時，指出過去三年來與日產員工溝通成功的六項要訣，分別是：

㈠承諾（conmitment）

所下達的目標數據，必須要承諾達成，不能達成的話，必須追究責任。

㈡明確（make sure）

對上級的指示，必須徹底與必定達成，毫無質疑、遲頓的思考。

㈢控制、評估（control）

對執行狀況，必須了解及控制。

圖 7-8　日產汽車 CEO 溝通成功的六要訣

㈣挑戰（challenge）

對高難度挑戰目標，將激勵戰鬥心。

㈤信賴（credibility）

計畫必須值得信賴與信任。

㈥透明（Transparent）

絕不隱瞞，一切均依事實，透明處理與公開化。

案例 2

日本 7-11 公司鈴木敏文董事長
——徹底執行直接的溝通

日本 7-11 公司迄 2004 年 1 月，計有一萬零五百家便利商店，營業額達 2.2 兆日圓，是全球最大的便利商店連鎖公司，也是一家卓越的零售公司。

該公司二十多年來，在每週二均召回全日本一千二百名的指導加盟店的區顧問，以及各地區經理，回到東京總公司進行每週一次的經營檢討大會。合計參加該會的人員達一千五百人，把日本 7-11 總公司的地下室一樓擠的滿滿的。日本記者曾專訪鈴木敏文董事長，下面是重點摘述：

㈠一千五百人大會，每週一次，二十年不間斷

其中最明顯的例子是 7-11 的 FC 大會。每個星期二一大早，一千二百名負責加盟店進行經營指導與建言的區顧問（OFC）從全國各地前來本部集合。北海道、九州、東北、中國等，距東京較遠地區的 OFC 需要前一天到東京，並在飯店住一晚。會議從上午九點半開始舉行，結束一整天的活動後，晚上再回到各自的責任區。

除了 OFC 之外，負責開發新加盟的 RFC（Recruit Field Counselor，意即門市開發員）共一百人，加上全國十四個區域的經理，及各區域再細分為一百二十九個 DO（District Office）後的各個經理，以及本部的商品負責人等，這些相關經理階級組員共約一千五百人，全部需要參加 FC 大會。

FC 大會自從創業以來二十年未曾間斷。各家便利商店中，只有 7-11 實施這項政策，由於這是 7-11 之所以過人的祕密所在，所以，到目前為止，都還對外界保密。

㈡傾聽鈴木董事長的演講

我是在七月底時前往 FC 大會進行採訪的，當時正值盛夏，十分悶熱。禮堂位於總部大樓地下室，裡面擠滿一群年齡介於二十到三十歲的 OFC。這次的會議進行了一整個上午。禮堂內相當樸素，看起來就像是學校的體育館，完全看不出這是全日本最大的連鎖店的設施。裡面沒有桌子，只排滿了鐵椅子，OFC 將資料放在大腿膝

蓋上，並寫著筆記。但是禮堂裡只能容納六百人，其他的人只好分散在其他樓層的會議室，由電視螢幕觀看整個內容，不過，他們每週都會輪流交換參加大會的場地。

全員大會中，由總部各部門提供商品情報與活動情報。此外，也會在全部 OFC 面前公開表揚上一週績效優異的 OFC 與 DO。每當完成一次報告後，當場都會確認大家是否能夠理解報告內容，這時場內就會響起「知道了！」的呼應聲。

一到上午十一點，開始進入全員大會的重頭戲，就是鈴木會長的演講。鈴木先生一站上台，不說客套話，立刻直接進入主題。

「要如何改變訂貨的方式呢？若採用和去年相同的方式，營業額一定會下滑。不是景氣變差，也不是顧客不願意花錢，更不是因為競爭對手增加。就算同一地區內沒有其他競爭對手，如果還是採用與過去相同的經營方式，銷售量依然會下滑。大家都知道，商品的生命週期變短了。這代表什麼意思呢？從顧客的觀點來看，如果商品和過去一樣的話，怎麼會想買呢？」

平常進行訪問時，鈴木先生總是心平氣和地說話。但是演講時的口氣卻十分強硬，好像是在訓話一般。場內十分安靜，連一聲咳嗽聲都聽不到。大家忙著作筆記，專心聽著會長的演講。

㈢即使每年花費三十億日圓在此種會議上，也沒白花掉

每次舉行FC大會時所需的費用包含交通費、住宿費、誤餐費等，一年約要花費三十億日圓。除了掃墓與黃金週等交通繁忙時期以外，假設每年舉辦五十次，則每次需要花費六千萬日圓。如果只為了傳遞情報，可以運用網際網路。如果不需要同步播放的話，也可以採用錄影帶的方式。動員龐大的人力去花費時間與金錢，每週往返於東京與工作現場。與其這樣，倒不如在現場把工作做好更為實際。事實上，鈴木先生周遭也有人向他提出建言：「現在資訊如此發達，為什麼要做這麼沒效率又浪費金錢的事呢？」公司內部也不斷有要求再檢討的呼聲。即使如此，鈴木先生仍堅持創業以來的一貫傳統，他明白的說：「只要我還沒離開公司就不打算廢止。」為什麼他那麼堅持 FC 會議呢？

㈣即使在 IT 時代，直接的溝通仍是最好的

大學生為什麼要上大學呢？如果只是單純的接收情報的話，空中大學應該也可以做得到。但是，這不只是單方面接收情報，還包含向老師問問題、與老師對話、

與朋友交換情報，以及從問題的解答過程當中學習各式各樣的技巧，以提升自己的能力等。學校就是為了直接溝通而存在的。相同的，對便利商店而言，情報就是生命，所以我才堅持要直接溝通。自己前來總部參加會議，與經營者這個最大情報源做直接面對面的接觸，自己進行情報的消化吸收。接著回到工作現場，與各位店長進行直接溝通。或許在我一個小時的談話內容當中，傳達給店長時只剩三分之一或五分之一，但是我還是寧可採用「直接溝通的方式。」

㈤情報是活的，所以新鮮度很重要，經手的人不要太多層次

整個IY集團，每年3月與9月共兩次，將全世界將近九千名公司幹部級以上員工召集至橫濱ARENA。由高層直接進行一個半到兩個小時的經營方針說明，希望藉此取得共識。此外，7-11設有加盟諮商室，可以與加盟主直接對話，聽到他們的心聲。在這裡蒐集到的心聲直接轉達給社長與會長。因為如果靠漸層式傳遞的話，不好的情報很容易遭到中途攔截。

情報是活的，所以新鮮度很重要。情報經手的人愈多，被加工的程度就愈嚴重。即使不是刻意要這麼做，人也會選取對自己有利的。之所以會執著直接的溝通，乃是因為其背後飽含了對人性的洞察及情報本質——此乃強調效率與合理的理論所無法表述出來——的洞見。

案例3

日本豐田汽車公司重視內部員工的交流溝通

眾所皆知，豐田汽車的競爭優勢是「高品質的人才和工作表現」，但不能忽略豐田各部門人事評價的資訊共享，以及非正式資訊交流活動的努力，讓豐田汽車本身（不包括子公司）即使有接近七萬人的龐大組織，還能維持高昂的工作幹勁。

人事評價的結果都以通知表的形式交給個人，每一個人都有機會和上司進行徹底的「意見交換」，讓每個人了解「這裡表現好」、「那裡還要加油」等。除了人事評價制度外，各種交流活動對刺激員工的動機也有正面影響，例如，各個工廠、辦公室舉辦的接力賽、運動會、慶祝會等，都顯示豐田重視「交流溝通」的企業精神。

案例 4

美國西南航空公司對員工的溝通模式
——利用內部刊物

美國西南航空是美國表現優秀的航空公司之一，是美國頗獲好評的國內航線航空公司。茲將西南航空對員工的溝通模式之一，簡述如下：

㈠利用內部刊物

西南航空全力使員工取得他們所需要的資訊，每期的內部刊物都有一個〈業內新聞〉的專欄，讓員工知道同業在幹什麼。像開航新城市或是買下另外一家航空公司等重大的事件，公司都讓員工先知道以後才對外宣布。公司的業績和各種表現都對員工公開，而且不斷地對員工說明公司的財務狀況，以及有關準時起降、行李裝卸和乘客抱怨等各種消息。如果公司連著一、兩個星期落後準時標準，員工馬上就會知道。西南航空認為如果員工能立即知道重要資訊，他們可以更迅速地做必要的調整，解決重大的問題。

這份刊物由該公司員工關係部一群頗具創意和才華的人員負責發行。事實證明，它已經是西南航空創造知識的有效利器之一。單憑企業簡訊並不能創造有利的學習環境，儘管如此，西南航空以企業刊物教育員工的成效卻非常卓著。《LUV LINES》包含的資訊和訊息均是西南航空的員工熱切期盼的，而它們呈現的方式也足以引起人們的興趣。除了特定話題之外，還有「學習的優勢」、「我們的排名」、「業界動態」以及「里程碑」等等。這些訊息可以讓西南的員工隨時掌握業界的最新動態，並激發出工作上的新構想。在這種情況下，西南航空的人力素質不斷提升，員工也因此更樂於接受任何變化，而且勇於創新。

㈡溝通、溝通、再溝通

西南航空能讓員工同心同德的原因，就是不斷的溝通。他們不只把宗旨放在大廳，而且到處傳播這些行為標準讓員工遵從。像咬住你褲腳不肯放的拳師狗一樣，西南航空到處找機會把公司的宗旨、策略、遠見、價值、哲學反覆告訴員工。魏許說：「改變人想法唯一的方法就是一致。你一旦開始了解，就會不斷地琢磨，琢磨得愈簡單愈好。溝通、溝通、還要再溝通，而且要注意一貫、簡單、反覆。全公司的主管都不願遺忘這些話，他們繼續找新的方式來詮釋、來溝通，但是基本的核心哲學是一樣。」

無論是備忘錄、凱勒的話、訓練計畫、廣告企劃、頒獎典禮，員工們都經常暴露在這些基本原則之下，並且接受原則的挑戰。經過年復一年的教育，早已非常熟悉這些基本原則了。

㈢簡化溝通層級

西南航空的決策階層知道他們的工作就是服務其他同事，就是要提供工具和資訊，讓他們迅速而有效地完成工作。在西南航空，要買一具器材或是開始一個新計畫不需要七個人簽字。

容易見到重要的人，使員工們不但知道該知道的事，而且更有信心做決策，這對於西南航空身處不斷變化的航空業，還能遇到問題即迅速應對是非常重要的。當一家公司將管理層級減至最少，便很少人可以堵塞溝通管道，或提供不正確的二手資訊。較少的過濾器，資訊便可以更快、更準確地傳播。

案例 5

日本佳能（Canon）公司總裁御手洗富士夫重視與員工聆聽及溝通

日本佳能（Canon）公司曾經榮獲日本 2002 年度十大優秀企業之一，而且在過去十年的日本經濟景氣寒冬中，仍能持續保持成長的卓越企業。

㈠要求二十名高級主管傾聽員工意思，然後以身作則

每天早上，數十年如一日，御手洗一定會在社長室旁邊的特別接待室裡和近二十名高層主管開會，不設定特定議題，談論比較重要的媒體報導，或由各人提出自己部門最近碰到的問題，當場討論、決定做法，事後連公文或電話都免了。

御手洗還教給主管一套哲學，「有些事不能聽員工的，有些事則非聽不可」。

「不要做『眼睛只往上看』的比目魚。」御手洗提醒各級主管：「首先要設定正確目標，此時絕對不能聽部屬的。但完成目標的細部做法，一定要好好聽員工的意見，然後率先以身作則。」

㈡每年直接和七千位以上的員工對話

他認為「員工比股東重要」，喜歡直接和員工溝通。為了解現場狀況，每年，他都會到每家工廠走一遭，然後對前一年的業績提出看法，談談今後的方針和計畫。「要常常和員工溝通，啟發他們，激發他們的潛能。」御手洗每年會直接和七千位以上的員工對話，如果不是員工人數太多，他恨不得每個人都講。

案例 6

美國大型量販店 Wal-Mart 運用多元與即時溝通管道，達成全面溝通的效果

全球第一大量販店威名百貨（Wal-Mart）的創辦人山姆・威頓（Sam Walton）在其自傳中，指出威名百貨溝通制度的重要性。

㈠週六晨會、電話、網路及衛星電視均是溝通工具

如果將威名百貨的制度濃縮成一點，那就是溝通，這很可能是我們成功的真正關鍵。週六早晨的會議、每一通電話、衛星系統，都是溝通的方式。良好的溝通對這麼大的公司，其重要性無以復加。如果你想出銷售海灘巾的好辦法，卻不能告訴公司中的每個人，那還有什麼用呢？如果佛羅里達州聖奧古斯汀（St. Augustine）的商店，直到冬天才獲得訊息，就已錯失良機；又如果班頓威爾的採購員不知道海灘巾的銷售量可望加倍，商店就可能沒東西賣。

我們在只有幾家店時就已經分享資訊，我們認為分店經理應該知道和他的店有關的所有數字，然後各部門主管也可知道這些數字。我們在擴展過程中，一直都這麼做。這也是為什麼我們花費數億元投資在電腦及衛星上，就是讓公司所有的細節資料，都能很快地散播，這是非常值得的投資。經由資訊科技，分店經理對於經營狀況都很清楚，透過衛星在很短的時間內，就可掌握所有的資訊，如每月盈虧報表、店內銷售現況，還有他們所需要的各種報表。

㈡創辦人親自上電視，用衛星傳播給員工

雖然我經常到各商店視察，也常召集地方幹部到班頓威爾，有時候還是覺得命令無法貫徹。如果我有話要說，馬上就到電視攝影機前，透過人造衛星，傳達給商

店休息室裡電視機前的同仁。幾年前，在耶誕節前我突然有個構想要告訴大家，我就到攝影機前跟大家談銷售，還談了一些我所追求的目標，並祝大家佳節愉快。

我們運用大眾傳播工具傳達這個觀念，其實這只是一個小觀念，目標放在第一線上的工作同仁，他們是使顧客滿意而且再度上門的主要負責人。我不敢說我的精神講話，和我們公司的發展有多麼密切的關聯，但是從那年耶誕節算起，我們在營業額上超越楷模百貨與西爾斯百貨，比最樂觀的華爾街分析師所估計的，還提早了兩年。

☞ 自我評量

1. 試說明溝通之意義及目的為何。
2. 試說明溝通之理論程序。
3. 試申述非正式溝通為何。
4. 試圖示一個經理人員的人際間溝通網路關聯圖。
5. 試說明影響溝通之三大類因素為何。
6. 試分析組織溝通有哪些障礙存在。
7. 試說明實務上阻礙溝通之六大原因。
8. 究應如何改善組織溝通？
9. 試分析有效溝通之十大準則。
10. 試從各種條件來看順利溝通之五條件。
11. 試申述如何掌握人性，做好成功溝通十二項原則。
12. 試說明溝通管理之技巧為何。
13. 試申述在公司中有哪些協調的方法及工具途徑。
14. 試分析面對企業進行再造或變革時，應有哪些溝通法則。
15. 試說明日產汽車 CEO 溝通成功的六個要訣為何。

chapter

組織設計

Organizational Design

第一節　組織設計的意義、影響因素及設計原則

一、組織設計定義及三項需求

所謂組織（organization）是一群執行不同工作，但彼此協調統合與專業分工的人之組合，並努力有效率推動工作，以共同達成組織目標。

而「組織設計」則是指為達成組織目標，而對組織的結構、正式溝通系統、權威與責任等新進行的診斷與選擇的管理程序而言。

因此，組織設計應該符合三個需求，才算是一個好的組織設計：

1. 它必須能夠加快資訊流通及決策研訂的速度，以期能夠有效處理各種不確定性及達成組織的目標。

2. 它必須能夠明確界定工作和單位的權力與責任，以使部門及專長分工的利益及工作設計的效果能夠實現。

3. 它必須能夠增加不同部門間的整合及協調程度。例如，產銷之間的協調。

二、設立組織的考慮事項（或組織活動步驟）

企業在設立新部門組織的時候，應注意下列六點事項：

㈠確定要做什麼（define what thing to do）

組織工作的第一步就是先考慮指派給本單位的任務是什麼，以確定必須執行的主要工作是哪些。例如，要成立新的事業部門，或是革新既有的組織架構，成為利潤中心制度的「事業總部」或「事業群」組織架構。再如，成立一個臨時性且急迫性的跨部門專案小組組織目的。

㈡部門劃分與指派工作

第二步驟乃是決定如何分割需要完成的工作，亦即部門劃分（departmentalization）或單位劃分，並依此劃分而授予應完成之工作（task）。例如，要區分為幾個部門，每個部門下面，又要區分為哪些處級單位。

㈢決定如何從事協調工作

有效的各部門配合與協調才能順利達成組織整體目標，而協調（水平部門）流程及機制為何。

㈣決定控制幅度

所謂控制幅度（span of control）係指直接向主管報告的部屬人數為多少。例如，一個公司總經理，應該管制公司副總經理級以上主管即可，中型公司能有八個，大公司也可能有十五個副總主管。

㈤決定應該授予多少職權

第五個步驟為決定應該授予部屬多少的職權，亦即授權的範圍、幅度及程度有多少。通常，公司都訂有各級主管的授權權限表，以制度化運作。例如，副總級以上主管任用，必須由董事長權限決定始可。而處級主管，則到總經理核定即可。

㈥勾繪出組織圖

最後必須將組織正式化（formalize），繪出組織圖，以呈現組織各關係之架構，包括董事長、總經理、各事業部門副總經理、各廠廠長、各幕僚部副總經理及細節部門名稱，以及指揮體系圖。

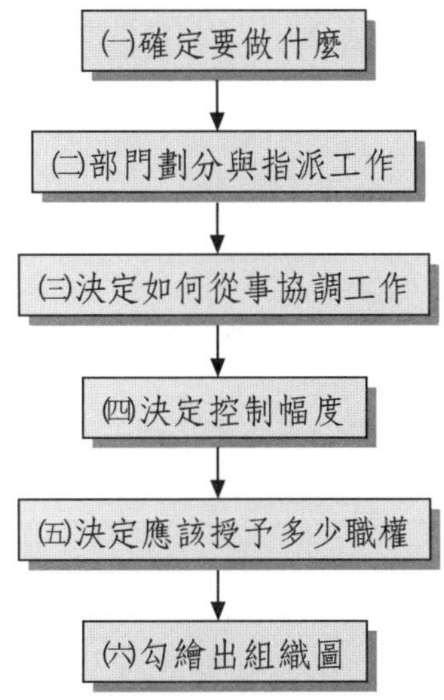

圖 8-1　設立組織的考慮事項（或組織活動步驟）

三、組織設計變數

美國華頓管理學院蓋博爾斯教授，對於組織設計變數曾圖示關係如下，計有六種變數（如圖 8-2），概說如下：

1. 每一種變數代表組織的選擇。

2. 組織要成功，必須使變數的設計與產品／市場策略相符。

3. 只要策略一改變，以下的所有變數，就必須跟著調整改變。

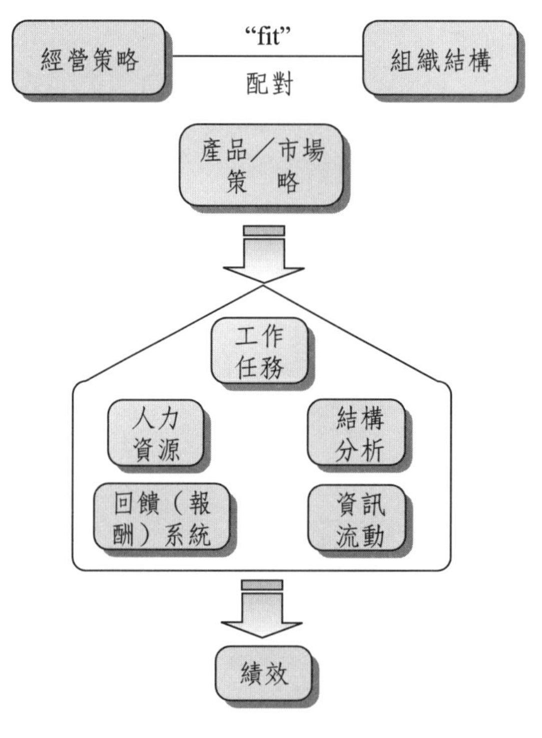

圖 8-2　部門劃分

4. 綜合而言，即是經營策略→組織架構→作業程序的一貫化組合。

四、組織設計的情境因素考量

另外學者 Hellriegel 則認為，對於組織設計決策有重大影響之情境因素（situational factor），主要包括下列三類因素：

㈠外部環境力量

1. 對目前及未來可能的環境特徵。
2. 這些環境因素對資訊及不確定性處理的要求，及達成部門劃分與整合之要求。

茲圖示各項外部環境因素，如圖 8-3：

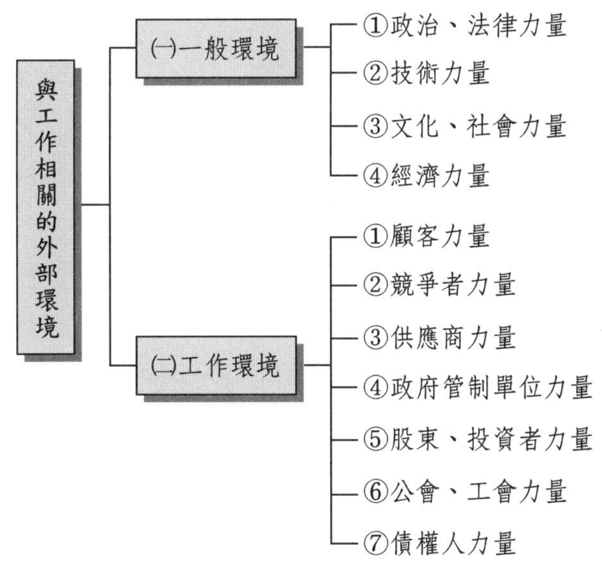

圖 8-3　與工作相關之外部環境

而在環境特性方面，主要應考量到「複雜性」（complexity）與「變動性」（dynamism）二個構面。因此，工作環境的基本型態可以區分為四種：⑴同質穩定；⑵異質穩定；⑶同質不穩定；⑷異質不穩定等。（如圖 8-4）

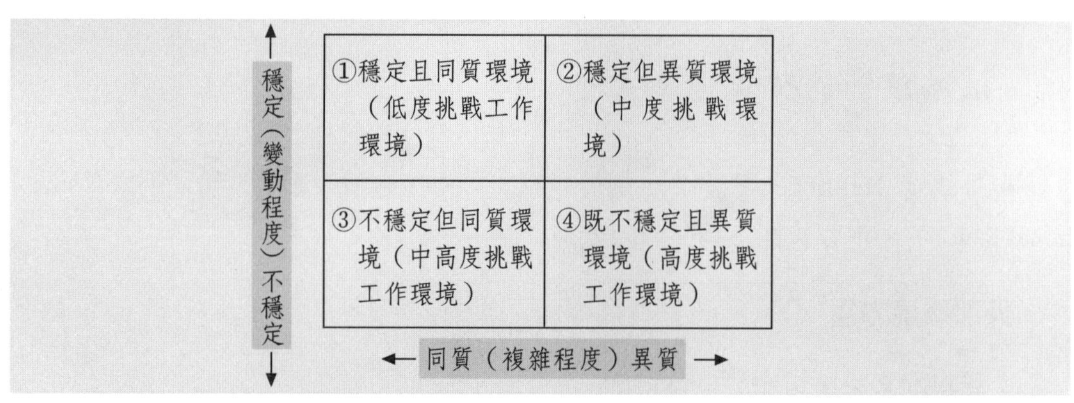

圖 8-4　四種工作環境的基本型態

㈡策略選擇

策略選擇影響組織設計，主要呈現在三種狀況上：

1. 採取集權化或分權化之組織結構與管理決策。

2. 公司想要服務哪一種顧客的決策。例如，是將產品銷售給一般消費大眾，或通路商，還是工業型顧客。

3. 應在何處從事產品與服務之產銷決策。例如，是本國行銷或全球行銷；是台灣製造或全球製造等。

㈢技術因素

技術因素影響到組織設計的，主要有二個：

1. 工作流程與工作項目的不確定性程度如何？而此程度會影響到組織設計架構。例如，R&D 研發部門及策略規劃部門的工作流程及工作內容項目的不確定性均較高，因此，這些單位的工作人員就必須有較高的知識與經驗才行。另外，像生產線的作業員，其工作流程及工作項目就很確定。

2. 工作項目的互依性程度如何？

五、組織設計之原則

㈠確定組織目的

1.組織一致目標原則。
2.組織效率（efficiency）原則。
3.組織效能（effectiveness）原則。
4.組織願景（vision）原則。

㈡組織層級考量

因控制幅度原則的考量與組織扁平化最新設計趨勢，因此，必須精簡組織層級架構的規劃。

㈢組織權責界定

1.授權原則。
2.權責相稱原則。
3.統一指揮原則。
4.職掌明確原則。

㈣組織部門劃分

1.分工原則。
2.專業原則。

㈤組織彈性運作目標

不必太拘泥於官僚式僵硬層級組織，而應像變形蟲式的，以完成特定重大任務為要求的彈性化、機動式組織因應。

㈥組織單位的適當名稱

例如，專業總部、事業部或事業群，再如財務、會計、採購、法務、企劃、生產、行銷、倉儲、資訊、策略、經營分析、稽核、人力資源、總務、行政、祕書、R&D 研究、工程技術、品管、海外事業單位、售後服務、客服中心、分店、分公司、直營門市、加盟店……等適當名稱。

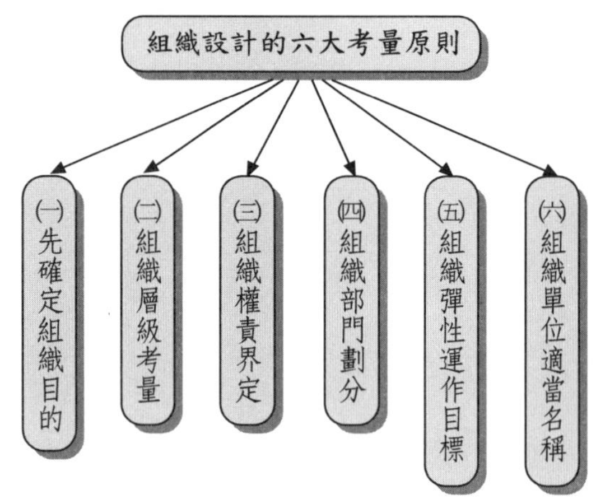

圖 8-5　組織設計的六大考量原則

六、組織特質（要素）

任何企業形成組織，必應具備以下九項要素（特質）：

1. 要有共同的目標及願景，組織成員才會有道義及精神的鼓勵力量。
2. 權責的劃分與聯繫。
3. 滿足成員的需求及激勵成員的努力。
4. 組織必須依賴於外部環境，無法自絕於外部環境。
5. 組織必須透過本身資源之運用及轉換才能達成目標。
6. 組織會有水平的部門劃分以行使專業分工。
7. 組織必會有管理的需求。
8. 組織必須有能力與知識，才能存活下去。
9. 組織必須是活化的、流動性的、新陳代謝的，才能歷久彌新。

第二節　組織的結構設計

一、組織結構的原則

組織結構是組織的設計圖，讓你知道資源的配置，從圖中可以看出哪些人擁有什麼資源。組織圖也會告訴你什麼人該向什麼人回報，組織結構必須要具備以下原則：

1. 組織結構原則第一條：組織結構要有系統地分配工作負擔。
2. 組織結構原則第二條：組織的結構方式應該要以達成組織使命為前提。首先，應該要決定需要哪些部門（也就是相關的活動集合而成的小組）才能達成使命；其次，每個部門從事的活動都應該加以定義。
3. 組織結構原則第三條：組織的結構方式不應該以個人的能力或需求為前提。
4. 組織結構原則第四條：至少在理論上，一個組織的結構設計應該可以容納所有的工作，而不需要改變組織結構。
5. 組織結構原則第五條：經理人的控制幅度應該限定為個人可以有效管理的活動數目。

二、五種基本組織結構

著名的組織學者明茲伯格（Mintzberg），曾將組織結構的設計，劃分為五種型態；茲分述如下：

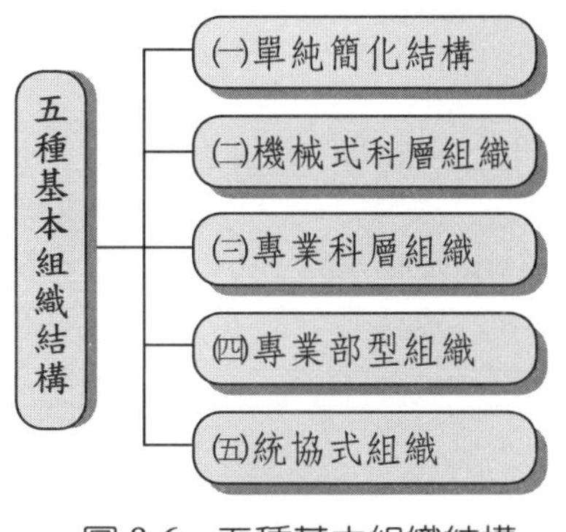

圖 8-6　五種基本組織結構

㈠單純簡化結構（simple structure）（小型公司）

1. 意義

單純結構是一種比「沒有組織結構」稍強的公司組織，在此組織內，人員及單位很少，也沒有嚴明的工作劃分及協調指揮系統。

2. 適用（決定因素）

規模小、技術不甚純熟，處在單純的靜態環境，做小生意而已。

3. 案例

泛指一般的小企業而言（二十人以下的小公司組織）。

㈡機械式科層組織（machine bureaucracy）

1. 意義

此組織結構係指具有非常正式化與專業化作業程序，有一套規則與條例說明，分工相當明確，傾向集權決策方式，直線幕僚間也嚴格劃分。

2. 適用（決定因素）

⑴環境的單純與穩定（市場競爭力非常小）。
⑵較成熟的大規模組織，也易成為機械科層組織。

3. 案例

類似政府組織公家單位型態，即為一例。

㈢專業科層組織（professional bureaucracy）

1. 意義

有許多組織雖同為科層式組織，不過並未如機械式科層組織那樣的高度集權化；

例如，像大學、綜合大醫院、綜合會計師事務所。雖然它們的作業比較穩定，但是在此同時，作業本身又較複雜，必須由工作者本人做好控制。因此，專業科層組織非常依賴各個企業機能的專業知識與技能，以製造出標準化的產品及服務。

2. 適用（決定因素）

環境複雜但確定。

3. 案例

例如，各大學、各大市立醫院、各種政府研究機構等。像台大、政大、交大、萬芳醫院、台大醫院、中華經濟研究院及工研究等。

(四)事業部型組織（divisionalized form）

1. 意義

此組織結構已為人所深知，此係依各市場別、產品別或消費客戶群別為中心，而結合產銷機能於一體之獨立營運單位。

2. 適用（決定因素）

(1)市場具多樣性（market diversity），而必須加以切割時。
(2)當組織的技術系統能有效加以分割。
(3)權責必須一致，要有人擔起總的責任。
(4)培養高級主管人才。

3. 案例

國內各大型企業的組織，目前已大多採取事業部、事業總部或事業群的組織架構。（Strategy Business Unit，簡稱 SBU；戰略事業部門）

㈤統協式組織（adhocracy organization）

1. 意義

統協式組織是有機式、自由變動性的組織結構，它具有多種特性：

⑴組織行為較少正式化。

⑵溝通網路可自由變動。

⑶傾向於聚集一群專家在一個功能專案單位中。

⑷常結合不同高度專業化之專業人員。

2. 適用（決定因素）

在複雜且高度動態性的環境中，公司必須緊急面對各種挑戰及即刻解決問題者。

3. 特殊屬性

Peter 及 Waterman 在暢銷一時的《追求卓越》一書中，發現那些成功且具創造力之公司，都共同擁有八個特性，而且他們也大多屬於這種統協式組織：

⑴偏重於執行的工作，而非研究報告或分析工作。

⑵較接近顧客。

⑶較主動且具備企業家精神，努力拚命。

⑷透過人員發揮生產力。

⑸員工彼此間有共同價值觀可相互交流與驅策。

⑹堅持著公司組織緊密結合狀態。

⑺簡單的組織型態與精簡的幕僚人員。

⑻既鬆又緊的組織特性。

4. 案例

國內各大公司組織裡，除正式層級、正式組織外，亦經常成立的各種專案委員會、各種功能小組組織等，均屬之。而這些委員會、小組都是跨部門的，因此權力常大於傳統組織架構的人員。

三、組織設計的類型

就實務而言，企業的組織設計，大致可區分為五種類型：

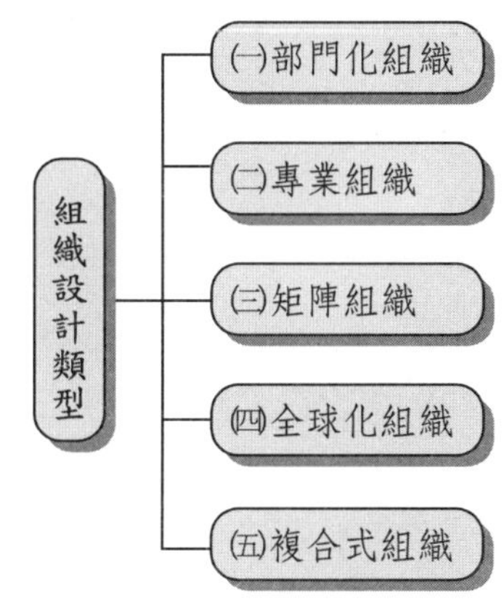

圖 8-7 組織設計類型

(一)部門化型態

部門化（departmentalization）之基礎有兩大類，分述如下：

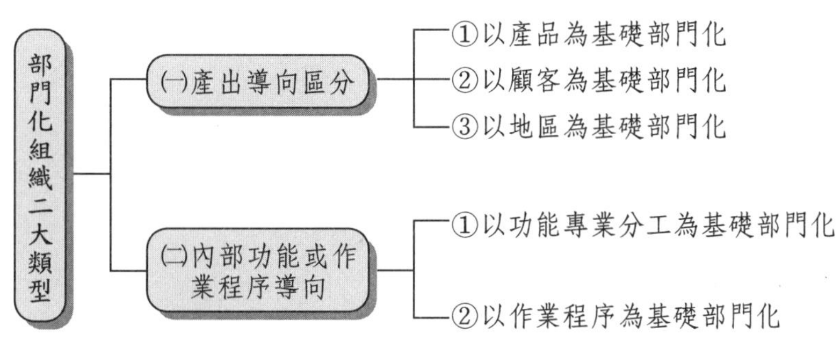

圖 8-8 部門化組織的二大類型

1. 產出導向基礎之部門化

最常見的又可區分為以下三種：

⑴**產品基礎部門化**（product departmentation）：

①意義：係指企業將相同產品線之產銷活動結合在一起，形成一個部門來運作，又可稱之為「事業部組織」。

②適用：

- 較大規模的企業組織。
- 有不同的產品線，可加以劃分。
- 而每一種產品線，其市場容量均足以支撐這種獨立事業部產銷之運作。
- 強調各部門責任利潤中心式經營，自負盈虧責任之經營管理導向。

③事業部組織優點：

- 產銷集於一體，具有整合力量之效果。
- 可減少不同部門間過多的協調與溝通成本。
- 自成一個責任利潤中心，可使其事業部主管努力降低成本，增加營業額，以獲取利潤獎金分配之報償。

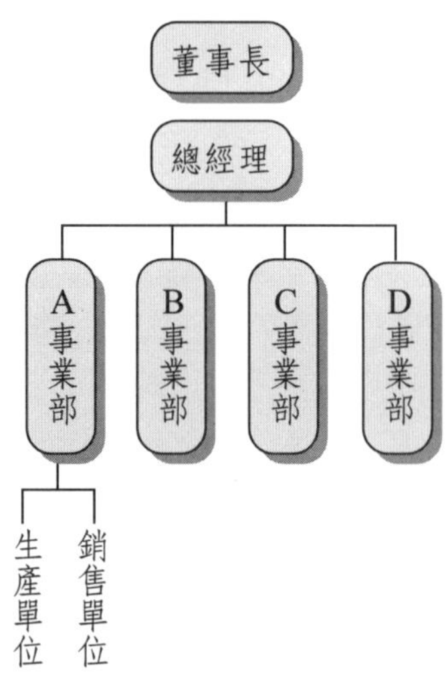

- 是高度授權的代表，有助獨當一面將才之培養。
- 可有效及快速反應市場之變化，而尋求因應對策。

・形成事業部間相互競爭的組織氣氛。

・建立明確的績效管理導向，以獎優汰劣。

④事業部組織之缺點則為：通才領導者難尋。

⑵**顧客基礎部門化**（customer departmentation）：

①意義：係按不同客戶群，加以區分營業組織單位之方式。

②適用：

・營業規模複雜且龐大。

・客戶群性質不相同。

・每一客戶群之市場均有適當之規模。

⑶**地理基礎部門化**（territorial departmentation）：

①意義：係按不同地理區域，加以區分不同的部門組織。

②適用：

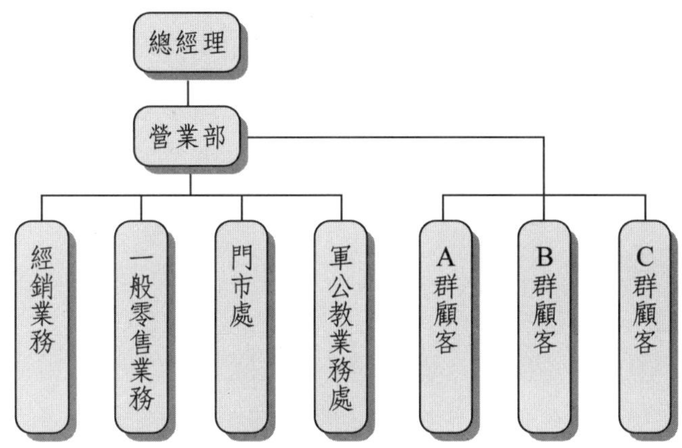

・全國性或跨國性之集團企業。

・每一地理區域市場有適當之規模且性質不盡相同。

・各地理區域必須因地制宜。

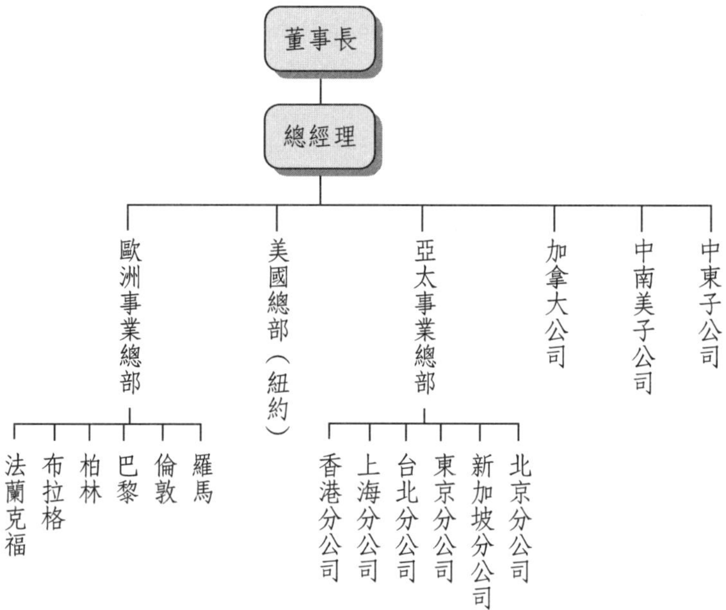

2.內部功能或作業程序導向

(1)**功能基礎部門化**（functional departmentation）：

①意義：係按各企業不同功能，而予以區分為不同部門，此是基於專業與分工之理由。

②適用：

- 中小型企業組織體，產品線不多，部門不多，市場不複雜。
- 即使在大型企業裡，會按地理區域或產品別劃分事業部組織，但在每一個事業部組織裡，仍然需要有功能式組織單位。

③功能部門缺失：以功能為基礎而劃分部門之組織，雖具有簡單、專業化及分工化之優點，但也相對顯示出以下缺失：

- 過分強調本單位目標及利益，而忽略公司整體目標及利益。
- 缺乏水平系統之順暢溝通，容易形成部門對立或本位主義。
- 缺乏整合機能，該部門只能就各單位事務進行解決，但對公司整體之整合機能則無法做到，而在事業部的組織裡則可。
- 高階主管可能會忙於各部門之協調與整合，而疏忽了公司未來之發展及環境之變化。

- 功能性組織實屬一種封閉性系統，各單位內成員均屬同一背景，因此可能會抗拒其他的革新行動。

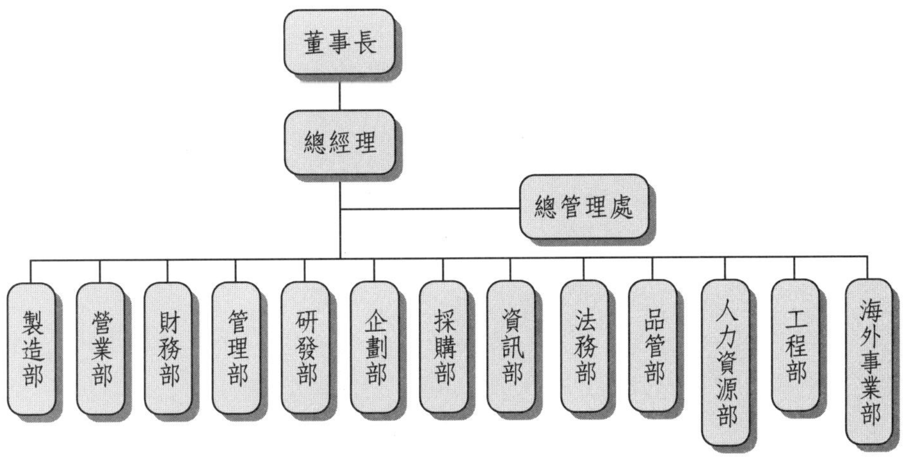

⑵**程序基礎部門化**：

①意義：係按生產過程之步驟，而予以區分為不同部門。

②適用：

- 生產過程是企業最大之功能活動。
- 每一生產過程均截然不同，而且規模不小。
- 此種組織已不多見了。

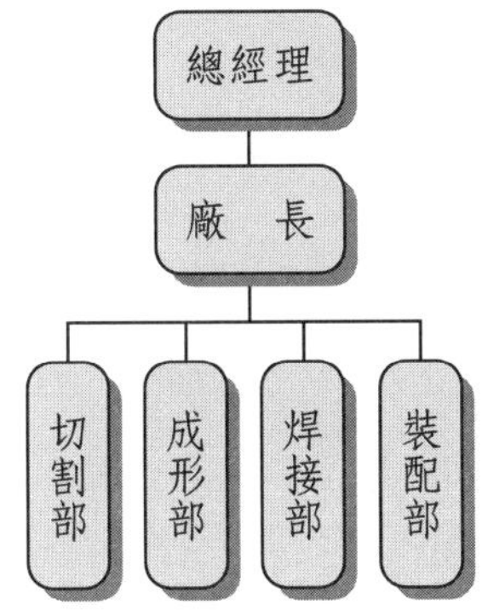

㈡專案組織（project team）

1. 意義

為因應某特定目標之完成，可由組織內各單位人員中，挑選出優秀人員，形成的一個任務編組（task force）。包括各種專案委員會或專案小組。

2. 優點

⑴任務具體而明確；是採任務導向，不去管原有單位事務。
⑵可發揮立即的整合力量，不必再透過其他協調與溝通管道。
⑶由一頗為高階之主管人員統一指揮，不會有本位主義或多頭馬車之情況。
⑷每一位小組成員均以此為榮，具有高度之激勵效果。
⑸具高度彈性化，不為原有法規、指揮、系統、制度所限制。
⑹廣納各方面優秀人才，實力堅強。

3. 可能的問題

⑴小組的領導者如何發揮高度整合力量，以化解各不同背景及部門成員之不同認知、態度與職位，而使其一致融合共處，是關鍵點。

⑵專案小組如果時間流於太長，則可能造成熱情消減，成效不彰，虛設單位的情況。

⑶對於專案小組的任務完滿達成之後，應該給予適切獎勵；否則成員可能不會付予全心全力。

⑷任務小組必須有足夠權力才能做出成效，否則處處碰壁，其敗可期。

⑸小組或委員會的召集人，其職位是否夠高，足以統御小組成員。

4. 案例

例如，成立「新產品開發小組」、「成本降低小組」、「轉投資小組」、「新事業開發小組」、「上市上櫃小組」、「西進大陸小組」、「業務特攻小組」、「品管小組」、「創意小組」、「稽核小組」等。

5.優缺點

⑴優點：可確保每個專案計畫都能夠成為一個自給自足式的部門。亦可避免因計畫而設立永久性部門組織，形成重複之人力浪費。可使整體組織呈現動態化營運，提高效率。

⑵缺點：組織成員分屬功能部門及專案計畫兩個工作單位及任務要求，形成「角色衝突」之窘境及困擾。對於時間、成本及效率間之平衡應特別加以注意。

㈢矩陣組織（matrix organization）

1.意義

係指組織之結構體，一方面由原有部門功能組織形成，另一方面又有不同的專案小組成立；如此縱橫相交並立，即形成「矩陣組織」。在此矩陣組織內，專案小組總負責人的權力大於各部門主管的權力。

2.圖示

表 8-1　矩陣組織

原有部門／新成立小組	製造部	財務部	管理部	業務部	研發部	採購部	企劃部
成本降低專案小組	△	△	△	△	△	△	
新產品開發專案小組	○			○		○	○
管理革新專案小組	□	□	□	□			□

註：圖中有記號者，表示兩種組織有相交往來關係。

3.與專案小組之差異

矩陣組織與專案小組組織之差異在於：專案小組是完全獨立之單位，人員也專屬此小組，在任務未完成之前，成員不可能為別的單位或原單位服務，而係專心為此小組工作。而矩陣組織，成員可同時為兩個組織服務，但專案組織的工作優先於原有單位的工作，除了人員之外，其他像設備工具、財務等也都可能是獨立擁有的，與其他部門無涉。

4. 缺點

此型組織的缺失是它太複雜了，既是水平指揮又是垂直指揮，有違指揮系統的一元性。不過，在企業實務上，這種情況還是經常可以見到，顯示此種組織型態仍有其功能。

5. 案例

例如，大學中的組織：包括既有各種學院，又有跨學院的整合性學程組織設計。

㈣全球性組織架構（global structure type）

在全球化的組織架構下，有二種常見的組織型態：

1. 全球產品組織（global product division）

此係以產品來劃分組織；如圖 8-9 所示。

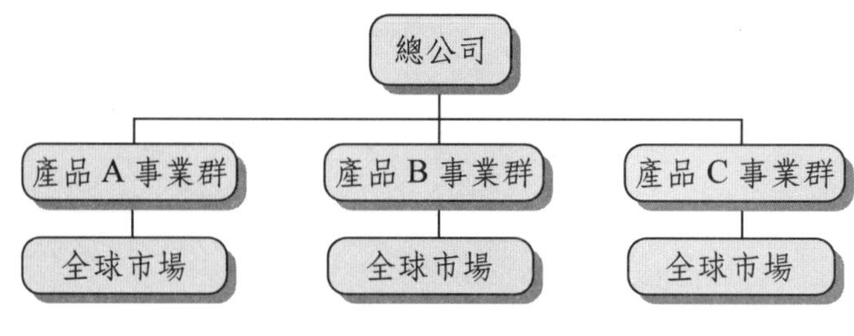

圖 8-9　全球產品組織

2. 全球地區組織（global area division）

此係以大區域來劃分組織，如圖 8-10 所示。

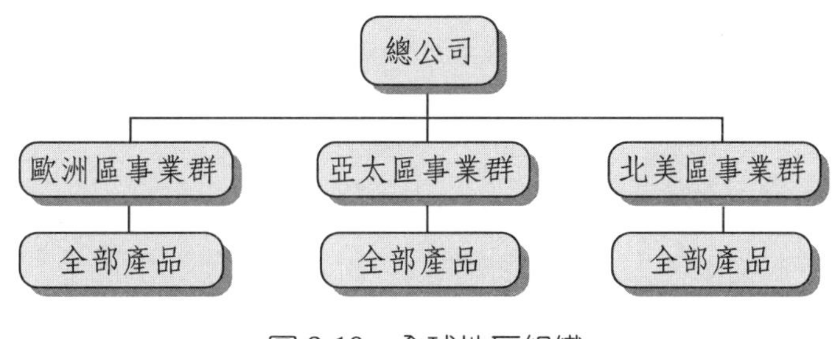

圖 8-10　全球地區組織

㈤複合式組織（conglomerate organization）

此種組織常見於巨大型組織，例如，美國的 Wal-Mart 公司，Sears Roebuck，Gulf and Western，IBM 等。這種組織架構，沒有單一的劃分方式，而採取多種劃分方式，以適應不同性質之組織單位。

他們可能同時採取產品劃分的全球組織，但每一個區域組織又採取功能組織，而且還會同時成立很多專案小組執行特別任務。

當然，也可能透過併購手段，新增加不少其他相關或不相關的海外事業部門。

㈥三類型之架構（structure type）

以組織架構來說，整體可區分為三類別：

1. 機械式（官僚）結構（mechanistic structure）。

2. 有機式結構（organic structure）。

3. 適應式結構（adaptive structure）。

其中有機式與適應式結構兩者較為接近，例如，專案、矩陣、複合式等組織，均屬在此結構下所產生之架構。這兩型組織均是為了有效克服機械式組織之缺點而發展出來。

四、組織結構如何因應環境變化

今日高階管理人員都面臨所謂「遽變的環境」，我們也知道錢德勒的「結構追隨策略」之原則。以落實的角度來分析，組織結構之因應方法可有以下幾種：

㈠成立「事業部」組織模式（divisional organization，即BU責任利潤中心組織）

事業部組織又稱為M型組織（multi-divisional），乃係以不同產品別之產、銷、研、管四大作業集於一體之組織模式。如果在M型組織中再輔以「責任利潤中心」（profit center）式的運作，則更能發揮高績效。此組織又可稱為「戰略事業部門」（strategic business unit, SBU），此為新名詞。有時，SBU也被簡化為BU組織（即business unit），即代表公司組織設計，可以有很多個BU組織單位，各自負責獨立營運及損益責任。此種組織模式已愈來愈盛行。

㈡成立「專案小組」（project team）

為因應特別且重要之任務，可成立專案小組，結合各部門一流人才，暫時放掉原單位的工作，在小組組長領導與公司全部資源的支援下，限期完成任務目標。比如新產品開發小組、投資小組、拓銷國際市場小組、降低成本小組、擴大生產線小組等等。

㈢成立矩陣式組織（matrix organization）

此模式一方面維持原有組織，另一方面有幾個專案小組同時運作。

㈣成立「經營委員會」（top committee）

此係由各關係企業或各部門一級主管所組成，針對目前重大營運策略、政策、績效、資金流通以及新事業投資評估與決策，進行檢討與決定，又可分為集團的及個別公司的。

㈤成立高階「綜合企劃部門」（top planning department）

此部門之任務包括：

1. 從事公司未來發展策略分析評估事務。
2. 從事關係企業統合管理與考核事務。
3. 從事關係企業績效評估與改善事務。
4. 從事新事業單位調查、分析與企劃事務。
5. 從事全公司資源之有效與合理之配置使用，使之發揮最高效益。

6. 負責現實環境變化之資料蒐集，先行判斷、預測，以及研擬因應策略。

五、組織名稱解釋

㈠控股公司型（holding company，簡稱 H 型組織）

以總部立場，轉投資各家子公司，但本身並不介入實際運作，只以財務投資控股及重點式管理模式，了解及督促各子公司營運效益。

㈡多事業部組織（multi-divisional organization，簡稱 M 組織）

1. 以各主力產品獨立運作之組織體。

2. 形成的原因主要是產品的差異性愈來愈大，且單一產品市場夠大，為了提高產銷的效率及責任利潤中心的運作，而形成 M 型組織。

3. 再加上近年來多角化及整合化經營方針之發展，而使事業愈來愈多。

㈢全球化組織（global organization，簡稱 G 型組織）

1. 以全球各地為產銷據點之組織體。

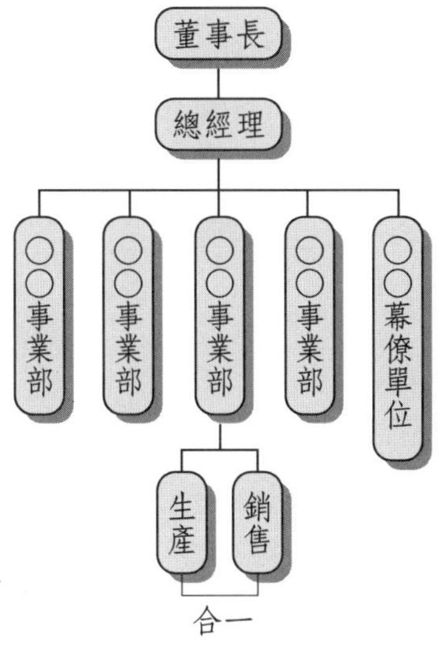

圖 8-11　多事業部組織

2.形成的原因主要是企業為尋求不斷的成長，以及使產銷作業更具成本競爭力，而產生現地設廠及併購他公司之經營方向。

㈣功能性組織（functional organization，簡稱 F 型組織）

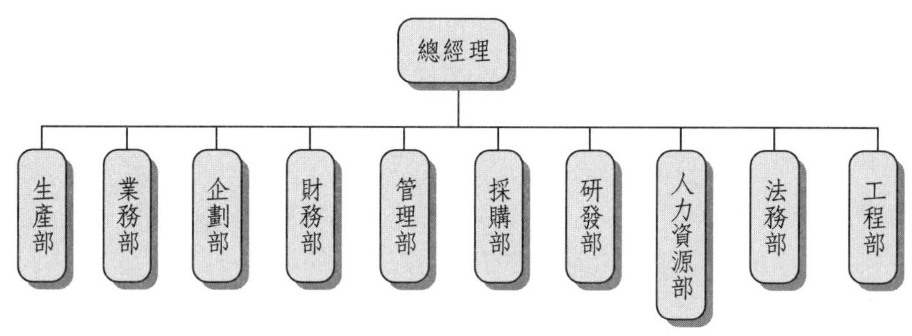

圖 8-12　功能性組織

㈤簡易型組織（simple organization，簡稱 S 型組織）

缺乏正式化及複雜化之組織單位。

㈥集團組織（group organization）

集團旗下有各大公司獨立運作。例如，國內的國泰金控集團、台塑集團、遠東集團、統一集團、宏碁集團、東森媒體集團、富邦金控集團、新光集團、鴻海集團、聯電集團、裕隆汽車集團等等。

六、幕僚類型

幕僚類型主要分為兩種：

㈠個人幕僚（personal staff）

係指特定主管之個人幕僚，在大組織內可稱為「總經理室」或總管理處，有一群個人幕僚；在中小組織內可稱為「特別助理」，人數較少。一般而言，這些個人幕僚之職責包括：

1. 為所屬主管閱讀、審查各種報告，並簽註意見。

2. 代表所屬主管與外界聯繫、洽商或處理函件。

3. 協調下屬單位、溝通或澄清所屬主管之觀念及目標。

4. 對有關事項之進行與問題，蒐集資訊情報。

5. 配合所屬主管職責需要，分析有關資訊，並提出建議規劃案與因應對策及方案想法。

㈡專業幕僚（specialized staff）

係指對某些專門問題，具有理論與實務專長，不過所服務的對象是公司而非個人。這些專業幕僚包括如法律、投資、金融、技術、市場、媒體關係等。

七、如何與直線人員（第一線生產、銷售及服務人員）建立良好關係

幕僚人員必須和直線人員保持良好合作關係，故：

1. 應與直線人員保持溝通及接觸。

2. 在提出計畫與建議之前，應盡量了解直線之實務。

3. 切忌居功，應將功勞歸於直線人員，自己只是幕後功臣。

4. 保持坦誠之心。

5. 要真正實質幫助直線單位，讓他們不致心生排斥而展開雙手歡迎。

6. 應明確劃分雙方之權職與責任。

八、直線與幕僚衝突來源

在同一組織內，直線與幕僚人員彼此間衝突的存在是顯而易見的，最主要的來源（原因）乃係：

1. 幕僚人員感覺直線人員較頑固，常會抗拒一些新觀念與變革。

2. 幕僚人員顯然比直線人員年輕、教育程度較高、更積極改革，因此自視頗高。

3.直線人員怕最後會被擺在一邊，地位大幅下降。

4.認為幕僚人員把直線單位視為一個實驗單位，成功了歸於幕僚，失敗了歸直線人員承擔。

九、解釋名詞

㈠直線人員

係指在組織中，從事直接與企業營利及產銷活動有關之從業人員。例如，工廠的生產線人員、銷售單位的銷售人員或店面服務人員等均屬之。

㈡幕僚人員

係指在組織中，從事間接與企業營利及產銷活動有關之從業人員，其主要功能在協助直線人員做更順暢的發揮。

例如，財務部、管理部、研發部、採購部、企劃部、稽核部、人資部、資訊部及法務部等人員均屬之。

十、幕僚的職權

幕僚的職權可以概括為四類：

㈠建議職權（advisory authority）

幕僚人員有對直線人員提出建言之權，可請其參考改善或處理。

㈡功能職權（functional authority）

幕僚本身在其工作中就是一個專家（expertise），他們可執行工作任務。例如，財務、會計、企劃、人事、總務、採購、研究開發等。

㈢同步的職權（concurrent authority）

幕僚人員可透過高階主管的正式授權，而對直線人員在某件事情上，擁有稽核與核准的權力。例如，費用支出、計畫內容審核權與同意權等。

㈣強制性的諮詢（compulsory consultation）

高階主管在對直線人員要求訂定某些計畫案或檢討執行成果時，得要求幕僚人員加入研討，提供幕僚觀點的強制性諮詢觀點。

十一、經營者及高階主管的頭等大事：找能幹的人

尋求千里馬，把找人當作是頭等重要大事。

從事管理工作的人都知道，把對的人擺在對的位置上，事情就搞定一大半。

有的主管會把找人當做優先而且重要的事來做；有些雖然自己忙得不可開交，卻老是覺得部屬能力不夠，工作交待不下去，成果做得不理想，可是就是不會花些時間去找好的幫手。

用人的第一個步驟是要認識人，其次是要判斷是不是有能力，再來就要思考適不適合引進組織，最後還要說服他願意離開原來的工作，跟你一起打拚。而在公司內部，如何說動上層主管願意用這個人就要花不少力氣，再者薪水、職稱等事情需要跟人力資源部門溝通，等這個人順利進了公司之後，還得設法讓他融入現在的團隊，不會很快陣亡。每個環節都需要照顧到，才能把一個好的幹部導入公司。

第三節　專案小組的運作分析

在大型公司或企業集團中，經常可以看到成立各種「專案小組」（project team）或「專案委員會」（project commitee），運用專案委員會的組織模式，以達成重要與特定的任務。

一、會有哪些專案小組或專案委員會

對大型企劃案而言，公司必然會以成立各種專案小組或專案委員會，來推動這些大型計畫案。實務上，這些專案小組常包括：

1. 新專業部門成立之專案小組。

2.新公司成立之專案小組。

3.西進大陸投資成立之專案小組。

4.新產品上市之專案小組。

5.大型銀行聯貸案。

6.上市上櫃之專案小組。

7.搶攻市場占有率專案小組。

8.組織再造專案小組。

9.新資訊專案小組。

10.投資決策專案小組。

11.研發精進專案小組。

12.海外建廠專案小組

13.其他各種重要任務導向之專案小組。

二、為何要有專案小組或專案委員會？

很多人會問到，既然公司有正式的組織體系，那為何還要組成什麼專案小組呢？主要有幾個原因：

1.公司有一些事情，是涉及跨部門、跨功能，甚至是跨公司的事情，不是既有常態性固定式與分工性的組織所能夠做的。

因此，必須把相關部門的各種專業人才調出來，才可以共同完成某一件重大事務。此時，就有必要成立專案小組或專案委員會來運作，才可以打破部門本位主義，並集結各部門的專業人才在一起工作。

2.公司有一些新的業務或新的事業發展，這些功能與發展，是既有組織架構與人力所無法兼顧的，或者並非他們所專長的。因此，公司也會成立專案小組邀聘外部專業人才來負責。

3.現在集團企業經常強調集團內各公司資源應有效加以利用、整合及發揮，以母雞帶小雞的原則，讓小雞未來也都能發展得很好，這需要企業內部的各項資源整合，因而也就有必要成立專案小組來負責。

4.公司是不斷追求成長的。而在追求成長的過程中，必然會有很多專案的工作，需要有專責的人負責到底，因此也就有成立專案小組的必要。

5.公司亦經常發現某一項任務，在既有的部門做不好，老闆不滿意其表現，也不想馬上換掉主管，或沒有更好的人來接。此時，老闆可能會成立某種專案小組，擴大成員共同參與，把某部門做不好的事，由大家共同支援把它做好。

三、專案小組有哪幾種模式？

專案小組在不同任務導向與不同條件下，通常會有三種組織模式：

㈠成立籌備小組模式

此模式是為了因應往後可能要成立新的公司、擴建新廠、成立新事業部門等狀況。因此，籌備專案小組將是過渡性質，一旦三個月、六個月過後，專案小組就變成新公司、新事業部門或新工廠的正式編制人員，而專案小組也就解散掉。

㈡以任務為導向的模式

由專責人員負責某項專案工作，直到專案任務達成才停止。這是專責專人的專案小組制度。

㈢由各部門暫時支援某個專案小組

這些人在自己原來的部門裡，仍然負責既有的工作，他們只是挪出上班的部分時間來支援某項專案工作。這種狀況也經常出現在公司內部。

例如，公司推動資訊化、推動教育訓練、推動上市上櫃作業等，相關各部門主管都會參加這些會議，並配合這個專案小組的任務分配。

綜合來說，在大公司常可見到這三種專案小組組織模式同時存在及運用。因為這三種模式有其不同的運用目的、背景條件與功能。

四、專案小組運作的步驟

專案小組運作的步驟，其實很簡單，大概只有三個過程：

1.首先編製專案小組的組織架構、人力配置、分工主管及各組的功能職掌等。這裡面包括：

⑴召集人是誰？副召集人是誰？執行祕書是誰？各功能組組長是誰？底下有哪些組員？公司內部及外部的諮詢委員或顧問是誰？

⑵各組的功能職掌應予明確審定。

⑶執行祕書是未來此專案小組的統籌負責人。

⑷一般來說，專案小組或專案委員會，大概均依員工的專長功能而區分為各種組別。包括：行銷組（業務組）、企劃組、財務組、管理組、研發組、工程組、採購組、物流組、生產（製造）組、法務組、國外組……等。須視不同行業別、不同任務別，以及不同大小規模的企業，而有不同的小組組別名稱。

2.接著由專案小組召集人「定期開會」，以追蹤各工作組之工作執行進度，並由老闆及時做決策指示。這種定期開會，包括每週一次、每雙週一次或每月一次等狀況。

定期開會是老闆對專案的重視與對員工的適度壓力，以使專案推進能有成果展現。

3.依此而繼續下去，一邊開會、一邊下指示、一邊再推動專案進度，直到此專案任務最終完成為止。

任務結束，此專案小組就解散，或者也有可能改為常設的組織，一直存在著。

五、專案小組成功運作的注意要點

專案小組或專案委員會是大型公司在正式組織架構外，經常被運用的組織制度，也可以說是一種任務導向（task-oriented）組織。事實上這是非常必要的。

但是，專案小組要能順利達成任務或發揮功能，而不是成為疊床架屋的組織，則必須注意到下列十一個要點：

1.公司老闆必須親自參與投入，甚至主導領軍。在國內企業的習性上，員工仍然視老闆一人為最後與最大的決策者，大家做的、聽的，也唯老闆馬首是瞻，其他主管未必能叫得動全部部門的主管，讓他們能真正投入此專案小組。

2.公司老闆必須確立此專案小組要達成什麼樣的目的或目標。此種目的與目標雖具挑戰性，但仍是可以達成的，而不是打高空。

3.此專案小組必須是專責專人的負責制，不應由公司既有組織的人，以兼差、兼任方式為之，要負責，就必須是專任、專心對此事做唯一的事與唯一的負責，不要分心，不要掛名，要的是實質，要的是權責合一制度。

4.專案小組的專任成員，包括執行祕書及各小組組長，都必須適才適所，而且都是高手、強將強兵，能獨當一面的好手。成員中，不能用經驗不足、能力不足、企圖心不足的人。

5.當公司內部既有人才不足時，必須趕快招聘新人或用挖角方式也可以。此外，也應適度聘用外界的學者專家、顧問，或研究機構等之外部力量的協助，以補自己力量的不足。

6.老闆必須定期開會，要求各工作小組提出工作進度報告，有效率與有效能地推進專案的進度，並做適時的決策指示。

7.應該訂下各種主要工作項目的時程表（schedule），以時間點做為管控的重點指標。

8.專案小組也應訂定激勵獎賞制度與辦法。用獎金誘因，促使專案同仁努力朝此專案達成目標。

例如，在筆者過去的經驗中，老闆也經常針對完成銀行聯貸案、信用評等案、上市櫃案、e化推動案、年度業績預算目標達成案等，在順利完成後，發放一筆不算小的獎金，讓參與這些專案的人，都能得到獎金，以資鼓勵。

此外，有時候，在專案小組一成立的時候，也會出現為這些成員的薪水加 50% 的立即鼓勵效果。換言之，在專案進行的六個月內，每個月薪水都多出 50%。直到專案結束後才停止。

9.老闆應賦予此專案小組的副召集人（可能是副董事長、總經理或執行副總等）以及執行祕書這二個重要人員實質的權力，以至高的權力，讓此專案小組能夠順利推動事情，而不會受到原有組織的限制或不配合。

10.多利用及發揮集團內跨公司資源整合，放到專案小組上，以得到集團各關係企業的真心與有力支援，專案小組的推動才會事半功倍。

11.專案小組也是人才培養與人才拔擢的好地方。很多年輕的基層幹部或中層幹部，透過專案小組的歷練，常會得到晉升的機會。例如，國內統一（7-11）公司，公司內部經常透過「一人，一專案」（one person, one project）的模式，以培養有潛力的年輕幹部，磨練他們獨當一面的能力。

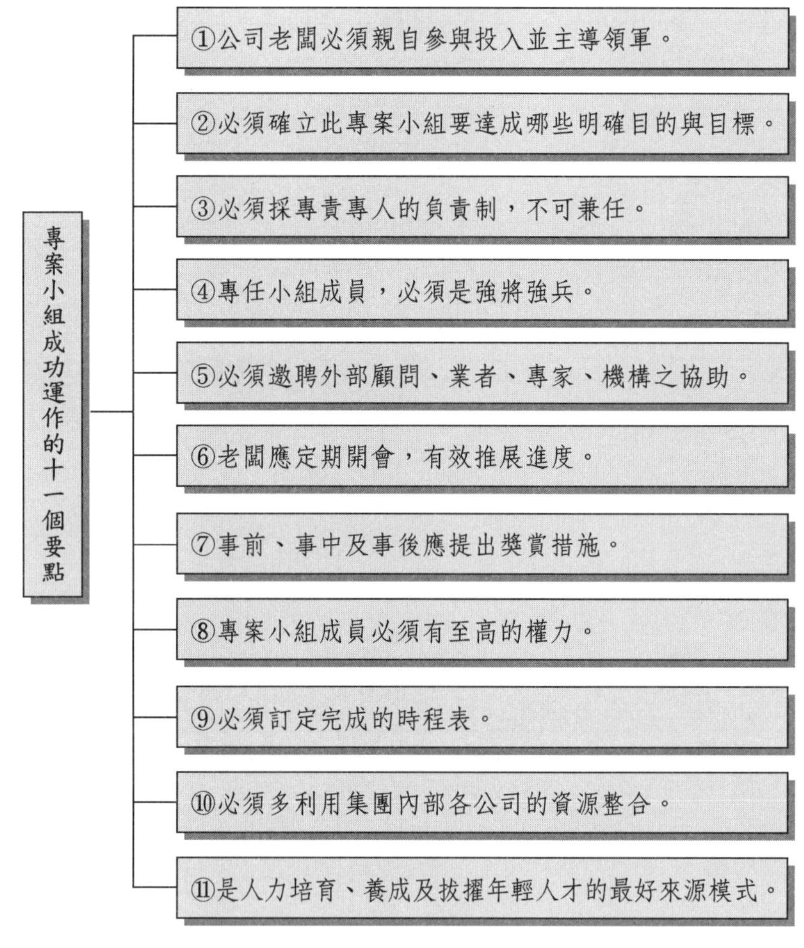

圖 8-13　專案小組成功運作的注意要點

第四節　策略與組織結構的觀念性基礎

一、錢德勒（Chandler）理論

㈠為何會有成長策略

當一企業在面對改變中的科技（technology）、市場（market）、所得（income）、人口結構（population）時，將會出現潛在機會。企業必然會運用現有的或

擴大資源，以追求更多的獲利。此時，企業的成長策略將出現。

㈡新策略的關聯問題

「新策略」採行，必然引致「新的管理問題」，而此新的管理問題，必須藉助重新修正「組織結構」，才可望獲得解決。此時即要「fit」（配適、配對）新策略始可順利推行。

㈢結構不調整的後果

如果不進行結構的調整，則新策略將無法完全有效運作，而缺乏營運效率也將產生。就好像人長大了，還給他穿小鞋子一樣的道理。

㈣是一種連續性組合

新策略引出→產生新的管理問題→營運績效
→衰退出現→採取新結構的配對→使績效利潤回復水準

二、四種策略與管理功能之配對

學者錢德勒認為：

㈠第一階段

1. 策略

數量擴增（volume expansion）策略，此係最初的成長模式。例如，增加廠房（plant）、銷售商場（sales office）、倉庫（warehouse）等。

2. 問題

導致需要擴增管理幹部及管理單位。

㈡第二階段

1. 策略

地理區域擴張策略（geographic expansion）。此係多個範疇單位（field unit）在同一功能部門，但不同地理區間擴張。

2. 問題

產生跨單位、跨地區的協調及專業化、標準化的問題。

3. 導出

創造了功能性部門的辦公室（中央辦公室）。

㈢第三階段

1. 策略

垂直整合策略（vertical integration strategy）。此係向前整合銷售通路，向後整合原料、零組件供應來源的策略。

2. 問題

跨功能部門的問題產生。

3. 導出

創造了中央辦公室。

㈣第四階段

1. 策略

產品多角化策略（product diversification strategy）。
此係原始市場飽和或衰退→進入新產業。

2. 問題

對產品事業部如何評估？對多個投資方案如何選擇？

3. 導出

創造總經理室高級幕僚（general office）以執行長期規劃、分配資源、評估、考核、推廣等工作。

第五節　組織設計案例

茲舉以下數家國內外知名公司組織架構表做為實際設計參考。

一、震旦行公司

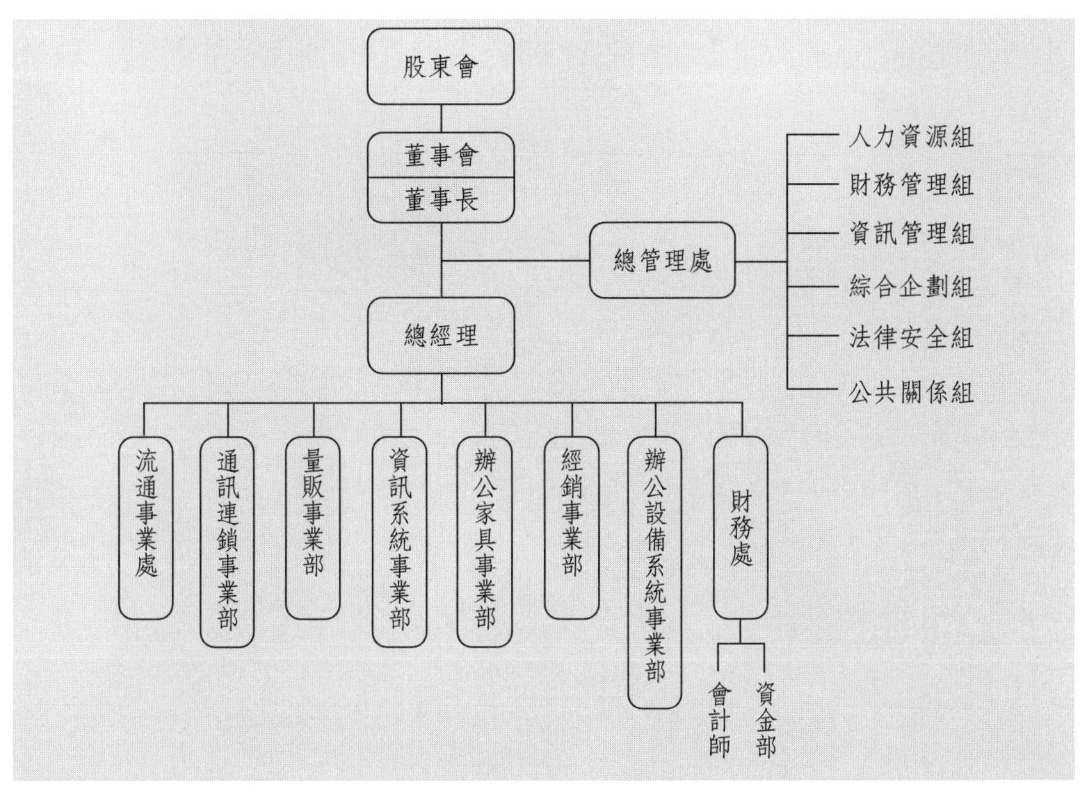

圖 8-14　震旦行公司

二、中國信託銀行組織表

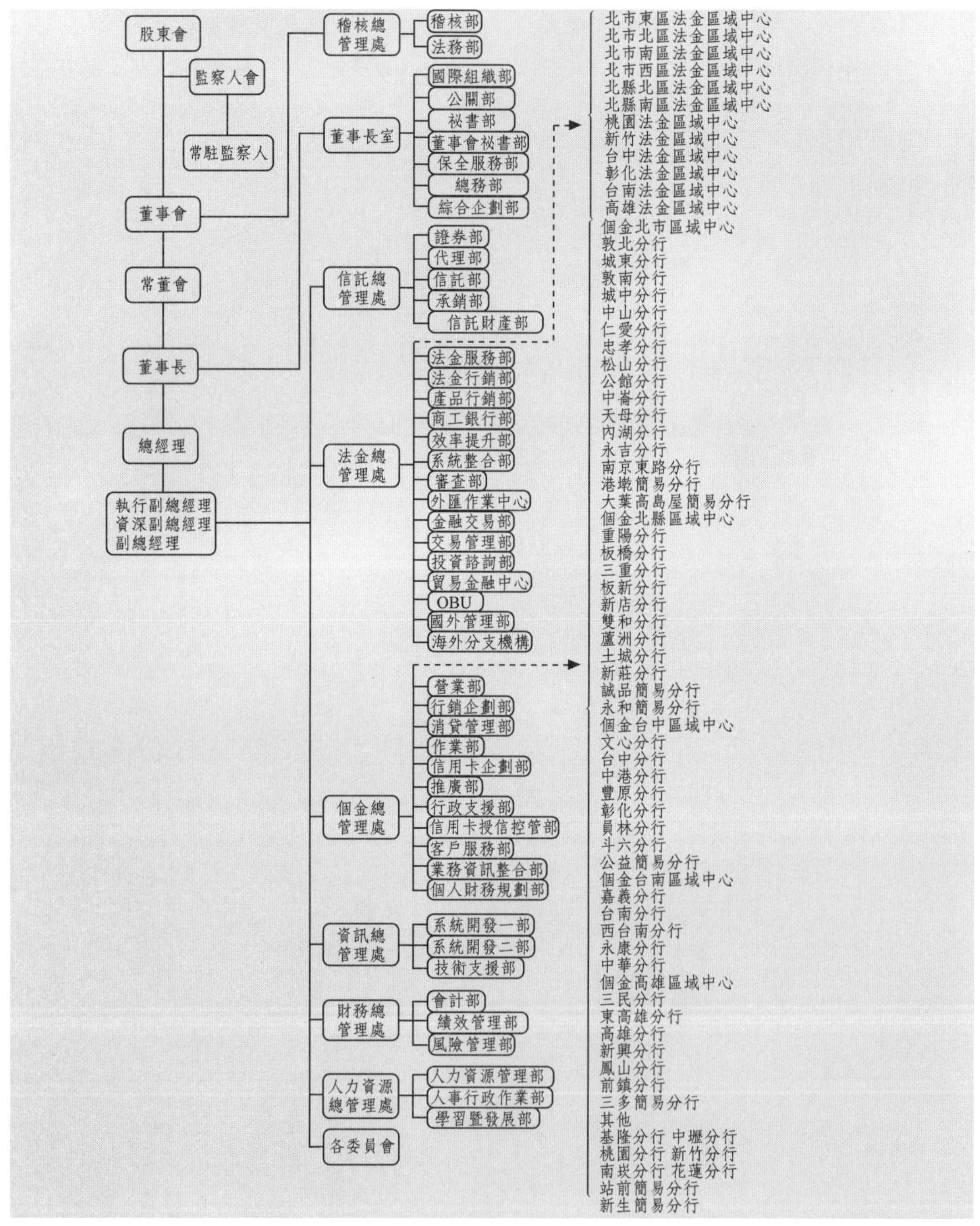

圖 8-15　中國信託銀行組織表

三、長榮航空公司組織表

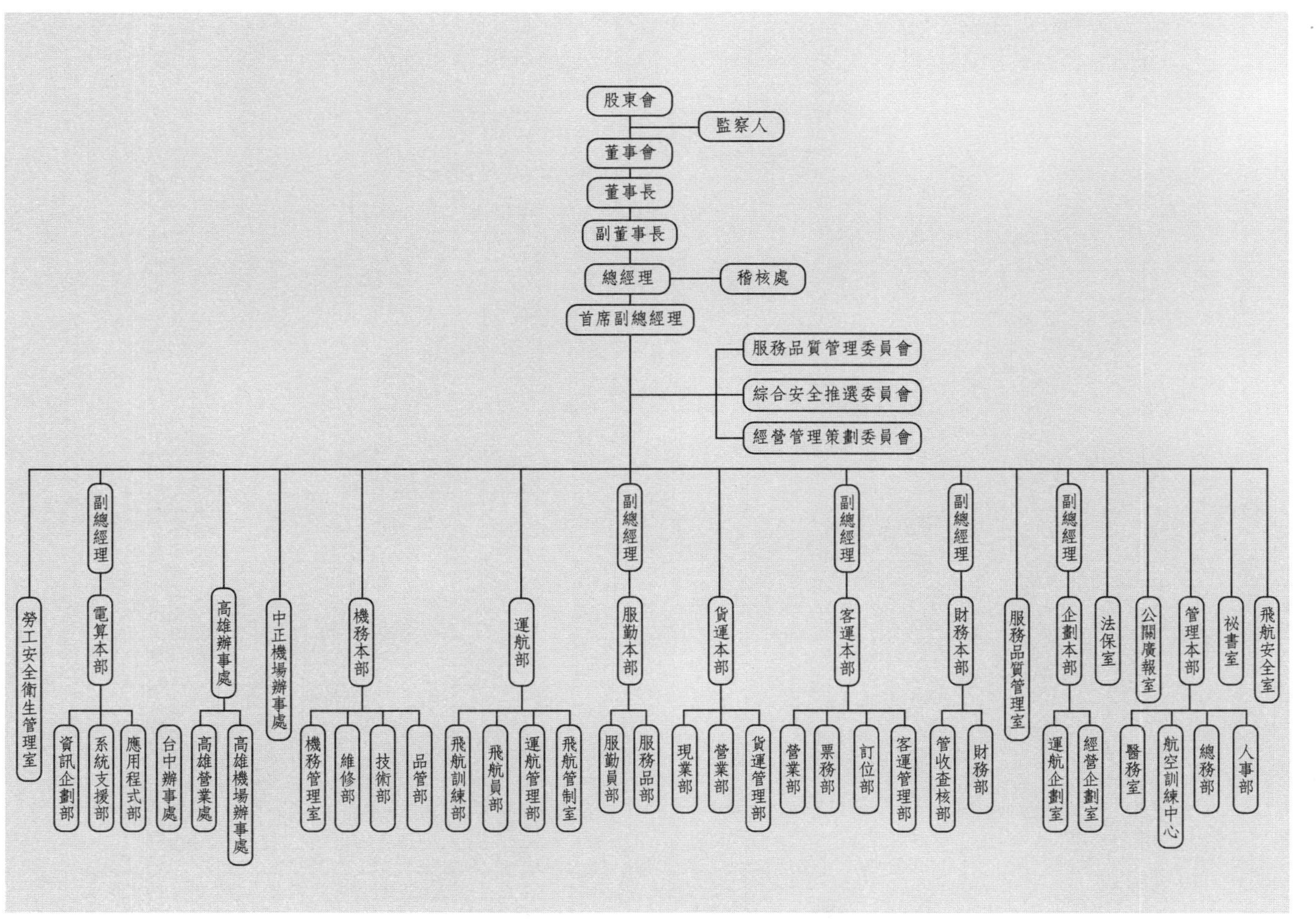

圖 8-16 長榮航空公司組織表

四、晶華大飯店組織表

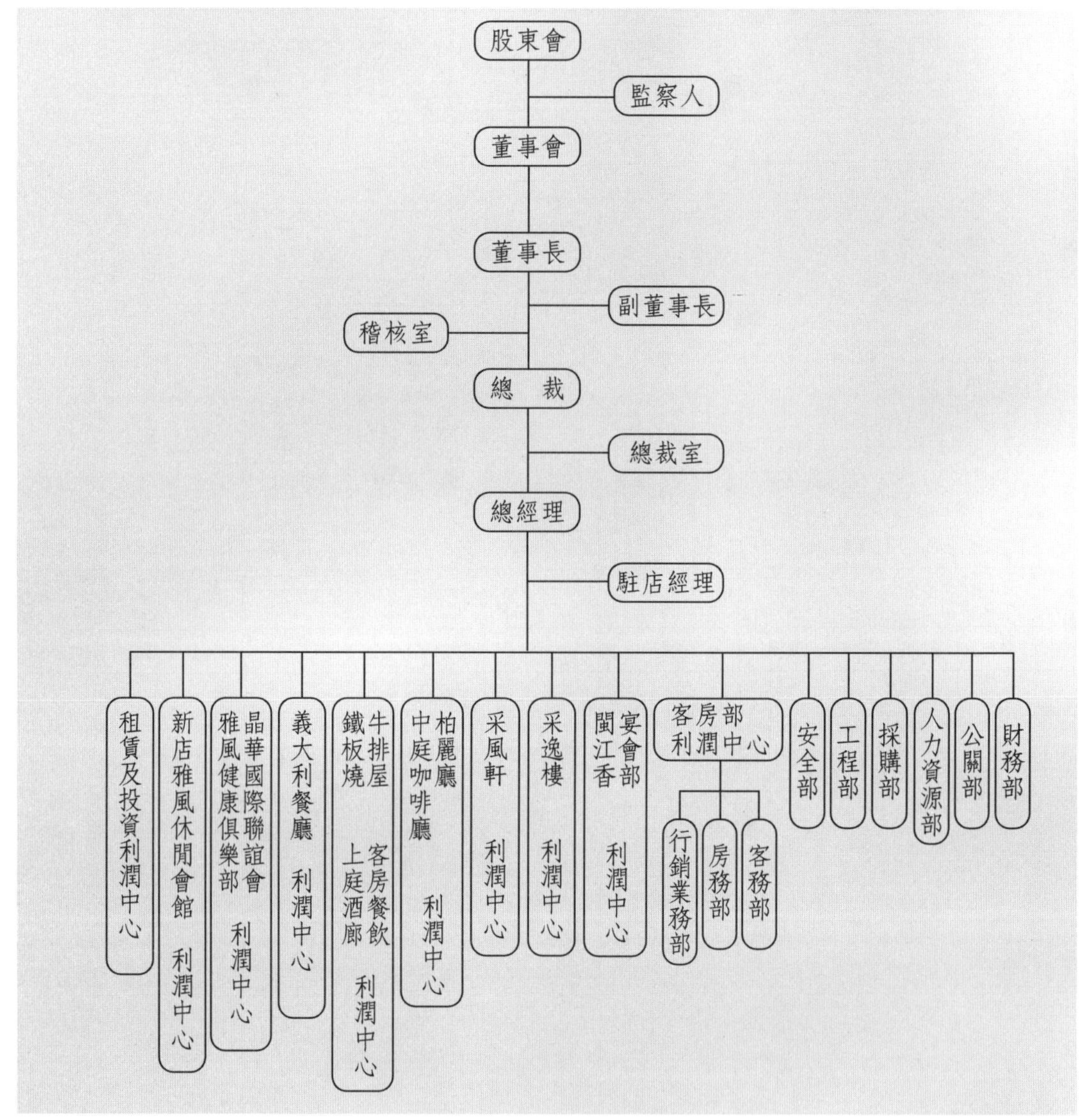

圖 8-17　晶華大飯店組織表

五、日立製作所組織架構（日本總公司）

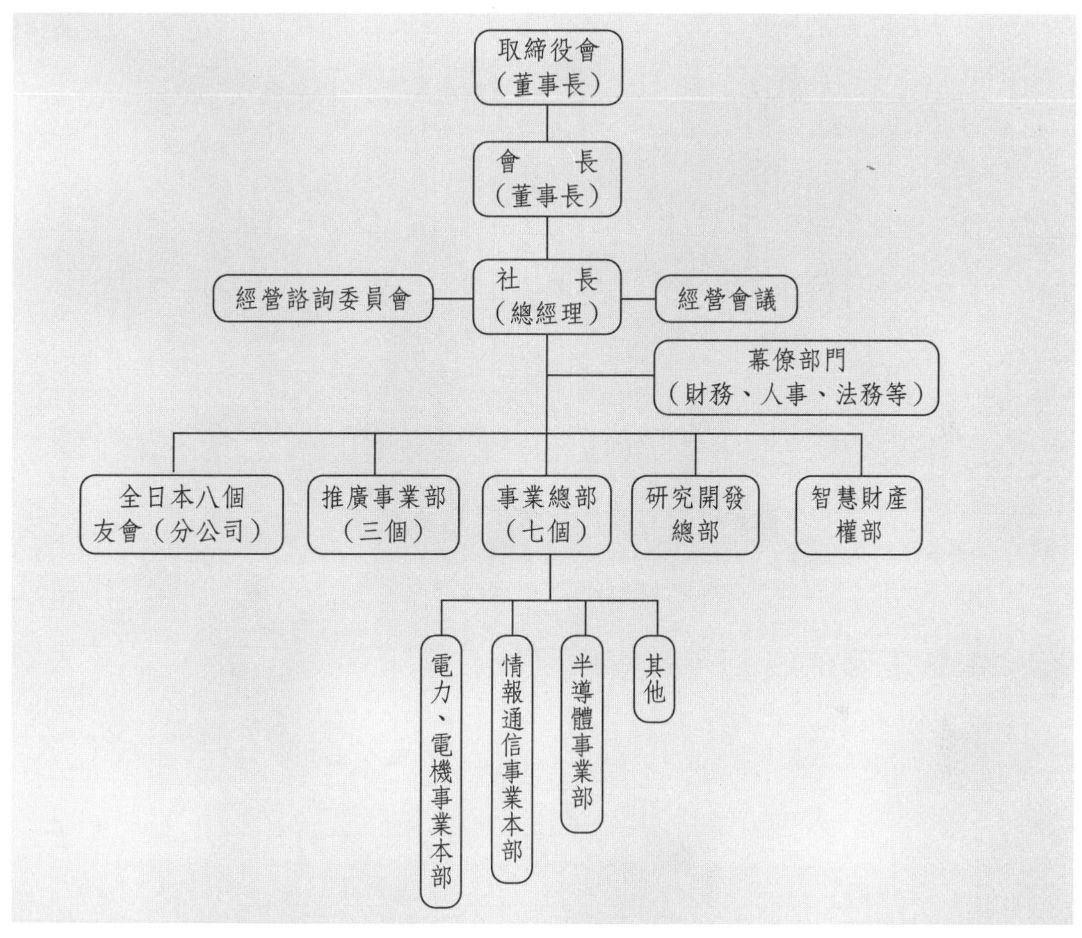

圖 8-18　日立製作所組織架構（日本總公司）

六、三井物產組織表

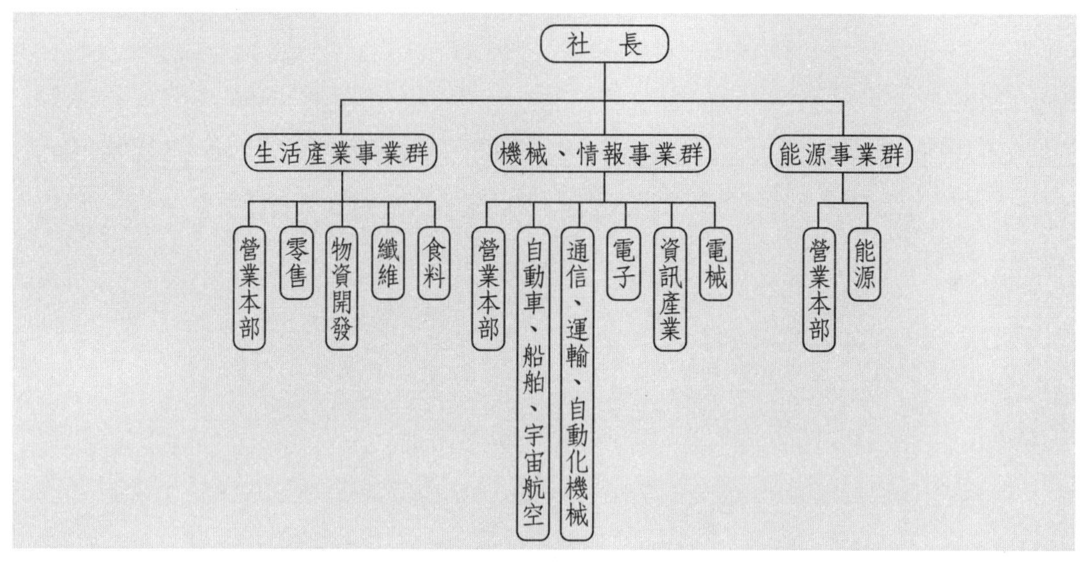

圖 8-19　三井物產組織表（日本總公司）

七、頂新集團組織表（大陸+台灣）

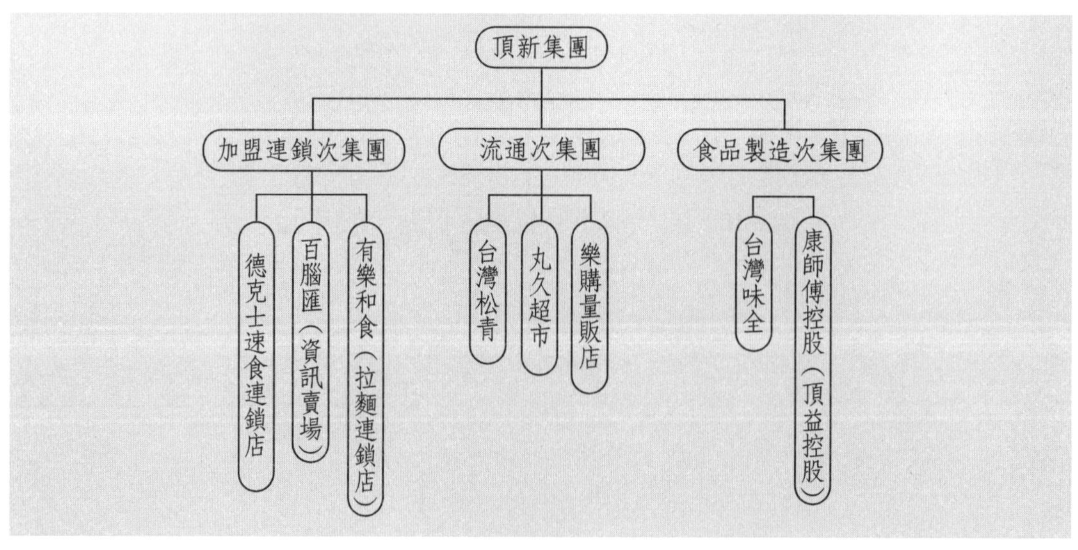

圖 8-20　頂新集團組織表（大陸+台灣）

八、裕隆集團組織表（三大事業群架構）

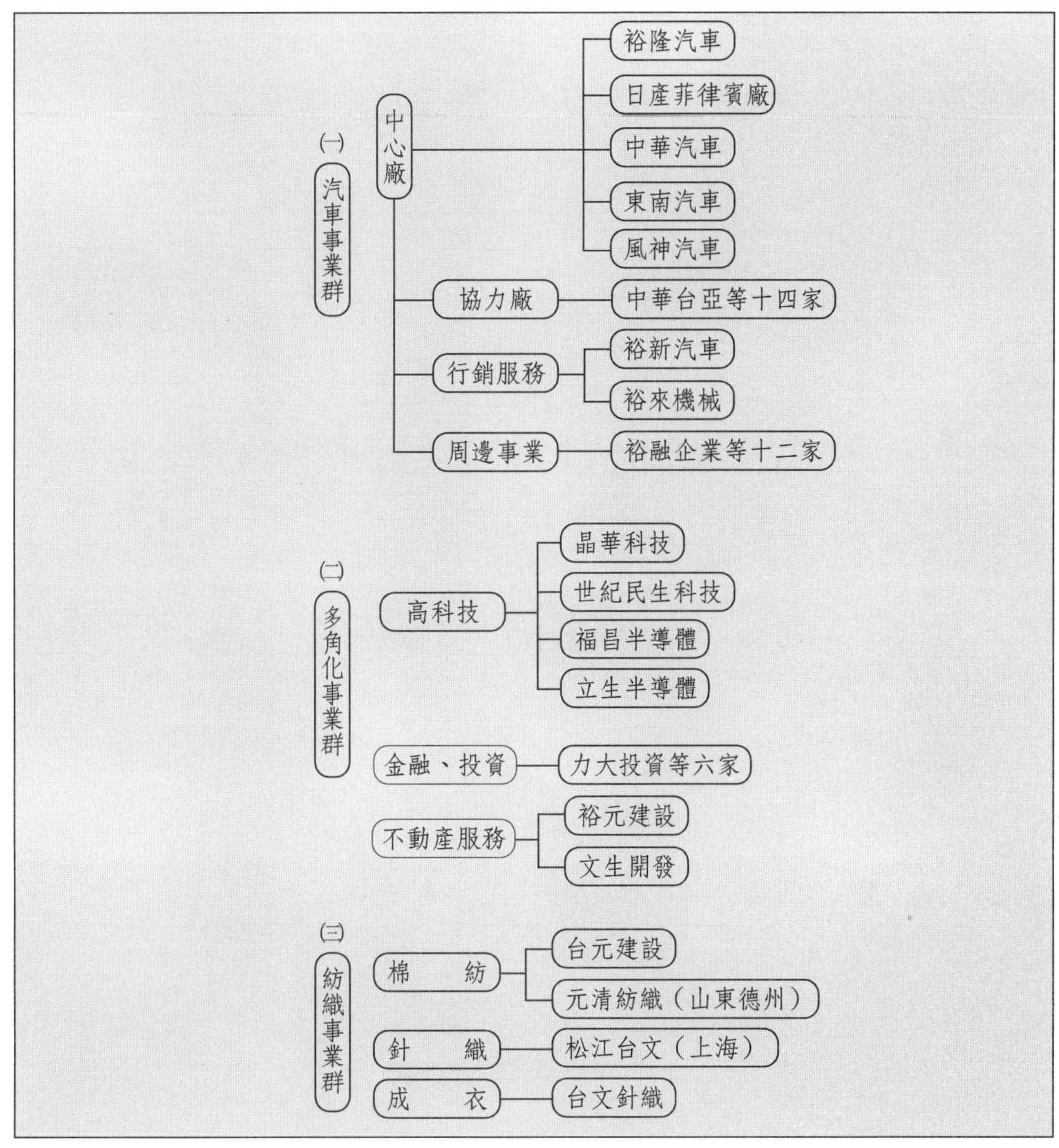

圖 8-21　裕隆集團組織表（三大事業群架構）

九、奇美集團組織架構

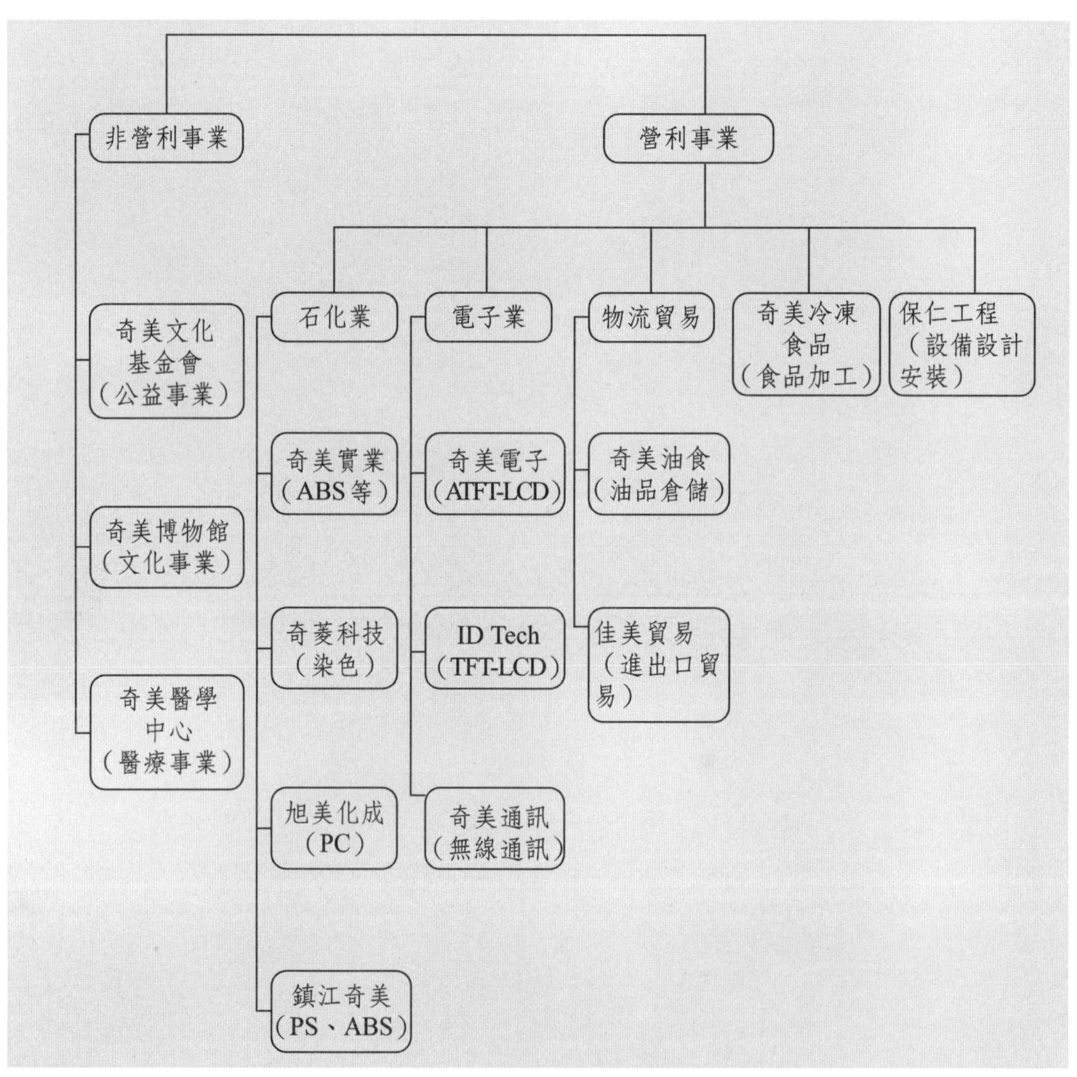

圖 8-22　奇美集團組織架構

十、統一集團公司組織圖

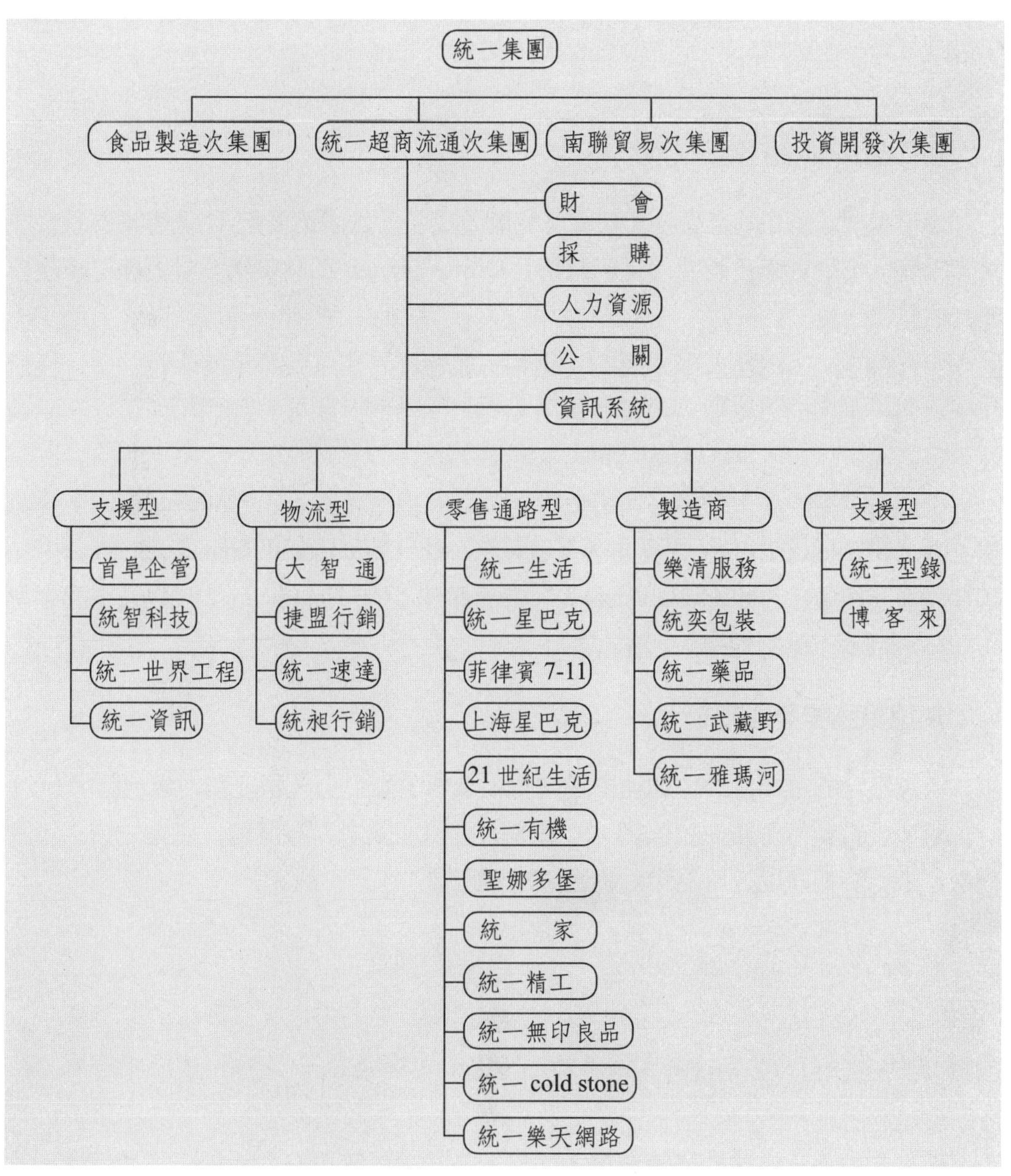

圖 8-23 統一集團公司組織圖

案例 1

組織大變革

——奇異（GE）11 個事業群整併為六大集團

㈠可節省 2～3 億美元結構成本

市值居全球第二的奇異公司任命三位副董事長，並表示要把 11 個事業群整併成六大集團，這是董事長兼執行長伊梅特（Jeffrey Immelt）2001 年 9 月上任以來規模最大的整頓計畫。

伊梅特說：「這些人事與組織的調整將加速奇異在重要產業的成長。」「這幾年來我們一直朝成為更加以消費者為重心的組織邁進。此外，我們相信可以在結構性累贅方面減少 2 億至 3 億美元的成本。」

根據新架構計畫，奇異公司將整併成為奇異基礎設施（GE Infrastructure）、奇異工業（GE Industrial）、奇異商業金融服務（GE Commerical Financial Services）、國家廣播公司環球（NBC Universal）、奇異保健（GE Healthcare），以及奇異金融（GE Finance）等六大事業集團。

㈡加速拓展開發中市場

組織整合的主要目的在加速拓展開發中市場，如中國、印度和中東地區。

董事長暨執行長伊梅特強調：「這些改變將加速奇異在關鍵性產業的成長，我們數年來始終朝向以客戶為中心的組織目標邁進。」

案例 2

新光三越百貨公司進行組織調整

新光三越百貨組織結構將有重大變化。為了內部資源整合、提高區域綜效，新光三越從 2006 年 4 月 1 日起，把信義新天地四個店獨立成信義營業處，台中以北的其他分店為北部營業處，台南、高雄店合併為南部營業處。

百貨龍頭新光三越日前董事會決議，將把台灣現有的13間分店，區分為三個營業處，分別是「信義營業處」管轄的信義新天地四個館，以及「北區營業處」包含的台北南西店、站前店、天母店、桃園店、新竹店、台中店。「南區營業處」則包括台南新天地、台南中山店及高雄店。

根據新光三越主管透露，會有這樣扁平化的組織調整，是基於分區資源整合並希望發揮區域綜效。

其中，信義新天地A11、A8、A9及A4四個館單獨拉出來，將超越台中店，成為新光三越體系中的業績冠軍，年營業額目標為165億元。

案例3

面對卡債風暴，中國信託銀行裁撤消金處，近2,000名行員大搬風

面對卡債風暴，中信金大動作裁撤旗下中國信託銀行消費金融處，將原有個人放款業務一切為二，依風險程度分為無擔保業務（現金卡、小額信貸）及有擔保業務（房貸、車貸），分別併入信用卡、零售銀行處，前者由中信銀副董事長兼個金總經理羅聯福掌軍，後者則由原中信金行政長尚瑞強負責，他也將調任為中信金個金執行長。

中信金在2005年12月22日晚間對內部公布此人事調整，也是繼國泰金縮編信用卡處後，第2家消金龍頭做大規模業務組織及人事調整。對此中信金昨日指出，主要基於信用控管觀念，將原有消費金融處一分為二，期望能降低營運風險。

在此次中信銀大規模組織調整下，造成消費金融處近2,000名員工面臨大搬風，依各轄管產品別，分別納入信用卡、零售銀行處。中信銀內部甚至傳出恐將先行裁撤三成、約400名業務員。不過對此中信銀強調，組織重整是因應未來業務發展，絕對沒有裁員的動作。

案例4

味全集團新組織架構

味全公司為整合資源，展開組織改造工程，董事長魏應充管轄的流通事業群交由總經理蘇守斌接掌，使流通與食品兩大事業群事權統一。

味全過去六年來曾進行三次組織調整，而且都是配合市場需求，為預期出現的市場商機做機動性調整。事業群由原先的三個，陸續改革形成目前的兩大群、七大部、四家公司。

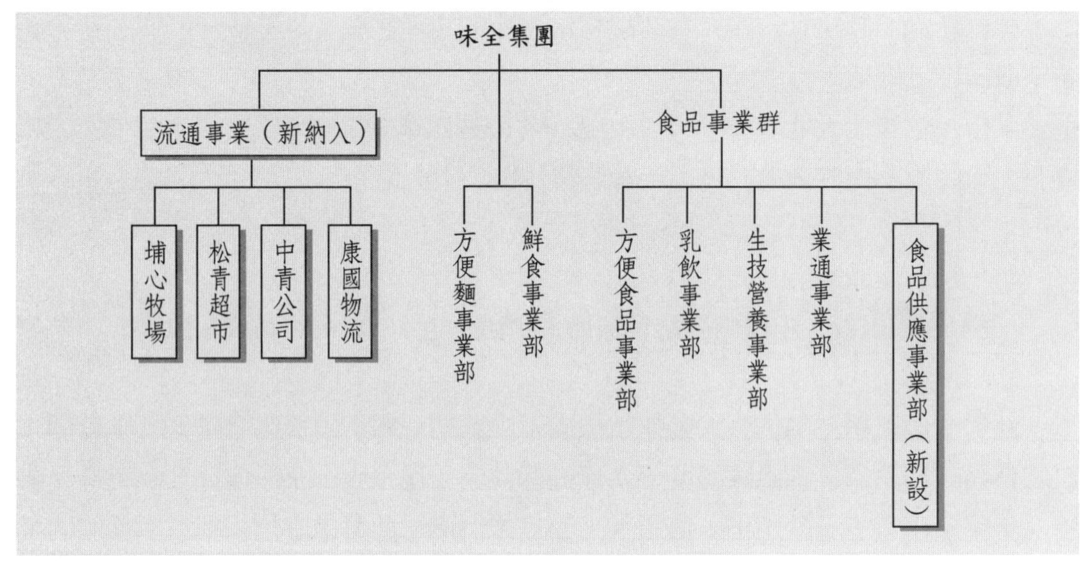

圖 8-24　味全集團新組織架構

☞ 自我評量

1. 試說明組織設計之定義，以及應符合哪三個需求。
2. 試說明組成新組織時，應有哪六項要點。
3. 試說明組織設計之變數為何。
4. 組織設計時，應考量哪三類情境影響要素？
5. 試分析組織設計之原則。
6. 試申述任何企業形成之組織，應具備哪九項要素。
7. 試分析組織結構化之原則為何。
8. 試解析五種基本的組織結構。
9. 試申述企業的組織設計有哪五種型態。
10. 何謂專案組織？優缺點何在？
11. 何謂矩陣式組織？與專案組織有何不同？
12. 何謂全球化組織？
13. 組織結構如何因應環境變化？
14. 試闡述錢德勒學者策略與組織結構之關係為何。
15. 幕僚有哪些種類？如何與直線人員建立良好關係？又直線與幕僚人員之衝突來源何在？
16. 試闡述經營者及高階主管的頭等大事：找能幹的人之定義。

chapter 9

工作設計

Job Design

第一節　工作設計之意義、因素、發展階段、模式與提高工作生產力之方法

第二節　工作特性理論、工作設計與組織結構關係，以及工作滿足

第三節　工作設計案例

第一節　工作設計之意義、因素、發展階段、模式與提高工作生產力之方法

一、意　義

所謂工作設計，代表對於工作內容、工作方法以及相關工作間之關係，予以界定。

二、基本要求

工作設計的基本要求是希望工作的「效率」及工作者的「滿足」能夠兼顧，不要有所偏廢。

三、工作設計之因素

㈠工作內容

所謂工作內容係用來說明任務之實際執行的項目與內涵，且能說明其工作特性。例如，工作的多樣性、自主性、重點性、複雜性、例行性與涵養性。

㈡工作功能

係指工作之必要條件及方法。包括工作的職責、職權、資訊、方法與目的等。

㈢人際關係

係指工作中，必須與自己的部門、水平的其他部門、公司外面往來廠商與政府單位之溝通、協調、聯繫、互動、友誼及團隊等關係。

㈣績效成果

係指透過工作設計後，所希望獲得之有形與無形的成果衡量指標。

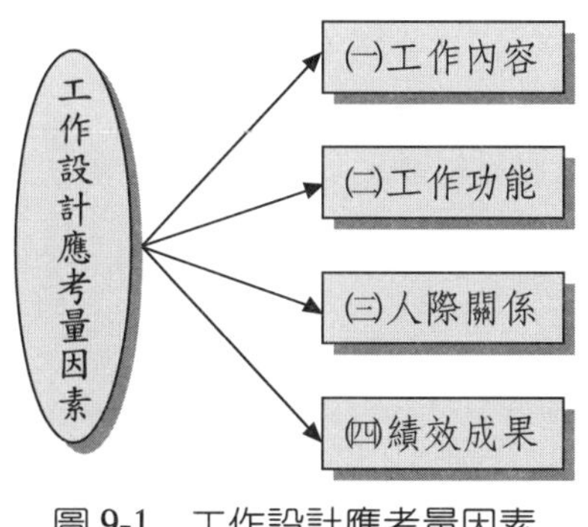

圖 9-1　工作設計應考量因素

四、工作設計之發展階段

依據學者Fillay及House的看法，工作設計之觀念的演進，主要歷經三個階段，分別是：

㈠科學管理時期（1800～1940 年）

此階段工作設計之重點，在於強調工廠工作的專業化、重視科學管理、追求工作效率，較不重視人性與行為面，認為員工是工作的工具而已。

㈡行為科學時期（1940～1960 年）

由於在科學管理時期，過度強調工作分工專業且是製造的工具，但卻忽略人性面，因此，員工的滿意度低，感到工作單調、厭煩，只是經濟的動物。因此，開始重視員工的工作輪調、工作擴大化，避免員工的例行性倦怠感。

㈢現代管理時期（1960 年～現在）

重視員工的工作生活品質，因此，在工作設計上，強調工作豐富化、成就感、自主感、責任感及其他激勵誘因。

表 9-1 工作設計的發展階段

第一階段 →	第二階段 →	第三階段
科學管理時期 （1800～1940 年）	行為科學時期 （1940～1960 年）	現代管理時期 （1960 年～現在）
包工 ↓ 專業化工人 ↓ 科學管理 （重視專業化）	①工作輪調 ②工作擴大化 （重視員工心理反應）	①工作豐富化 ②工作特質的再設計 （注重員工生活品質）

資料來源：Fillay, House & Kerr (1976).

五、工作設計之模式與提高工作生產力之方法

㈠工作設計之核心與影響因素

根據學者Hellriegel之看法，工作設計之核心，主要包括：⑴工作豐富化；⑵工作擴大化；⑶工作輪調；⑷目標設定；⑸工作工程；⑹社會技術方法。

但是，工作設計又會受到外部環境因素的影響，包括：⑴人事制度；⑵組織結構；⑶薪酬福利制度；⑷技術；⑸工作條件；⑹工會；⑺管理風格與組織氣候；⑻個別差異。

㈡工作設計之「豐富化模式」（Enrichment Model）

學者 Hackman 及 Oldham（1975）曾對工作設計提出「豐富化模式」，此模式在強調應該注重對工作構面的自主性、任務重要性、技術多樣化、資訊回饋等，以使員工感到工作的豐富性及重要性。

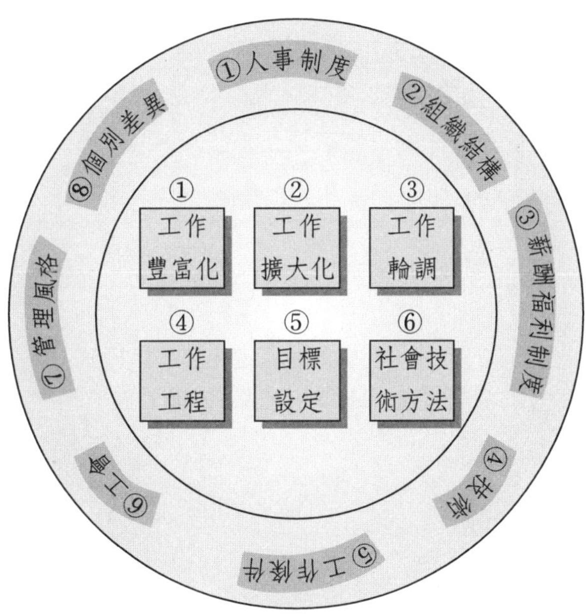

圖 9-2　工作設計之核心與影響因素

資料來源：Hellriegd & Slocum (1983).

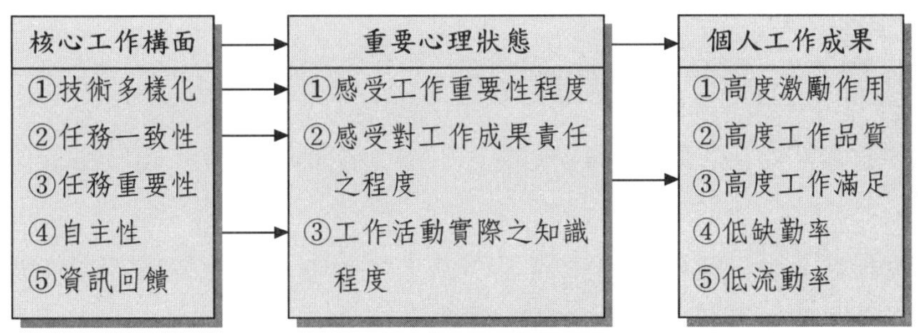

圖 9-3　工作豐富化之設計模式

資料來源：Hackman & Oldman (1975).

㈢工作設計之「目標設定模式」（Goal-Setting Model）

學者Hellriegel提出工作設計的「目標設定」模式，此係指對員工工作執行責任之目標加以明確及正式化之過程。如此，員工將會積極行事，提高生產力。

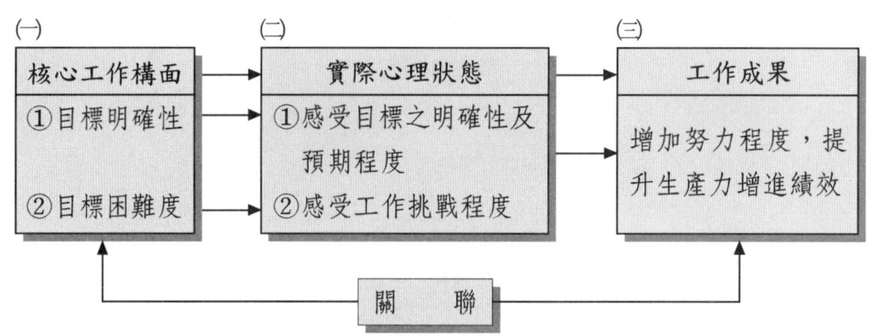

圖 9-4　「目標設定」之工作設計模式

資料來源：Hellriegel & Sloum (1983).

(四)提高個人生產力之方法

1. 工作擴大化（job enlargement）

所謂工作擴大化，係指擴大其工作內容，使其包含不同的項目，並藉此表現較大程度之完整性。屬工作內容水平方向之擴大。

2. 工作豐富化（job enrichment）

係指對工作人員給予較多參與規劃、組織、控制的機會，屬於工作內容垂直方向的擴大。

自管理觀點而論，工作豐富化較工作擴大化更進一步，以增加工作對於工作者之內在意義，使工作者產生較強烈之激勵作用。

不過很多研究顯示，不管工作擴大化、豐富化或簡化，所給予工作者的反應都不能一概而論。此乃因工作本身特性不同，而且工作者本身也有差異所致。

3. 工作輪調（job rotation）

定期或不定期轉移員工之工作，可增加其工作經歷，讓員工接受新的工作、新的學習與新的挑戰。

㈤提高群體生產力之方法

1.組成專案工作小組或委員會

結合各相關部門的主要成員，成立一個跨部門、跨功能的專案小組或專案委員會，跨入各部門之專業人士，團結合作，激發團隊成員智慧，並賦予重要目標任務及使命感，將會有效提高群體的生產力。

2.品管團（quality cirdes）

通常在生產工廠，會由各單位組成數個至十多個的品管團小組成員。定期討論生產線上品質的問題，探索原因，尋求對策解決方案，以提升生產線的良率。之後並擴大到全公司全面品管，包括各部門的作業流程、規章制度、績效評核、組織架構、人力素質與組織績效等全部納入品質管制的檢討改善活動內。

第二節　工作特性理論、工作設計與組織結構關係，以及工作滿足

一、工作特性理論

㈠管理學者海克曼及勞勒認為工作本身應具有六個構面，此六構面對員工的工作動機及工作滿足有若干關係

1.自主性（autonomy）

即員工能否感受到工作上之獨立自主特性，還是受制於主管太多的指揮命令，無法盡情發揮。

2.完整性（task identity）

指工作是否具連貫完整性，或者只是一個小片段而已？愈完整，員工才會感到愈有成就感。

3. 多樣性（variety）

係指工作上是否必須擁有多種的技術及能力，若是，則表示此種工作不是一般人能夠做好的。

4. 回饋性（feedback）

係指員工所做工作成果是否能迅速且正確的回饋到員工身上，讓他們知道自己努力的成效為何。

5. 合作性（dealing with others）

此即在工作中必須和其他人互動或合作才能完成工作的程度。

6. 交友機會（friendship opportunity）

此即在工作中是否有和他人做非公務交談之機會。

在以上六個構面程度較高的工作，會給員工較高的動機作用與滿足，自然也能促成較高的績效。

㈡海克曼及勞勒又發展出「動機潛力分數」（motivation potential score, MPS）做為衡量

$$\text{MPS} = \left[\frac{\text{技能多樣性} + \text{任務完整性} + \text{任務重要性}}{3}\right] \times \text{自主性} \times \text{回饋性}$$

當這些工作特性構面分數愈高，則MPS也跟著愈高，特別是自主性與回饋性的計算是用乘數，表示此二因素具高度重要性。

㈢不過有一點要注意，就是員工個人本身的差異

「高層次需求強度」會有所不同，這些不同會使前面六個構面因素產生衝擊。換言之，這並非一體適用的萬靈丹。

二、工作設計與組織結構關係

工作設計與組織結構兩者必須同時考慮與配對才行，否則雙方均將失去效用。學者勞勒及海克曼（Lawler & Hackman）對此關係曾以圖示說明，如圖 9-5：

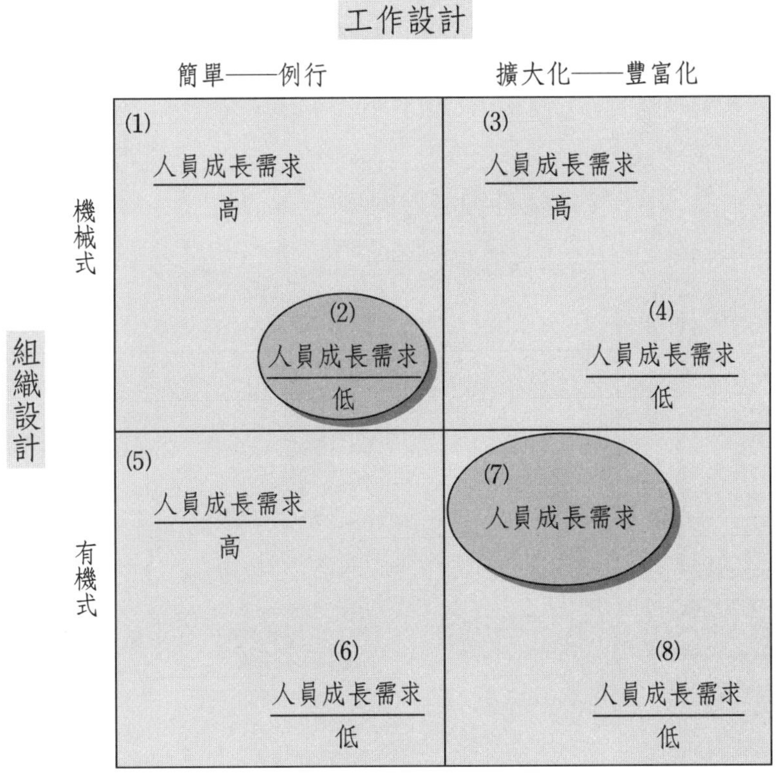

圖 9-5　工作設計與組織結構的關係

在上圖中，以第(2)組及第(7)組最適當：

第 2 組：機械式組織，工作簡單，例行人員成長需求低。此乃傳統古典理論下之標準情況，可創造出一定之工作績效。例如，在工廠中的作業員或品管人員或倉管人員，或是辦公室的行政助理人員。

第 7 組：有機式組織，工作擴大豐富化，人員成長需求高。此乃現代組織理論下之標準情況。此組之績效及員工滿足應該是全部八組中最佳者。例如，研發高級工程師、行銷業務人員、中高階主管、創意設計人員等。

三、工作滿足

(一)工作滿足之架構

學者 Seashore 及 Tabor 曾提出一個以工作滿足為中心及前因變項與後果變項之架構，如圖 9-6：

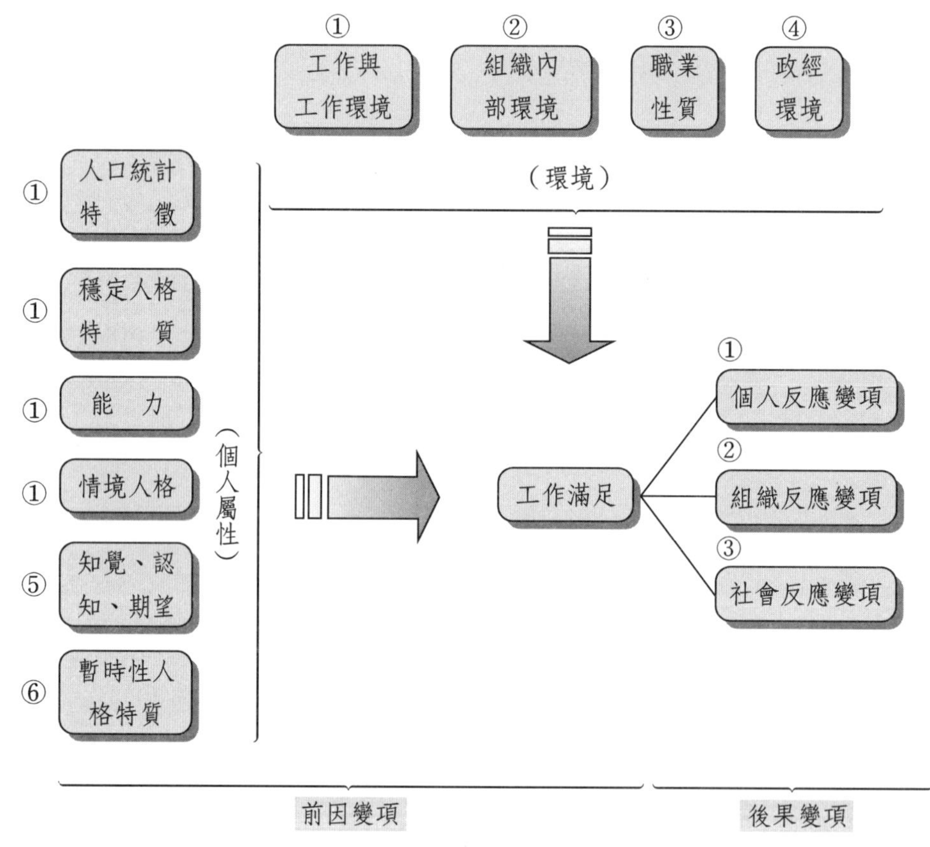

圖 9-6　工作滿足之架構

上圖中個人屬性及環境因素，均為影響員工工作滿足的前因變項。在工作滿足所能影響之後果變項方面，包括：

1.個人反應變項：如退卻、攻擊、知覺歪曲、工作績效、疾病等。

2.組織反應變項：如品質、生產力、流動率、怠工、曠職等。

3.社會反應變項：如國民總生產、適應力、政治穩定性、生活品質等。

㈡工作滿足與工作績效

綜合多位學者之研究，有關工作滿足與工作績效間之關係，有以下四種觀點：

1.滿足→績效：此為人群關係學派之主張。

2.績效→滿足：此觀點認為滿足乃由績效而產生。

3.滿足→中介變數→績效：即滿足與績效之間尚有一些中介變數。此即員工雖然感到工作滿足，但不一定每個人都會產生好的績效。因此，這中間還是有些影響因素摻雜在裡面。

4.滿足與績效無關：二者之間本質並無關聯。

第三節　工作設計案例

案例 1
銀行房貸行銷專員工作設計缺失

○○銀行房貸行銷專員（loan officer）的工作，其實僅侷限於前端客戶招攬的工作而已，另外在工作擴大化（job enlargement）上，其工作內容則包括不同的項目，藉此表現較在程度之完整性，其協銷金融產品有銀行保險（意外險）、信用卡、小額信貸。但在工作豐富化（job enrichment）上則非常不足，由於分工精細的關係，一個完整的貸放款流程，被拆成徵信、鑑價以及消管等數個單位負責，而作業流程上，公文往來通常需要七至十天以上始可貸放。

就管理學者海克曼及勞動所提出工作本身應具有的六個構面來看，上述工作在自主性上是有的，行銷專員必須靠自己開發通路（建商、代書、仲介、DM、Call Call以及掃街等等）。但完整性則不是很夠，專員所負責的僅是招攬工作而已，工作可獲得的成就感有限。需要多樣性的技術及能力才能銷售跨售產品，令客戶一次購足，也由於負責銷售產品的龐雜，這不是一般人可以兼顧的，回饋性並不是很一定，因為相關通路所花費的回饋時間皆有所不同。合作性普通，因為專業分工的關係，各個點均有專人負責。至於交友機會，其實還是很狹隘的。

案例 2

工作設計豐富化、擴大責任化
——日本伊藤榮堂超級市場幕張店店長新做法

宮澤店長雇用住在附近的太太當臨時雇員，但不同於一般店長的作風，他不只讓她們敲收銀機和接待顧客，還授權讓她們採購服飾商品，負責銷售。

比起不了解各地消費需求的總管理處，這些太太雇員站在第一線，立即掌握消費者反應，以避免更大的損失。

宮澤社長對太太雇員的失敗，表示「不生氣，以後慢慢會有成功的表現，更積極投入工作。」他認為太太雇員的能力並不比正式的人員差或沒有責任感，相反地，太太雇員有更豐富的生活情報，只要管理者讓她們從工作中感受到「成就感」、「滿足感」，就能將她們轉換為企業不可多得的「戰力」。

☞ 自我評量

1. 試說明工作設計之意義與基本要求。
2. 試說明工作設計之因素為何。
3. 試申述工作設計之發展階段。
4. 試分析工作設計之核心點與受外部環境影響之因素。
5. 試說明工作設計之豐富化模式。
6. 試說明工作設計之目標設定模式。
7. 試分析如何從工作設計上提升個人生產力。
8. 試分析如何提升群體的生產力。
9. 工作特性有哪六種構面？
10. 試圖示員工工作滿足之完整架構。

chapter 10

組織文化

Organizational Culture

第一節　組織文化的意義、要素、特性、形成與培養步驟

第二節　組織文化的社會化過程、方法、對公司的影響力及如何增強組織文化

第三節　組織文化案例

第一節　組織文化的意義、要素、特性、形成與培養步驟

一、組織文化的意義及要素

㈠組織文化意義

組織中共同具有的價值觀與信念，就是所謂的組織文化或企業文化。

組織（或企業）亦如同個人，有其人格特質，藉以推測其態度或行為。譬如組織富積極創新、自由開放的精神，或屬消極僵化、保守謹慎的風格，此即代表該組織之特質，由此亦可探知組織個人之行為。組織文化主宰著個人的價值、活動及目標，且可告知員工事情進行之重要性及方式。換言之，組織文化是一種員工的「行為準則」，藉以潛移默化，改變員工之行為態度。組織文化（organizational culture）又可稱為「組織人格」（Organization Personality），也許更流行的說法為「組織氣候」（organization climate），但此種說法的涵義不如本章所提的「組織文化」一詞之豐富，因為「組織文化」更能說明組織中長期持續之傳統、價值、習俗、實務及社會過程，並對成員態度與行為之影響，有更清楚的了解，有人亦用「企業文化」名之。具體而言，「組織文化」意味著組織內部及其成員之間具有一致性之知覺，為各組織與其他組織區別之特性，因此涵蓋了個體、群體及組織系統等構面。

㈡組織文化的五大要素

除上述組織文化考慮構面之外，哈佛大學教授狄爾（T. E. Deal）及麥肯錫（McKinsey）顧問公司甘迺迪（A. A. Kennedy）曾對十八家美國傑出公司（如NCR、GE、IBM）進行研究，認為決定組織文化，可以由企業環境、價值觀、英雄人物、儀式與典禮、溝通網路中表現出來，略述如下：

1. 企業環境

每個環境因產品、競爭對手、顧客、技術，以及政府的影響而有差異，面臨不同市場情況時，要在市場上獲得成功，每家公司都必須具有某種特長，這種特長因

市場性質而異，有的是指推銷，有些則是創新發明或成本管理。簡而言之，公司營運的環境決定這個公司應選擇哪一種特長才能成功。企業環境是塑造企業文化的首要因素。例如，高科技公司因技術變化非常快速，產品力求創新，因此組織文化不可能太過官僚或制式化。而是講求創新績效、組織應變彈性、員工個人表現及滿足 OEM 代工大顧客為優先的最高政策。

2.價值觀念

指組織的基本概念和信念，這是構成企業文化的核心，價值觀以具體的字眼向員工說明「成功」的定義——假使你這樣做，你也會成功——因而在公司裡設定成就的標準。例如，法商家樂福量販店的首要價值觀是：天天都便宜。員工應共同有此認知。

3.英雄人物

上述價值觀常藉英雄把企業文化的價值觀具體表現出來，為其他員工樹立具體楷模。有些人天生就是英雄人物，比如美國企業界那些獨具慧眼的公司創始人，另外的則是企業生涯過程中時勢造就的英雄。例如，台塑集團的英雄人物就是王永慶、台積電為張忠謀、鴻海公司為郭台銘、統一企業是高清愿。

4.儀式典禮

這是公司日常生活中固定的例行活動。所謂的儀式，事實上不過是一般例行的活動，主管利用這個機會向員工灌輸公司的教條。在慶典的時候，將這種盛會叫做典禮，主管會用明顯有力的例子向員工昭示公司的宗旨意義。有強勁企業文化的公司更會不厭其煩地詳細告訴員工公司要求員工遵循的一切行為。例如，台塑、台積電公司每年會舉辦的運動大會，均屬之。

5.溝通網路

溝通網路雖不是機構中正式的組織，但卻是機構裡主要的溝通與傳播的樞紐，公司的價值觀和英雄事蹟，也都是靠這條管道來傳播。例如，公司內部網站、e-mail 系統、公司雜誌、小道消息傳播、公告公函、訓練手冊等均屬之。

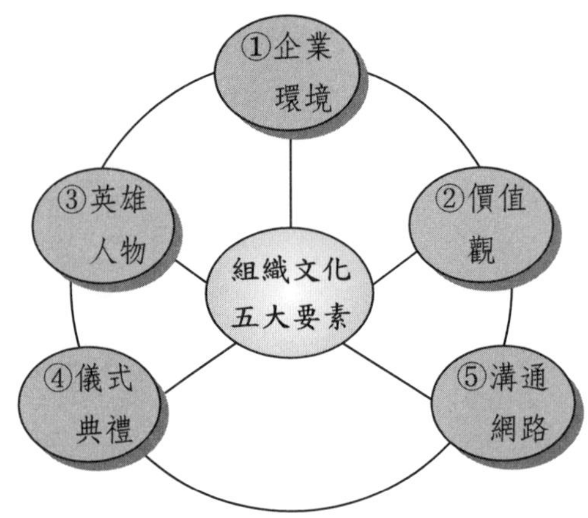

圖 10-1　組織文化的五大要素

二、組織文化的特性

何謂「組織文化」？它是指一種由全體成員共同擁有的一種複雜，但有共識的信念與期望之行為模式。

具體來看，組織文化應包括六個構面的特性：

㈠可見到的行為準則（observed behavioral regularities）

包括組織內部的儀式、規劃、開會及語言。

㈡組織主流價值（dominant value）

組織中必然擁有的一些價值觀。例如，顧客至上、低價政策、品質第一、名牌政策、追求便利等。

㈢工作規範（norm）

係指整個組織工作中的個人與群體必須共同遵循的工作規範。

㈣規則（rules）

在組織中，也有它的遊戲規則，新加入者應學習及遵守這些規則。

㈤感覺或氣氛

指組織成員在每天的工作歷程中、開會文化中、部門協調中等，所感受到的氣氛。

㈥組織的政策哲學觀

亦即公司對待員工、對待顧客、對待供應商等之政策與理念堅持。

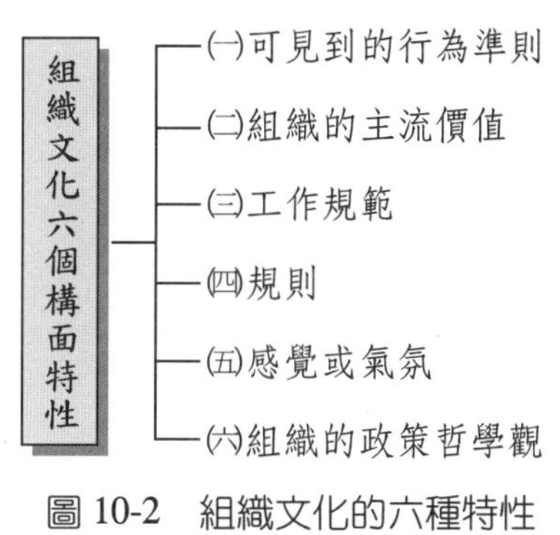

圖 10-2　組織文化的六種特性

三、組織文化的形成

組織文化的形成很難加以明確指出，因為它是歷經很久歲月累積、融合，而逐步形成的，只能意會，難以言傳。

不過，學者薛思（Edgar Schein）則提出組織文化的形成，最主要是因為：每一個組織都會面臨共同的二大問題，而對此做出反應的過程。這二大問題是：

㈠企業（或組織）究竟如何適應外部環境與生存

在諸多外部環境的挑戰及變化中，如何過關斬將，努力克服而仍能屹立不搖呢？這種外部環境的輕鬆與嚴苛，都會影響到組織文化的模型。

例如，一個高科技公司與傳統水泥公司在外部環境大不同之情形下，其組織文化也會不同。

㈡內部整合究竟如何有效進行、解決與改善

整合需要共識、放棄私心與建立一致信念，這些過程也會對組織文化產生影響。

我們可以如此說，一個充斥本位主義與團隊合作的組織體，當然其呈現出來的組織文化也會不同。圖 10-3 即列示出與組織文化的形成相關的問題。

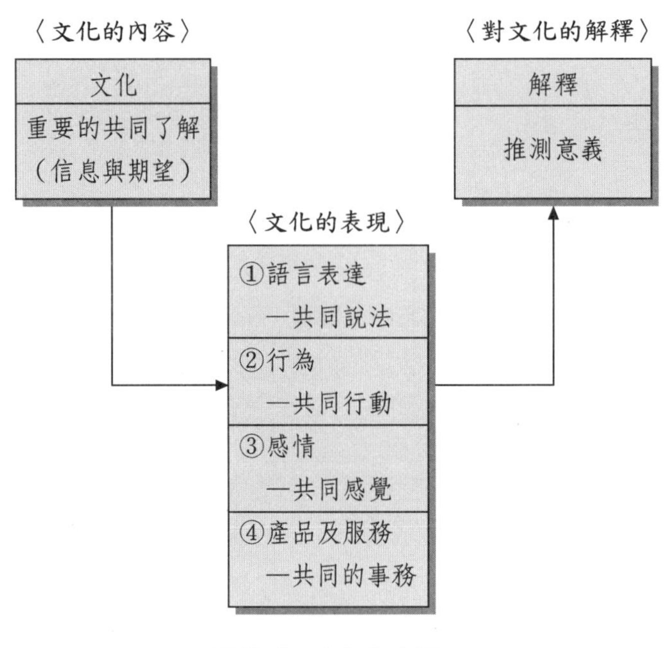

圖 10-3　文化的內涵

四、培養組織文化之步驟

根據狄爾及甘迺迪（Deal & Kennedy）之看法，培養組織文化包括三個步驟：

㈠激發承諾（instilling commitment）

激發員工對共同價值觀念或目標作承諾，並承認員工對企業哲學的投入，當然必須符合個人與團體的利益。

㈡獎賞能力（rewarding competence）

培養和獎勵重要領域的技能，並切記一次只集中培養少數技能而非一網打盡，才能真正培養專精之高級技能。

㈢維持一致（maintaining consistency）

藉吸引、培植和留住適當人才，來持續維持承諾及能力。

五、企業文化的三種涵義詮釋

企業文化會深刻影響企業的整體發展與存亡命脈。而企業文化是存在於組織內的一種無形的生命靈魂。茲從三種觀點來分析企業文化的內涵：

㈠企業文化是「包裝」

企業是產品，企業文化是產品外面的包裝，細部的「核心價值觀、基本價值觀」等是包裝上的說明文字。這樣的包裝，有利於推廣企業這個產品，樹立企業形象，增加企業在市場中、在政府中、在客戶中、在員工中的競爭力。站在老闆的角度，企業文化是傳達老闆思想的好方式。也可以說，企業文化是老闆的軟性廣告。例如，統一企業所強調的「三好一公道」，即可視為是統一企業文化精神的包裝代表。

㈡企業文化是「規矩」

老闆要統一整個企業的思想，要求大家按照老闆的意志動作。因此企業中制定了很多規章和制度。但是所有這些規章和制度，都有一個基礎，這個基礎是老闆的思想。但畢竟制度不能規定所有的事情。在企業中還有很多不成文的規矩。把這些規矩進行集中，進行試煉，就總結出了企業文化。就這樣，企業文化和管理制度相互配合，使得企業降低管理成本，提升了企業的執行力。

㈢企業文化是「宗教」

有種說法是，掌握了人的精神，就掌握了他的一切。企業文化就是企業的宗教，老闆就相當於企業中的教皇，老闆要學學宗教的發展，掌握宗教傳播的技巧，實踐在企業中，建設、提升出優秀的企業文化。

六、塑造企業文化的因素

塑造一家企業文化，最主要的因素有二項：

㈠領導統御（leadership）

係指領導企業家決定哪些是他認為的優勢價值，然後透過他所做的決定（例如，要僱用哪種部屬、用何種報酬制度等），於是此企業家便創立了一套共同的價值觀與信念，而各部門即依此傾向配合追隨。例如，統一企業很少用空降部隊的高級主管，而是內升為優先。

㈡正面增強（positive reinforcement）

公司為貫徹及強化此種信念，於是透過相當之金錢、晉升、獎勵等方式，期望扎下更深之根基。

七、誰來制定企業文化？

一般來說，誰制定企業文化大致可以從三個方面來看：

1. 由最高主管來訂定，一字一句都不修改。例如，IBM 1993 年新上任的董事長兼執行長路・葛斯納（Louis V. Gerstner. Jr.）在當年底所訂定的經營原則。

張忠謀曾說：「最有資格制定企業文化的人是創始人，這也是評定創辦人的依據之一。」

企業文化的建立與高階主管（如董事長、總經理）有非常密切的關係，也就是說企業使命、願景、價值觀往往和其內心有所關聯，也可以如此比喻：推動企業文化好像是在傳教。

2. 大企業的資深主管或資深幕僚擬定，期間與高階主管，尤其是最高主管互動，再送交相關的人員審核、表示意見，可以修改，呈最高主管認可，推廣讓全體員工有共識。

3. 由顧問輔導來協助企業導引出屬於企業自身的企業文化，並加以推廣，讓全

體員工均有共識。

第二節　組織文化的社會化過程、方法、對公司的影響力及如何增強組織文化

一、社會化意義

一個企業的特殊組織文化的形成及定型，必然有眾多員工之投入、信仰、適應，此乃「社會化」。因此，所謂「社會化」，即是一種員工如何適應這個企業的最高決策者的作風，以及這企業的組織文化。經過這些過程及時間，使全體員工了解到組織的中心價值觀、內部規範、組織習俗、人員的風格等，而成為能被此企業組織接受的一員。

二、組織文化社會化之目的

1. 希望降低公司員工對組織習性及作風之模糊感，而提高一致性與認同感。

2. 社會化之後對組織也有正面助益的地方，例如，增加員工相互了解、共識升高、作風一致、行動團結、降低衝突、信念統一，以及可減少對員工之監督。

三、社會化過程

學者 Maanen 曾提出企業內部的社會化過程，可以從三個階段來看：

㈠職前觀望階段（pre-arrival）

例如，新員工進入組織前之各種學習態度、價值觀及期望。

㈡對立階段（encounter）

新員工對組織之看法及實際與期望之差異，可能形成相對立之情勢。

㈢質變認同階段（metamorphosis）

新員工經過一段時間的調適及習以為常的認知之後，即成為持久性行為之改變。

四、社會化之方法

對新進人員或既有員工之社會化，大致可以有幾種方法：

1. 職前集訓。由各單位主管出席做相關工作之理念、作風與專業之訓練課程。時間為期一週到二週之間。使新進員工能夠了解公司的文化、沿革、發展、願景與員工應遵循的規定。

2. 高階經營者每週定期召開擴大主管會報，對各級主管不斷灌輸領導者及企業的價值觀、信念、政策、方針、想法與態度。

3. 對各級主要主管之人才選拔及晉升，均以符合公司領導人及公司文化要求指標之人選為優先，此舉在召示全體同仁，只有符合及貫徹公司文化及組織文化的人才才會出頭。

五、組織中社會化過程階段（Hellrigel 的觀點）

此係指讓新進員工能夠接受組織文化的一種系統程序。而社會化過程，就是提供員工個人如何學習融入此組織體系之程序與階段。可包括七個步驟：

1. 步驟一：精挑細選較適合於公司企業文化的新成員。

2. 步驟二：提供並引入使新進人員感受到挫折的必要經驗與體會，而不是溫室中的花朵。

3. 步驟三：充實而完整的職前集中訓練與在職訓練，使其熟悉公司的組織文化、規範與行為。

4. 步驟四：建立工作成果、工作能力與獎酬體系的制度及落實。

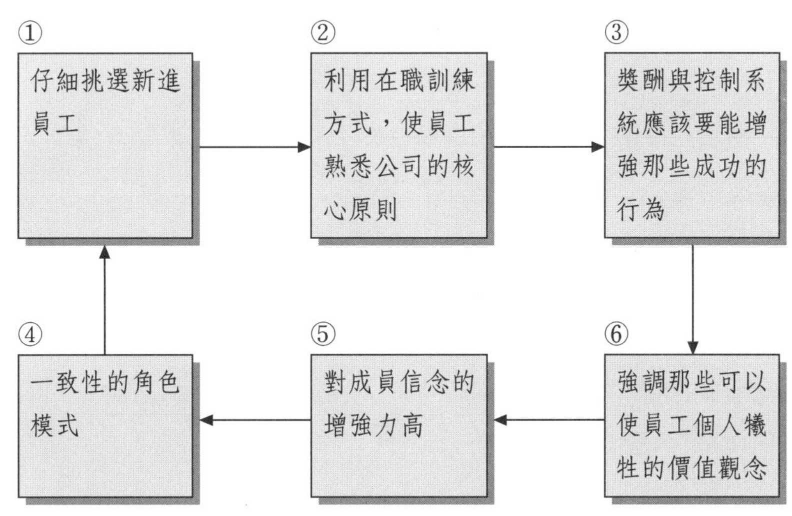

圖 10-4　組織中社會化的過程

5. 步驟五：固守組織價值觀，找出共同價值，或是調整價值觀，並使員工認為願為此組織奉獻最大力量。

6. 步驟六：持續增強成員對組織文化及組織終極目標之堅定信念。

7. 步驟七：體現只要為組織文化奉獻者，即能快速升遷、調薪、晉級與享有更多地位及權力。使成為組織文化下的典範人物。

六、組織文化對公司的四種影響力

組織文化對公司當然有影響，不好的組織文化示範，就會有壞的組織影響，反之，則有好的影響力。

一般來講，組織文化對公司的四種影響力，可以表現在四個觀念與方向上：

1. 讓成員了解組織的歷史、文化、目前做法，以提供未來行為的指引。

2. 有助建立成員對公司經營哲學、信念與價值觀承諾的堅定守護者。

3. 組織文化中的規範、規則、升遷、獎酬，可以做為一種對成員的控制方法及期望手段。

4. 有助於使公司產生更好的績效及生產力。總體對公司發展更好。

七、如何維持及增強組織文化？

優良的組織文化，是可以提升組織績效的。下列五項要點為增強組織文化比較有效的方法，值得做為一個高階管理者應該加以注意的：

㈠高階管理者應注意、衡量及控制部屬改變

例如，某個新事業部門要成立時，高階管理者應明確告訴執行者如何處理事情，以及達成何種績效目標，因為公司不能容忍一個新部門長期虧損，因為這就是公司的組織文化。

㈡對於一些特殊事件及組織危機的反應

這種危機或特殊事件處理的態度，可以增強原有的組織文化，或者會產生一些新的價值觀文化，而改變原來的文化。例如，以坦然與誠實的態度，面對企業危機事件，也是組織文化的反應。

㈢角色塑造、教育訓練及指導推動

組織文化也常透過組織高階人員的角色扮演，內部教育訓練的持續洗腦推動，以及一對一長官指導部屬的模式，而維繫整個組織文化。

㈣組織的儀式

在組織文化中有很多的信念、象徵及價值觀，是必須透過公開的盛大儀式或典禮，得到親身感受的。

㈤激勵及地位分配

組織亦常透過賞罰分明的系統，並提供更高地位的感受，以強化組織文化的貫徹。

㈥招聘、選擇、升遷及解聘等人事權運作手段

人事決策權也常被用來當作維護組織文化的一種手段，這也是很有效的手段。因為員工們都了解到真正符合、貫徹組織文化的人，才會被晉升、被加薪、被授權，

而升至最高位置。

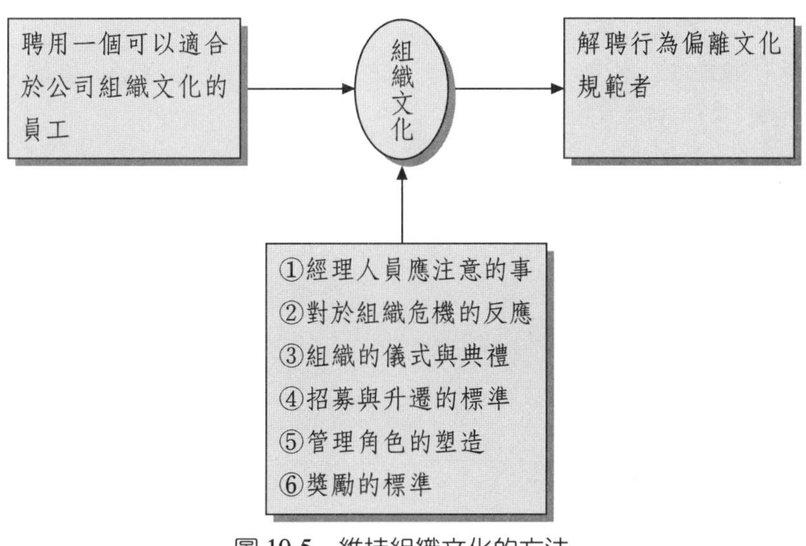

圖 10-5　維持組織文化的方法

八、麥肯錫顧問公司提出：企業使員工「革心」的四大要件

要徹底改變企業文化，提升績效，應先改變員工的想法與做法。過去十五年來，提升組織績效的各種方案蔚為風潮，可惜很多成效不彰，因為在不少案例中，達到提升績效的唯一方法是改變全體人員的想法與做法。麥肯錫顧問公司表示，企業要讓員工「革心」必須有四大要件：設定認同的目標、建立輔助系統、培養必需技能與挑選角色模範。

㈠設定認同的目標

1957 年史丹福大學社會心理學者費斯丁吉（Leon Festinger）發表認知不協調理論，解釋人們想法與行為不符合的心理狀態，對企業組織的涵義是，如果人們相信最後的目標，才會樂於改變個人行為以達成目標，否則，就會出現認知不協調。

㈡建立輔助系統

為了讓員工改變行為，企業的報告架構、管理與經營流程與考核程序，都要有配套。例如，主管被要求花費時間與唇舌去勸導部屬，但這項任務卻不列入績效考核，那他們根本就懶得費事。

㈢培養必需技能

許多改革方案的失敗之處在於，他們只知一味要求員工改變行為，卻沒有給予指導。好比公司可能要求員工以客為尊，但若公司以往不重視客戶，員工怎麼知道該如何奉行新準則。

至於該如何培養員工改變行為的必需技能，首先，按部就班。1980 年代，成人學習專家柯伯提出成人學習四階段循環。他表示，成人光聽指導是不可能學會東西的，他們必須吸收新資訊，加以實驗使用，然後整合到既有的知識中。

㈣挑選言行一致的角色模範

在組織各部門及各階層都有不同的角色模範，例如，工會代表或是業績最好的推銷員。假如一名明星推銷員每回在午餐時間抱怨：「這種話以前就聽過千百遍了，結果還不是什麼都沒變。」其他員工就不會想要改變行為。為了改變整個組織的行為，各階層領導人務必以身作則，各部門的角色模範才能上行下效。

九、公司高階領導者應以何種機制建立組織文化——史仙觀點

1992 年史仙（E.H. Schein）對領導者應以什麼機制來建立組織文化有以下五種建議：

㈠獲取部屬注意力

上情下達。領導者將自己處事的緩急先後的原則、價值觀、獎懲等與部下溝通清楚。這些溝通大多發生在規劃或檢討會議中，或在走動管理時進行。領導者的一些情緒反應（如激動）常會導致顯著的效果。另一方面，當領導者對一件事不反應時，會被部屬解釋成他並不重視這件事。

㈡對危機之反應

對危機的反應充分表達了領導者的價值觀。比如說，當業績不好時領導者並不

裁員，而是大家工時減少些或減薪來共度難關。如此一來，員工會認為老闆想保住大家的工作。

㈢以身作則

領導者的身教影響很大，特別是有關忠誠度與犧牲奉獻等方面。反過來說，若老闆自訂規則自己又不遵守，就會被認為那些規則並不重要也不須理會。

㈣獎賞

對部屬之加薪與升遷的做法會被解釋為領導者的價值觀。正式褒獎或非正式的讚美都是主管間接地向部屬透露自己關心的是什麼。員工會認為不被讚賞的事就是不重要的事。

㈤聘用與解聘

領導者聘雇什麼樣的人或解聘哪一類的人，也直接反映他的價值觀。領導者通常會告知新人在組織內該具備哪些條件才容易成功。

此外，史仙更提出以下五種次要的做法以做為輔助措施：

1. 設計組織結構

由組織結構的設計可以看出內部關係，以及管理當局對應付周遭環境的布局思維。集權結構表示領導者對自己較放心，分權結構表示領導者對部屬的信任，願意將權責下放。

2. 制度設計

例如，預算、績效考核等可以充分說明領導者的價值觀。

3. 設施設計

辦公室或公共設施之設計可以表現領導者的風格。例如，開放式的格局顯示開放溝通的風格。

4.故事

組織內重要的人物、事件等故事能顯示出組織的文化。

5.正式的價值陳述

指領導者公開陳述的信條。這些陳述可以搭配其他機制一起構成組織文化。

第三節　組織文化案例

案例 1

組織文化：三星電子集團透過教育訓練以培養三星文化，建立共同語言與行為，成為「三星人」。

三星內部的職員之間，有一些特定的專門用語，像是「複合化」、「業」等外人乍聽之下完全無法理解的用語，三星職員卻能輕易了解並意會過來，教育是形成共同意識的方法。三星在招募新進社員的時候，不分單位一次招三百名左右，然後，所有新進人員要集體生活一個月，共同接受教育課程。從清晨到晚上連續的教育課程中，透過閱讀「三星人用語」的說明手冊，以及問答題目的方式，讓新進社員自然地記下這些用語。

正式進入公司之後，到了差不多可能忘記「三星用語」的時候，次年夏天之前，關係企業公司會把所有資歷達一年的社員召集起來，舉辦三天兩夜的集團夏季修練營。這樣的教育目標，主要在於職員之間水平關係的建立，而非強調垂直之間關係的建立，用以加深同仁之間的同質感。

對於行為方式有所規定，也是只有三星才有的。「合乎禮儀的行為舉止」這些話語對三星的職員來說都耳熟能詳。三星職員之所以不需要上司對他們個人行為多花心思，主要是從新入社員就要經由 ROTC 軍隊式文化訓練所養成的傳統。

嚴格的教育，是從前董事長李秉喆時代就開始強調的。結構調整本部出身的 P 協理說：「故董事長李秉喆曾經說過，要重視新進人員的教育，就得細心照顧花圃，連花的排列都要很費心。教育，關係到我們集團的未來。」

就是這樣嚴格的教育，才有所謂「三星人」（Samsuang Man）的誕生。三星人與其他組織截然不同而又深具三星濃厚色彩的獨特文化，對於公司內部的凝聚扮演著極重要的角色。不過，也正因如此，外面也不時會聽到一些不客氣的批評，諸如：「冷酷無情、非人性化」等等。

案例 2

奇美電子集團許文龍董事長的組織文化
——建立一個公平沒有特權，大家自動為公司奉獻的組織文化。

奇美電子公司董事長許文龍在 2003 年 9 月接受《天下》雜誌專訪時，指出他對組織文化的獨到看法，非常深刻有涵義，茲描述如下：

> 國家和企業都一樣，重要的是文化。我們不用去煩惱接班的問題，時間到，內部自然就會有優秀的人出來接班。不一定是我指定，而是周邊的人都覺得這個人不錯。
>
> 像何昭陽，他也不是我的誰，他四十四歲接總經理，其他三個副總資歷都比他還長，也和我很親，我也不是排除自己人，我只是覺得他是很好接我的人。
>
> 所以這就是很好的文化，至少我不會去想什麼人跟我是什麼關係，我的任務就是塑造一個好的環境。這些事業經理人都是我的兒子，兒子做事業，我當然要支持。他們所有的青春都獻在這裡了，所以我要繼續支持下去。
>
> 一個國家要好，重要的不是財富、不是天然的資源，而是一個好的文化和傳統。
>
> 我們公司最好的財富，就是有一個好的文化。這個文化就是公平，沒有特權，也沒有人想要占公司便宜。再壞的人，他來公司不會想要做壞事，要不然他也待不下去。我對奇美電子很有信心的是，這個文化已經傳承下來了。
>
> 有時候我看奇美電子的同仁，自動自發沒暝沒日地拚，為了破世界紀錄，他們自己設定目標，自己做。

案例 3

三星電子集團李健熙董事長堅持「第一主義」的深刻企業文化

六十多歲的現任三星集團會長李健熙，是三星集團的第二代掌門人，被公認是將韓國三星電子由韓國第一，走向全球第一的最大推手。

1992 年 2 月的一次美國行，讓李健熙理解到，非來一次根本性的改革不可。

當時李健熙帶著幾個分公司社長到美國洛杉磯，抵達旅館不久剛下行李，李健熙即直奔附近賣場。看到三星的電子產品被放在不起眼的角落，乏人問津，布滿灰塵；反之，新力的產品卻光鮮亮眼的被擺在最顯眼的焦點。一直有大量閱讀、追根究柢習慣，也經常購買科技產品自行拆解研究的李健熙，當場買了不同品牌的好幾個樣品，「回來拆解後發現，三星的零件比別人多，價格卻比別人便宜兩成，意味成本比競爭對手高，卻賣不了好價錢。」

深切體認邁向超一流之路迢迢，李健熙第一步向不良品開刀。1995 年，三星電子剛上市的手機出現不良品，李健熙下令回收全部十五萬具手機，收回後集中堆疊，並在工廠全體職員面前引火燒毀，一百五十億韓元（約合新臺幣四億元）化為煙塵。不只是手機部門，李健熙甚至要公司內部刊物以「攝影機出動」，現場突擊不良品。「要就做到第一，不然就退出。」李健熙一再重複「第一主義」的精神。

案例 4

美國西南航空的企業文化——員工第一與大家庭式的企業文化

《財星》雜誌曾經在 1995 年〈商譽調查及排名〉一文中指出：「許多人認為，員工人數的多寡不是企業生存的依據。某些企業在調查中名列前茅是因為擁有特殊的企業文化。」

和一個人的品性相同，企業文化正是決定商譽高低的主要因素。無庸置疑的，一個凡事以顧客、員工以及股東三者為重的企業往往也會享有較高的榮譽。以 1995 年為例，《財星》雜誌就將西南航空公司列為航空業界的第一名。

文化是一個企業最珍貴的資產，因此，每個成員都應該致力建立並維持特殊的企業文化。

㈠大家庭式的歸屬感

西南航空認為如果能以對待家人的方式對待員工，資方和員工就能建立一種親密的連動關係，讓工作產生更多樂趣。如果某人是家庭的一分子，我們往往會對他展現更明顯的支持、保護、接納以及愛，這也正是西南航空公司對待員工的方式。除此之外，西南航空努力照顧並支援員工的個人家庭，並主動邀請他們成為公司大家庭的一分子。例如，鼓勵員工帶子女參觀他們的工作環境和過程，同時也會邀請員工的配偶參加一些重要的活動，西南航空認為，如果員工的家屬和公司具有密切的互動關係，則員工的家屬一定會十足支持並鼓勵員工做好工作份內的事。

㈡員工第一

在我們首次出席西南航空公司文化委員會的會議時，委員會的成員們一直強調西南「做正確的事」的理念。在我們回家時，我們還是對自己的親眼所見感到困惑不已，過去多年來我們訪問及合作過的其他員工團體，總是會在雇主提供這種權限時表示懷疑，西南到底是如何讓員工如此熱切的欣然接受這種自由的呢？

在接觸過西南的文化委員會之後，我們才豁然開朗，西南認為，員工必須永遠擺在第一位。當一個團隊的體制、結構、政策以及做法都能讓員工相信他們被團隊擺在第一位時，信任就會油然而生。因此，當領導階層授權他們做事時，他們心中不會有絲毫的疑慮。

案例 5

統一企業優良企業文化
——報憂不報喜的執著

統一企業集團總裁高清愿先生，在一篇專文中，對統一企業文化有精闢的論述，值得參考。茲摘述其中要點如下：

> 統一企業成立以來，一直保有一個很好的文化，就是鼓勵公司的同仁幹部，在處理公務時，必須要有一份報憂不報喜的執著。

在我們看來，一個企業理當處處求好，把工作做好，把商品做好，這是我們份內的事，這些好事根本就不必再多加宣揚。把這些事拿來報喜似是多此一舉。

企業要想永續經營，就得求新求變。求新求變的源頭，則是日新月異的改革、變革。報喜是滿足現狀，安於現實，報憂則是居安思危，是一種憂患意識的表現。

喜歡報喜的人，看起來像是處處傳喜事的喜鵲，實則是阻礙進步、改革，對企業而言，是不吉不利的烏鴉。至於勇於報憂的人，狀似掃大家興的烏鴉，老是發出一些刺耳的聲音，其實這才是功在企業的喜鵲。

一個企業，如果多數的幹部都是愛聽喜事，厭於下屬報憂，這個企業很快就會病入膏肓，再高明的醫生，也束手無策。

☞ 自我評量

1. 試說明組織文化的意義及要素為何。
2. 試申述何謂組織文化。其內容構面應包括哪些？
3. 試闡述組織文化的形成。
4. 試說明培養組織文化之步驟為何。
5. 試對企業文化的三種涵義加以詮釋。
6. 試說明誰制定了企業文化。
7. 試闡述組織文化的「社會化」之意義，及其目的。
8. 試分析社會化之過程為何。
9. 試說明社會化之方法有哪些。
10. 試說明 Hellriegel 學者的社會化過程階段。
11. 試說明組織文化對公司的四種影響力。
12. 試申述如何維持及增強組織文化。
13. 麥肯錫顧問公司提出，企業要使員工要革心，必須有哪四大要件？
14. 試說明 Sckein 認為應以哪些機制（方法）建立組織文化。
15. 試分析韓國三星電子集團如何建立「三星人」的企業文化。
16. 試闡述奇美電子公司許文龍董事長的公平無特權的企業文化。

chapter

決　策

Decision-Making

第一節　決策的模式、流程步驟、影響因素及群體決策

第二節　成功企業的決策制定分析

第三節　利用邏輯樹來思考對策及探究原因與如何培養決策能力

第四節　解決問題的九大步驟

第五節　決策案例

第一節　決策的模式、流程步驟、影響因素及群體決策

決策是高階主管及各級經理人很重要的工作，也是管理的最後一環。決策最中心的意義，自然是「選擇」。

一、決策模式的類別

決策程度模式可以區分為四種型態：

㈠直覺性決策（instinctive decision）

此種決策係基於決策者靠「感覺」什麼是正確的，而加以選定。不過，這種決策模式已愈來愈少。

㈡經驗判斷性決策（judgemental decision）

此種決策係基於決策者靠「過去的經驗與知識」以擇定方案。這種決策在老闆心中，仍然存在的。

㈢理性的決策（rational decision）

此種決策係基於決策者靠「系統性分析」、「目標分析」與「優劣比較分析」、「SOWT 分析」、「產業五力架構分析」及「市場分析」與損益預算數據等而選定最後決策。這種決策模式是最常用的決策分析。

㈣政治模式的決策（political decision）

依據政治模式決策來看，最後的組織決策，均會照顧到各相關部門，或各有力高階主管的個別需求、偏好、方向與利益之綜合性的決策內容。這就是政治性決策，也可以說是具有高度妥協性的組織決策。這種決策模式，無所謂對或錯、好或壞，而必須再配合其他觀點與角度來看。

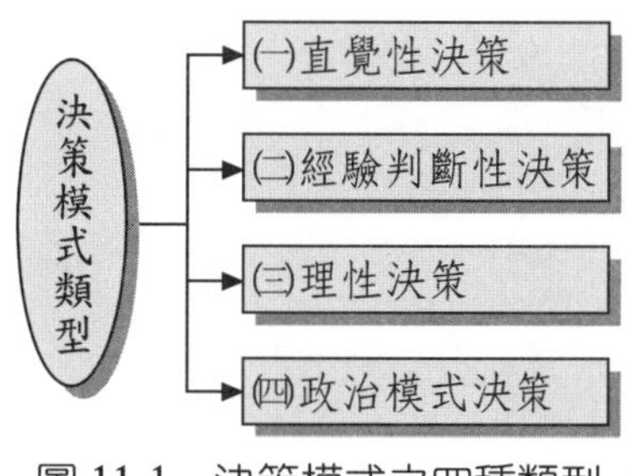

圖 11-1　決策模式之四種類型

二、決策制定的理論模式

另外，學者 Hellriegel 認為組織中，對決策制定有三種理論模式，可供參考：

(一)理性模式（rational model）

此觀點是指對於問題的定義、各種可行方法的評估，在資料充分蒐集完整後，即應進行。

此種模式，拋掉個人的偏好或組織原先的目標，而能夠實事求是，對組織產生最有利、最大效益的一種決策模式。

(二)有限理性模式（bounded rational model）

由於受限於組織成員或部分決策者的認知有限、習慣性、知覺偏差或知識不夠深與經驗不足等因素，而出現不是最滿意或最佳的有限理性決策模式。

(三)政治模式（political model）

此係指在蒐集資料、撰寫報告及口頭說明的過程中，摻雜不少組織政治人物的意見在裡面，以滿足這些實權人員的個別需求。換言之，政治模式即搓湯圓模式，決策方向都能照顧到各方的需求，而不會得罪大家。

三、管理決策（組織決策）制定流程五步驟

就理論架構而言，管理決策的制定依序有五項步驟，如圖 11-2 所示。在企業實務上，也經常會加快速度，而簡化這些步驟。

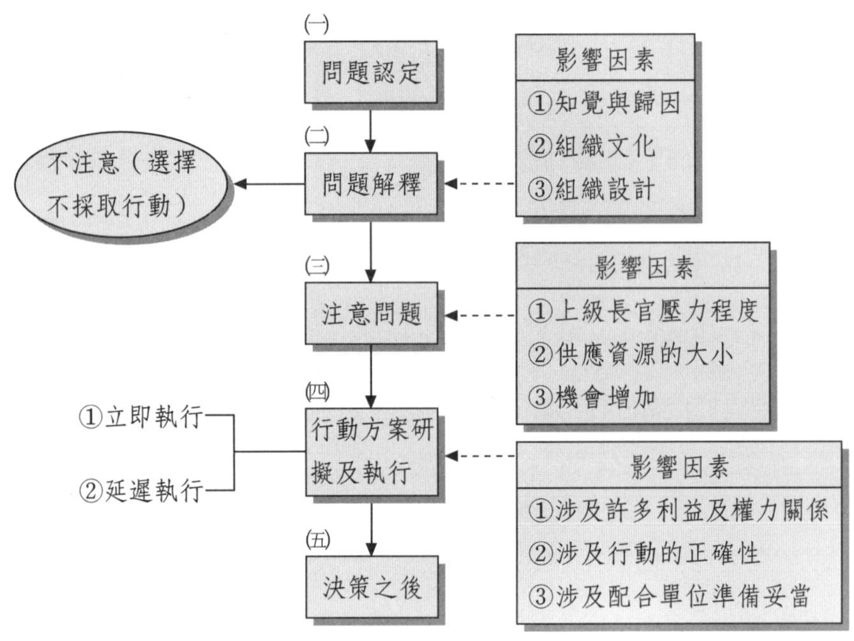

圖 11-2　管理決策制定程序五步驟

㈠問題認定（problem recognition）

問題認定是管理決策的第一步驟，唯有正確的認定問題，才知道下一步將如何做，如果問題都不能認定，或認定錯誤，那麼就不可能會有正確的管理決策產生了。

㈡問題解釋（problem interpretation）

對問題解釋是管理決策的重要一環。如果某些組織成員，刻意或無心的將問題看成不是問題，或做不是真正現實面的解釋時，一旦問題暴露出來，管理決策就更難解決了。

而影響到對問題解釋的三種因素，包括：

1. 各級主管對此問題的知覺與歸因究竟為何？

2. 組織文化與組織習性究竟為何？

3. 組織設計影響。

企業實務上，經常透過專責部門，蒐集顧客、員工、供應商、競爭同業、異業、國外先進學者等相關資料與情報，才可以比較正確及有效的對問題進行解釋。

㈢注意問題

接下來，就是要去判斷是否應該注意這個問題，注意的程度有多大，以及優先順序為何。對問題注意的影響因素，包括：

1. 高階主管對這些問題的重視程度。上級愈重視，下面的人也就更加重視去注意。

2. 公司若同意給予更多資源時，也代表著此問題的嚴重性及優先性。

3. 如果注意到此問題，能夠妥善因應處理，而有更大的升官發財機會時，也會更加落實對此問題的注意。

㈣行動方案（action plan）

注意問題之後，經過多方的資料評估、分析、互動討論，從而研訂行動方案。

而行動方案的執行，可以區分為二種：

1. 第一種是立即行動的程序。此即內部已迫在眉睫，而方案也經一再討論，必須立即付諸執行了。

2. 第二種是比較少發生的「延遲行動」，亦即慢點再執行。下列情況下，是會考慮到不必急於執行方案計畫的狀況：

⑴當涉及多方利益及權力關係時。而許多面向的人、事、物等均尚未完全處理妥善之前。

⑵當涉及到決策行動的正確性及把握性仍不是很清楚時，或是整個外部環境仍然很混沌、模糊或未知之時。

⑶當執行需要很多單位及很多人員配合執行，但這些配合行動尚未完全就位時。

㈤決策之後

在執行決策與計畫方案之後，會呈現二種狀況：

1. 問題得到逐步解決。

2. 問題仍然存在，顯示行動方案可能是無效的。

因此，必須再研討改變的與調整過的行動方案。

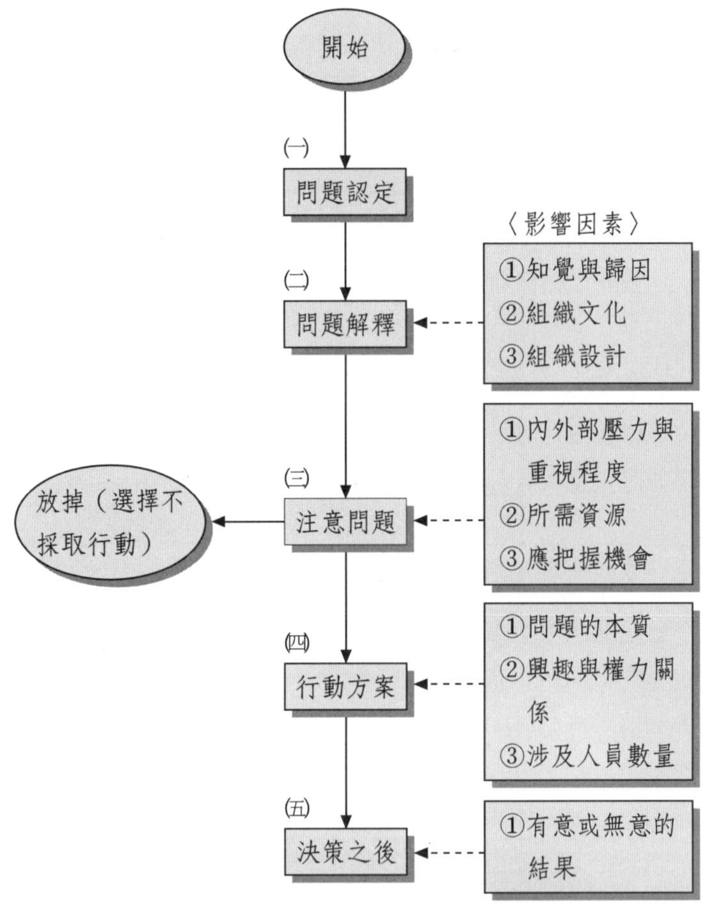

圖 11-3　管理決策研訂的理論流程

資料來源：Don Hellriegel, Slocum, Woodman, *Organizational behavior*.

四、決策之影響因素

學者 Joseph R.H（1981）曾提出有四大因素會影響一個國家或一個組織的決策，如圖 11-4 所示：

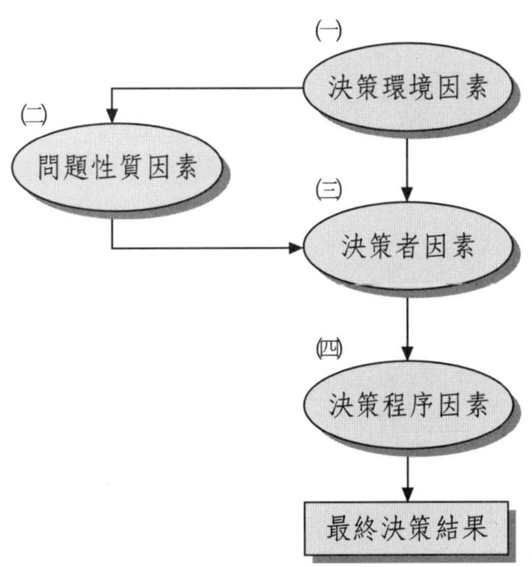

圖 11-4 影響決策四大因素

(一)決策環境因素

1. 外部環境因素

競爭者因素、政經因素、社會文化因素、消費因素、國外大環境改變因素，以及商機威脅。

2. 內部環境因素

公司內部的有形及無形資源條件，優劣勢條件等。

(二)問題性質因素

1. 問題新奇程度如何？
2. 問題影響面大小如何？
3. 問題確定與不確定性程度。
4. 問題發生時間來臨的快或慢。
5. 問題涉及各面向複雜度。

㈢決策者因素

1.決策者的特質與個性。
2.決策者的背景、年齡、理解程度及性別。
3.決策者的經驗時間長短。
4.決策者的生理狀況及心理情緒狀況。

㈣決策程序因素

1.民主化多人的討論或威權式一言堂的決策程序。
2.有幕僚單位充分準備資料研討的程序或是口頭討論的程序。
3.一次或多次反覆的討論。

五、影響決策七大構面因素

決策是一個決策者在一個決策環境中所做之選擇，以下將概述此七個決策因素，亦可稱之為決策分析的七個構面：

㈠策略規劃者或各部門經理人員的經驗與態度

經理人員過去對企業發展成功或失敗的經驗，常造成首要的影響因素。而對環境變化的看法與態度也會影響決策之選擇，有些經理人員目光短淺只重近利，則與目光宏遠、重視短長期利潤協調之經理人員，自有很大不同。因此，成功的策略規劃人員及專業經理人，最好都應該受過策略規劃課程的訓練。

㈡企業歷史的長短

若企業營運歷史長久，而且經理人員也是識途老馬時，對決策選擇之掌握，會做得比無經驗或較新的企業為佳。

㈢企業的規模與力量

如果企業規模與力量相形強大，則對環境變化之掌握控制力會比較得心應手，亦即對外界的依賴性會較小。因此，大企業的各種資源及力量也比較厚實，包括人才、品牌、財力、設備、R&D 技術、通路據點等資源項目。因此，其決策的正確性、多元性及可執行性，也就較佳。

㈣科技變化的程度

第四個構面是所處的科技環境相對的穩定程度，此包括環境變動之頻率、幅度，與不可預知性等。當科技環境變動多、幅度大，且常不可預知時，則經理人員對其所下之心力與財力就應較大，否則不能做出正確之決策。

㈤地理範圍是地方性、全國性或全球性

其決策構面的複雜性也不同。例如，小區域之企業，決策就較單純；大區域之企業，決策就較複雜。全球化企業的決策，其眼光與視野就必須更高、更遠了。

㈥企業業務的複雜性

企業的產品線與市場愈複雜，其決策過程就較難做下，因為要顧慮太多的牽扯變化。若只賣單一產品，其決策就較容易下。

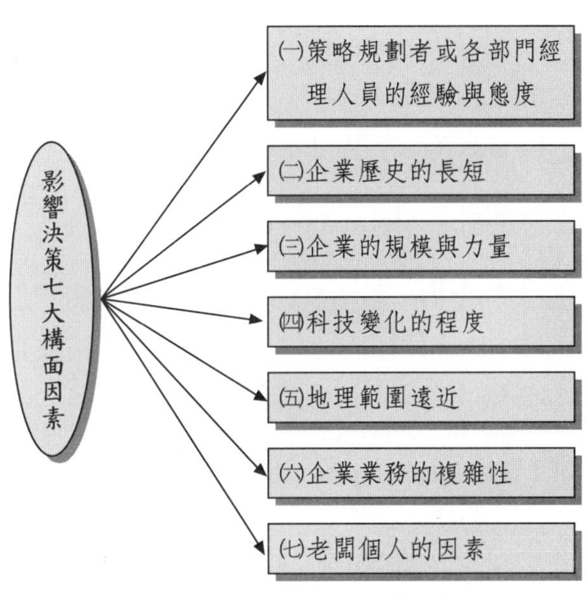

圖 11-5　影響決策之七大構面因素

㈦老闆個人因素

有些老闆好大喜功，有些謹言慎行，有些格局遠大，有些保守不前，有些企圖心旺盛，有些沒唸過書，有些知人善任，有些優柔寡斷，有些很小氣……等，老闆有各種型態，因此，其所有的平常決策展現型態，也有所不同。

六、管理決策上的考慮點

一個有效的管理決策，應該考慮到以下幾項變數之影響：

㈠決策者的價值觀（value of the decision maker）

一項決策的品質、速度、方向之發展，跟組織之決策者的價值觀有密切關係，特別是在一個集權式領導型的企業中。例如，董事長式決策或總經理式決策模式。

㈡決策環境（the decision environment）

決策環境之區分包括：

1. 確定情況如何（certainty condition）。

2. 風險機率如何（risk probability）。

3. 不確定情況如何（uncertainty condition）。

㈢資訊不足與時效的限制（information constraint）

有時候決策有時間上的壓力，必須立即下決策，若資訊不足時會存在風險。此外，另一種狀況是此種資訊情報相當稀少，也存在風險。這在企業界也是常見的。因此，更須仰賴有豐富經驗的高階主管決斷了。

㈣人性行為的限制（behavioral constraint）

1. 負面的態度（negative attitude）。

2. 個別的偏差（personal biases）。

3. 知覺的障礙（perceptual barrier）。

㈤負面的結果產生（negative consequence）

做決策時，也必須考量到是否會產生不利的負面結果，以及是否能夠承受它。例如，為做下提高品質之決策，可能相對帶來更高成本。

㈥對他部門之影響關係（interrelationship）

對某部門所做之決策，可能會不利於其他部門，此應一併顧及。

七、群體決策

所謂群體決策，即由二個人以上共同研商後所做之共同決策。例如，跨部門小組會議決策，其與個人決策相較之優缺點，概述如下：

㈠優點

1. 在決策過程方面

⑴可獲得不同成員之專業知識與經驗。
⑵所能想到之方案較多亦較周全。
⑶有豐富的資料分析可供決策之用。

2. 在決策執行方面

⑴由群體達成之決策，較容易受到成員接受。
⑵在付諸執行時，協調、溝通與要求較容易。
⑶成員較有全力以赴之心態。

㈡缺點

1. 個別成員各有各的看法與意見，而又不做重大讓步時，最後的決策常是七折八扣，偏向保守與不夠創新性，不是最佳之決策。

2. 有時群體決策只有名稱形式，但實質上仍由某些少數人掌握權力，因此，此與個人決策並無不同。

3.群體決策有時會流於各自利益的瓜分，對實質問題仍然沒有解決，反而埋下未來之問題。

八、有效決策之指南

要讓決策有實質效果，應該掌握以下幾點：

㈠要根據事實（base on reality）

有效的決策，必須根據事實的數字資料與實際發生情況而訂下，切不可道聽塗說，或錯誤的情報流言。因此，決策之前的市調、民調及資料完整、收據齊全是很重要的。

㈡要敞開心胸分析問題

在分析的過程中，決策人員必須將心胸敞開，不能侷限於個人的價值觀、理念與私利，如此才能尋求客觀性與可觀性。另外，也不能報喜不報憂，或是過於輕敵與自信。

㈢不要過分強調決策的終點

這一次的決策，並非此問題之終結點，未來接續相關的決策還會出現，而且即以本次決策來看，也未必一試就會成功，有必要時，仍應要彈性修正，以符實際。實務上也經常如此，邊做邊修改，沒有一個決策是十全十美或可以解決所有問題的，決策是有累積性的。

㈣檢查你的假設

有很多決策的基礎是根源於已定的假設或預測，然而當假設與預測及原先構想大相逕庭時，這項決策必屬錯誤，因此，事前必須確實檢查所做之假設。

㈤下決策時機要適當

決策人員也跟一般人一樣，也有不同的情緒起伏，因此為了不影響決策之正確走向，決策人員應該於心緒最「平和」、「穩定」以及頭腦清楚時才去做決策。

九、確定、風險、不確定之決策

㈠確定狀況下之決策

在確定狀況下，決策者知道所有可能解決方案，以及每一方案所將獲得之結果，決策者只要依照本身所訂標準，找到能夠達成最佳結果之方案，加以選擇即可。

㈡風險狀況下的決策

在風險存在的情況下，決策者至少能夠設定每種結果的機率，根據過去的經驗或專業訓練的判斷，可以得知每一個可能結果的發生機率，決策樹是一種在風險狀況下做決策的技術，根據決策樹，以結果的機率乘以結果的利潤或成本，就可以算出各方案的期望值。

㈢不確定狀況下的決策

當決策者對於可能發生的自然狀況，無法賦予具體正確的發生機率時，即屬於不確定狀況，在這種狀況下，有四種決策哲學：

1. 樂觀準則或「最大之最大報酬」準則。
2. 悲觀準則或「最大之最小報酬」準則。
3. 最小之「最大遺憾」準則。
4. Laplace 準則。

十、核心團體是影響決策的黑手——新上任主管最好先留心其意見取向，然後才推動改革

㈠核心團體不易看到，但卻無所不在

核心團體是由一群人（或好幾群人）所組成，而這些人為外界所察覺的利益和需求，會在組織制定決策時，有意無意地被列入考量。

所有組織都有核心團體，但是不同的組織，視其歷史和性質而定，會有不同類型的核心團體。例如，在小型的新創公司（startup）裡，核心團體通常只包含一位開創事業的創辦人、一兩個出資贊助的良師益友，以及一位知心好友。相形之下，諸如奇異或寶僑（Procter & Gamble）等大型且複雜的組織，很可能會有數百個相互牽連的核心團體，各自活躍在所屬的事業單位、部門或區域。它們彼此之間會競相爭取最重要的核心團體的注意，即執行長非正式的幕僚。這個團體通常（但並非總是）包括層級體制內的高層人士在內，但可能也包括了全公司其他成員所效忠和關注的人，因為他們備受敬重、深得人心、成就斐然或善於操弄。抑或是因為他們控制了某個重要關鍵的管道。

㈡新進主管，最好先找出核心團體，並且先拜碼頭，爭取支持

在接管新公司或事業部門的時候，聰明的領導人很快就能在人群中找出誰屬於這個核心團體。他們了解到，唯有以一種與核心團體看法一致的方式，才能帶領組織。凡是被認為有違核心團體利益的事情，都會遭到反抗。

㈢核心團體有利也有弊

1. 無論如何，核心團體就和人性一樣無可迴避。凡是核心團體運作良好的地方，整個組織就會很自然且順暢地走向高水平的績效、責任感和創造力。但毫無疑問地，由於左右決策制定的影響力絕大部分集中在這樣一個權威的團體手上，因此遭到濫用的可能性確實存在。在某些情況下，核心團體成了一個內部的黑幫組織（internal mafia），不費吹灰之力（儘管有時候並非出於本意）就能剝削組織的其他成員。這個現象說明了為什麼某些公司可以花上數年的時間，一點一滴辛苦地賺取利潤，結果卻悉數揮霍在考慮欠周詳的合併案上。這同時也解釋了為什麼在某些公司裡，小圈圈（in-group）可以慷慨地發給自己和公司成就完全不成比例的報酬和津貼。

2. 這並不是說，核心團體本身是不好的。事實上，每一個卓越的組織背後都有一個偉大的核心團體。核心團體最好能被看成是一項組織的資源，看不見卻真實存在。

第二節　成功企業的決策制定分析

成功企業必定會有一個成功的與高品質的決策制定機制，與決策制定的工作成員。對企業而言，最重要的事情，就是作決策、下決策、修正決策。

本章將針對成功企業或企業成功決策者的決策制度，就其關鍵概念分別詳述如下。

一、思考力

思考是決策制度的深層東西，它雖看不到，但卻很重要。一般，我們日常的行動過程或是面對問題的決策過程，大致如圖 11-6 所示。

思考能力是三種東西的組合力量，即：「思考」能力＝累積「知識」能力＋累積「經驗」能力＋「資訊情報」蒐集能力。

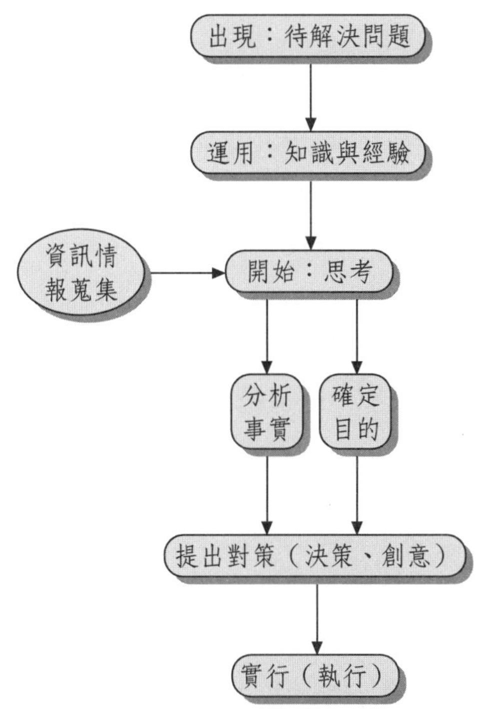

圖 11-6　一般的決策行動過程

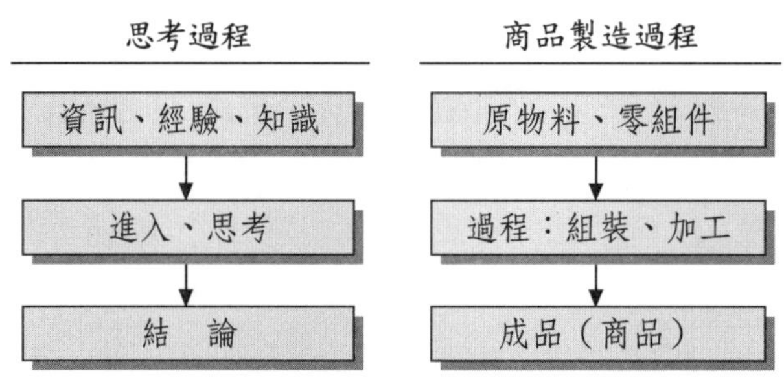

圖 11-7　思考過程與商品製造過程的差異比較

二、高度注意資訊情報的變化與蒐集

成功的企業者或企劃高手，共通的特性之一就是對各方資訊情報的變化相當敏感，且能隨時反應想法。那麼，究竟要注意哪些資訊情報的變化呢？包括（如圖 11-8）：

1. 經常觀察四周，注意「環境的變化」。

2. 注意強勁或潛在「競爭對手」的動向，因為這些少數競爭對手，可能對未來產生極大的影響。

3. 也要回過頭來，注意自己公司本身的資訊情報，包括已養成的人才、能力、技術、資金、Know How、品牌等重要資源的條件。

三、冷靜審視自我，並追求優勢

企業負責人及高階管理團隊，必須定下心來，定期冷靜審視自我，這種自省功夫確實不易，但卻很重要。那麼究竟冷靜審視自我些什麼東西，包括：

1. 過去成功的事。
2. 過去失敗的事。
3. 現在能做好的事。
4. 現在不能做好的事。
5. 未來不能做好的事。

然後，還要進一步探求企業應「追求優勢」，特別是目前的優勢何在？往後的優勢靠山又有哪些？新增哪些及流失哪些？

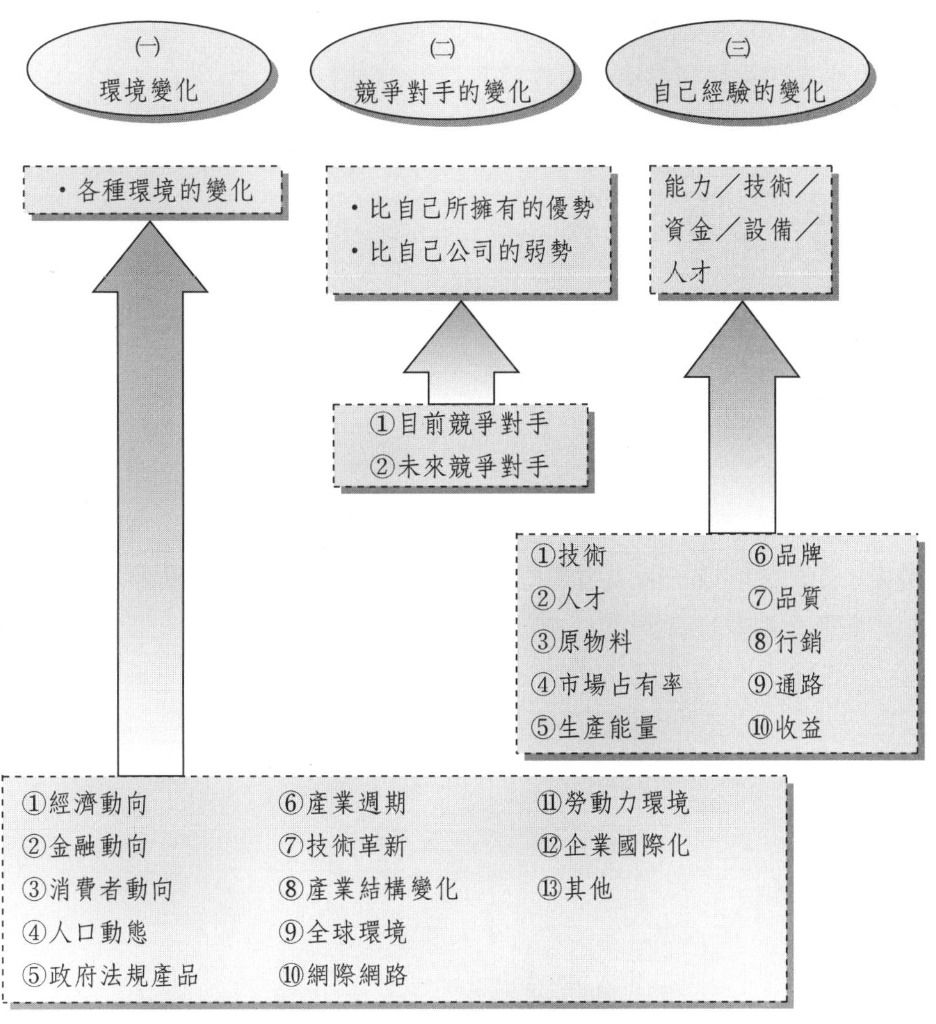

圖 11-8　蒐集變化中的資訊情報三大範例

四、分析三種戰略引擎力

當企業在某個產業領域進行爭奪戰略時，通常都必須分析三種戰略引擎力，即：

1. 市場（market）。

2. 商品／服務（products/service）。

3. 能力（capabilities）。

此即：

1. 請問企業想在哪個目標市場競爭？
2. 請問企業想提供哪些產品及服務到這個市場上去？
3. 請問企業是否有此能耐完成此種提供？

五、探索分析各種可能性

接下來，企業應就市場、商品及能力三大類條件領域，列表陳述各條件，我們將會如何做？應如何做？做到些什麼？

六、決策構型

最後，要簡易形成一個決策構型的說明圖表，從此可以快速且一目了然的知道策略決策構型，如圖 11-9：

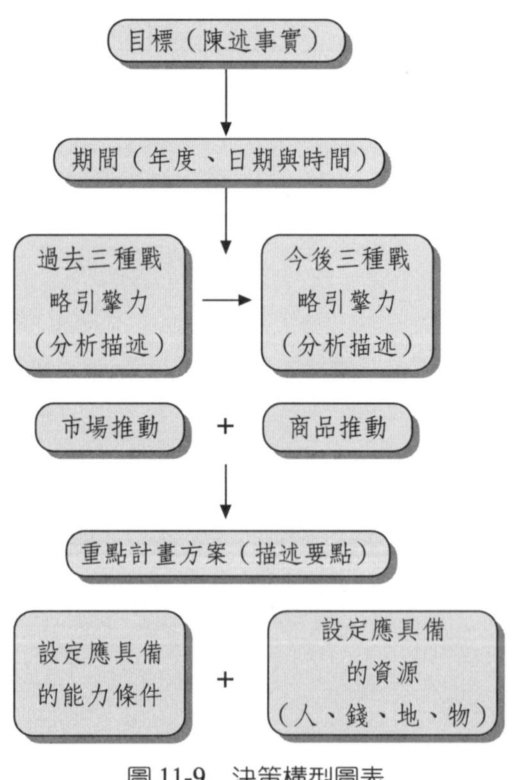

圖 11-9　決策構型圖表

七、絕不逃避事實——實事求是

企業經營者及企劃高手，應該要對重大事件與問題，徹底追根究柢。在整個實事求是的企劃過程中，企劃人員應該力行四句話，即：

1. 發生問題，必有原因。
2. 決定事情，應先有方案。
3. 做事情，當然有風險。
4. 欲知事實，必須深入調查。

很多成功傑出的經營者，經常問：「看見了什麼事實？」就是本文的最佳寫照。如何實事求是？

1. 有問題→必有原因→查明原因。
2. 決定事實→先有方案→選擇方案。
3. 做事情→有風險→分析未來。
4. 欲知事實→必經調查→才能掌握狀況。

八、決策選擇的不同考量點

當最高經營者或決策者要對公司重大決策做選擇時，經常要面對不同觀點的考量，包括：

1. 是長期觀點或是短期觀點？
2. 是有形效益或是無形效益觀點？
3. 是戰略觀點或是戰術觀點？
4. 是巨觀的，或是微觀的？
5. 是看一事業部，或是看整個公司的觀點？
6. 是迫切觀點或是可以緩慢些的觀點？
7. 是短痛或是長痛觀點？
8. 是集中觀點或是分散觀點？

在實務上，面對不同現象的考量時，如何取得「平衡」觀點，兩者兼顧，以及「捨小取大」應是思考的主軸。

九、創造性解決問題流程圖（CPSI 法）

CPSI 是創造性解決問題機構（Creative Problem Solving Institute）的簡稱。此方法是從「發現問題」到「解決問題」有系統的思考過程，以做好創造性解決問題的階段。

如下圖 11-10 所示，CPSI 將解決問題的步驟大致區分為五個階段，在各個步驟中，依照需要使用腦力激盪法、型態分析等。

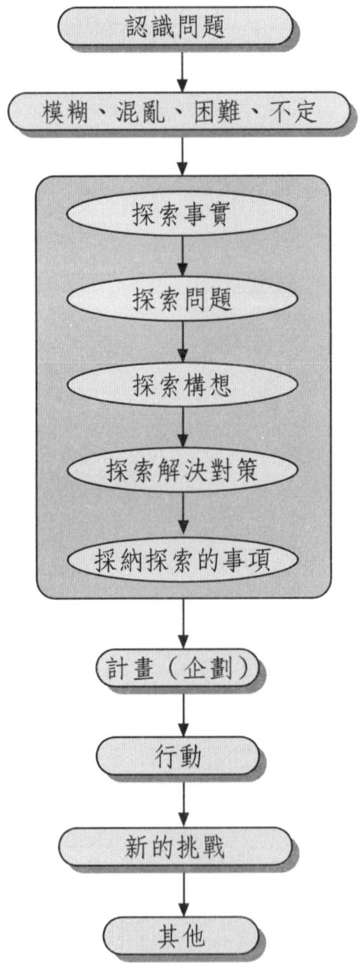

圖 11-10　創造性解決問題的流程圖

第三節　利用邏輯樹來思考對策及探究原因與如何培養決策能力

企劃人員經常面對思考與分析。思考什麼呢？思考對策該如何下？分析什麼呢？分析探究原因為何。在實務上，依據筆者經驗，可以利用邏輯樹來做為思考對策與探究原因的技能工具，而且簡易可行。

一、利用邏輯樹來思考對策之案例

1. 當公司老闆（董事長）下令希望今年度能夠增加「稅前淨利」（獲利）時，企劃人員可以利用邏輯樹，如圖 11-11 的各種可能方法與做法：

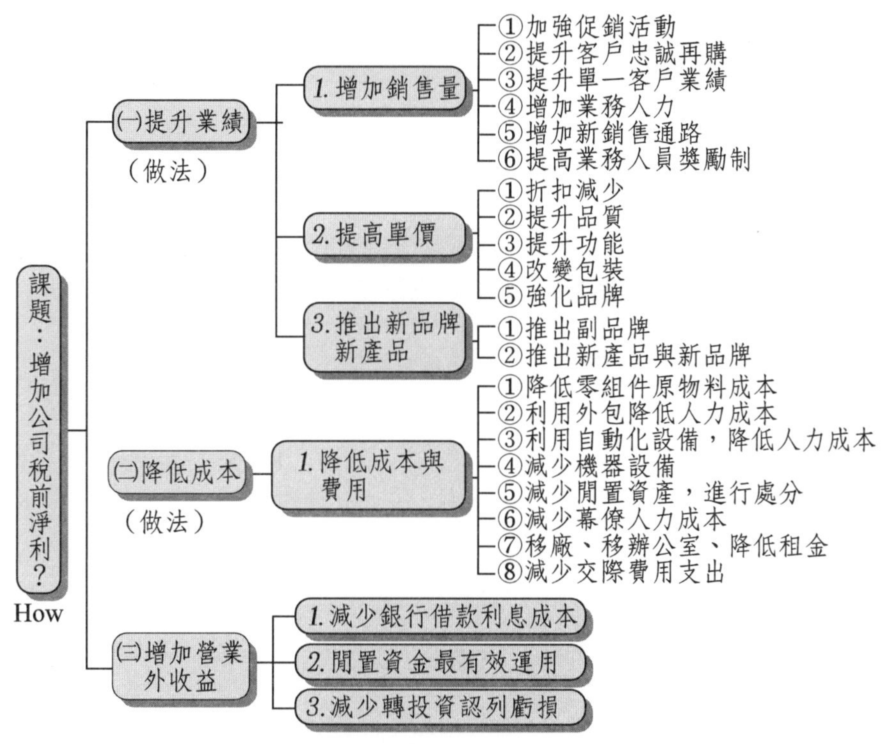

圖 11-11　如何增加公司稅前淨利

2. 當企業主希望能全面提升企業集團整體形象時，行銷企劃人員亦可利用邏輯樹做進一步分析，如圖 11-12 列示可能之方法與做法。

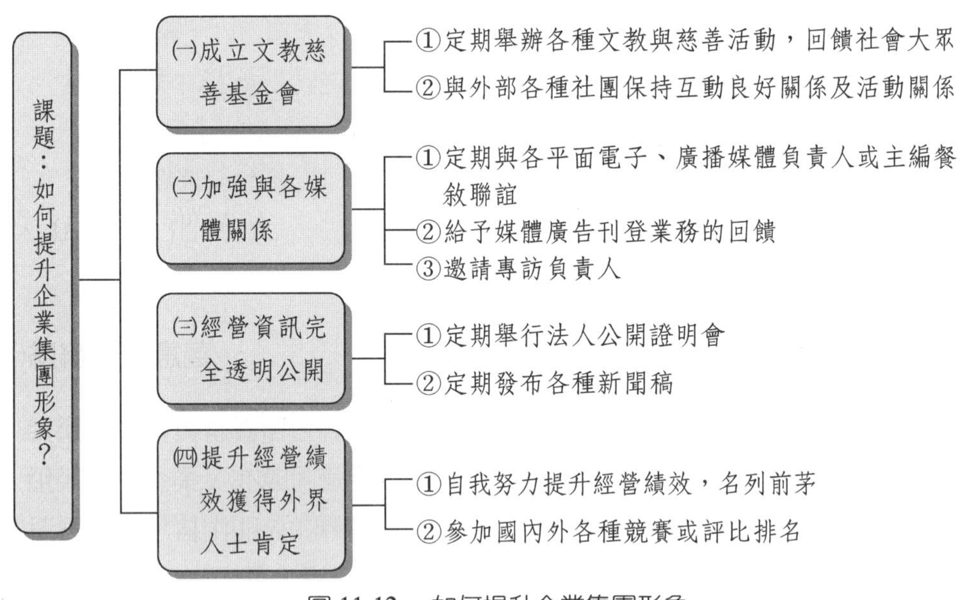

圖 11-12　如何提升企業集團形象

二、利用邏輯樹分析「探究原因」

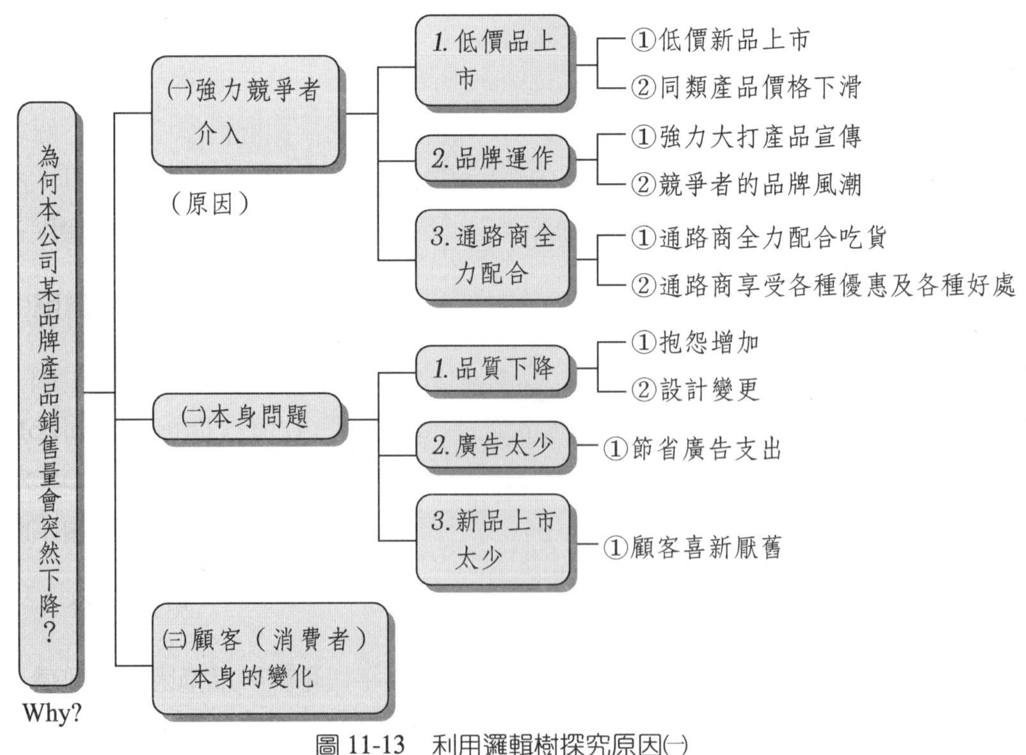

圖 11-13　利用邏輯樹探究原因(一)

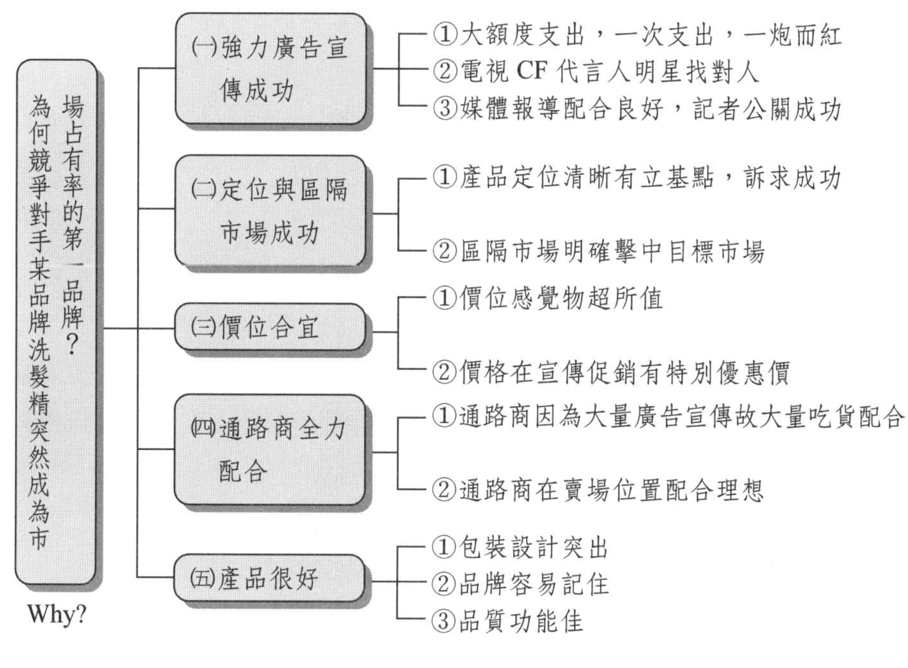

圖 11-14　利用邏輯樹探究原因(二)

三、结　語

如前各種案例所示，顯示使用邏輯樹來做「思考對策」及「探究原因」，是非常有效的工具技能。公司企劃人員在撰寫各種經營分析案或是各種企劃案時，應該可以借用這種技能工具加以表達，如此將會有很好的效果，值得好好運用它。

四、培養決策能力（IBM 公司案例）

處在瞬息萬變的現代社會，你是否計算過身為一位專業經理人，每天要下多少個決策？無論你必須獨立判斷，還是經眾人討論之後決定，「培養決策力」已經是經理必須具備的基本能力。

為了幫助經理人培養決策能力，IBM 內部發展出一套「最佳決策五步驟」，讓經理人可以循序漸進制定成功的決策。

㈠建立決策的需求和目標為何

在制定任何決策時，可以先想想制定決策原先的目標和需求究竟為何？在做了決策之後，可以得到最好的結果是什麼？唯有找出促成決策背後最原始的需求，才能擁有清楚的決策方向。

㈡判斷是否尋求員工參與及想法

制定決策可以由經理人獨立完成，亦可邀請員工腦力激盪，得到更多樣的選擇及想法。不過，在此想強調的是「如何適時地讓員工參與決策。一般可以依照下列五項標準，判斷讓員工參與決策的必要性」：

1. 你是否有充足的資訊制定決策？
2. 員工是否有足夠的能力與必備的知識參與制定決策？
3. 員工是否有意願參與決策過程？
4. 讓員工參與是否會增加決策的接受度？
5. 速度是否很重要？

㈢準備並比較各項選擇方案

在許多情況下，容易受限於過去的經驗，以至於無法思考更多的選擇。因此，當決策不易判斷時，建議經理人再回頭思考基本需求，以刺激自己更多的想法，進而擬定最佳的決策。

㈣評估負面情境

就算是符合需求的周全決策，也會因為一些因素而產生非預期的麻煩。因此，你必須隨時思考負面情境發生的可能性，以備不時之需。特別是在對高階主管提案時，高階主管通常會詢問：若進行的過程不如預期，該如何應變？決策執行過程會有哪些不利的影響因素？是否有其他的可行備案？因此，最好能先針對可能的負面情境，設想應對措施。

針對可能的負面情境，經理人可以就下列問題進行較全面的思考：

1. 你所擁有的訊息正確嗎？訊息來源是什麼？無論從短期或是長期觀點，你都會下這個決策嗎？

2.此一決策結果對於其他正在進行的事項有何影響？這個決策對於組織其他部門是否會造成麻煩，或產生不良反應？

3.哪些因素可能改變？這些改變有何影響？目前或未來組織高層、管理、技術的改變，對決策者有何衝擊？

㈤選擇最適決策方案

在審慎進行前面的四個步驟，而且經理人已能清楚掌握需求、目標、必須做的事、想要做的事，並確定已評估負面情境後，此時通常已不難選出最適當的決策。不過，仍須提醒經理人要小心別落入「分析的癱瘓」（Paralysis of Analysis）陷阱，因為猶豫不決，或認為所想的方案都不符合理想中的最佳方案，結果到最後一個決策也沒下！

IBM前任董事長華特生（Thomas J. Watson, Jr）曾說過：「無論決策是正確或是錯誤，我們期望經理人快速做決策！倘若你的決策錯誤，問題會再度浮現，強迫你繼續面對，直到做了正確決策為止！因此，與其什麼都不做，還不如勇往前行！」

五、增強決策信心的九項原則

企業界高階主管每天都在做決策，但是如何做正確與及時的決策，則是一件非常重要的事情。而在這過程中，經常會面臨對決策的信心不足，或是憂慮做下錯誤的決策。根據美國管理協會所提出的一項研究報告中，指出對公司決策人員，如何有效增強決策信心，可以參考以下九項原則：

㈠認清並避免你的偏見

問題也許出在解決方法本身，或是建議者，抑或是你剖析問題的工具。認清偏見及避免偏見，有助於深入了解你的思考模式，進而改善決策品質。

㈡讓別人參與集思廣義，比自己一個人強

理想的情況是，應該邀集觀點不同的人士參與決策過程。強迫自己傾聽與自己相左的意見，不宜太有戒心。豎起雙耳，敞開心胸，參考異己的觀點，因為每個人都有優點及長處，而且有助於做出最佳的決定。

㈢別用昨日的辦法來解決今日的問題

世界變化的步調太快，不容以陳腐的答案來解答新的問題。

㈣讓可能受影響的人也參與其事

謹記，不論最後的決定如何，若受影響的員工不覺得事前被徵詢過意見，就不能有效執行。他們的加入不但能促使他們更投入行動計畫，而且也更能共同承擔決策的成敗與執行的信心。

㈤確定是對症下藥

常常，我們把重點擺在症狀，卻沒把問題給看清楚。因此，應該看到問題的本質，而非表面而已。

㈥考慮盡可能多元的解決方法

經過個別或集體腦力激盪後，找出盡可能多元的解決方法，然後逐一評估其利弊得失，再選擇最後最好的辦法。

㈦檢查情報數據是否正確

若你是根據具體的資料做決定，先驗證數據確實無誤，以免被誤導。因此，幕僚作業很重要。

㈧認清你的解決方法有可能製造新的問題（先小規模試行看看）

觀察你的決定會產生什麼影響。如果可能的話，先進行小範圍測試，看看效果如何，然後再全面落實。

㈨徵詢批評指教

在宣布決定之前，就應該讓已參與初步討論的人士有機會提供他們不同或反對的意見。

六、培養解決問題「多重思考能力」的員工

解決問題的能力培養在於思考能力的啟發，領導者應積極去啟發產生四種不同的思考能力。

㈠創造性思考能力

依據定義，創造力是個人為達成某種目的而將知識、經驗、資訊按照自己的方式組合與思考的獨特方式。創造力的達成需要先天的潛能加上後天的努力。基本上，創造力的產生是為了解決問題，運用想像力發掘出有意義且創新的結果。現在企業非常強調創新能力。包括技術、行銷、管理、設計、組織及財務都有很多可以創新的地方。因為唯有創新，才能領先競爭對手，也才能獲利。

㈡水平思考的能力

思考技巧的權威狄波諾（Edward DeBono）提出了所謂水平思考法（lateral thinking）。他認為水平思考法有別於傳統的邏輯（垂直）思考方式。水平思考並不去認定哪種方案才最適當，而總是在尋找更好的方案。水平思考不是要嘗試證明什麼，而只是要探尋、引發新的想法。過去的學校教育是垂直思考的方式。垂直思考是有選擇性的，它尋求判決、證明，好去建立觀點或是關係。垂直思考者認為：「這是看事情最好、最正確的方法。」水平思考者則認為：「我們來想想有沒有其他看事情的方法，換個角度來思考一下。」也就是說，垂直思考是尋找答案，然而水平思考是在尋找問題。這也是台灣大多數員工所缺乏的思考模式。例如，就銀行信用卡業務思考而言，水平思考就是思考創造出金卡、現金卡、頂級世界卡等更多水平的信用卡，以創造出更多的新市場大餅。

㈢系統性思考的能力

學習型組織（The learning organization）的觀念受到全球組織的歡迎。而其重要精神即是彼得．聖吉（Peter Senge）在其《第五項修練》（*The Fifth Discipline*）一書所強調的系統性思考能力（systematic thinking）。系統性思考在通過廣度與深度思考的方式找出問題真正的原因，因為在這複雜多變的世界中，有太多的問題是彼

此糾結在一起的，若無法思考到問題真正的起因，任何解決問題的方案都是無效的，反而會製造新的問題出來。因此這種組織、兼具廣度與深度的系統思考能力，也正是我們所缺乏。但是培養系統性思考能力，必須擁有更多元化的專業知識與歷練才行，亦即既能見樹，又能見林。

㈣逆向思考的能力

在傳統式的教育體制下，我們習慣於用直線或正向的思考模式去尋求問題的解答，但我們卻發現如此一來常常是無解。逆向思考的方式，往往可以幫助我們解決許多問題，只不過我們並未被訓練利用這種逆向思考的模式去解決問題。現在企業也講究打破傳統，顛覆傳統的思考及做法。例如，現金卡的推出，就是逆向思考，年輕人借錢不再是難以啟齒之事，還有廣告把它宣傳為「高尚行為」，真是逆向！

第四節　解決問題的九大步驟

國內第一大民營製造廠鴻海精密董事長郭台銘，他所自創的「郭語錄」，在鴻海公司內部很有名，幾乎他身邊每個特助及中高階主管都必須熟悉這些郭董事長數十年來的經營心得與管理智慧。

在「郭語錄」中，廣泛被員工熟記且經常被問到的，就是如何解決問題的智慧及做法？郭董事長提出九項步驟，茲摘述闡釋如下：

一、發掘問題

企業運作，其實都是在解決當前浮現出來的問題。如果沒有問題，就按照慣常的方式，例行的做下去。但是，如果出現了事業競爭對手，就要馬上尋求解決問題的方法了。

不過，企業卓越經營者的定義有二種：

1. 把處理事情的模式，盡量標準化（Standard of Procedure, S.O.P），亦即我們常說的，要建立一種「機制」（mechanism），透過法治，而不是人治，法治才可以久遠，人治則將依人而改變處理原則及方式，那將會製造出更多問題。有了標準化及機制化之後，問題出現可能就會減少些。

2. 但是，企業不可能在標準化之後，就沒有問題了。一方面是內部環境改變，使問題出現，另一方面是外部環境改變使問題出現。尤其是後者更難以掌控，實屬不可控制的因素。例如，某個國外大OEM代工客戶，因某些因素而可能轉向競爭對手後，就是大問題。

因此，卓越企業的準則是希望提早發現問題，使問題在剛萌芽或發酵的潛伏期中，就能即刻掌握到，而盡快予以因應，撲滅或解決尚未形成的問題。因此，「發掘問題」是一門重要的工作與任務。

任何公司應有專業的部門單位來處理這些潛藏問題的發現與分析。另外，在各既有部門之中，也會有附屬的單位來做這一方面的事情。當這些單位發掘了問題之後，就應循著一定的機制（或制度、規章、流程）反應給董事長或總經理或事業總部副總經理，好讓他們及時掌握問題的變化訊息，然後，才能預先防範及思考因應對策。

二、選定題目

問題被發掘之後，可能會有幾種狀況：

1. 問題很複雜也有多種面向，這時候必須深入探索分析，打開盤根錯節，挑出最核心、最根本且最必須放在優先角度來處理的。

2. 問題比較單純，比較單一面向，這時候，就比較容易決定如何處理。

不管是上述哪一種狀況，在此階段，就是必須選定題目，確定您要處理的主題或題目是什麼。

例如，就製造業來說，國外客戶抱怨我們最近研發的新產品，品質出了問題，美國消費者迭有反應。此時選定的題目，就是「品質不穩定」或「加強品質」等題目，做好進一步的處理。

例如，就服務業來說，當康師傅速食麵殺進台灣市場，採取的行銷主軸策略，就是低價格策略（或稱割喉戰）。因此，對統一、味王、維力等各速食麵廠來說，此時所應選定的題目，應該就是競爭對手激烈的「殺價行動」所引起的威脅，以及我們的因應之道。因此，「價格因應」就成了解決的選定題目了。

總的來說，選定題目有幾項原則，就是此題目必須是：⑴當前的（當下的）問題；⑵優先處理的問題；⑶重大性的問題；⑷影響深遠的問題；⑸急迫的問題；⑹

影響多層面的問題。以上這些問題，都必須經由老闆或高階主管出面做決策。

至於小問題，就由第一線人員，或現場人員，或各部門人員處理就可以了。

三、追查原因

在追查原因時，要分幾個層面來看：

(一)分析的工具

分析的工具，比較有系統的，大概以「魚骨圖」方式或是以「樹狀圖」方式為之，是比較常見的。以魚骨圖為例，如下圖所示：

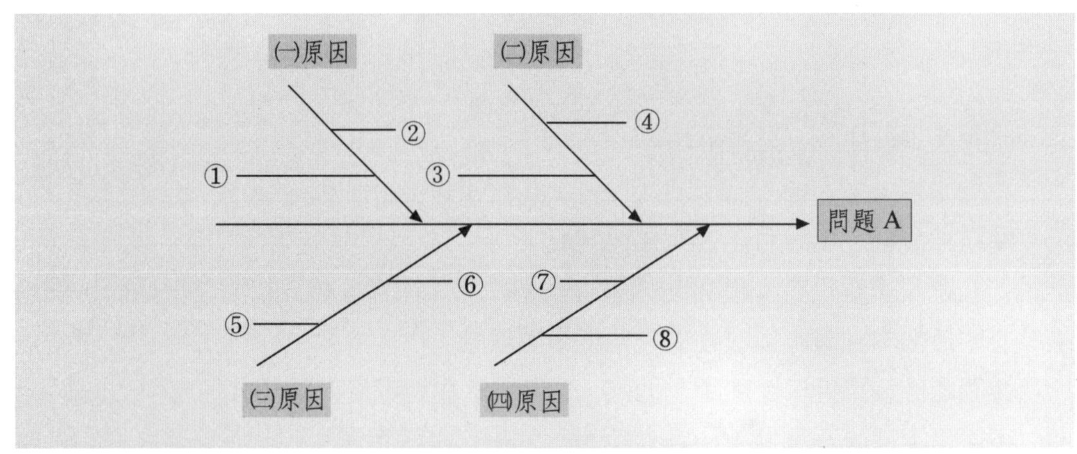

上述圖示，表示某一個浮現的問題，可以從四大因素與面向來看待，而每個因素又可分析出兩項小因子，因此，總計有八個因子，造成此問題的出現。

以「樹狀圖」為例，如下圖所示：

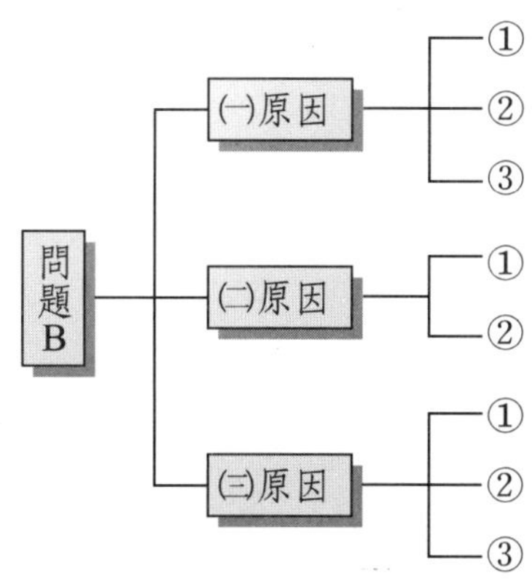

(二)有形原因與無形原因

此外，在追查原因上，我們還要再區分為有形的原因（即是可找出數據支撐、來源支撐或對象支撐的），以及無形的原因（即是無法量化、無法有明確數據，不易具體化的，比較主觀的、抽象的、感覺的或是經驗的）。

然後，綜合這些有形原因與無形原因，做為追查原因的總結論。

四、分析資料

分析最好要有科學化、統計化的以及系列性、長期性的數據加以支撐才可以。不可以憑短暫的、短期的、主觀的、片面的及單向性的數據，就對問題做出判斷。

因此，數據分析原則，在進行時，應注意並切記以下幾項原則：

1. 與過去的數據相比較，看看發生了什麼變化（歷史性、長期性比較分析）。
2. 與所在的產業相比較，看發生了什麼變化（產業比較分析）。
3. 與所面對的競爭者相比較，看發生了什麼變化（競爭者比較分析）。
4. 採取行動後，跟沒有採取行動之前相比較，看發生了什麼變化（事件行動比較分析）。
5. 拿外部環境的變化狀況與自己的現在數據相比較，看發生了什麼變化（環境影響比較分析）。
6. 與政策改變後相比較，看發生了什麼變化（政策改變影響比較分析）。
7. 與人員改變後相比較，看發生了什麼變化（人員改變影響比較分析）。

8.與作業方式改變後相比較，看發生了什麼變化（作業方式改變影響比較分析）。

五、提出辦法

在資料分析過後，大體知道該如何處理了。接下來，即是要集思廣義，提出辦法或是對策。

其中，辦法對策不應只限於一種而已，應該從各種不同的角度來看待問題與相對應的不同辦法，主要是希望盡量思考周全一些，視野放遠一些，以利老闆從各種面向考量，而做下最有利於當階段的最好決策。在提出辦法與對策時，應注意以下原則：

1.應進行自己部門內的跨單位共同討論，提出辦法。

2.應進行跨別人部門的共同聯合開會討論、辯正、交叉詢問，然後才能形成跨部門、跨單位的共識辦法及對策。

3.所提出的辦法應具有立竿見影之效，應具有面對現實的勇氣，以及分析它可能產生的不同正面效果或連帶產生的負面效果。

六、選擇對策

提出辦法後，必須向各級長官及老闆做專案開會呈報，或個別面報，通常以開會討論方式居多。此時，老闆會在徵詢相關部門的意見與看法之後下決策。也就是老闆要選擇，究竟採取哪一種對策。

例如，某部門提出如何挽留國外大OEM客戶的兩種不同看法、思路與辦法對策請示老闆。老闆就要下決策，究竟是A案或B案。

當然，老闆在下決策時，他的思考面向，與部屬不一定完全相同。此時，老闆的選擇對策，要基於下列比較因素與觀點：

1.短期與長期觀點的融合。

2.戰略與戰術的融合。

3.利害深遠與短淺的融合。

4.局部與全部的融合。

5.個別公司與集團整體的融合。

6.階段性任務的考量。

七、草擬行動

老闆做下選擇對策之後，即表示確定了大方向、大策略、大政策與大原則。接下來，權益部門或承辦部門，即應展開具體行動與計畫的研擬，以利各部門做為實際配合執行的參考作業。

在草擬行動方案時，為使其可行與完整，同樣的，也經常在結合相關部門單位，共同研擬或是分工分組研擬具體實施計畫，然後再彙整成為一個完整的計畫方案。

八、成果比較

當行動進入執行階段後，就必須即刻進行觀察成效如何。有些成效，當然是短期內可以看到的，但有些成效就必須花較長的時間，才可以看到它所產生的效果，這樣才算是比較客觀的。

因此，對於成果比較，我們應掌握以下幾點原則：

1.短期成果與中長期成果的比較觀點。

2.所投入成本與所獲致成果的比較分析。

3.不同方案與做法之下，所產生的不同成果比較分析。

4.戰術成果與戰略成果的比較觀點分析。

5.有形成果與無形成果的比較分析。

6.百分比與單純數據值的成果比較分析。

7.當初所設定預期目標數據與實際成果的比較分析。

在上述七點成果比較分析的兼顧觀點之下，才能真確掌握成果比較的真正意義與目的。

九、標準化

當成果比較之後，確認了改善或革新效益正確之後，即將此種對策做法與行動方案，加以文字化、標準化、電腦化、制度化，爾後相關的作業程序及行動，均依此標準而行。最後，就成了公司或工廠作業的標準操作手冊及作業手則。

十、小　结

以上九項內容說明，係針對鴻海集團郭台銘董事長，針對該集團面對任何生產、研發、採購、業務、物流、品管、售後服務、法務、資訊、談判、策略聯盟合作、合資布局全球、競爭力分析、降低成本……等諸角度與層面，來看待解決問題的九大步驟。

當然，企業為了爭取時效，有時會壓縮各步驟的時間，或是合併幾個步驟一起快速執行，這都是經常可見的，也應習以為常的。畢竟，在今天企業激烈競爭的環境中，唯有反應快速，才能制敵於機先，才能搶下商機或避掉問題。茲圖示九大步驟如下：

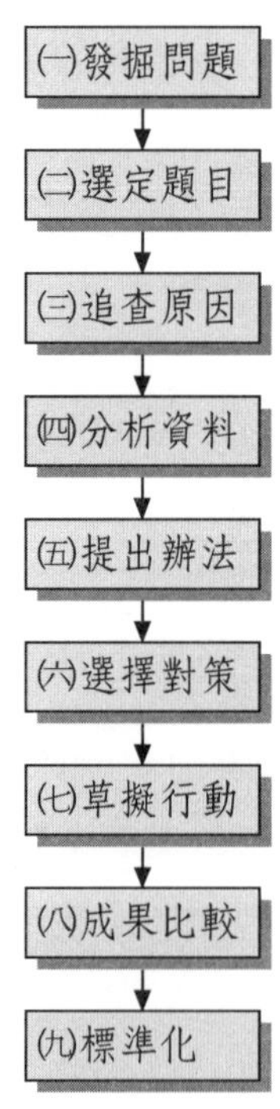

圖 11-15　鴻海集團郭台銘董事長解決問題的九大步驟

十一、鴻海集團成功四部曲與成功法門

1. 郭董事長總結他企業成功的四部曲，依序為：**策略→決心→方法→人才與組織**。亦即：⑴策略方向必須正確無誤；⑵決心要堅定無比，不容動搖或遇挫折即縮回去；⑶做事及解決問題，必須講求好的方法、有效率的方法與有效能的方法；⑷再加上有好的人才與組織分頭去落實執行。

2. 此外，郭董事長認為成功的途徑是：⑴抄；⑵研究；⑶創新；⑷發明。

3. 交換成功的法門是向「失敗」學習。而成功與失敗的分野是：「成功的人，找方法；失敗的人，找理由。」

第五節　決策案例

案例 1

台灣一百大企業調查：企業主（老闆）對主管最重視的職能
——決策能力、創新求變能力與危機處理列前三名。

㈠危機管理能力進入第三名

就業情報公布一百大企業調查顯示，國內企業面臨轉型變局，因此與應變能力相關的職能，愈來愈受到企業關注。

調查顯示，企業主最重視的主管職能、依序為決策能力、創新求變、危機處理、前瞻性的策略思考能力等。

就業情報雜誌社分析，從911恐怖攻擊事件、SARS風暴後，隨著國內外危機事件頻傳，迫使企業開始注重危機處理能力，使得這項職能首度名列第三大主管核心職能。

㈡基層、中層及高層有不同的職能要求

調查顯示，企業主在選拔不同層級主管時，看重的特質也不同。選拔基層主管

時最重要的是專業能力，以及主動積極的工作態度；選拔中階主管時，最重視跨部門溝通協調能力；而在選拔高層主管時，企業主最重視的是決策能力、策略規劃能力及領導力。

除了危機處理能力之外，創新求變能力也是近年來企業主看中的職能之一。隨著企業競爭日趨激烈，無論是產品設計或行銷手法，都須不斷翻新，與競爭對手區隔，才能走出自己的一條路，尤其身為主管更須具備這種特質，才能帶領團隊創造佳績。

㈢前九項排名表

企業最重視的主管核心職能		
排名	項　　目	比率（%）
1	決策能力	60
1	創新求變及進行突破性思考	60
2	危機處理	58.6
3	前瞻性的策略思考	54.3
4	凝聚團隊向心力	51.4
5	目標管理	47.1
6	規劃與執行力	41.4
7	啟發指導部屬能力	38.6
8	邏輯分析及判斷能力	37.1
9	跨部門協調	37.0

資料來源：就業情報（2003 年）。

案例 2

台塑集團成立六人高階決策小組

掌舵的是王永慶與王永在，划船的是六人小組

由於決策小組在王永慶、王永在授權下，經營策略已定，將來企業經營的重擔將落在決策小組身上，兩老只在決策上做關鍵性的裁奪而已。也就是說，台塑企業就像一條船，划船的是決策小組，掌舵的是王永慶與王永在。

王文潮是台塑企業六人決策小組成員之一，接掌台塑石化總經理後，基本上，台塑企業旗下各主要公司的專業經營人選已經確定，即台塑總經理李志村、台化總經理王文潮、南亞塑膠總經理吳欽仁、台塑石化總經理王文潮、長庚生技總經理王瑞華、台塑企業總管理處副總經理楊兆麟等六人。

案例 3

世界樂器王國之夢
——山葉（YAMAHA）的危機與復活

山葉（YAMAHA）是日本知名的樂器製造公司，幾十年來，在鋼琴、吉他、小提琴、薩克斯風……等，擁有很高的市場占有率及品牌知名度。很多人在兒童及年輕歲月時，都有山葉鋼琴的記憶相陪。

㈠收益惡化，陷入危機

但是在1999年及2000年時，山葉公司卻陷入收益惡化的困境。該公司即因1990年初期轉投資半導體產業，而在1999年及2000年產生重大虧損，二年分別虧損250億日圓及400億日圓。

這故事要從1991年開始講起。以樂器製造見長的山葉公司，竟大膽在1991年投資硬碟機裝置驅動用的薄膜磁氣製造工廠，並在1991年投入2,000億日圓，在靜岡縣設立半導體工廠。但是由於投資方向錯誤，以及研發與製程技術未能順利突破，導致在1999年及2000年產生嚴重虧損，把原有樂器事業部門賺的錢，也都賠進去。該公司員工不滿的聲音四起，士氣也跌落谷底。員工們氣憤不平的疾呼，過去以「樂器王國」自稱的YAMAHA，為何要去投資介入不是自己很專長，而且投資額又大的薄膜磁氣半導體工廠呢？這種多角化投資的失誤，可能會把整個樂器王國的數十年江山，摧毀於一旦。位在日本靜岡縣浜松市的山葉總公司上千名員工內心，無不充滿憂戚之容。2000年底，在此危機時，新任總經理伊藤修二臨危上陣，被董事會授以力挽狂瀾與期盼。

㈡令人動容掉淚的宣布

在2000年12月底的一個雪花飄飄寒冬深夜中，位在浜松市山葉公司的總經理辦公室裡，伊藤總經理緊急召集公司各部門高級主管十多人開會，臉上沉重且嚴肅的宣布：「由於投資半導體事業的嚴重錯誤，致使公司連續二年產生重大的虧損，這是山葉近二十年來，不曾發生過的事情。董事會已自承當初決策思考不當，並已責令我盡速展開救亡計畫。因此，我今日正式宣布，自即日起，YAMAHA將回歸樂器本業事業，位在天童的半導體工廠將即刻關廠，並出售給相關業者。」整個總經理辦公室肅然無聲，聽著這位新上任總經理傳達的最新政策指示。但是，剎那間，與會十多位副總經理突然爆出一陣熱烈的鼓掌聲，久久不斷，大家臉上都泛出晶瑩的淚光。這是近二、三年來，大家積壓在內心深處，無法發洩的困頓、無奈、憂心與恥辱。如今，已由最高決策單位自承錯誤，而有了緊急煞車與轉向的舉措。終於可以保住 YAMAHA 世界樂器王國的江山事業了。

㈢大撤退

很快的，在半年內，位在天童的半導體工廠順利出售給相關業者，使投資損失降至最低。另外，轉投資高爾夫球具工廠亦已連虧五年，也在 2002 年終結掉日本工廠，改向台灣及中國以 OEM 方式訂購，迄 2003 年運動用品事業部亦轉虧為盈，但事業的規模及用人數已漸縮小，不會再把資源投入在運動用品事業上。此外，原先也在靜岡縣所設立的度假休閒場所與設施事業，也被決定撤退，不再參與經營。總計一年來，山葉公司已從過去漫無目標且自大膨脹的多角化事業中，緊急大撤退或縮小規模，這些包括了半導體、運動用品及休閒度假三大事業部門。而把公司資源，全部灌注在樂器核心事業上。

㈣大逆襲

不過，在經營半導體事業的過程中，山葉公司卻也發現了一個新商機。那就是在行動電話手機上的音樂半導體晶片的市場需求十分可觀，因為手機音樂下載已是手機製造廠商的必備功能。因此，在 2001 年，山葉公司把過去經營半導體的資源與經驗，移轉到音樂晶片事業上，並在鹿兒島設立工廠生產。去年音樂晶片為山葉公司所帶來的獲利高達 290 億日圓，超過樂器事業部門的 120 億日圓獲利。目前，該產品在日本的市占率高達 7 成之多，並已擴大在韓國、中國及歐美等國的市場行銷。

㈤大改革

山葉公司自 2001 年起，經營核心又轉回到以樂器及聲音為主軸的核心事業版圖上來，並展開生產與銷售上的大改革。包括成立生產結構改革小組，訂下：⑴製造交期縮短一個半月；⑵商品設計風格加強流行風向把握；⑶製造成本削減 20%；及⑷庫存成本下降 20%之四大目標使命，如今已順利達成。另外，在銷售方面的改革計畫，則包括了：⑴成立成人音樂教室，擴大成人的音樂休閒愛好；⑵推出樂器租用服務收費機制；⑶直營店銷售力強化與經銷店改裝協助；以及⑷海外重點市場加速拓展等工作事項。此外，山葉公司還成立 YAMAHA 音樂網站，讓音樂作曲人可以在網上宣揚自己的作品，也設有網路音樂教室上課，每個月大約有 200 萬人點閱，是日本有名的音樂網站。

㈥結語：回歸本業，專注核心競爭力

正如山葉公司樂器事業本部副總經理所坦言：「如今最令人快慰的事，就是公司高層不再拿樂器事業賺的錢，去貼補虧損的半導體事業，因為那是錯誤的決策，而且又是一個不知有多大的無底黑洞。如今，每一個事業本部，都能在公平基礎上，激勵競爭，比賽拚命為公司賺錢，而不會瞻前又顧後。」

伊藤修二總經理上任三年多來，已深刻記取過去盲目投入電子半導體事業失敗的慘痛教訓。以及 YAMAHA 品牌，不是可以隨意高興延向運動用品或度假休閒事業，就可以輕易成功的經營現實。正如同伊藤總經理所深刻體認到的：「YAMAHA 經過重新整理，已回歸本業，專注核心競爭力。從音樂與聲音核心價值中，啟動新的獲利力成長。未來的YAMAHA，將朝向世界第一的總和樂品製造公司為最高定位與努力目標。」

伊藤總經理自己形容他的工作就好像是一個作曲及編曲家一樣。拿著指揮棒，指示著YAMAHA這一個巨大樂團的所有成員，演出一場「YAMAHA世界第一音樂之夢」的精彩漂亮演奏表演。

如今，山葉公司員工士氣高昂，在歷經大錯誤與大虧損之後，終能及時展開大撤退、大逆襲與大改革之舉措。讓 YAMAHA 這塊樂器老招牌，再次大復活而勇往鼓浪向前。

看來，「YAMAHA 世界第一音樂之夢」的演奏序幕，已然啟動。

☞ 自我評量

1. 試說明決策模式的理論型態有哪幾種。
2. 試說明 Hellriegel 的決策制定理論模式有哪些。
3. 試申述對管理決策形成之制定流程的五步驟。
4. 試申述影響下決策之影響因素。
5. 試分析影響決策之六大構面因素。
6. 一個有效的管理決策，應考量哪些變數之影響？
7. 何謂群體決策？其優點何在？
8. 有效決策應掌握哪些要點？
9. 成功企業決策制定時，應蒐集哪些資訊情報？
10. 決策選擇時，有哪些不同考量觀點？
11. 試申述 CPSI 法。
12. 試述如何利用邏輯樹以思考對策及探究原因。
13. 試分析 IBM 公司如何培養員工的決策能力。
14. 試申述增強決策信心時的九項原則。
15. 試分析何謂培養解決問題的「多重思考能力」的員工。

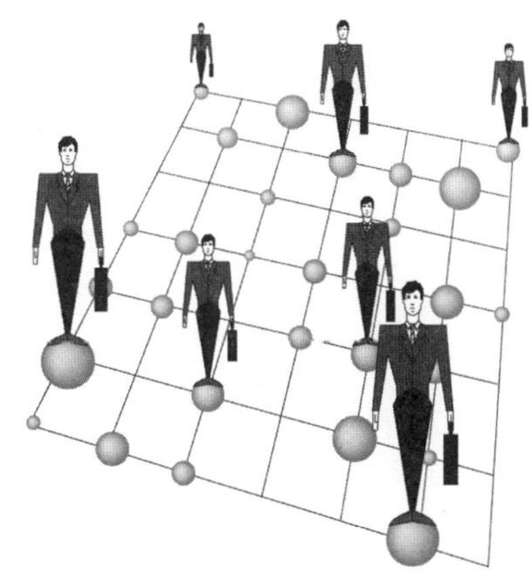

chapter 12

權　力
Power

第一節　權力的意義、來源、型態及如何獲取權力、強化權力與權力對組織行為的實證結果

一、權力的意義

權力可以定義為「影響力」或「心理的改變」；管理學者 Olsen 曾對社會權力定義為：影響社會生活（社交活動、社會命令或文化）的一種整合能力。

羅索（Rusell）對「權力」曾有這樣描述：「權力是社會科學之基本概念，就如同物理學中之能量一樣」，顯然，權力是組織行為中，極為重要之核心問題。

所謂「權力」，乃指某甲對某乙行為之影響能力，得以促使其行使某些事項，而不進行其他事項。此種定義，可適用在部門組織中或國家層次。

二、五種基本權力來源

管理學者 French 及 Raven 曾分析人際間權力來源之基礎有五種：

1.獎賞的權力（reward power）。例如，升遷、加薪、私下加發獎金、紅利及授權等。

2.強制的權力（coercive power）。例如，降級、減薪或資遣。

3.專家的權力（expert power）。例如，專業與經驗。

4.法定的權力（legitimate power）。例如，批示公文簽呈的權力或是附署簽名權力。

5.認同的權力（referent power）。

三、四種權力型態來源

除了上述五種基本權力基本來源外，還可以從結構及情境來源，來說明四種權力型態：

㈠知識權力（knowledge as power）

組織內部員工具備相關專長及知識，使人服從領導，而非以位置威嚇人。因此，每個人、每個部門、每個公司，也都會有不同程度的知識權力。當然，知識權力跟教育程度高低也有很大關聯。現代的學歷都普遍提升很多，知識權力的影響也就愈來愈大。

㈡資源權力（resources as power）

一個部門、一個人或一個組織的各種資源（人、資本、機器設備、資訊、地點等）愈大愈強，就愈能影響其他單位。

例如，以國家層次來看，行政院就比各縣市政府的預算資源力量更大，各縣市如果缺錢建設，一定會想盡辦法向中央的行政院要錢，而行政院就是擁有此種資源權力。

㈢決策權力（decision-making as power）

具有公司最高拍板決策權力者（例如，董事長、老闆），亦會深深影響部屬的服從。在國家層次則是民選總統的決策權力最高。

㈣連結權力（connection links as power）

如果能爭取公司內部其他部門或其他主管之合作，以完成任務，亦可以提高權力方法，此稱之為連結權力。

學者 Kantor 提出有三種連結方式，可以產生權力：

1. 資訊提供（information supply）的連結

亦即正式或非正式的資訊情報均由此處提供。此就享有資訊情報的影響力。例如，國家的國安局、情報局、調查局等均有類似功能。

2. 資源供應（resources supply）的連結

此即人力、財力、物力資源供應，均由此處產生。

3. 同事支持（collegure support）的連結

例如，某個有實力的事業部門主管，或是高階幕僚主管，或是某事業之支持。

四、本節權力來源綜覽圖示

茲將前述內容，圖示如下，以收一目了然之效。

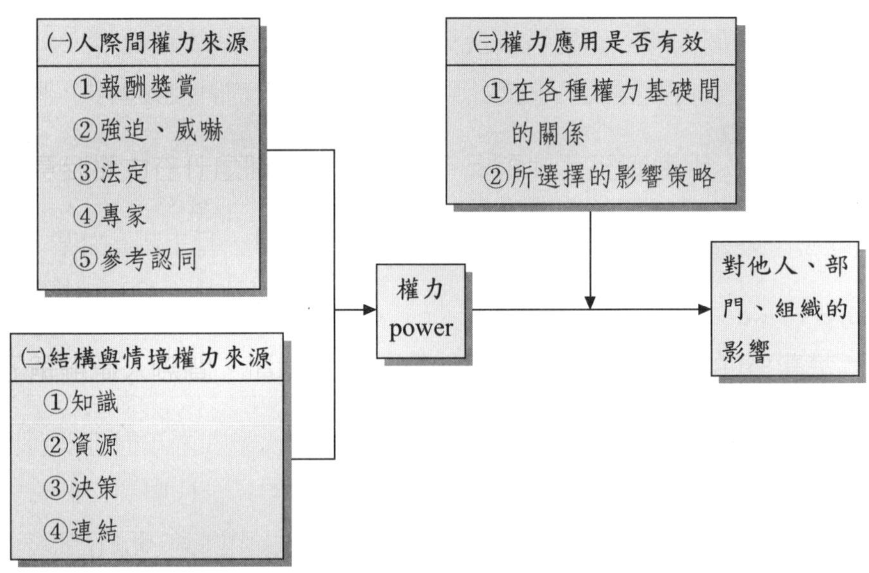

圖 12-1　組織中二大類不同權力來源圖示

五、為什麼要「研習」權力課程？

1. 許多管理學者的研究結論顯示權力慾望的強度與現代企業的成功有關。亦即成功的管理者都有顯出一定的慾望，在組織的層次下，增加擇人及控制別人的力量。

2. 一個人對權力的需求是決定他在現代公司裡的發展、晉升之重要因素。當個人愈有權力慾望時，就愈會力求表現及升官。

3. 擁有權力的人對別人能運用發揮更大的「影響力」，在權力效應下，組織的績效會較優秀。當能正確運用權力時，組織的營運績效也會更好些。

4.當一個人喪失權力或是不懂正確利用權力時，就不可能會有好的個人管理成效。例如，如果沒有權力，那何來領導力、指揮力與控制力這些管理必要機制呢？因此，權力課程是企業內部的重要必修課程。

六、組織陷阱

知名管理學者 Culbert 在 1974 年提出一個名詞叫「組織陷阱」（Organization Trap），此在說明使人變得更有價值的責任分擔，當人接受有關他們自己或組織的責任時，會趨向安於現狀，而不會去發展一些思考及行動的有效方案。

Culbert 認為要突破此種陷阱，首先要了解他們的責任，然後發展可用的新方法與做事的新想法，以及更高的新目標挑戰，最終的目的，就是希望組織能匯集各種不同經驗的智慧，創造一個更好的實際遠景來引導公司營運。如果沒做到這樣，組織可能就會保守落伍、不求進步、過於安逸，終究會被進步潮流淘汰掉。

七、如何抑制改革派而維持權力？

有權力的人常會運用各種方法來維持他的地位，而且常會有反對別人改變組織權力分配之企圖，學者 O'DAY 就曾以「恐嚇方法」（intimidation rituals）來說明針對不允許組織改變的人所採取之方法。這些方法都是指既得利益者，對於奪權派或改革派在進行權力鬥爭時，所可採取的反擊方法。包括：

㈠間接法

即讓它無效，使高階層的人認為改革者所提出之建議只是一些錯誤觀念或誤解所致之產物，並且用限制溝通環節、限制他自由行動及減少他可得到之資源來孤立那個改革者。例如，封鎖他所可取到的資源協助，使他感到孤立無援及無技可施。

㈡直接法

如果間接恐嚇方法無法抑制改革者之努力，則進一步採用直接方式的中傷、毀謗，而最後將他逐出這個組織。例如，直接由各主管聯名上書董事長表明對此事的反對態度。並且放出大量耳語、小道消息或是媒體見報方式等，予以反擊。

八、組織的淨權力

1. 因為組織與環境之眾多部門有關係，所以組織的權力會受到外界複雜的關係所影響。因此組織學者 Thompson 認為：不應該把權力看成組織的一般特質，而應考慮「淨權力」，「淨權力」乃是由組織與多元環境中各因素的各種關係所形成之結果。

2. 當組織的淨權力愈大，則內部所有個人的可以運用之權力也愈大。

3. 當外部環境變化有利時，個人及組織的淨權力就變大。例如，當經濟成長上升時，政府的經濟部權力就會大些，講話也會大聲些。再如，當市場景氣佳，業務部門因業績好，在組織內權力地位就上升。

九、組織內部權力的策略性權變理論

組織學者 Hickson 認為：某部門所能控制的權變因素（突發事件）愈多，他在組織內的能力也就愈大。因為權力分配並非靜態的，會因各部門特殊需求而改變；當外界環境變化，組織部門的挑戰也有所相對變化時，部門內策略性權變的特性及模式也會隨之改變，最終將使組織內部權力分配發生改變。因此，權力變數，亦會受到外部環境及公司策略變數而互動影響。例如，公司過去以 A 產品線為主，現在市場轉變為以 B 產品線為主，那麼 B 產品事業部門的權力及重要性就升高了。

十、權力強化三原則

「權力」的反面就是「依賴」，因此欲強化權力就必須減少對他人及他部門之依賴。可區分三項關係因素：

1. 一個部門（或一個主管）可為其他部門（或其他主管）克服不確定的因素。

2. 此部門（此主管）克服不確定的工作可被替代的程度。

3. 相對於其他部門（或其他主管）而言，此部門的重要性。

因此，一個主管或一個部門要強化其權力，則必須：

1. 想辦法克服其不確定性（copying with uncertainty）。

2.想辦法成為不可替換性（substitutability）。例如，具有獨特能力。

3.想辦法成為更具重要性之角色（centrality）。例如，成為公司營業及獲利最大來源者，或是新事業發展的掌握者。

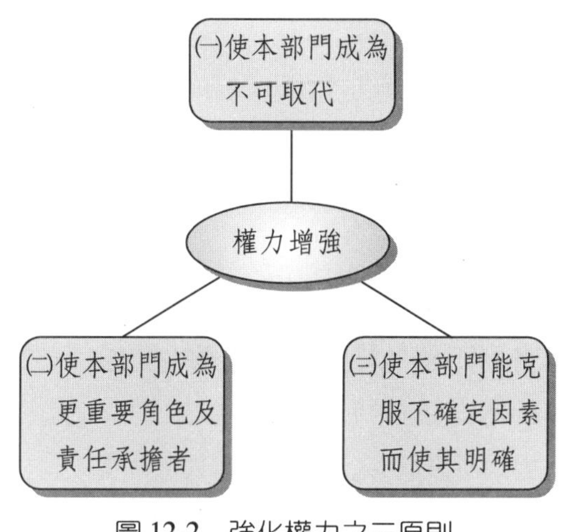

圖 12-2　強化權力之三原則

十一、權力獲取維持之十種方法

權力不會憑空而來、驟然天降，必須競爭取得，或發揮個人特質及魅力。獲取之後仍應維持，否則守而不固亦等於無權。為了獲取權力，有影響力者可透過下述方法來達成：

1.設法控制較重要的有形資產。例如，負責一個工廠的生產權力，或者負責財務資金調度權力。

2.設法獲取有用的資訊和控制資訊之來源及路徑。

3.設法建立內外良好人際關係。

4.盡量善待別人，使其有還不清之人情債。

5.建立良好專業性技能聲譽。利用專業能力，得到權力認同。

6.創造他人對你的讚許、認可及欽慕。

7.培養他人對你的信賴、倚重及求助。

8.設法與最高負責人或老闆維持較佳的個人之間關係與互動關係，在集權式組織內部尤其如此。

9.力求好的表現及好的部門績效，公司自然就會重視您的部門，權力就會持續下去。

10.新成立各種專案小組、專案委員會及籌備委員會等組織型態，亦可享有一定之權力發展。

然而為爭取權力，除上述影響者（influencer）努力採取上述方法之外，尚有二項因素值得注意。

㈠組織情境因素

此包括：⑴被影響者對影響者之依賴程度（dependency）；⑵被影響者行為之適當性及正確性，愈適當而正確，則被駕馭之機會愈少；⑶群體文化：群體如果強調個人主義、獨特性，則權力較易行使，如果文化強結協議、合作及一致性，則權力不易存在。而規範亦會影響對別人之說服程度。例如，以教育產業學校為例，系主任對各位老師的權力就不是很大，因為系內老師依賴於系主任的程度並不大。

㈡被影響個人因素

此項因素，亦包括三項：⑴個人特徵：根據研究顯示，焦慮感較高的人容易被影響，親和需求較強的人亦較易被影響操縱，但自尊需求則與此無明顯關係；⑵智力：智力與影響力亦無明顯關係；⑶性別：一般而言，女性較男性易受影響。因此，在獲取權力過程中，對組織情境及被影響者之因素亦須考慮。

十二、組織角色與權力行為之關係

權力之運作，有時非僅是個人行為，組織常扮演重要角色，可分三項因素說明。

㈠藉聯合行動以搶權力

取得權力者即是權力擁有者（power holder），但取得權力有困難，且有風險成本。因此在組織內部，處於權力核心之外圍份子必須採取聯合行動（coalition），方能有效爭取權力。

㈡環境因素

環境因素不同，權力之關係及運作亦有異，有數點發現值得一提：

1. 不同產業、不同組織、不同工作及不同要求，即產生了不同之「對外依賴性」，需要不同之「權力技巧及能力」，進而採取不同之「權力行為」。

2. 當擔任工作之對外依賴性很高時，則需在權力行為上花費更多時間及精力去處理。

3. 當工作依賴性逐漸提高時，容易發生有意或無意之權力錯用，造成負面影響或更大風險。

㈢群間權力

至於群間權力（inter group power）之運用，可由圖 12-3 看出。群體間權力有三項決定因素：⑴為互動群體在應付不確定性成功之程度；⑵一個群體可從其他來源獲得或代替另一群體活動、服務或資源之程度；⑶群體做為其他互動群體整合機構之重要性。例如，生產工廠與營業單位群體之間的權力狀況。當營業訂單夠多，且生產順利時，產銷二者間之群間權力就會很大，而且平衡。再者，當兩個部門之間必須加以整合運作才會有力量時，群間權力就會增加。而如果各做各的，則群間權力就不重要了。

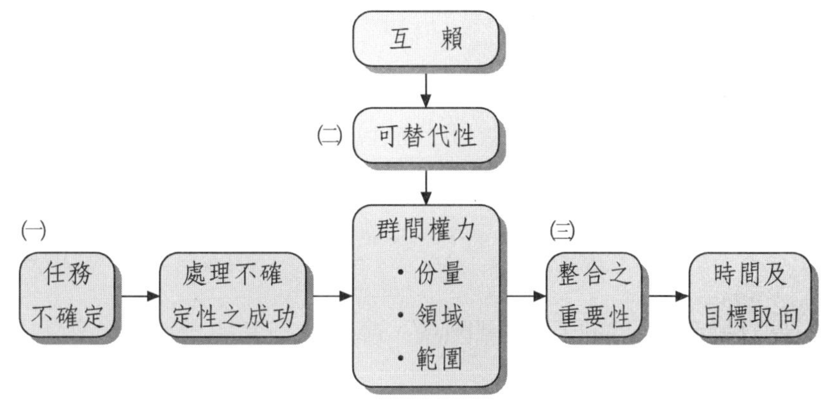

圖 12-3 群間權力之決定因素

十三、權力之錯用

權力如能善用，則利己利群，但權力錯用，將可能導致行為之分歧，形成「己蒙利，群受害」甚或「害己害人」之不良後果。一般權力錯用之負面現象，如「玩弄」、「操縱」、「下賤」、「邪惡」及「腐化」等均是。人人均想爭取「權力」，但應取之以用，用之以法，為公益而非私利，才不致造成錯用、濫用或攬用。一般而言，權力之錯用主要發生在下述情況。

1.領導者之價值觀與道德觀不正當。認為權力是他個人至高無上的東西，而不是公司的。

2.工作之依賴性與權力技能不相稱。當工作上依賴他人程度甚大，而自己之權力技巧及能力尚善，以致「事」、「能」距離較大，為企求事情之完成，乃引起不計手段之邪念。

3.高階主管之處理不當，引發中、基層主管之錯用。

4.領導主管在自利主義（opportunism）及私心下，錯用了權力。

十四、屬員被影響之三階段過程

爭取權力，旨在影響別人，利於管理工作。而一般被影響之過程，根據柯爾曼（H. C. Kelman）之看法，主要為順從、確認及內化之三階段過程。具體言之，可述如下步驟：

(一)順從（compliance）

促使被影響者之順從，旨在追求獎賞或避免處罰，因此，影響多數採取獎酬權及強制權。

(二)確認（identification）

此時影響者希望誘使被影響者喜歡他，以便建立良好之人際關係，故此時通常運用認同權力（referent power）。

㈢內化（internalization）

此階段旨在促使被影響者能與影響者之價值觀一致，產生實質結合，此稱為內化作用。

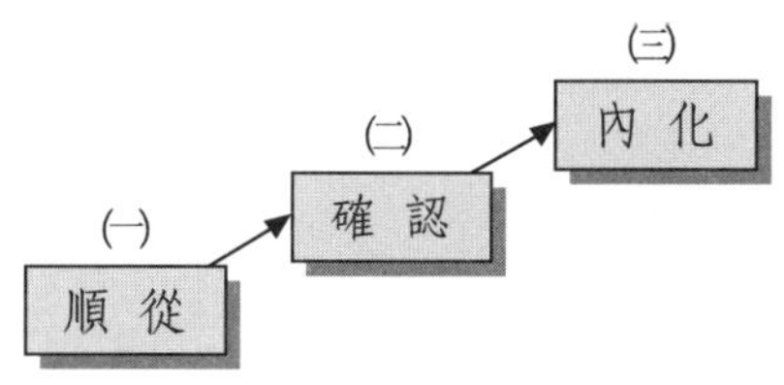

圖 12-4　部屬被影響的三階段

十五、權力對組織行為之實證涵義

㈠對工作績效之影響

根據 Bachman、Ivanceivich & Student 等學者在 1900、1970 年代中，所做的各種實證研究，均顯示：

1. 知識權力與組織績效有正向相關。

2. 職位權力對組織績效無明顯影響。

3. 獎酬權及強制權，對組織績效為負相關。

此顯示，各級主管及各種組織，均應重視知識與專業的影響權力，少用表面職位與威權式的權力。

㈡對工作滿足之影響

上述學者研究亦發現，知識權力與工作滿足成正相關，較易得到部屬認同及接受。而強制權則與工作滿足呈現負相關。此亦顯示出員工的工作滿足，必須用知識、理性、公平、公正、公開、客觀的方式，以運用其權力，而非僅是因為您是長官，您有調薪、升遷、獎懲、資遣權力，就可以使部屬感到工作滿意，這是一種 21 世紀企業進步的啟示與趨勢。

十六、影響策略：如何有效使用權力，而非僅是發號施令而已

現代企業員工的知識水準非常高，高階經營者或科技公司老闆，也經常是碩士、博士，再加上民主風氣已成為日常理念的一環，因此，很多證據顯示，如果組織或主管的權力使用不當，會引起很多負面的結果。公司如此，個人如此，國家也是如此。

因此，如何有效的使用權力，有效的影響他人，則成為一門最重要的知識與理念。

在這裡，要達成此種有效權力行使，應注意以下幾點：

㈠應注意到權力在什麼時間、什麼地方及領域上正確使用

例如，某位高階主管，其專長是財會領域，然而卻大話說研發技術應如何如何，那 R&D 部門如何會信服呢？

㈡應了解組織人際間、情境間及結構的權力來源，要區別的很清楚

使用這些各種不同的權力來源去影響他人的方法。例如，某位總經理此時，擁有很大的資源掌握權力，包括用人權與預算權，但他必須公平、排定優先順序與客觀的行使資源分配方案的權力，使各部門副總都能信服，而不會私下反彈與抗拒。

㈢應對自己的權力行使行為有自我成熟與自我控制的能力

不要被權力沖昏了頭。

第二節　授權、分權與集權

一、授權（Delegation）

㈠意義

授權（delegation of authority）係指一位主管將某種職務及職責，指定某位部屬負擔，使部屬可以代表他從事領導、政策、管理或作業性之工作。

㈡利益

授權的利益大約有如下幾點：

1.減輕高階主管工作之負荷，而讓他能有更多的時間從事規劃、分析與決策方面的重要事務。

2.可以節省不必要溝通的浪費。高階主管只要檢視工作成果即可，不必也不須去詢問過程細節。

3.培育未來的高階管理與領導人才。

4.可以鼓勵員工勇於承擔工作任務的組織氣候，而不是推諉、怕事。

5.唯有透過授權普及機制，組織才能拓展為全球企業的規模，也才能加速擴張成長。

㈢阻礙因素

1.主管不願授權原因

⑴部屬能力有限，尚不足以擔當重責大任及決策性事務時。能力有限若強要授權，則會造成錯誤決策或一再請示之麻煩，亦即主管對部屬缺乏信心。

⑵主管愛攬權，喜歡權力集於一身，而無法放心將權力完全下放。

⑶企業發展階段未到最高負責人可以完全授權的時候。

2.部屬拒絕接受授權原因

⑴對接受權力者缺乏額外激勵，形成責任加重卻無任何回饋之情況，也使得部屬不願承擔新的責任。

⑵有些授權是有名無實的，形成高階說要授權，但實質上卻不一樣。

⑶部屬恐懼犯錯，反而形成對原有地位的傷害，得不償失。

⑷有些部屬習慣於接受命令做事，這樣比較簡單。

㈣克服授權途徑或授權的原則（overcome the obstacles）

授權對組織自然有正面的貢獻，因此對於授權之障礙，自應有克服之途徑，分述如下：

1.在授權之前，應對屬下施與必要之教育訓練與職務磨練，讓屬下能水到渠成的接下授權棒子。

2.所謂授權，並非下授權力名詞而已，而是必須提供充分資源的協助，否則巧婦難為無米之炊。

3.當屬下能如期承接權力責任，而完成組織使命目標時，高階應給予適當之獎勵與晉升。

4.授權之初，屬下之決策，難免有疏失，高階主管應抱持容忍原則，勿過予苛責。

5.授權應採陸續漸近放出權力，不必一下子全部都授權，如此將可避免重大政策之錯誤。

6.應考慮到整個組織結構，是否適合於授權，否則就應該考慮調整組織結構。

7.權力下授之後，必須課以責任，完成任務，否則授權只是成了空洞的權力利用而已。

㈤授權者控制之方式

高階主管及各級主管對於屬下授權後之控制方式，可採取如下方法：

1.事前充分研討

對於重大決策，如果部屬無充分把握或仍得不到解答時，可與上級主管充分研

討，尋求解答及共識，並可減少疏失。

2. 期中報告

授權者不須去管太細節的過程，若仍會擔心，可在期中要求部屬提期中報告，以了解進度執行狀況。

3. 完成報告

在計畫或期間終了時，部屬必須呈報成果績效報告給上級參考，以做考核及指示之用。

二、職權、職責、責任之概念

㈠職權（authority）

1. 意義

所謂職權，代表一種經由正式法律途徑所賦予之某項職位的一種權力，也是一種職位的權力，而不是個人的權力。藉由此種權力，此人可以執行指揮、監督、控制、仲裁、決策、獎懲等工作。例如，總經理有職權可以指揮及考核屬下副總經理。

2. 來源理論

究竟此種職權（authority）是如何而來，有以下三種理論：

⑴**形式理論**（formal theory）：此理論屬於古典觀點，此理論係認為由組織層層下授而來，由董事會而董事長而總經理而各級主管；此全由私有財產所有權而來。不過到了今天，此種私有財產權用在組織運作中，並不認為是恰當的。

⑵**接受理論**（acceptance theory）：此理論由學者巴納德（Banard）主張，此理論認為僅僅依規定行使職權，未必能發生職權的作用，還必須依賴屬下對上級主管命令的「接受」程度如何？有了實質接受，才算是真正的職權。因此，必須有四條件：①屬下必須了解其內容；②必須符合組織目的；③不能與部屬利益相衝突；④係在部屬心智與體力之範圍內。

⑶**情境理論**（situation theory）：此理論認為職權或命令的行使本身，對於授命的部屬而言，都會引起不快與衝突。因此，只有當雙方都認為在某種狀況下，有從事某種行動之必要時，職權才會發生作用。

㈡**職責**（responsibility）

係代表一種完成被賦予任務的責任。此種責任係隨職位而來，故稱之為職責。例如，事業總部副總經理，即負有該事業單位之獲利責任。

職權與職責必須相當，此乃組織理論中之基本原則。有權無責，必會濫權；有責無權，必無法推動事務。

㈢**負責**

係指一個管理人員對於本身職權之行使及職責之履行，並且將執行之狀況與結果，向上級管理人員做書面或口頭之報告，因此，我們所談的所謂「組織結構」，即是建立在「職權」、「職責」與「負責」等三個基本觀念上。

三、分權與集權

㈠**意義**

由一個組織授權程度的大小，可以形成組織結構面上一個重要問題，那就是分權（decentralization）與集權（centralization）。

如果一個組織內，各級主管授權程度極少，大部分的大小職權，均集中在很少數的高階主管手裡，則稱此為「集權組織」；反之，如果各項權力均普及到各階層指揮管道，則稱此為「分權組織」。

事實上，從分權與集權角度上來看，正反應了這個企業經營者之經營管理風格。

㈡**分權組織之利益**（advantages of decentralization）

一個分權化的組織，可產生以下之利益：

1. 各單位主管可以因地制宜，反應迅速，即時有效解決各個經營與管理上的問題，避免困難惡化；具有決策快速反應結果。

2.相當適合於大規模、多角化及全球化經營的組織體，依各自的產銷專長，發揮潛力。

3.各階層主管擁有完整的職權及職責，將會努力完成組織目標。

4.能夠有效培養獨當一面之各級優秀主管人才。

㈢環境趨勢

以下三種環境趨勢發展，係有利於分權化組織之採行：多角化發展、國際化發展及生產科技化自動化發展。

㈣集權組織的利益（advantage of centralization）

集權式組織最顯著的利益，有以下幾點：

1.可精簡組織，避免浪費人員成本。

2.就某層面看，具有決策效率化之優點，而在執行面也有強力貫徹之效果。

3.就指揮系統看，具有決策效率化之優點，而在執行面也有強力貫徹之效果。

4.可徹底發揮高階幕僚單位之功能。

㈤選擇集權或分權程度考慮因素

任何一個組織沒有辦法說到底是採分權好或集權好，這該看組織發展的階段、營運狀況等多重因素而加以分析評估。下面就這些因素略述如下：

1.組織規模大或小

這應是一項最基本的因素，因為分權化的發生，也是為因應組織規模擴大後，實質管理上分工的高度需求。

2.產品組合複雜或簡單

產品線愈多或多角化程度日益升高，為因應對不同產品之產銷作業，是以分權化獨立營運的要求也就增加。

3.市場分布多或少

市場區域分布愈廣，也就迫使走上分權化組織。例如，在國際化發展下，全球就是一個大市場，各市場距離如此遙遠，實在難以使用集權化組織。

4. 功能性質的不同區別

企業各部門因其功能性質不同，故也可能採取不同的權力方式組織。例如，財務單位、企劃單位、稽核單位就傾向集權化，而業務單位、廠務單位及海外事業單位則較分權化。

5. 人員性質的不同

人員程度不同，也會影響組織方式。例如，研發人員自主性較高，故採分權化組織；而廠務工作人員工作較標準化，故採集權化組織。

6. 外界環境變化大小

組織所面臨環境的變動程度較大，則採分權式組織因應，變動程度較小，則採集權式組織。

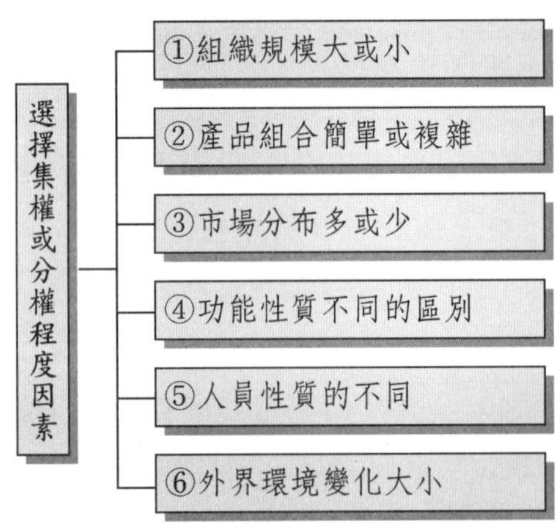

圖 12-5　選擇集權或分權的考量因素

㈥分權原則

從上面的分析看，我們又可以結論出較適合於分權的狀況，亦即適用於：

1. 組織屬大規模。

2. 產品線繁多，多角化程度高者。

3. 市場結構分散且複雜。

4. 工作性質多變化。

5. 外界環境難以精確預測者。

6. 決策者所面臨的是彈性的需要。

7. 海外事業單位繁多者。

換句話說，我們可以研定出**分權的原則**如下：

1. 產品多樣化程度愈強，分權程度也愈大。

2. 規模愈大的公司，分權程度也愈強。

3. 企業環境變動愈快速，企業決策也愈分權化。

4. 管理者應當對那些處理起來耗費自己大量時間，且交由別人執行，對自己權力及控制損失極小的決策，授權給部屬執行。

5. 對下授的權力予以充分及適時的控制，本質上就是分擔。

6. 產業市場及科技快速變化時，企業組織就愈分權。

㈦分權與授權之差異

常常有人將授權與分權兩者混為一談，事實上兩者並非同一件事。授權僅僅只是將「職權」下授移轉給部屬而已，而分權則包括：

1. 決定要移轉哪些權力給部屬（此權力可從小到大）。

2. 建立一些政策與原則，以指明哪些部屬擁有哪些授與的職權（例如，超過多少金額以上均須經過他們核准）。

3. 有選擇性但是很充分的控制與偵測部屬的績效。

四、控制幅度（Span of Control）

此係指一個主管應該管多少人數，才是最適當的。一般來說，一個高階主管直接管二十個人以內的中級主管是最理想的。超過了，就會出現無法管好的現象。究竟應管多少人，要看以下幾個因素而定：

㈠員工因素

如果部屬都能單兵作戰，素質高，則管人就可以多些。反之，每一個部屬都很資淺，都有問題，則人數就必須少些。

㈡工作因素

1. 主管本身工作性質

若主管本身工作異常繁忙，對於與部屬間之督導、協調時間顯然就少，因此管的人就不能太多。例如，董事長及總經理就不太能管制組長、課長或主任的層級，只能管制各部門的協理或副總經理主管。

2. 部屬工作性質

如果部屬的工作屬於機械化、標準化，則主管只需做例行管理即可，可以多管些人。例如，工廠性質的主管。

3. 部屬工作彼此關聯程度

部屬工作若均屬獨立而無關聯，部屬個人就可處理好，主管管的人也可以多些。

㈢環境因素

1. 技術因素：若生產欲藉重機械、自動化與網際網路化，則管的人數可多些。
2. 地理因素：部屬作業、地點聚集或分散，也是影響因素之一。

㈣ Lock-heed 系統（洛克希德系統）

Lock-head 公司曾發展出一個特殊的 Lock-heed system 以決定管理階層的控幅人數。此系統認為理想的控制幅度須視六個因素而定：

1. 部屬工作的類似性（相同的或根本不一樣）。
2. 部屬地理空間上的接近性（全部聚起或分散各區域）。
3. 部屬工作內容的複雜性（簡單、重複、複雜或變動）。
4. 對部屬指導與控制的需要性（最少、持續或緊密的）。

*5.*部屬間需要協調的程度（毫無關聯或緊密關聯）。

*6.*部屬參與規劃的重要性與複雜性。

各項因素均有不同的得分，加總之後即可得到「監督指標」（supervisory index），再對照標準幅度人數，即可得出。

在不同環境下之整合技術（integrated techniques for different enviro-ment），如下表 12-1 所示。

表 12-1　不同環境之整合技術

㈠適用的整合機能	㈡環境類型
①法規（rule） ②程序（procedure） ③時程（schedule） ④層級（hierarchy） ⑤制度（system）	相對穩定、變化緩慢與可預期的環境（內部與外部環境）
①整合委員會（committee） ②任務小組（tark force） ③交叉小組（cross team） ④跨部門會議（interdepartment meeting） ⑤人際關係（P.R）	相對不穩定、變化較快速與不太可預期的環境中

第三節　權力案例

案例 1

統一 7-11 徐重仁總經理對「授權」的看法 ——讓他單飛吧！

統一 7-11 總經理徐重仁在經濟日報專欄〈談工作與生活〉中，針對他對授權的看法，提出他個人的多年經驗，非常精闢有用，故摘其重點如下：

㈠擺脫以老闆為中心的文化，建立團隊經營制度與適當授權

許多中小企業在權威式、人治管理的企業文化下，一切由老闆主導，員工做事多半以老闆的主觀、好惡為依歸。

例如，隨時想開會就開會，與外部談生意或策略合作，都是老闆說了就算，有交情的很容易就可以做成生意，沒交情的就照規矩來，這種狀況下，不但老闆不在就做不成事，員工也會養成被動的思維模式和工作習慣，對企業是一大危機。

企業經營成敗的關鍵，在於經營團隊。做老闆的如果要讓企業運作上軌道，提高經營效率，甚至成為國際級的企業，就必須跳脫處處以老闆為中心的企業文化，建立團隊經營的制度，適度授權。

㈡如何授權，才會最有效果呢？

但究竟該如何做，才能讓幹部主管逐漸養成「單飛」的能耐，又讓企業發揮最佳效率呢？

1. 授權的第一步是適才適所，選擇合適的人才做適當的工作。選才用人最重要是看其是否具備工作與學習的熱忱，以及無私與創新的精神。只要具備上述條件，這些人才都可以透過適度的授權與培養，成為可以獨當一面的經營者。

統一超商流通集團次集團三十二家子公司的總經理，很多都是如此培養出來的，他們在接手新事業之前，往往對這個領域全然陌生，但結果都可成為專業的經營者，並且創出好的成績。

我的經驗是，在授權的過程中，領導者有責任帶領經營團隊朝正確的方向前進，並且因應快速變化的環境，做出快速而明確的決策。

2. 接著就是建立制度化的運作模式，讓每一階層的幹部養成解決問題的習慣和主動創新革新的精神，調整工作方法和作業流程，不要動不動就把問題扔給上層主管或老闆，如果老闆不肯或不放心授權，是無法形成這種氣氛的。

3. 這樣做難免會有錯誤與風險，企業一方面要有嘗試錯誤、擔負風險的準備，也要設法把風險降到最低，所以領導者必須適時提供輔導與協助。例如，有些工作可以讓主管放手去做，有些工作，領導者則須親自帶著經營團隊及員工一起做，讓他們從做中學，累積成功的經驗，這樣學習效果最佳，風險也最低。

許多公司員工工作時間愈來愈長，但這樣不見得是最有效率的，我認為效率必

須透過不斷的檢視、改善與改變事情的做法，適當的分工合作，才可能做到。企業透過授權，可以培養員工主動解決問題和改善工作流程的精神，提高運作效率，做為主管的就應具備這種能力，否則不足以擔當大任。

案例 2

台灣一百大企業調查：部屬看主管，最欣賞的主管類型
——專業能力強、對部屬信任授權及願教導部屬列名前三位。

㈠最欣賞主管類型與特質的前十項

上班族最欣賞的主管類型		
排名	項　目	比率（%）
1	專業能力強	44.69
2	對員工信任授權	41.83
3	願意教導部屬	40.26
4	願意扛責任	38.58
5	能接受不同意見	34.15
6	情緒穩定	28.44
7	人性化管理	28.15
8	能創造卓越佳績	26.67
9	知人善任	23.92
10	能掌握趨勢方向	19.59

資料來源：就業情報，2003 年。

什麼類型的主管最受歡迎？就業情報公布調查顯示，專業能力強、對員工信任授權、願意教導部屬、願意扛責任、能容忍不同意見，分別為最受歡迎的主管特質。而決策反覆的主管，則是上班族最無法容忍的。

調查顯示，從年齡別分析，年輕的上班族喜歡的主管特質為人性化管理、願意教導部屬、能接受不同意見。至於四年級生，由於面臨公司裁員壓力，最欣賞能創造卓越績效的主管，希望主管能領導團隊，創造佳績。

㈡部屬最討厭主管的特質

在最討厭的主管特質方面，最引起眾怒的分別是決策反覆、推諉搶功、公私不分、專業無能、欺上瞞下的主管類型。

從年齡來看，愈年輕的上班族愈討厭死不認錯、愛挑剔、嘮叨愛說教型的主管，明顯流露反抗權威的心態。愈年長的上班族則愈討厭決策反覆、欺上瞞下的主管。

案例 3

某家中小型證券公司的組織權力鬥爭個案描述

說到此公司的組織變革，這中間充滿犧牲者的血和淚，而且這樣的變革前後不過一年半的時間。在原始的組織中，總經理是最高決策者，直接向董事會負責。在現行組織中，董事長兼任總經理，董事長特助兼任總經理室副總，直接參與各項營運決策。這位五年七班的特助竄起的速度令人吃驚，原本只是管理處主管的個人幕僚，不到二年時間已成為副總，據小道消息，聽說即將為總經理位置做接班的準備。

董事長實際介入經營的起因大略是因為公司長期營運不佳，總經理遭無預警解任，於是董事會開始介入經營，其間董事之間股權大戰，公司曾入主經營，後來由原任董事長取回經營權，股權之戰中由於管理處主管及其幕僚護主有功，自此二人平步青雲。但公司組織之間的鬥爭才剛開始，回到此公司組織圖，先說明國際處業務因績效不佳慘遭解散；債券處因公司本身資金吃緊業務受限；承銷處則因承銷股票的跌價損失金額龐大，其間整個承銷團隊出走形同虛設；整個公司主要業務只剩經紀業務一小塊，當時掌管經紀業務的主管便繼而成為下一個鏢靶，在去年 6 月該位主管亦遭解任。綜觀之，公司新起的勢力一步步將原舊有組織給打破。

去年 9 月發生重大變革——董事長引進二組人員：一位接任經紀處副總，另一組人員則新成立綜合事業處。二大部門業務性質雷同，各自為利潤中心，惟不同處是綜事處將自己提升為類似總經理室組織，而這樣的動作，董事長是默許（可能基於當初引進的條件），綜事處甫成立不久，公司內部就像大風吹，各部門怨聲載道，一直到現在董事長採取矛盾管理，一方面放任，一方面擢升新任總經理室副總與之抗衡。很明顯的事實是在前二個星期前我送了一份人事任用簽呈，業經主管單位——經紀處簽核同意後轉送綜事處，該處提具異議，後轉呈董事長室批註排除異議後簽核，在很辛苦地排除這個異議後，我對總公司提問：請問以後人事的任用一定要經過綜事處嗎？總經理室副總答應我修正簽呈傳遞流程，該事實十足表現牽制的作用。

這就是組織定義不明確。以現在組織圖來看，公司一級主管全都換，還有因人而設立的部門，種種顯示組織不健全，可以因人而異、因時而異。這樣的組織變革大多不被看好，除了是抗拒者心態外，以長遠角度來看專業經理人是個五年級後段班且為一般行政人員出身，對證券專業程度及業務行銷缺乏實戰經驗。

案例 4

仁寶電子集團許勝發董事長用人哲學
——知人善任、分層負責、充分授權、用人不疑、疑人不用。

對企業來說，人才是一切的根本，「企」業若少了「人」，就會停「止」，因此我深信積極培養人才，用對的人，是企業成長及永續經營的不二法門。普克定律（Packard's Law）就指出：「企業成長速度，若超過人才進入或內部培養的成長速度，就無法成為卓越企業。」我的用人哲學很簡單，只有二十個字，即是「知人善任、分層負責、充分授權、用人不疑、疑人不用。」

我深信，員工成長會進而帶動公司成長，「對的員工」乃是公司最重要的資產，找到對的人，給予包容與支持，就能夠開發出員工的無限潛能，以金仁寶集團為例，在用人上，對於員工相當包容、有耐性，不排斥離職員工再回來任職，也從不以股票將員工綁住，沒有派系存在，做事就事論事，每個角色的責任非常清楚，沒有「在上位者說才算數」的文化，居上位者充分授權，尊重「角色」與「責任」而非「位階」或「官階」，同時也相當重視員工成長，成長包含三個構面：⑴專業及相關專業能力；⑵管理能力；⑶商業決斷及策略能力。

案例 5

美國 Wal-Mart 量飯店，權責下授，資訊全部公開，希望第一線人員真正自治且負責。

美國也是世界第一大量飯店公司威名百貨（Wal-Mart）創辦人兼董事長山姆・威頓，在其自傳《*Made in America Sam Waltor*》一書中，明確指出他是一個權益下授的支持者。

㈠公開營運資訊，鼓勵各店爭取好業績

公司愈來愈大，必須將權責下授給第一線的人員，尤其是整理貨架與顧客交談的部門經理。公司規模還小時，我可能沒想到授權問題。

我想了許多改進公司的方法。我可能就是那時候開始構想，如何改善我們的團隊工作，並將權責下授給商店的員工。

其中一個最著名的方法，是教科書的例子中學來的，我們稱之為「店中有店」（Store Within a Store）。其實很簡單，許多大零售店的部門經理，只是按時打卡上班，打開紙箱，將商品放上貨架而已。但是我們讓部門經理有機會成為真正的生意人，即使他們還沒上大學或是沒接受過正式的商業訓練，仍然可以擁有股權，只要想要獲得，而且專心努力工作，培養做生意的技巧。有許多人因此激起他們的雄心壯志，半工半讀，後來在公司內擔任要職，我希望有更多人如此。

我們早就將資訊與公司同事分享，而不是視之為機密，只有這樣才能充分授權。「店中有店」的方法是讓部門經理管理自己的業務，有些部門每年的營業額比第一家威名百貨還大。所有的資料，如貨品的成本、運費成本、利潤，都是公開的。我們也讓他們知道，他們的店在公司內排名如何，並且提供誘因，鼓勵他們去爭取好成績。

㈡在授權與管控方面取得平衡

我們一直在自治與控制之間取得良好的平衡。威名百貨當然有些規定是每家店都要遵從的，有些商品也是每家店都要銷售的，但我們還是讓每家店有自治權限。商品訂購的權責在部門經理，促銷商品的權責在分店經理，我們的採購人員也比其他公司擁有更大的權責。我們嚴格管理他們，因為不可讓他們過分自大，以為自己很有權力。不過，我們的採購及店內的同仁，在自主自治上可是表現卓越。

案例 6

華航總經理趙國帥落實真正的授權

㈠趙國帥界定總經理是一個「協調者」角色

從華航轉到民營企業長榮，再回到華航的趙國帥，其實很清楚華航的問題與限制。他認為，兩家公司最主要的差別就是組織文化，華航就像美國的夢幻球隊，每個球員都是一等一的選手，可是不懂得助攻、協調、合作。相對於長榮，個別員工素質可能沒有那麼好，可是放在一起發揮的力量就很強，很像日本的合作模式。因此，趙國帥總經理的改革就從授權給專業、培養團隊合作開始。他界定自己的角色是一個「協調者」，將專業的管理授權給每個部門的副總經理，他們就像是每個事業體的總經理，分別負責航務、機務、服務、行銷、行政、財務等，趙國帥則負責調合各事業體間的利益。

㈡改革，從授權開始，每個主管為決策負責，做不好就下台

趙國帥讓他們掌有處長級以下的人事任用權和大部分的業務管理。他說，讓他們有了實質的權力，領導起來才更有效率，整個組織才會動起來。但他們有權的同時，也要達成獲利目標、為決策負責，做不好也要下台。

趙國帥為了讓華航的用人更加制度化和透明化，處長級以下的人事案，不再由董事長任命，而是交由該部門的副總和其他相關部門的主管研討後，做出一個集體意見，避免偏差和盲點。

行政副總經理張揚就明顯感覺到差別。以前的人事調動案，副總可能只是比人事部門早幾天知道而已，沒有參與，只是備詢的角色。但現在幾個外站主管的人事，一定包括行銷副總、人事處長、企劃處長、台北區處長等幾個相關的主管，在一起把名單攤開來討論。副總在最後決定前，先聽大家的意見，有些人選在討論過程中，遭多數人反對就會出局，整個決策過程非常不同。

華航服務副總石炳煌就說，「這讓我們做起事來，感覺是有權力的，被下面承認，比較有信心。」

案例 7

日本家電量販巨人
——YAMADA 高度集權式與魔鬼式管理文化

㈠經營績效冠業界

YAMADA（山田公司）創業在 1973 年，由山田昇擔任董事長兼 CEO。當時的山田電機公司是以製造廠為主力，家電量販流通專業才剛剛啟萌，連前五大都排不進去。但自 1990 年代中期，近十年來，YAMADA 家電量販公司有了急速的成長。它在 2002 年以 5,000 億日圓營收額超越了另一家COMATSU家電量販店，一躍成為日本第一大的家電量販公司。2005 年度營收額破 1 兆日圓，2007 年度合併營收額將可達 1.5 兆日圓。距離第 2 名 COMATUS 公司的 7,400 億日圓，可以說相差達 2 倍以上。山田家電量販公司目前的市佔率達 20%，平均獲利率亦達 5%，比同業的 2%～3%也要高。即使有此優良卓越的經營績效，但是並未減緩山田公司的拓店速度及每年仍保持 2 位數的營收成長率。

㈡急速成長的根源：壓倒性組織力與嚴格管理模式

在被媒體問到 YAMADA 猛烈急速成長與強的根源在哪裡時，該公司一位幹部表示，主要原因是 YAMADA 具有「強勁壓倒性的組織力及店頭行銷力」。多位商品供應商也表達 YAMADA 是家電製造公司，加上橫跨全日本的家電量販連鎖店與強勢的最高經營者，可以令人感到他們是一個「戰鬥集團」。

在日本，大家都有耳聞過 YAMADA 家電量販店的經營者山田昇董事長，是採取非常嚴格的管理模式。他自己既是董事長兼總經理，自 2007 年 2 月起，他又下令自兼營業部副總經理，親自率軍在第一線作戰。一人身兼三職，這在日本大企業是很少見的組織文化。

山田昇董事長長期以來，就採取了每天早上從 8：45 起，即召開全國店面的電視畫面連線會議。他自己坐鎮在總公司會議室裡，然後，全國數百家店店長也要在他們店裡的會議室各就各位，然後開始開會。開會第一件事，即是山田昇董事長會檢討全國各大區及各單獨店的昨天業績。凡是未達成預訂目標業績的店長，都會在電視畫面上被山田昇董事長嚴厲斥責一番，罵到很難聽。這種畫面及斥責聲，同步被數百個店的店長看到及聽到，大家的神態及氣氛都很沉重。此顯示出在山田昇領導第一品牌家電量販公司是採取高度統制式與嚴厲風格的一家獨特型公司。

此種 YAMADA 企業文化，被公司內部員工稱為「魔鬼式文化」，大家都必須兢兢業業，務必達成年初及月初所訂下的營收業績及獲利目標，否則日子就很難過了。另外，在每一家 YAMADA 店內，天花板上四處都設有監視器，該公司副總經理——富忠男表示，這是為了提升「顧客滿意度」而做的，希望所有全國店員、店長都能做好待客的優質服務，並非為了監視店內員工。

再者，每位店長每天也必須填寫一張「店鋪業務管理表」以及「行動計畫表」以做為提升店內業績的對策、計畫與人員分工。

YAMADA山田昇董事長嚴格的「魔鬼式管理文化」，有些店長認為可以有效提升店頭的效率化及成長化。但也有店長並不認同此種近乎專制獨裁式的領導而辭職離開。

㈢決策速度相當快

YAMADA公司的決策速度相當快，只要在每日全國電視連線會議上，山田昇董事長對各店提出的問題點或建議對策點等，山田昇都會立即回覆，沒有半點猶疑，決策就快速做成，並傳達給全國數百個店的店長依照如此做法。YAMADA公司可以說徹底做到了中央集團統制與上意下達的快速決策模式。山田昇董事長曾這樣表示：「流通事業每天都必須分秒必爭，每天都會有新的變化產生，因為，它不像製造業，都是一成不變的。因此，唯有以快速的決策與因應辦法，才能勝過競爭對手與異業競爭。」

㈣強力中央集權，挑戰 3 兆日圓營收目標

山田昇董事長曾說過：「總公司是頭腦，全國各分店是身體，有了明確的分工及責任，加上強韌的組織力與強力嚴格的中央集權管理模式，未來的YAMADA，將挑戰營收倍數的成長。從現在的 1.5 兆日圓，躍向 3 兆日圓的高峰點。」

YAMADA家電量販及山田昇獨特的董事長領導人，以嚴厲、壓力、目標數據達成力及龐大之數百個店的組織戰力，造就了 YAMADA 公司在家電量販流通事業版圖的第一大。

☞ 自我評量

1. 試說明權力之定義。五種基本權力來源為何？
2. 試說明權力型態。
3. 請圖示一個完整的權力來源、關係來源圖示。
4. 為什麼要研習權力課程？
5. 何謂組織陷阱？試申其義。
6. 何謂組織的淨權力？試申其義。
7. 權力強化有哪三原則？
8. 試申述權力獲取維持的十種方法。
9. 試說明組織角色與權力行為之關係為何。
10. 試闡述權力之錯用。
11. 試分析部屬如何被影響的三階段過程。
12. 試分析權力對組織工作績效及工作滿足之影響。
13. 試分析何為有效的權力使用。
14. 試說明授權的定義、好處，以及阻礙因素。
15. 如何直接授權？試說明之。
16. 何謂職權？職責？負責？
17. 試申述分權之意義、好處。
18. 影響組織傾向集權與分權之因素為何？
19. 何謂控制幅度？影響之因素有哪些？
20. 試闡述統一 7-11 總經理徐重仁對授權之深入看法。

chapter 13

組織行為中的政治權術

Organizational Politics

第一節　組織政治之意義、成因及組織政治行為改善之道

一、組織政治之定義

當一個人的行為只是為了加強其職位及利益，而未顧及公司及群體之利益時，此種自利（self-interest）行為即為組織中的政治行為。

由政治行為所產生的政治權術（politicking）大部分是對組織有害的。少部分則還算是有利的。如圖 13-1 所示，A 區即為對公司有利的政治行為，B 區則為不利的政治行為。不利之政治行為包括：⑴推諉責任；⑵惡意破壞；⑶擁權擅勢；⑷浪費公帑；⑸曲解資訊；⑹羞辱他人；⑺形成派系，結黨結派；⑻傳播惡劣耳語、小道消息；⑼虛榮浮誇；⑽到處下毒；⑾爭奪權位；⑿盡享利益獨厚自己。

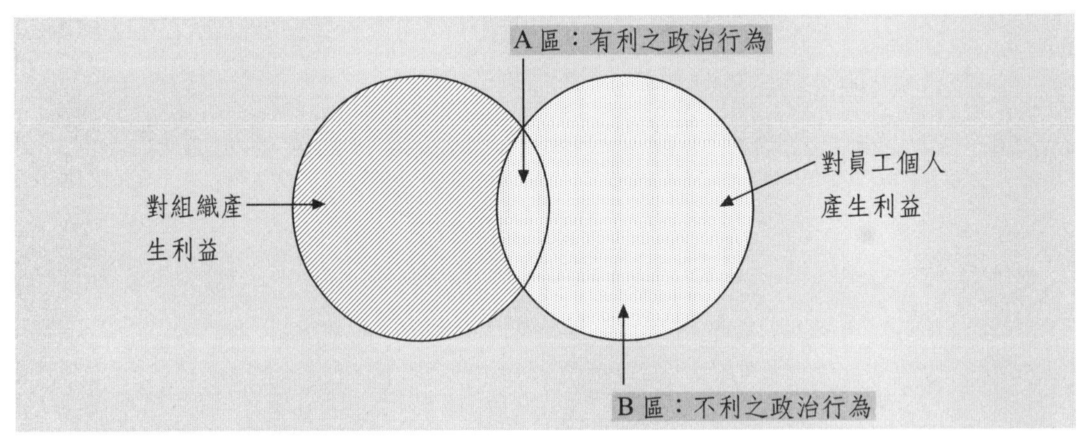

圖 13-1　政治行為之有利與不利

二、組織政治之成因

㈠個人因素

具有下列特質之個人因素，較易出現組織政治行為：

1. 權威感較重者。
2. 權力慾望較強者。
3. 指揮權較重者。
4. 專業能力不強，但欲從其他地方奪權者。
5. 追求高風險之傾向者。

㈡組織因素

組織因素對組織政治行為的產生，比個人因素還大，因此，對組織因素更應重視注意。組織因素包括：

1. 角色模糊

當員工與其職掌、權責界定不清楚，或重疊、權責不一致時，即會產生混水摸魚，趁火打劫等情況。

2. 績效評估體系不夠嚴謹

績效評估指標不夠明確或管考不夠嚴謹時，或不夠公平合理時，使得組織政治行為易於出現。

3. 資源分配不均或不公

當公司有限的人、事、物、錢的資源分配不均或不公時，即會爭奪資源大餅。尤其不患寡而患不均，即會出現政治行為。

4. 權力位置太少

當公司中高階權位有限或太少時，即會爭奪大位，組織政治亦會出現。因此，應該增加晉升的管道及位子。

5. 民主決策過於泛濫

當公司採取民主會議決策模式時，也有可能發生組織政治的串聯表決情況。

6. 高階主管的縱容

高階主管亦縱容組織內部群體或個人衝突之存在。然後，衝突即演變成組織政治行為。

三、組織中的權力政治行為

組織中政治行為包含四種可能性。組織中政治權力行為，在二種狀況下，比較容易發生：

1. 當組織個人主管或群體單位之間，對於公司分配關鍵資源，因數量有限，而出現十分競爭的狀況。

2. 對於決策制定程序及績效的衡量，是在高度不確定及複雜環境下。

上述二種狀況，很容易出現高階主管或部門之間的政治行為，或是權力爭鬥行為。例如，好幾個副總經理，都想搶下一任總經理的位置。但是總經理的位置，只有一個而已。例如，某個單位想要轉投資擴張事業版圖，但是此種意圖，必須經過經營決策委員會及老闆的同意，才可以去做。但決策委員會的委員態度又不十分清楚時，也會出現組織中的政治行為。

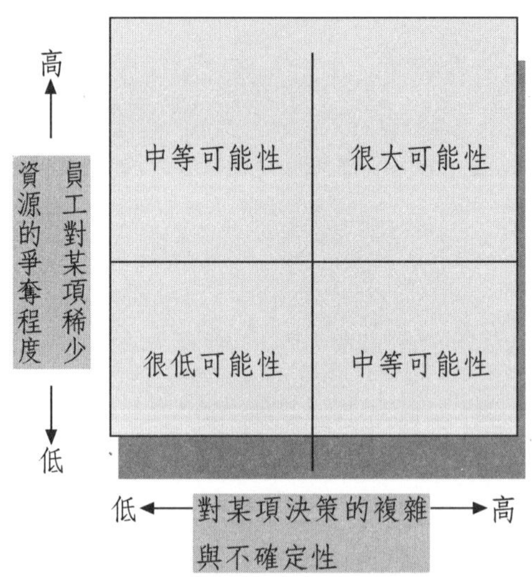

圖 13-2　組織中政治行為發生的四種可能性

四、組織政治行為改善之道

對於組織政治行為之現象，應該圖謀改善之道，主要可從六個構面去思考：

㈠領導人以身作則

企業界最高領導人必須秉持無私、無我、公正、公平、公開、透明之精神，以身作則，自己不以政治權術來操弄組織及組織成員。如果企業領導人自身也是一個權謀極重的人，又在組織中操弄著領導權謀，那麼這個組織內部也必然是個充滿政治行為的不良組織體。

㈡建立良好的企業文化

一個公司有良好的企業文化，一切均按公正的規章、制度、流程及準則來運作，斷絕個人因素的操弄，自然會形成風清弊絕的良好企業文化與組織文化。此種企業品德與操守，會引導所有員工朝向具有高品德、高操守的方向。組織政治行為操弄者自然就會消聲匿跡，無法表現。

㈢工作目標明確

利用組織規章、權責區分及規劃說明，明示組織每個成員的工作目標及分際。

㈣工作行為方面

很多人都會討好上級，媚上奉承，以求自己升官發財。改善之道在於強化公平合理之績效評估制度，阻止權力濫用。

㈤工作獎懲方面

公司的賞罰制度及執行單位愈能落實貫徹者，則愈能避免組織政治行為發生。

㈥資源放大

組織政治行為的發生，有時候是因為公司資源太少，分配不均所導致。因此，對各種資源量，包括權位、名位、預算、獎金……等，可適時擴充擴大，並加速新陳代謝，亦有助於減少組織政治行為之發生。

另外，還有下列措施，可以避免或減少公司的政治權力行為

1. 增加稀少資源數量。包括更多的高階職位及高階名稱，或是更多的預算增加分配。

2. 從最高老闆到所有基層，建立不允許有組織中政治權力行為的企業文化與組織文化。

3. 降低整個系統、制度及程序的不確定性、複雜性，使之更加透明化、公開化、定期化、程序化與標準化。

☞ 自我評量

1. 何謂組織政治之意義？
2. 有哪些不利的政治行為？
3. 組織政治之成因為何？
4. 如何謀求組織政治行為之改善？

chapter

衝突管理

Conflict Management

第一節　衝突的定義、型態、觀念演進及形成過程

第二節　衝突的益處、弊害及五種層次來源

第三節　衝突之三大有效管理方法與六大原則

第四節　組織團結的陰影——剖析「部門衝突」

第一節　衝突的定義、型態、觀念演進及形成過程

一、衝突的定義：Hellriegel 的看法

有關衝突之定義非常多，但卻很難界定明確，因為衝突的發生可能有各種不同情境。不過，衝突仍有其共通性，譬如衝突過程蘊涵著異議（disagreement）、對立（contradiction）、難容（incompa-tibility）、反對（opposition）、稀少（sacaricity）及封鎖（blockage）等概念。根據賀瑞基（D. Hellriegel）等人之觀點，認為衝突多數源於個人或群體對目標認定不一致，認知差異或情緒分歧所致。足見，衝突本質上是「知覺」之問題，一方面可能產生明顯的「外顯反應」，另方面則可能係存在內心之「意欲企圖」。基於上述，可將衝突定義為：「某 A 刻意採取破壞行為，使某 B 努力達成目標受挫之過程。或是某 A 採取反擊行為，以維護既有之權益。」

二、五種基本的衝突成因型態

如上所述，衝突的本質就是組織內部成員之間或單位之間，對某件人、事、物、地有不一致、矛盾或無法相容的意見與做法。

因此，我們可以將衝突的定義，分為五種基本的衝突成因型態：

㈠利益衝突（benefit conflict）

這是一種對不同利益或利益分配不一致的情況。

㈡批評衝突（criticize conflict）

這是一種某個人或某部門對其他人或其他部門之批評，無論是正式會議上或私底下之批評，而引致對方不快之衝突。

例如，公司內部經營績效分析部門或稽核部門對事業部門之批評意見。

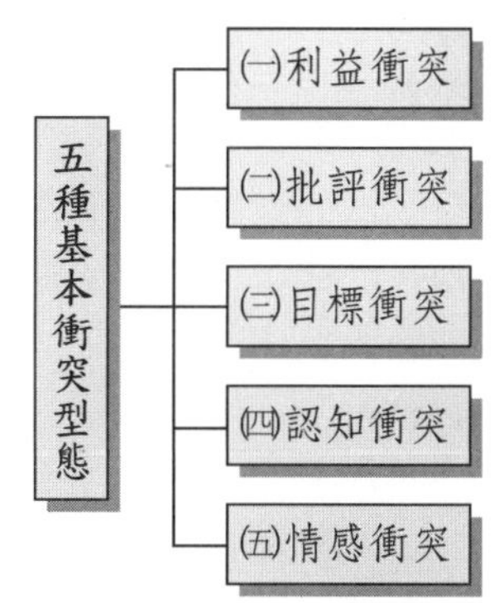

圖 14-1　五種基本的衝突型態

(三)目標衝突（goal conflict）

這是一種對達成之目標產生不一致的情況。

例如，事業單位總是希望拓張事業版圖，但是幕僚財會單位，則是希望考量公司資金狀況而審慎為之。

(四)認知衝突（cognitive conflict）

這是一種觀念或思想或水準上或教育背景上，認知不相容所產生的。

例如，服務業背景出身的主管與製造業背景出身的主管，他們對顧客導向或售後服務的重要性認知可能就有所不同，前者會較重視，後者就較忽略。

(五)情感衝突（affective conflict）

這是一種感覺或情緒上的不相容，亦即是一個人對另一個人的不悅或疏遠。

例如，某人或某部門經常不願支援另一個人或另一個部門。

三、三種「衝突觀念」的演進

衝突是組織內部常見的，並非絕對是壞的。衝突觀念的演進，大致有不同的三種觀念：

㈠傳統觀念（coventional viewpoint）

最早期傳統與保守的觀念，認為衝突對組織及個人都是不利的，具破壞性、無理性及毀滅性，因此，應設法避免。

㈡行為觀點（behavioral viewpoint）

此觀點認為衝突是自然現象，具有價值中立性，故應承認其存在，重點在於如何「管理衝突」，此為 1940～1970 年代之主流觀點。

㈢互動觀點（interaction viewpoint）

此觀點更進一步鼓勵激發能夠促進和諧團結、協調合作及創新之「衝突」產生，因為組織各級領導人可以維持組織中最低限之衝突存在，以維持組織的活力、自我批判及創新力量，並提升組織績效。

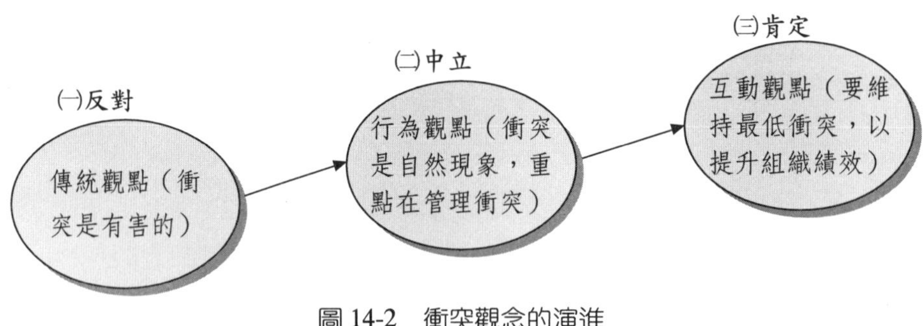

圖 14-2　衝突觀念的演進

四、組織衝突表現方式

組織內部的衝突經常可見，彼此間最常見的表現方式，包括有：

㈠口頭或書面表示反對或不同意見

以口頭表示不同意之看法。有時也會在書面報告或簽呈上表示不同意的意見。

㈡行動抗拒

此行動包括工作上對於接續作業的扯後腿或不配合、不支援，讓對方遇到阻礙。

㈢惡意攻擊

在面臨自身與部門之利益受損時，最激烈的衝突，就是先發制人，先讓對方措手不及。

㈣表面接受，暗地反對

所謂陽奉陰違即是此意，此種衝突只是在檯面下較勁，尚未在檯面上公開化。或是在背後散播不利於對方的小道消息。

㈤向老闆咬耳朵或下毒

以信函或口頭方式，向老闆傳達不利於對方的訊息，即先下手為強。

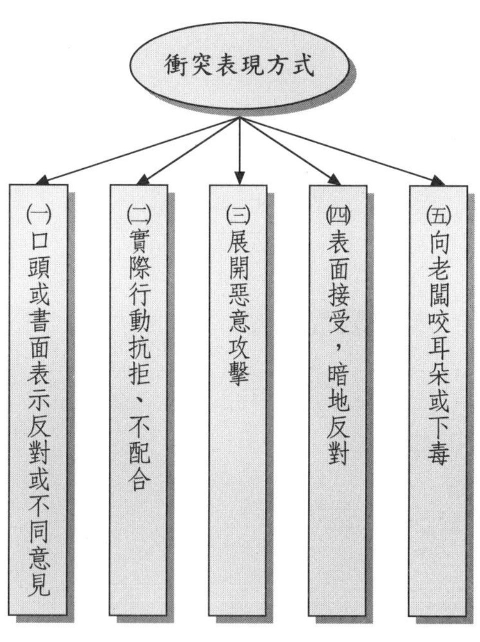

圖 14-3　員工衝突表現方式

五、組織衝突之起因

㈠溝通不良（缺乏溝通）

缺乏主動性、明確性、先前性以及尊重性之溝通，導致雙方共識與認知的無法建立。

㈡權力與利益遭受瓜分

當企業某人或某部門之原有權力與利益，遭到其他部門或人員瓜分時，勢必引起原部門的極力抗拒。

㈢主管個人的差異

各部門主管之教育背景、價值觀、經驗、個性與認知均有所差異，這些在組織溝通過程中，必然會反應不同的見解與立場。例如，技術出身的，或是財會出身的，或是銷售出身的高級主管，自有其不同的思路。

㈣本位主義

各部門常依著本位主義，認為做好自己單位事情，不管他部門死活，缺乏協助之精神，也是導致衝突之因。

㈤組織之職掌、權責、指揮等制度系統未明確

一個缺乏標準化、制度化與資訊化的公司，或是老闆一人集權的公司，比較容易引起組織內部的權力爭奪與衝突。

㈥資源分配不當（share resources）

當財務、人力、物力及技術等資源分配不公平時，就容易引起部門之間的衝突。

六、組織衝突之演進階段

組織衝突演進，大概有四個階段產生：

㈠問題徵兆浮現

此階段尚不易觀察衝突的明確度，但有些徵兆已產生。例如，雙方不和的謠言已產生。

㈡問題產生

衝突已浮出檯面，雖有爭執，但對整體影響還不是很大。例如，在簽呈書面上或是私下協調會議上，已表達反對的意見。

㈢問題擴大

衝突已演變成跨幾個單位或幾個人之工作，並影響工作之推廣，此時高階管理階層已感到事態之嚴重性了，並迅速謀求解決方案。例如，在正式最高主管會議上，雙方互不相讓，各自堅持己見。

㈣問題惡化

衝突已演變到行動上互相攻擊的地步，採取溫和的解決手段若無效，必須下猛藥治病。

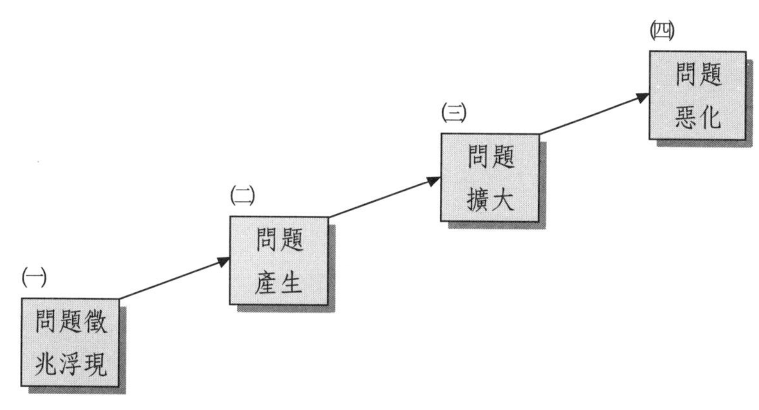

圖 14-4　組織衝突之演進四階段

七、衝突形成之過程

學者Robbins（1983）認為衝突形成之程序，大致有四個階段，如下圖所示，並簡述如下：

㈠潛在反對階段（potential opposition）

此即潛在對立階段。其造成原因，包括：

1. 溝通不良、語意誤解或其他干擾因素。
2. 因組織結構、領導方式、利益分配、資源分配等因素。
3. 因員工個人價值觀念與認知觀念之差異。

㈡認知及個人化階段（cognition and personalization）

在第二階段中，已形成衝突雙方的認知及個人感覺衝突之存在，即感到焦慮、挫折、遭威脅、不滿、利益可能被剝奪、權位可能不保、面子掛不住又失裡子等，再不行動可能就遲了之深刻體會。

㈢行為反應（開始行動）階段（behavioral action）

在此階段中，衝突雙方已展開行動了，形成外顯衝突。這些衝突的表現方式，在實務上，可能有幾種：

1. 在正式會議上，展開批判較勁。
2. 在私底下，透過管道，放出小道消息，破壞對方或對方部門。
3. 向最高老闆，先咬耳朵、先下毒、說壞話。
4. 在配合作業上，完全不予配合支援，甚至還展開阻礙，讓對方績效不佳。
5. 糾合公司內部其他部門及主管，形成聯盟，共同反擊對方或對方部門。

至於在此階段中，也有可能開始展開雙方衝突的解決。這可能是高階決策者已收到或看到雙方部門或雙方主管衝突，會對公司產生不利影響，因此，下指示由雙方或第三者介入協調。學者湯瑪斯（Thomas, 1976）認為可行之解決衝突的類型方法，大致可簡化為五種：

1. **以合理競賽規則，促成公平之競爭**（competition）。

2.**協調雙方合作**（collaboration），爭取共同利益。

3.**採取規避退卻**（avovidane）**方式**，減少引發直接糾紛，亦即，降低衝突的規模及程度。

4.**折衷做法，雙方成果分享**（sharing）。

5.**採取調適做法**（accomodation），取悅對方，或將對方利益置於優先地位。

㈣最後行為結果階段（outcomes）

衝突行為之結果，可能會產生更好績效，但也可能會嚴重傷及績效成果。

1.好的結果

包括：⑴改進決策品質；⑵刺激創新；⑶進行自我檢討；⑷加強向心力；⑸紓解緊張情緒。

2.壞的結果

包括：⑴引發員工挫折感；⑵形成不良企業文化；⑶降低產品及服務品質；⑷破壞溝通；⑸危及公司組織群體和諧。

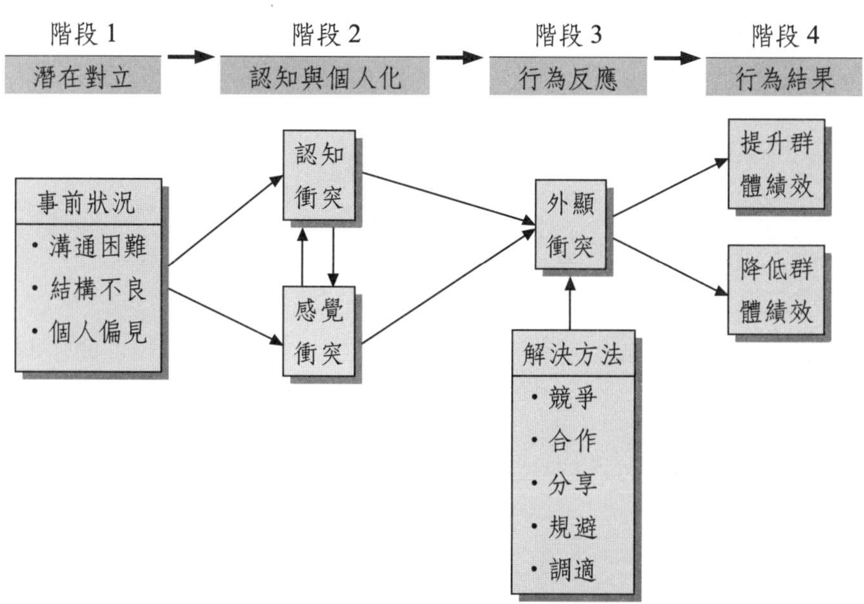

圖 14-5　公司組織或個人衝突程序四階段

第二節　衝突的益處、弊害與五種層次來源

一、適度衝突的益處（衝突的正面影響）

組織內部若有一些良性衝突，不完全是壞事情，有時還存在一些好處，包括：

㈠提早曝露問題

適度衝突產生，可使組織潛藏之問題提早曝露出來，並謀求有效方法予以解決。

㈡良性競爭氣氛

適度的衝突，可使組織各部門產生互動、競爭的氣氛，進而加速組織變革及組織之成長。例如，企業在組織設計實務上，經常採用各事業總部的制度，就是在促進各事業總部為了自己的業績目標，而彼此較勁競爭，輸人不輸陣。在過程中，也經常會出現一些爭取公司資源的良性衝突。

㈢妥善安排資源分配

衝突之產生，可使企業了解組織溝通、協調及資源分配之重要性，從而建立一套制度系統加以運作，產生長治久安之效果。

㈣激發創造能力

創造力產生之條件，常常需要自由開放、熱烈討論之氣氛，吸收不同之意見，方能引發新奇構想。其過程允許某種程度之非理性，因此爭論在所難免，適當衝突反而能引發創新構想。

㈤改善決策品質

在決策過程中，除理性分析、客觀標準外，在尋找可行方案時，常會需要創造能力，因此如同上述所示，允許適度爭論，可以蒐集不同觀點的分析與更多解決方案，以改善決策之品質。

(六)增加組織向心力

假設衝突能獲得適當解決，雙方可重新合作，由於取得共識，更能了解對方立場，這是衝突讓「問題」出現而解決之，而非掩蓋而拖延。因此雙方更能產生更強之向心力，促進工作完成。在衝突發生之前，每每對自己能力產生錯誤之估計，但在衝突之後，可以平心靜氣，對自己重作評估檢討，以免重蹈覆轍。

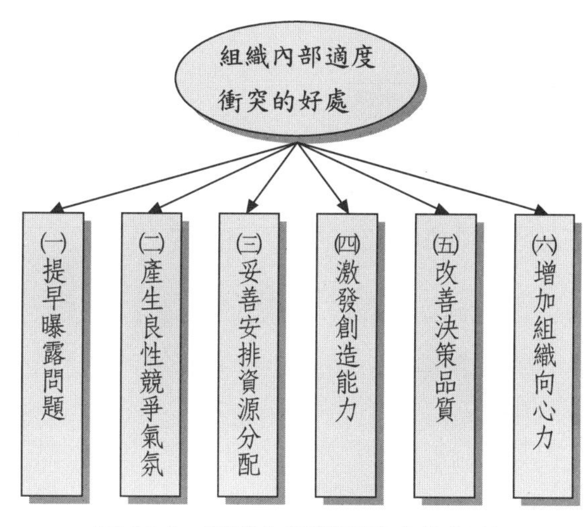

圖 14-6　組織內部適度衝突的好處

二、有衝突不加改善之弊害（衝突的負面影響）

組織與人員之間有不利的衝突存在，各級主管及最高階主管，應協調及解決。否則會帶來對組織發展不利之弊害，亦會引起負面作用，包括：

1. 組織整體生產力會下降。衝突的內耗，使公司消耗了很多資源，包括時間與金錢的浪費。
2. 衝突將導致溝通愈來愈難，歧見難消。
3. 敵對的心態更加濃厚，員工之間或部門之間的互信關係被破壞。
4. 人員開始不滿意、不合作及優秀人才流失。
5. 最後組織的目標會難以達成，漸漸影響其生存競爭力。
6. 削弱對目標之努力。此常由於衝突雙方對目標認定歧異，無法採取一致行動投契於既定目標，故難發揮績效。

7.影響員工正常心理。由於衝突產生易造成員工緊張、焦慮與不安，導致無法在正常心狀態下工作，效率易受影響。

8.降低產品品質。由於組織對長期發展及短期目標欠缺協調，乃引發部門間對目標之衝突，結果為了短期可衡量之利益目標，可能引發重量不重質之現象，產品品質受到損害。

三、有效處理衝突方法

有效處理組織、部門或是人員之間的衝突，大致有六種方法可以參考：

㈠避免衝突之產生（avoidance）

在組織內各單位人員，應尋求背景、教育、個性較一致之成員，以降低衝突之發生。例如，在一個保守、傳統的公司或單位裡，就不太能引進思想與行為前衛的員工。

㈡化衝突為合作

透過某種組織或成員，將雙方或三方之衝突化解並建立合作之模式與互利方案。

㈢公司資源應合理配置

公司有關之財務預算、資金紅利、人力配置、職位晉升、機器設備、權力下授等均應做合理及公平之分配（allocation），讓各部門沒有抗拒或衝突之理由藉口。

㈣結合共同目標

將衝突之雙方部門，運用各種方式、制度及方案，而讓其目標一致，如此，就必須加強雙方合作關係，才能達成目標，並且獲致均分利益。

㈤建立制度以期長治久安

在人治化的組織中，問題終將層出不窮，唯有透過制度化、法治化的程序，才能將衝突消弭於無形。

㈥個人方面的努力

1. 不必過於堅持己見，應有妥協的藝術，退一步海闊天空。
2. 要秉持問題解決的導向心態，不要刻意反對。
3. 最好平時避免衝突產生。

四、衝突的治本與治標方法

㈠治本之方法

1. 解決問題

面對面地解決分歧的意見。

2. 資源的擴張

資源的擴張，滿足了衝突的團體，讓每個單位都能分到利益。

3. 改變結構的變數

假如衝突根源係來自組織結構，唯一合理方法是診斷組織的結構，並加以改變組織結構的變數。

4. 超組織目標

超組織目標加強了組織內部的依賴程度，也加強員工的相互合作，且發展出長期生存的潛力。

㈡治標方法

1. 逃避

逃避雖然不是永久性的解決方法，但卻是非常普遍的短期解決方法。所謂「事緩則圓」，即是此意。

2. 調節

藉著調節降低差異，增加彼此的共通性。

3. 妥協

妥協之所以不同於其他的技術，乃在於每個衝突團體必須付出代價，沒有明顯的輸家或贏家。妥協在達成雙方均贏。

4. 壓力

使用壓力或正式的權力，是消除反對力量最常見的方法。

五、衝突之五種層次與來源

衝突之產生可能為個人層次，亦可能為群間或組織之層次，可分為五種類型說明。

㈠個人自己的衝突（intra personal conflict）

此係指個人自己對目標或認知之衝突，當採取之做法不同，而有互斥結果出現時，有三種型態：

1. 解決問題之各可行方案均有優點，但方案選擇時，引發內心矛盾。
2. 由於各可行方案可能產生負作用，為避免發生，而產生不一致之觀點。
3. 對各可行方案有正面價值或產生負作用，無法做明確之判斷。例如，某個優秀的經理人員，面臨著到底赴中國大陸公司發展或留在台灣母公司之兩難抉擇。到大陸可以開創更高職位，但在台灣也有不錯的發展前途。

㈡人際衝突（interpersonal conflict）

一個人以上相互間之衝突者，稱之為人際衝突。此係指個人員工與個人員工，彼此間因工作或態度而引起的衝突。例如，公司內部某業務副總與生產副總二人之間對產銷之間的衝突。

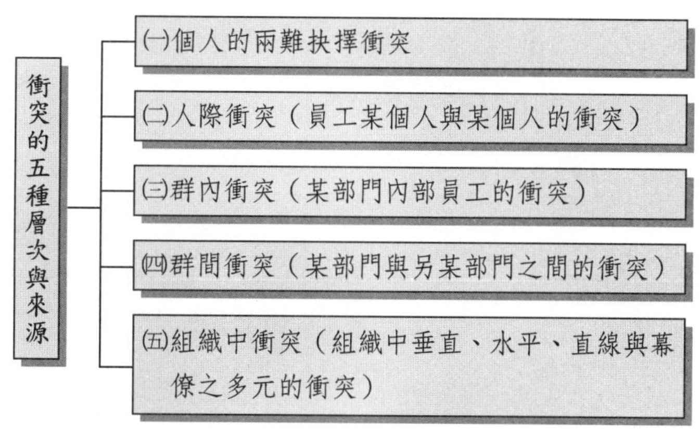

圖 14-7 衝突的五種層次與來源

對於個人與個人之間衝突的處理模式，如果從圖 14-8 來看，可能會有五種不同的處理結果。包括：

1. 妥協（compromise）

此即既考慮到對方，也兼顧到自己，並未太固執。

2. 協同合作（collaborative）

此即既展開擁抱，與對方密切合作，不究前嫌，另方面，自己也相當執著於此種信念。這是一種雙贏（win-win）的處理結果。

3. 逃避（avoidance）

此即既不與對方化解，也不合作，但又不會固執己見與對方打到底，故稱之為逃避，盡量不與他個人再合作往來。

4. 強迫與執著到底（forcing）

此即既不與對方合作，而且堅持自己想法，衝突繼續存在，不是你敗，就是我敗，打到底了。

5. 順應（accommodating）

此即代表一種合作，但不執著的行為，放棄己見與前嫌，完全以對方意見為主。

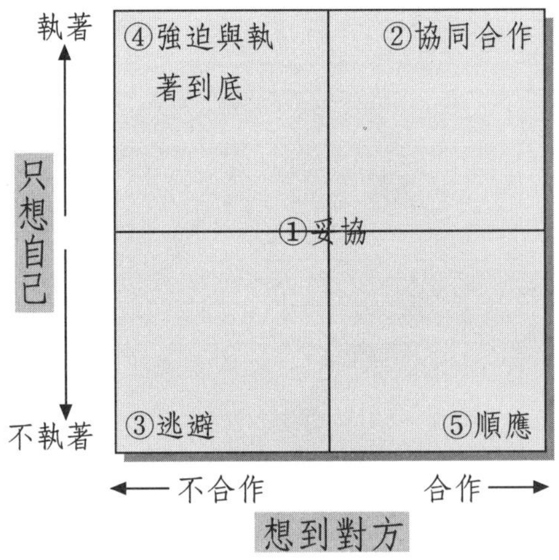

圖 14-8　個人與個人衝突的處理五種結果

㈢群內衝突（intra group conflict）

群體內的衝突，指的是個人內心衝突或人際間之衝突。此種衝突對群體工作成果有相當大之影響。例如，同一工廠內有一千名作業員工，這一千名的群內員工亦可能引起若干衝突。

在實務上，某個工廠、某個事業總部或某個部門內，之所以產生內部的衝突，主要有幾點可能的因素：

1. 同一部門內，又再產生各種不同的派系或山頭。

2. 底下的部屬，可能不服上級主管的指揮或領導，認為他沒有公正心與專業能力帶領他們。因此，群起反對，造成衝突。

3. 現在大企業的一個事業總部的組織編製也很龐大，人員也很多，單位與單位之間為了爭寵或資源分配，也可能產生衝突。

㈣群間衝突（inter group conflict）

兩個群間衝突，經常由於資源之互依性及目標之互依性而產生。例如，公司成立某個最高權力的某種專案小組，即可能與某個營業部門產生權力與資源衝突。例如，公司的業務單位也會與生產單位起衝突，業務單位可能會抱怨工廠的生產品質不佳、交貨時間太慢、供貨數量不足等。而生產單位亦可能抱怨業務單位接單到出貨時間的告知時間太過匆促，應與顧客再商量。

㈤組織中衝突（intra organizational conflict）

若以組織中的層次來看，衝突有三種型態：

1. 垂直衝突（vertical conflict）

此乃來自於上下階層之衝突。例如，事業總部主管將問題責任往下層人員拋，下層人員即會不滿。

2. 水平衝突（horizontal conflict）

指平行部門或單位之間的衝突。例如，生產部門與銷售部門之衝突，常見兩部門相互推卸責任。例如，銷售業績不好時，就說生產品質不夠好。

3. 直線與幕僚衝突（line-staff conflict）

即指幕僚單位與直線單位之間的衝突。例如，稽核幕僚與第一線業務單位之衝突。

這些衝突通常都是組織內易發生之現象，其形成原因可能是職責劃分不清、本位主義、立場歧異或角色差異所造成。茲以企業實務組織架構為例，來圖示組織中的衝突種類：

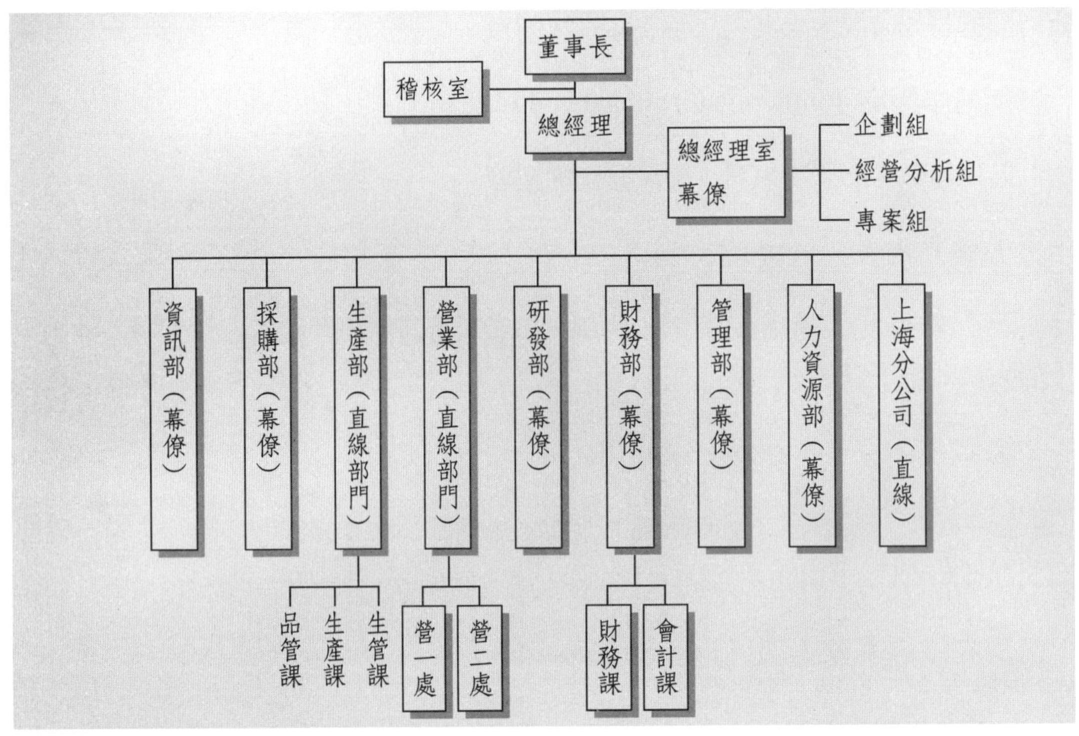

圖 14-9　組織中三種衝突型態

第三節　衝突之三大有效管理方法與六大原則

一、衝突之管理

針對衝突之有效管理方法，可以從三大途徑來看：

㈠結構性之管理方法（structural method）

此種方法基本上採取制度結構之重建，隔離衝突之主體，此法本質上有迴避之性質。

1. 藉由權位統制衝突（dominace through position）

按職位高低，以位高權重者來支配位卑權小者之做法，近似壓制。亦可利用聯

合支配方式造成聲勢，然而此種方法有短暫效果，卻無法真正消除雙方心理障礙。例如，董事長下令某二位副總經理，不必再各執己見，而須通力合作，辦好此事。否則二個副總都將滾蛋。而二位副總鑑於薪資及福利都不錯，外面也找不到更好的地方去，因此，可能會雙方修好。

2. 互相交換成員（interchange）

透過人員相互交流，以了解對方立場及困難，亦可由主管以命令方式處理之。不過其效果通常難持續。在企業實務上，也經常透過主管輪調，讓雙方主管了解各單位在執行上的困難點及配合點。

3. 改變組織設計，減少互依性（decouping）

利用提供某部門資源或複製另一部門，使衝突部門之依賴程度降低。例如，某幕僚單位經常扮演分析及評論某業務單位的功能，但也會引起業務單位的不滿。因此就改變組織設計，將此幕僚單位移轉到該業務單位去。另外在企業組織設計上，也經常採用事業總部方式，將產銷大權集中於該事業總部最高主管身上，以貫徹權責合一制，以減少平行部門太多引起的本位衝突。

4. 利用連綴角色予以緩衝（buffering with linking pin）

透過協調連綴個人或群體來協調，做為衝突雙方之仲裁角色。例如，公司的董事長室或總經理室高階幕僚人員，就常出面扮演衝突雙方的調解人。

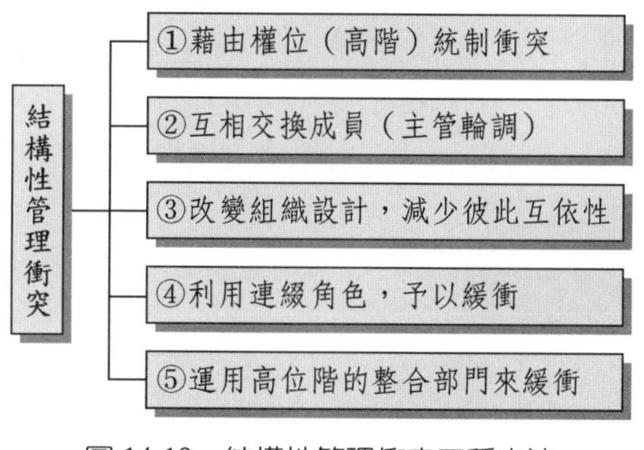

圖 14-10　結構性管理衝突五種方法

5. 運用整合部門來緩衝（buffering with an integrating department）

此法為利用設置整合部門來協調兩個群體之衝突。

例如，公司設有總管理處或董事長室副總經理，其職掌功能之一即是具有整合相關部門工作方向、政策、溝通協調與資源整合之功能，以做最後雙方部門意見不一致下之仲裁者。

㈡人際性之管理方法（interpersonal confrontation method）

此種方法在於盡量利用人際技巧協調衝突雙方，方法有三：

1. 自行溝通或說服（persuassion or conciliation）

此乃以理性態度，由當事人直接說服或雙方自行協調處理之。

有時雙方衝突僅是由於謠傳或誤傳或誤會所致，雙方當事人，經過澄清及溝通之後，即可化解小衝突。

2. 協議（negotiation or bargaining）

協議的最終目標，在於希望雙方均能互利互惠，以及互退一步。例如，以前台塑集團的勞工工會，每到調薪時節，總會組團到台北總公司，求見王永慶董事長，要求調薪比例，最後獲致協議，而避免勞資衝突。

3. 中立的第三團體諮詢法（third party consultation）

在私自協調及談判均無法完成任務時，可採第三者諮詢法。這種方法無特定處理程序，首先雙方分隔兩地，分別提出條件，由第三者居中傳遞信息，而後聚會交換意見。如有觀點上的差異，則請第三者協調澄清，如此經過反覆思考討論，取得折衷方案。此種較為公正客觀的等三方諮詢仲裁，可在公司內部或外部尋找。

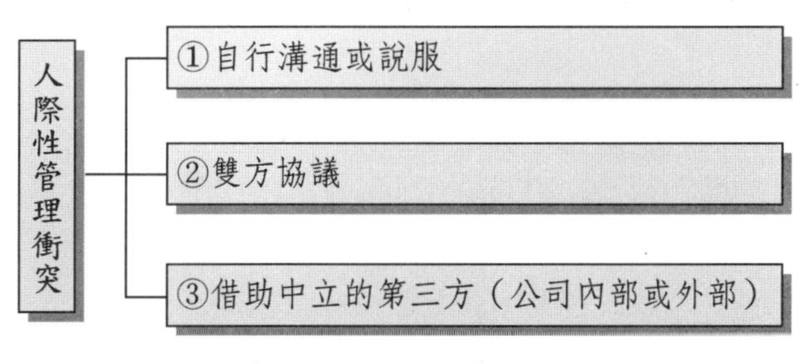

圖 14-11　人際性管理衝突之三種方法

㈢推廣性之管理方法（promotional method）

此法旨在提高衝突的層次及品質，由理性辯論決策程序處理之。

推理辯證法（dialectical inquiring method）——融合雙方觀點，此法係將衝突納入決策過程，即由衝突雙方各提出解決方案，然後由決策者加以整合找出可行方案。

決策制定者通常會將衝突雙方的解決方案融合在一起，各取其優點精華，而裁示出一個考慮到所有事實與多元觀點之角度的決策。通常這種角色就是董事長或總經理，亦即有最後實權拍板的決策人物。

二、衝突管理的六大原則

主管處理衝突時，應恪守以下原則：

㈠注意問題癥結

很多時候表面看來相安無事，底層卻是暗潮洶湧，有些人表面上說不在意，其實心裡耿耿於懷。

㈡留餘地

即使當事人明顯有錯，也要適度維護對方的面子與自尊。當然，事後要讓部下清楚了解錯在哪裡！

㈢對事不對人

處理的焦點應放在問題本身，而不是放在人身上，避免用情緒性、批評意味的字眼，更不要涉及個人私德或私交。

㈣同理心

站在當事人的角度來看問題。

㈤考量利害

衝突的化解應基於「利害」的考量，而非基於「立場」的考量。因此主管必須放下自身立場，衡量整體利害關係，兩利相權取其重，兩害相權取其輕。

㈥站穩立場

主管處理衝突，要先了解自己的底線在哪，確認自己的需要，再進一步了解對方的底線，確認對方的需要，這樣才能找出雙方都能接受的平衡點。

三、衝突的解決仲裁策略

當屬下發生衝突時，主管往往須扮演仲裁者的角色，主管在面對衝突仲裁時，首要先判斷是否適合介入，決定出面後，則要根據雙方需求、底線，選擇適合的仲裁策略。如果雙方「火力」都不是很強，也許安撫一番便可以解決衝突，如雙方意見歧異太大，便需要進一步尋求妥協或整合的可能。在衝突發生時，第一個要處理的就是情緒問題，若其中一方展露憤怒的情緒，當下任何溝通的嘗試都是無效的。管理者應先處理自己的情緒，放下當事人的成見或對事情的主觀判斷，讓對方把情緒發洩掉，或等兩方情緒穩定後，再開始處理問題本身。

每個人面對衝突的反應都不一樣，甚至同一個人在面對類似的衝突時，也會因對象不同，而有不同的反應，因此，沒有一套固定溝通模式，可適用於所有人。人在遭遇衝突時，會有幾種不同的處理態度，位階由低而高分別為（見圖 14-12）：

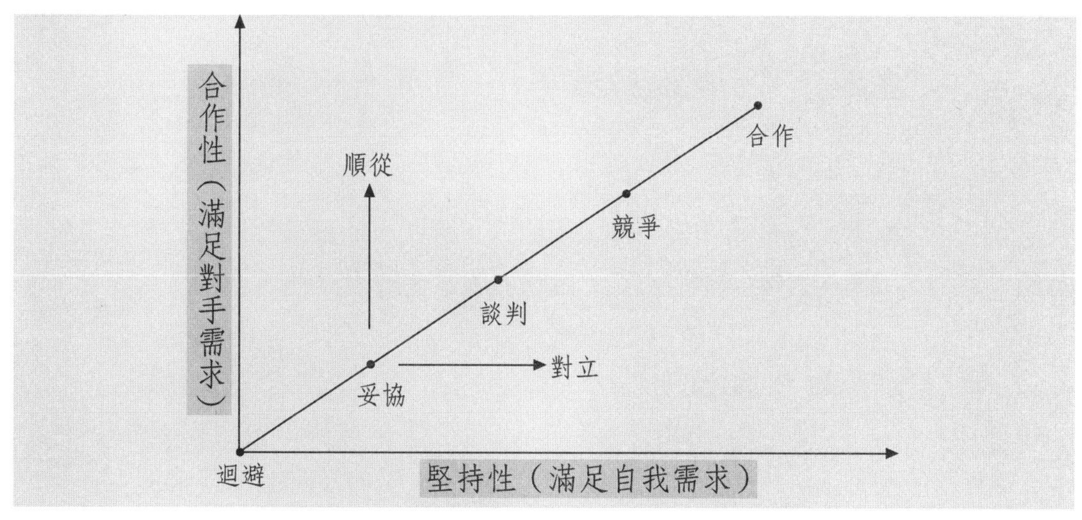

圖 14-12　當事人如何化解彼此間的衝突

㈠逃避型

這類型的人通常不會對衝突表達意見，而是壓抑自己真正的想法，拖延處理時機，或者希望靜待情緒冷卻後，衝突自然煙消雲散。

㈡妥協型

這類型的人外在表現是合群、友善、願在衝突中讓步的。

㈢談判型

這是能屈能伸的個性，特色是有原則、獨立，能把守住底線。

㈣競爭型

這類型的人多半頑固、易怒，衝突發生時傾向採取對抗與攻擊立場。

㈤合作型

衝突處理的高手，也是和平主義者，常常能在衝突中找出雙贏模式，使雙方互惠互利。

第四節　組織團結的陰影——剖析「部門衝突」

國家與國家之間，自古以來，不免因歷史宿仇、資源利益而大動干戈，而人與人之間亦時生齟齬。企業組織是一群人所組成，因此，組織或部門間的衝突亦在所難免。不過，組織的力量發揮的因素，自應加以重視及因勢利導。

一、部門衝突的「原因」

從實務的觀點來分析，引致部門衝突的原因，大致有下列七項因素：

1.只為自己的自私心態，幸災樂禍及本位主義等不當心態的作祟。

2.組織內不同派系紛爭後的結果。

3.部門之間職掌及權責未予規範，或規範得不夠明確以及不夠合理。

4.企業經營者未能公允對待不同部門及不同主管，是始作俑者。例如，某部門主管是老闆的親信，因而恃寵而驕。

5.因工作性質及內容彼此不了解而產生衝突。例如，業務單位人員認為，幕僚人員不懂實務，只會紙上談兵，閉門造車；而幕僚人員則認為，業務人員只會誤打誤撞，不懂規劃。

6.因原有不法獲利受到稽核或切斷，導致有意之抵抗。例如，採購、總務、業務人員受到新成立稽核單位之嚴格查核及建立防弊之管理制度作業，因而使原先之不法獲利管道受到監督或阻擋。

7.過去長久以來，所延續下來的組織氣候，就是如此惡質化的勾心鬥角、互扯後腿、不合作，以至貌合神離。

二、衝突「不良」的影響

部門衝突浮上水面及擴大到兵戎相見時，對整個組織及企業會有相當嚴重的不利影響，最顯而易見的，有下列三項：

1.整個組織氣候大壞，不同部門人員間視同陌路，並進而使優良員工都待不下去，人事流動頻繁。

2.部門與部門之間協調不足，各自為政，勢必削弱企業整體經營績效。

3.如此惡性循環下去，終將使企業面臨困境。

三、化解衝突的十種方式

化解組織部門間的衝突，須從多種管道著手，概述如下：

㈠從老闆改革起

企業是老闆一人執政，因此老闆就是改革的源頭。老闆必須對所有部門及所有一級主管，均一視同仁，沒有大牌與小牌之區分，也只是一種聞道先後或禮儀尊敬之外像。

㈡職掌、權責釐清

職掌、權責模糊，勢必造成互相推諉，沒有人願意承擔責任。因此每個部門的職掌以及部門主管的權責，均須以文字化加以明確規範，自然就能避免三不管地帶的產生。

㈢組織內必須嚴格禁止派系的產生

這必須從最高階層的經營者、董事會，以及高階主管身上做起。

㈣力行定期輪調

在相似業務的工作上，對主管進行定期輪調。讓他們對別的部門工作多了解多溝通。

㈤壯士斷腕

對於少數抗爭太過份的，可調到較不重要的部門，或調為非主管職。若仍無法改善時，則只有壯士斷腕，請他另謀高就，以徹底解決事端。

㈥列入考核要項

部門主管通常對晉升、加薪、年終獎金及紅利分配等均相當在意。因此如果在年度考核（考績）作業上，加入「協調與配合」的項目，並給予相當大的比例分數，將會有意想不到的成效。

㈦主管自我反省

主管必須胸襟寬大，個性慎重周延，培養成熟穩重的作風。此外，幕僚主管在做規劃或稽核之前，應多了解實務，多和業務主管做溝通，而業務主管亦應確認幕僚人員是來幫助他們的，而多予支持及配合。

㈧及時化解衝突原則

當小衝突發生時，企業經營者必須迅速親身出面，予以撲滅。並且查出源頭為何？緣由為何？然後立即研討解決的方案，以避免類似狀況再發生。

㈨建立新的指揮系統

當平行部門太多，而最上面的指揮主管只有一人時，則不妨將幾個部門劃歸由某一協理級或副總經理級人員來主管。

㈩部門合作，績效方顯

在很多的案例中，經常看見企業界的老闆，為解決部門或主管間的衝突，而疲於奔命，不斷做和事佬。不過，這畢竟不是徹底解決的方法。「要拿開心中的陰影」，這是一句十分富內涵及有意義的話。如果企業界上至經營者，下至部門主管，人人都能拿開心中的陰影，那麼部門之間的衝突，將減至最小。

☞ 自我評量

1. 試說明衝突之定義。衝突的成因型態為何？
2. 試說明對衝突觀念的三種不同觀念。
3. 組織發生衝突的表現方式為何？
4. 試分析組織衝突之起因。
5. 試說明組織衝突的演進階段。
6. 試分析衝突形成之四階段過程。
7. 可行的解決衝突之方法有哪些？
8. 試說明適度衝突的正面影響。
9. 有衝突而不加改善之弊害有哪些？
10. 有效處理衝突之方法為何？
11. 試說明衝突的治本與治標方法。
12. 衝突的五種層次來源為何？
13. 對於衝突處理的五種不同結果為何？
14. 試就結構面，說明管理衝突之方法為何。
15. 試就人際面，說明管理衝突之方法為何？

chapter 15

壓力管理

Managing Stress

第一節 壓力的意義、產生過程、本質、產生來源及經理人經常面對的壓力因子

一、工作壓力的「定義」

綜合學者Dunham、Bonoma及Ealtman等人對工作壓力（work stress）之詮釋，認為工作壓力之定義，係指：「員工個人面對環境改革，而形成生理及心理之調適狀態」。此種狀態，包括：

1. 在心理層面之狀況，包含緊張、憂慮、不安及焦慮。
2. 在生理層面之狀況，包含新陳代謝加快、血壓升高、心跳加速、呼吸加快等。

所謂「**壓力**」（stress）是指：一種因為行動或情況對個人的生理或心理思考與本能的要求，所產生的反應。而壓力大小受個人與其工作環境間的互動所影響。

每天在環境中，會產生壓力的因素，我們稱之為「**壓力因子**」（stressors）。壓力因子，可能來自於工作，來自於家庭，來自於朋友或同事，來自於個人不同的內在需求或內在知覺等。

當一個人認為上述這些因子，超過了對他個人的要求水平及能力時，就會產生個人的壓力了。

二、工作壓力之「過程」

工作壓力對員工個人之產生過程，可以包括四個步驟：(1)刺激出現了；(2)感受到刺激；(3)刺激威脅之認知；(4)行為之反應。如圖 15-1：

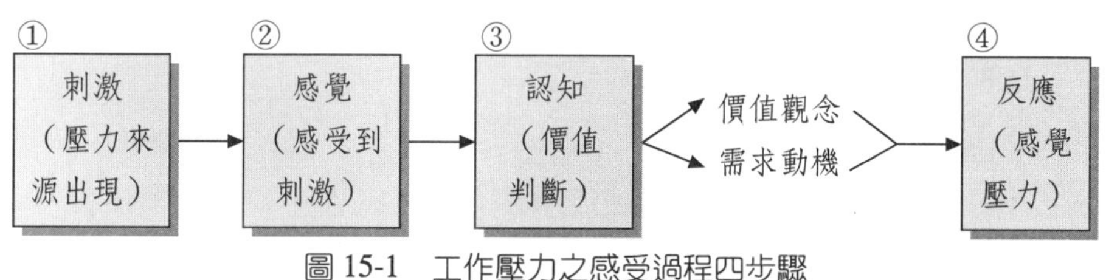

圖 15-1　工作壓力之感受過程四步驟

茲舉例圖示：

①刺　激	②感　覺	③認　知	④反　應
・今天老闆在會議上罵人了，因為本月業績衰退，全部的人都罵，包括業務主管（本人）在內。	・感受到被罵的難過與壓力，因為老闆說了重話，再做不好，就要滾蛋了。	・老闆是講真的！ ・我本人還需要這個職位，因外面同行工作不好找，待遇也不好。	・感受到重大壓力，心情沉重，但是只能再努力拚下去，與全體業務同仁一起團結，發揮戰鬥力，達成下個月業績目標。

三、工作壓力之本質

工作壓力之產生，有三種反應前奏曲，說明如下：

㈠觸發事件

此係指已發生或即將發生之某件事情，例如，準備參加一項重要檢討會議，老闆特別要求準備哪些資料報告，或是老闆在幾天前，已釋放出他想異動高階人事的訊息。

㈡預期行為

此係指個人覺得無法應對即將來臨的事件，其原因可能來自於追求完美，或是無力做到，或是胡思亂想所致。

㈢恐懼心理

此係指由於無法妥善應對，產生了自我疑慮、挫折、沮喪、無信心、失望，而開始另有打算。

四、工作壓力之來源

綜合學者 Marrow、Schucer 及 Beehr 等人之看法，員工個人的工作壓力來源，可能包括下列各種來源：

㈠角色特性

1. 由於角色負擔過重（role overload）

主管如果工作超量及目標要求超量，則該主管壓力會很大。

2. 由於角色模糊（role ambugiuty）

此係指主管人員不完全了解自己工作範圍或職業，或是公司組織經常改變，或是老闆無法按照每個人的定位去指揮做事，因此形成某些主管的角色模糊，造成他的壓力感覺。

㈡組織特性

1. 由於決策品質（decision quality）負責成敗

決策主管如因決策失誤，造成公司損失，決策主管自然有很大壓力。

2. 由於職務不清或錯誤指派

由於組織內部職責及工作分配不清，導致人員相互諉責或奪權。有時亦因人員不適當的指派工作，造成當事人的工作壓力，影響士氣。

㈢群己特性

1. 由於別人的評價（other's rating）所致

有些主管很在乎上級長官或別人對他的評價，如果過度重視，也會帶來相對的工作壓力。

2. 由於人群關係（human relations）所致

包括工作關係、家庭關係、社會關係及情感關係等處理不當，也會帶來個人的壓力。

㈣實體工作環境

1. 由於工作環境條件所致。
2. 由於辦公室布置條件所致。

㈤其他因素

1. 社會環境因素。
2. 財務處理因素。
3. 自尋煩惱。
4. 其他。

五、工作壓力產生來源的個人判斷因素

組織成員在每天上班工作的過程中，當然會感受到不同大小的工作壓力，而是否成為壓力，以及壓力感受到的大小程度，主要取決於五大因素：

1. 個人對情境所感到的知覺（perception）是什麼？

2.個人過去的經驗體會與判斷。

3.此種壓力與績效成果間的關係連結程度。

4.所涉及到的個人與他人、部門、上級或部屬的人際關係情況如何。

5.個人對壓力反應的差異程度大小。有人習以為常，有人卻不太適應。

六、壓力來源的五種構面

那麼我們如果再歸納出組織中個人工作壓力來源的分析構面，大致可以從五種構面來看：

㈠跟工作相關的壓力因子來源

例如，工作負荷過重，或者工作本質就是比較危險的（例如，警察、消防隊員），或者工作廠房環境不佳等。

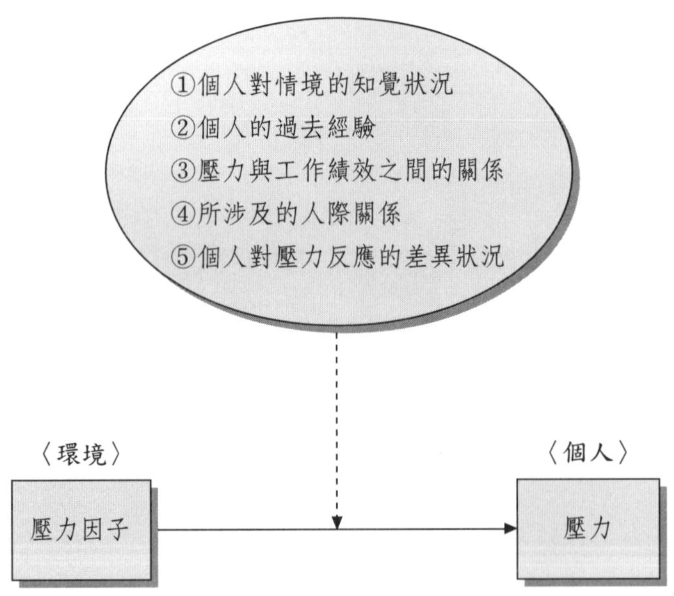

圖 15-2　壓力因子與個人壓力之關係

㈡跟在組織中角色有關的壓力因子來源

例如，角色衝突、角色負荷過度、角色模糊、角色定位錯誤、角色期望過大、用人不對。

㈢跟事業生涯發展相關的壓力因子來源

例如，覺得升遷、加薪不夠快或沒希望了，或者覺得公司發展有瓶頸。

㈣在組織中的關係

如果在組織中，與部屬、上級長官、平行部門同事，都相處不好，則壓力將會大增。

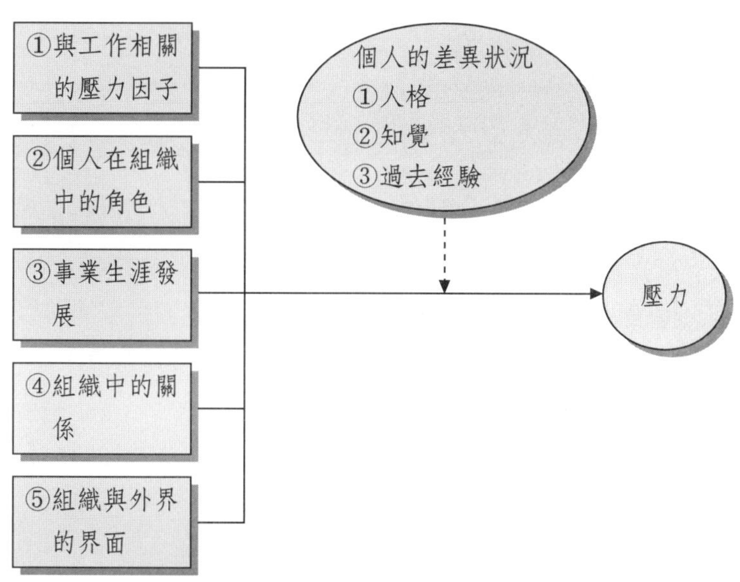

圖 15-3　個人工作壓力的來源

㈤組織與外部領域的界面因子來源

例如，公司加班或過度忙碌產生與家庭相聚時間的衝突，亦會使二者之間發生衝突及壓力。

七、經理人員經常面對的壓力因子

組織中經理人員經常面對的壓力因子，可以歸納為表 15-1 中的七種：

表 15-1　經理人員（管理者）經常面臨的工作壓力因子

壓力因子	例　子
①工作角色模糊	工作責任不太清楚
②角色改變	某人在某狀況下是上級，在某狀況下又是非上級
③制定困難決策	經理人員被迫做一個困難的決策（例如，裁員、關廠）
④工作過重	同時處理好多件事情
⑤期望不實際	在各種條件資源不足下，被要求做一些不可能的任務
⑥期望不明確	沒有人知道本單位被期望成為什麼
⑦失敗	結果沒有完成、達成

第二節　如何做好「壓力管理」及「壓力調適」原則

組織中員工難免都會遇到一些壓力，不管高、低階員工大多都難以避免。因此，員工或是幹部的自我壓力管理，就成為現代上班族的一件重要事情。如果不能做好壓力管理，那麼員工個人或是組織的成效，就會受到損害。

一、壓力管理的六個步驟

所謂的壓力管理，可以分成兩部分，第一部分是針對壓力源造成的問題本身，加以分析處理，第二部分則是處理壓力所造成的反應，亦即針對情緒、行為及生理這三方面的反應加以紓解。有關壓力管理的六個有效步驟如圖 15-4 所示：

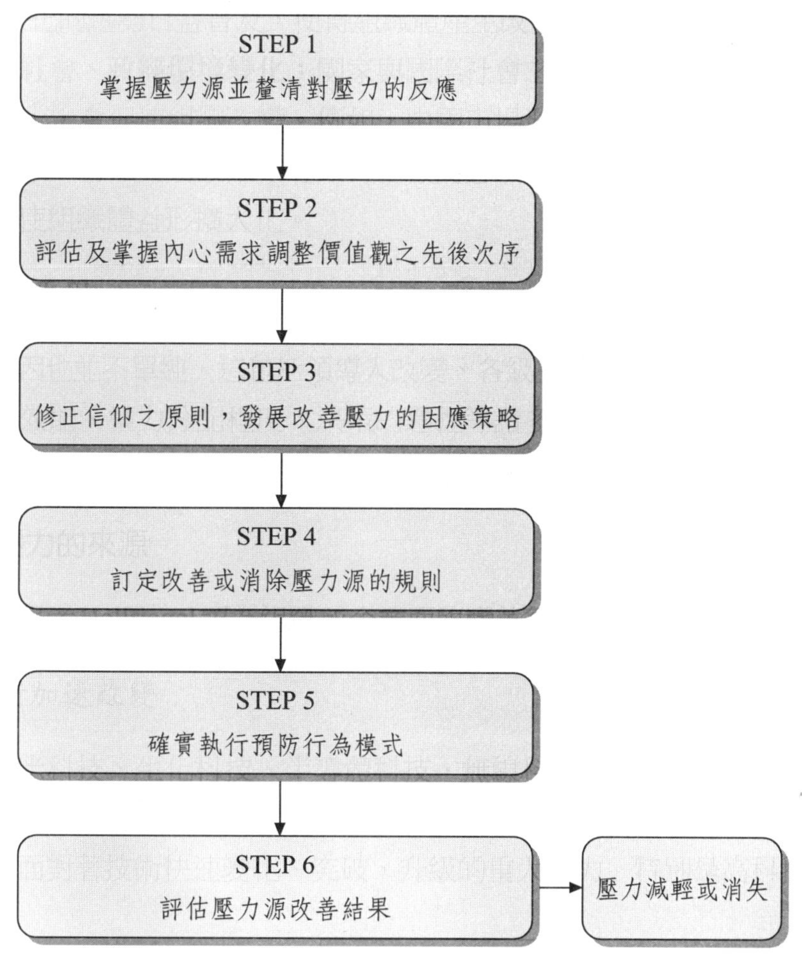

圖 15-4　壓力管理的六個步驟

二、如何管理「高績效，低壓力」

1. 主管應評估部屬的能力、需求及個性，然後再配置適當的工作性質及工作量給他們。

2. 當他們有理由說明時，應該允許部屬有說「不」的權力，並且予以適時調整工作要求。

3. 應對部屬之優良績效，迅速予以回饋（reward effective performance）。

4.主管人員應對部屬工作之職權、責任與工作期待等，加以明確化（clear authority, responsibility and expectation）。

5.主管與部屬應建立雙向式溝通（two-way）。

6.主管應扮演教師角色，發展部屬之能力，並與他們討論問題（play a coaching role）。

7.主管應及時支援及協助部屬處理難以做到的事或難以見到的人，亦即應有效紓解他們工作上特殊的困境。

三、工作壓力調適原則

㈠九種調適原則

根據學者 Webber 的分析，針對員工個人的工作壓力之調適方法，計有九種：

1.修正調整自己的需求、動機與價值觀。

2.修正別人的需求、動機與價值觀。

3.撤退或退縮。

4.尋求援助。

5.加強溝通與協調。

6.劃分自己需求的層次。

7.反擊別人或自己。

8.拒絕工作或辭職。

9.以權威壓制對方，強迫他人就範。

㈡調適步驟

依據學者 Packer 之研究，對員工工作壓力之調適六個步驟，分別是：

1.了解並敘述自己感受之壓力特徵，即認知壓力之來源。

2.了解壓力問題之嚴重性，並分析輕重緩急。

3.了解壓力本質，藉以適當反應。

4.參考別人實例，藉「他山之石以攻錯」。

5.書寫工作壓力之一般原因。

6.與他人交換意見，做為認知反應後之回饋參考。

㈢調適之配合原則

員工在上述調適方法及調適步驟過程中，還要配合一些原則，才可以有效的紓解壓力：

1.觀察能力之自我訓練。
2.培育自我肯定意識。
3.學習肌肉鬆弛技巧。
4.了解溝通協調技巧。
5.預測壓力反應之可能後果。
6.培養平常無爭之心境。

四、工作壓力之管理方法

如就員工個人及組織二方面看，對於工作壓力之管理方法，可以包括如下：

㈠個人之管理方法

1.加強個人戰鬥意志，克服及突破它。
2.運用適度休閒、休息，然後再出發。
3.善用時間管理，了解輕重緩急。
4.定期健檢，了解是否仍然健康。

㈡組織之管理方法

1.健全及改善組織內部水平及垂直的溝通協調管道。

2.鼓勵每個員工認識自己，放在對的工作崗位上，並協助發展員工的事業生涯規劃。

3.允許員工在創新之中的錯誤，而不必苛責太多，應該鼓勵重於懲罰。

4.奉勸個性較急的高階主管及老闆，在正式會議上，少用責罵人的領導風格。

五、工作壓力之「預防管理」模式

茲將學者 Quck 有名的工作壓力預防模式，圖示如下之關係：

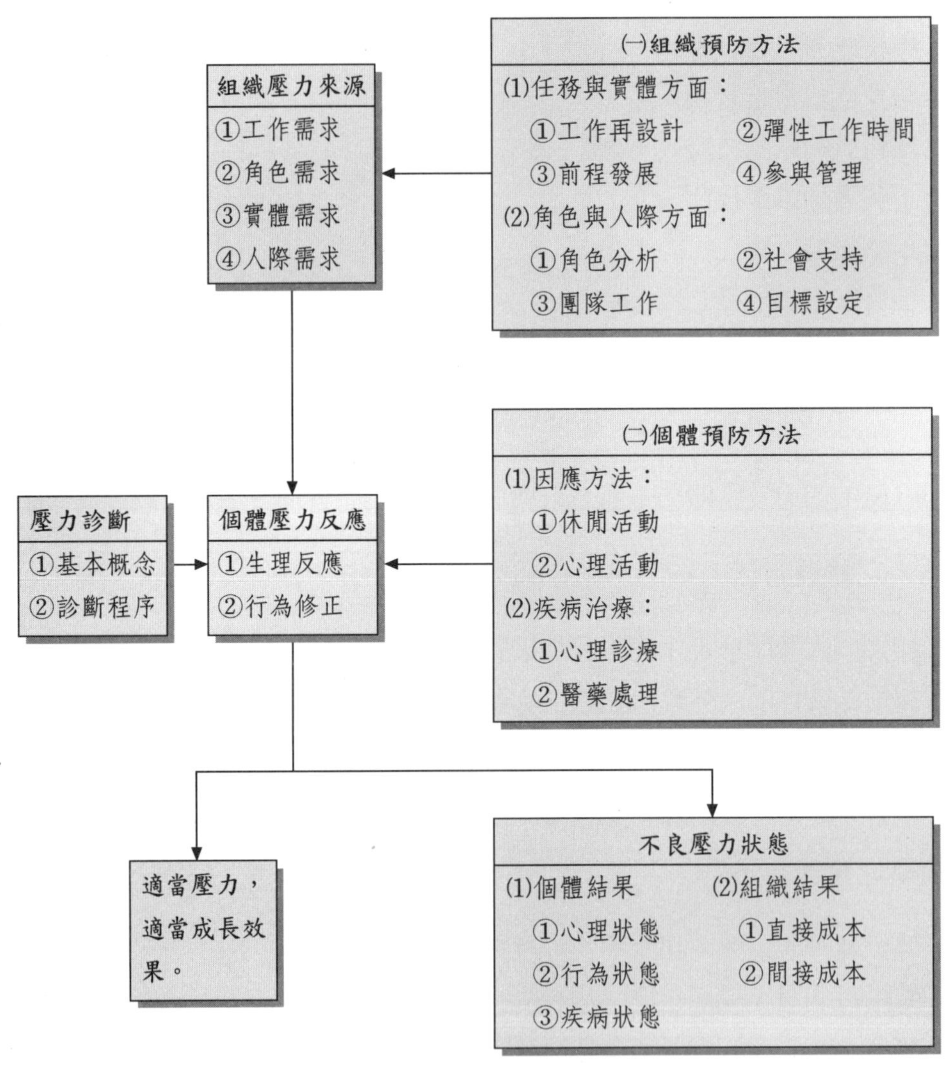

圖 15-5　組織壓力管理之預防挑戰

資料來源：Quck（1984）

從圖 15-5 來看，對員工壓力管理之治本之道與有效原則，大致有以下六點：

1. 以鼓勵輔導代替責罵，並培訓其解釋問題之能力。
2. 以主動發現精神，取代被動因應做法。
3. 以前瞻眼光取代因循作風。
4. 以面對挑戰精神，取代事後解決壓力之心態。
5. 以樂觀態度取代悲觀態度。
6. 以信心幽默取代嚴肅僵固。

六、工作壓力對「組織行為」之涵義

員工工作壓力對組織行為面之涵義，可從二個層面去觀察分析：

(一)對員工及組織生產力的影響

1. 就正面來說

適度的工作壓力，可以激發員工的潛能，增進個人努力投入程度，提升解決困難的智慧等，從而提高工作效率、工作成果與組織整體績效。

2. 就負面來說

工作壓力太大，或持續不斷存在，將使員工的生理疲困、心理挫折、人事不穩定。因此，員工工作滿意度會下降，工作倦怠、無力感，因此對工作效率及組織績效都會無法達成。

(二)對員工離職率的影響

過大、過量及過長時間的工作壓力，將會對員工的心理、生理產生不良作用，而出現不適應狀況或反彈狀況。因此，員工的缺勤率及離職率均會增加。

國內外諸多實證研究亦顯示工作壓力較大之企業，其員工離職率亦較大。

☞ 自我評量

1. 試說明工作壓力之定義及產生過程為何。
2. 試分析工作壓力產生之三種前奏曲的狀況。
3. 試分析工作壓力產生之來源為何。
4. 試分析工作壓力產生時之個人判斷決定因素有哪些。
5. 試述壓力來源的五種構面為何。
6. 試述經理人員經常面對的壓力因子有哪些。
7. 做好壓力管理的六個步驟為何？
8. 如何管理高績效與低壓力？
9. 試分析九種調適工作壓力之原則及相關配合原則。
10. 試圖示完整的工作壓力之預防管理模式。
11. 試述工作壓力對組織行為之涵義為何。

chapter 16

組織變革

Organizational Change

第一節　組織變革的意義、促成原因及過程模式

第二節　組織變革之管理、抗拒原因、支持原因以及如何克服抗拒

第三節　日產汽車公司在洋人高恩執行長任內，「反敗爲勝」的變革歷程

第四節　組織變革案例

第一節　組織變革的意義、促成原因及過程模式

一、組織變革的意義及促成原因

㈠意義

任何組織，常由於內在及外在因素，而使整個組織結構不斷改變。這些變革有些是主動性與規劃性的改變（planned-change），有些則是被動性與非規劃性的改變。

我們看組織成長理論中，其組織變革都是有規劃性的，絕非急就章，也非後知後覺。

在組織變革中，不管是表現在結構、人員或科技等方面，都是為了使組織更具高效率，創造更高的經營成果。

組織不改變，好比是小孩子長大了，卻還是給他小鞋子穿一樣，必然會阻礙難行。

㈡促成原因

促成組織變革之原因，可就下列二方面來說明：

1. 外在原因

⑴**市場變化：**由於市場上客戶、競爭者及銷售區域之變化，均會使企業組織面臨改變。例如，過去國內出口向來以美國為主要市場，現在中國市場益形重要，因此，很多公司都成立駐中國分公司或總公司的中國部門。

⑵**資源變化：**企業需要各種資源才能從事營運活動，這些資源包括人力、金錢、物料、機械、情報等。當這些資源的供應來源、價格、數量產生變化時，組織也需跟著改變。例如，台灣勞力密集產業因缺乏人工及成本上漲，導致工廠外移或另在國外設廠。

⑶**科技變化：**科技的高度發展，使工廠人力減少，各部門普遍使用電腦操作，

使M化及e化的趨勢日益普及，使得組織體產生改變。

⑷**一般社會、政經環境變化：**國家與國際社會之政治、法律、貿易、經濟、人口等產生變化，會促使組織改變。例如，中國市場形成，導致企業加強對中國之研究及生意往來。再如貿易設限，導致日本廠商必須遠赴歐美各國，在當地設立新的產銷據點，使組織體益形擴大化。

2.內在原因

內在原因也並不單純，這包括領導人改變、各級主管人員的異動、協調的狀況、指揮系統的效能、權力分配程度、決策的過程等諸多原因之量與質的變化，均會連帶使組織體產生更動。

㈢變革壓力的來源

另外，學者Hellriegel認為組織或企業面臨變革行動的壓力，主要來源有五項：

1.技術加速改變

包括奈米科技、生化科技、半導體科技、無線科技、數位科技、液晶科技、電腦科技、人工智慧科技及自動化科技等在21世紀中，已呈現出快速創新與改變的情形，大家都面對著技術快速變化、突破、升級的重大壓力。特別是高科技公司。

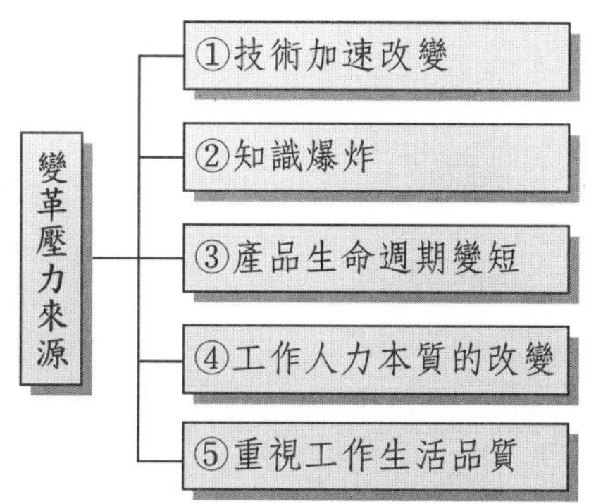

圖16-1 Hellriegel認為變革壓力的五種來源

2. 知識爆炸

現代社會已是一個知識經濟與創新經濟的時代。員工也變成是一個知識型的員工。各種來自書本、報紙、雜誌、網站、公司文件傳遞等管道，已可獲得無窮的知識來源。而創新則是知識爆炸後，大家共同追求的核心。

由於知識爆炸及進步，帶動無限商機，也使傳統方式面臨變革壓力。

3. 產品生命週期變短

由於技術加速創新以及顧客需求不斷提升，使產品生命週期也加速縮短。

因此，企業也面臨產品開發能力時間縮短的競爭壓力。

4. 工作人力本質改變

由於上班族的教育水準愈來愈高，新新人類的價值觀亦與老一輩大不相同。因此，配合新一代工作人力本質的改變，企業在組織、人事政策、教育訓練、工作環境、工具條件等也都須面對變革壓力。

5. 重視工作生活品質

員工愈來愈重視工作生活品質，這包括兩個方向：

⑴在工作品質上，如何使員工成就感更大、滿足感更高，能夠表現自己。

⑵在生活品質上，如何在煩忙工作中，仍有適度的休閒活動，注意健康狀況，滿意於家庭親子生活。

二、組織變革的目的（目標）

學者Hellriegel認為組織有計畫性的變革，主要是為了達成兩大類目的，包括：

㈠增加組織的適應力

組織變革的目的之一，是為了增加各部門對外部環境變化的彈性、應對力及適應力，使組織在激烈競爭與多變的環境中，仍能保持優越的競爭力。

㈡促進組織個人或群體行為的改變

組織要改變策略來應付環境變化，最根本的還是應先改變組織的所有成員。當組織個人及群體的思想及行為均獲得必要方向的改變之後，其他方面才有改變的可能性。

三、組織變革過程的理論模式

㈠李維特（Leavitt）之變革模式

學者 Levitt 認為組織變革之途徑可從以下三種方式著手：

1. 結構性改變（structural change）

所謂結構性改變，係指改變組織結構及相關權責關係，以求整體績效之增進。這可細分為：

⑴**改變部門化基礎**：例如，從功能部門改變為事業總部，或產品部門，或地理區域部門，使各單位最高主管具有更多的自主權。

⑵**改變工作設計**：包括工作如何更簡化、工作如何追求豐富化以及工作上彈性度加高等方面。最終在使組織成員能從工作中得到滿足及適應。

⑶**改變直線與幕僚間之關係**：例如，增加高階幕僚體系，以專責投資規劃及績效考核工作。或機動設立專案小組，在要求期限內達成目標。或增設助理幕僚，以使直線人員全力衝刺業績。或調整直線與幕僚單位之權責及隸屬關係。

2. 行為改變（behavioral change）

係指試圖改變組織成員之信仰、意圖、思考邏輯、正確理念及做事態度等。希望所有組織成員藉行為改變，而改善工作效率及工作成果。

這些行為改變之方法有敏感度訓練、角色扮演訓諫、領導訓練，以及最重要的教育程度提升。

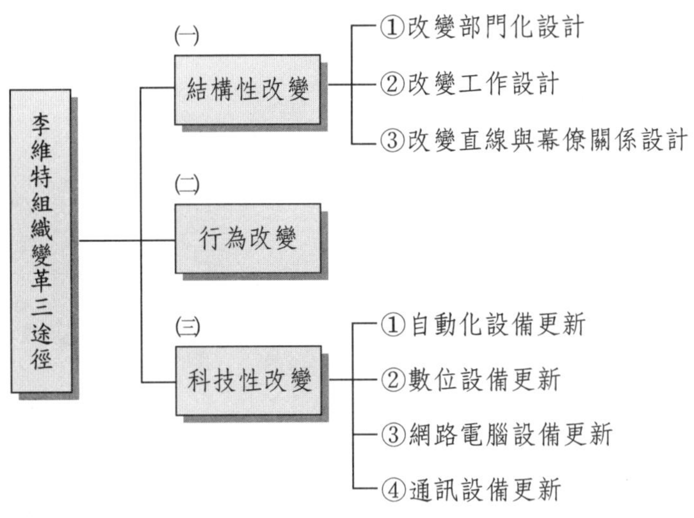

圖 16-2　學者李維特的組織變革三途徑

3. 科技性改變（technological change）

隨著新科技、新自動化設備、新電腦網際網路作業、新技巧、新材料等之改變，也會連帶使組織部門之編制及人員質量之搭配，產生組織體上之相應改變。例如，引進自動化設備，將使低層勞工減少，而高水準技工人數增加。

㈡黎溫（Lewin）之變革模式

行為改變的方法，大部分以黎溫所提出的改變三階段理論為基礎，現概述如下：

1. 解凍階段（unfreezing）

本階段之目的，乃在於引發員工改變之動機，並為其做準備工作。例如，⑴消除其所獲之組織支持力量；⑵設法使員工發現，原有態度及行為並無價值；⑶將獎酬之激勵與改變意願做連結，反之，則將懲罰與不願改變做連結。

2. 改變階段（changing）

此階段應提供改變對象，以及新的行為模式，並使之學習這種行為模式。

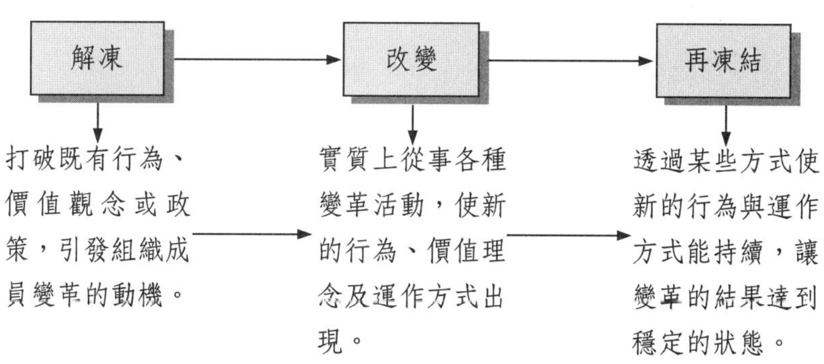

圖 16-3　黎溫之變革模式

3.再凍結階段（refreezing）

此階段係使組織成員學習到新的態度與新行為，並獲得增強作用，最終目的是希望將新改變凍結完成，避免故態復萌。

㈢李皮特（Lippit）之變革模式

學者李皮特將黎溫所提出之變革模式再加以擴大為五個階段：

1.發展變革的需要

透過各種方式、來源、管道及人物，以確認變革的需要。

2.確定變革關係

增加對變革者與被變革者二者間的同心協力關係，以期能將抗拒降至最低。

3.力行變革措施

此為實際改變步驟，經由認同（indentification）及內化作用（internalization）而產生新行為。

4.維持穩定變革

即黎溫所提之再凍結步驟，使之成為公司整體營運及管理活動的一環，並予以制度化。

5.結束協助關係

變革推動者在完成任務後，即可在適當時機退出。

㈣符蘭奇（French）之變革模式

1.對問題探究與察覺。
2.變革推動者之伺機介入。
3.蒐集相關資料。
4.將資料回饋給被服務對象。
5.共同規劃行動。
6.採取變革行動。
7.評估結果。

㈤顧林納（Greiner）之變革模式

哈佛大學商學院教授顧林納（Larry Greiner），在《哈佛評論》刊物中，提出他的組織變革模式（如圖 16-4），茲概說如下：

1.階段一：給高階管理者變革需求之壓力，並引發其行動（pressure and arousal）。

2.階段二：對高階管理者進行干擾及介入，並努力使其對工作方向重新定位（intervention and reorientation）。

3.階段三：實質問題產生，高階管理者及其以下各階層人員，開始診斷並分析組織之問題，最後並加以一致認同（diagnosis and recongnition）。

4.階段四：管理階層對問題了解答案，並加以承諾未來即依此來改變（invention and commitiment）。

5.階段五：既然有了初步解答構想，必須經過實驗並尋求最後結果（experimentation and search）。

6.階段六：對實驗後之正面肯定結果予以強化，並讓組織全員接受（reinforcement and acceptance）。

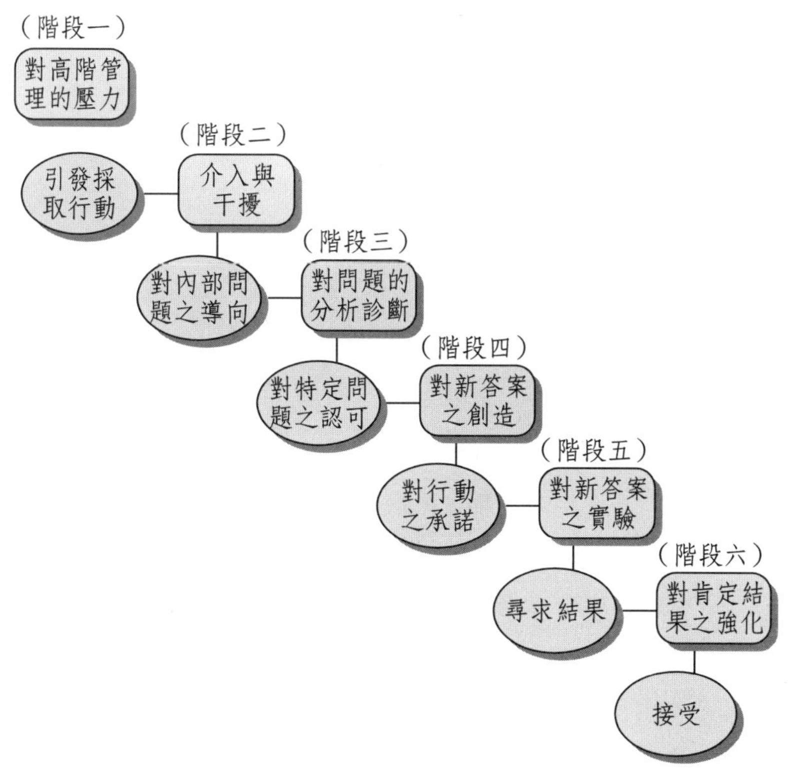

圖 16-4　成功的組織變革模式

㈥柯特之變革模式

知名哈佛教授約翰．柯特（John P. Kotter）在一場演講中，談到領導變革與開創新局時，以柯特教授多年研究顯示，組織能在迅速變遷的世界中脫穎而出，通常會經過下述八個步驟：

1. 嚴肅檢討市場與競爭態勢，找出並商討危機、潛在性危險或重大商機，以建立更強烈的迫切感。
2. 建立一支有力的領導團隊來領導變革。
3. 發展願景與研擬達成願景的策略。
4. 傳遞變革願景，透過各種可能的管道，不斷傳遞新願景與策略，並藉由領導團隊的表現，選出角色典範。
5. 授權他人行動、鼓勵具冒險犯難和異於傳統的構想、活動和行動。同時

剷除障礙、改變破壞變革願景的系統或結構。

6. 創造短程成就，以提振績效。

7. 鞏固成果並推出更多的變革。

8. 把變革予以制度化，以確保領導者和接班人選的培養。

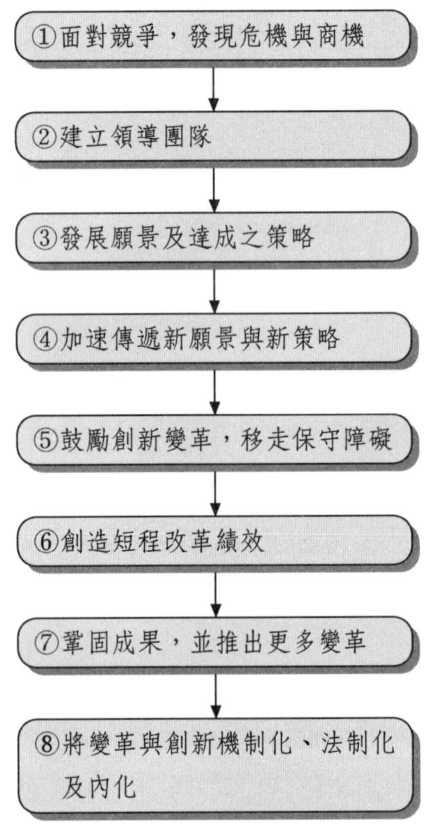

圖 16-5　組織成長與變革的八個步驟

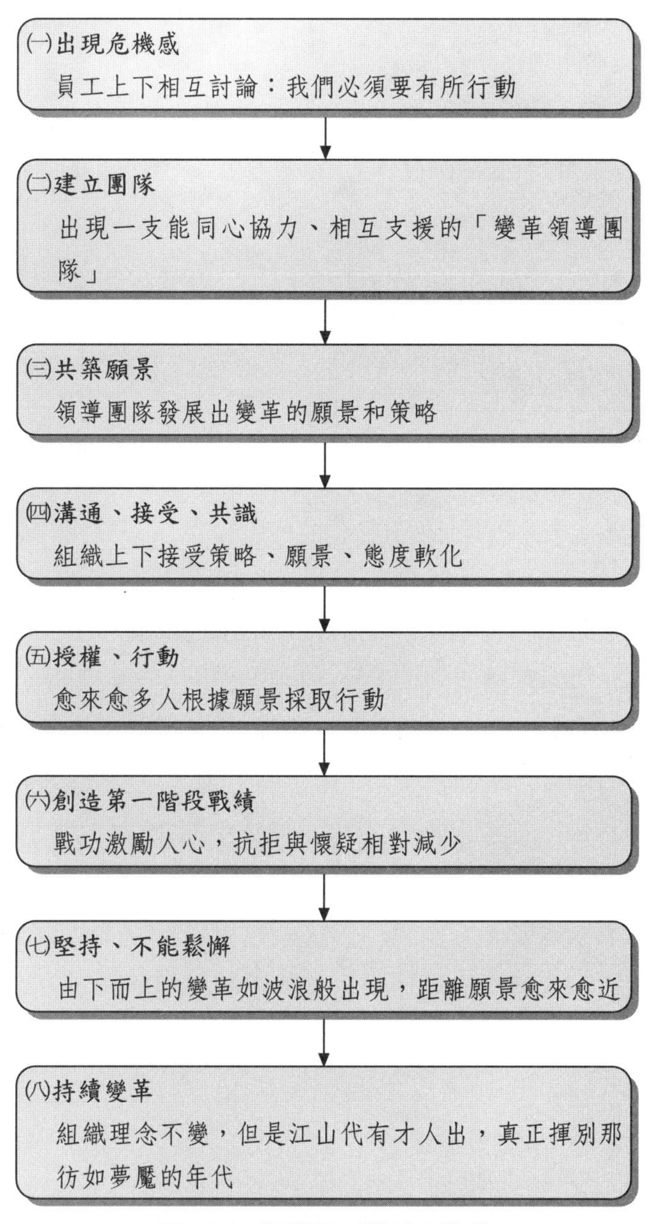

圖 16-6　組織轉型變革八階段

資料來源：John. Kotter: The Heart of Change. 2002.

(七)堪尼斯和安東尼之變革模式

學者堪尼斯（Kenneth Kerber）及安東尼（Anthony Buono）認為組織變革，可以採取三種不同的方法，簡述如下：

1. 領導變革（directed change）

⑴這是從組織的最上層領導階級開始啟動的改革，並且重點放在處理員工面對改革的情緒反應，設法說服他們接受改變。

⑵領導者有幾種方法來說服其成員接受改變：企業必要性、邏輯性的爭論和情感訴求。領導變革以快速、堅決的手段將變革引入組織中，但如果使用不適當，員工還是會發生拒絕改變的情況。

2. 計畫變革（planned change）——最受歡迎的改革方法

⑴計畫變革是從公司各個階層先自發性發動變革，最終獲得領導階層支持的過程。

⑵大部分計畫變革都符合黎溫的三階段變革模式：解凍、改變、再凍結階段。

⑶計畫變革並非單純宣稱或創造改變，而是提供一份路線圖（road map）強調變革的方向為何。鼓勵多數人都能參予變革的制定和實行。

⑷責任還是落在變革的策劃者身上，他要有意圖地減少成員對變革產生的抗拒。所以作者建議讓變革由下往上發展，鼓勵組織成員開始從他們的業務中做出或大或小的改變，某部分的改革如果有所成效就將之推廣到全公司，這樣的改變較能順著組織的性質，也較易被接受。

⑸當然，如果使用不合適也同樣會對組織造成負面影響。

3. 控制變革（guided change）

⑴重點在提升大量起步中的變革效果，企圖大量利用組織中成員的創意和專業，重構現存的行為模式並採用新的想法和觀點。

⑵相對於計畫變革，控制變革採用的是結凍、重新平衡（rebalance）、再解凍三階段，結凍指停止（比喻說法）組織內的一切動作和模式，將一切一致化；重新平衡指重新排序、評估其模式，降低改革可能遇到的障礙，刺激組織成員發展各種變革的可能性。解凍指一種重新開始學習，及即興創作（improvisation）控制變革的過程。

⑶控制變革是一種設計和解釋等四部分反覆的螺旋狀過程，進行變革的重新解

釋和設計。

(4)如果使用不適當，會造成組織的混亂（chaos），因為持續的變革可能會造成成員的無所適從。大部分的人都希望改革能夠一步到位，而非一直停留在改革的過程中。

四、員工對變革反應的四種類型

有效的激勵方式因人而異，應該考量個別差異。

以訓練見長的專業公司「發現學習」（discovery learning）最近的一項調查顯示，人們對變革的反應不一，但大致可歸為四類：(1)原創派（originators）歡迎激烈的變革；(2)保守派（conservers）喜歡漸進式的變革；(3)務實派（pragmatists）最熱中於能解決眼前問題的變革；(4)反抗派（resister）則是對任何變革都不喜歡。

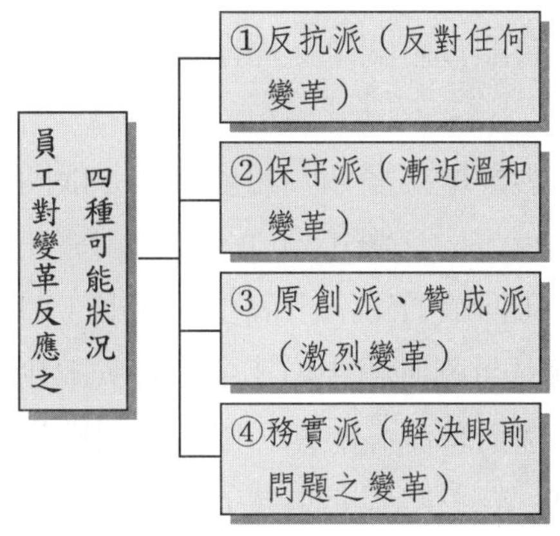

圖 16-7　員工對變革反應之四種類型

第二節　組織變革之管理、抗拒原因、支持原因及如何克服抗拒

一、組織變革之管理

如何進行有效組織變革之管理，其步驟概述如下：

㈠促進加速改變之力量

包括前述之內在及外在來源之力量，當改變力量突顯出來並加壓時，組織及其成員，就會有更加深刻的感受。

㈡及早發掘改變之需要

此需仰賴各種經營資訊之獲得、分析及評估。

㈢問題診斷

問題診斷乃在求出：

1. 什麼是真正的問題，而非只是問題之表象而已。
2. 應對什麼加以改變，才能徹底解決問題。
3. 可預期改變後的狀況為何？

㈣辨認各種改變方法及策略

應先規劃出組織變革的各種方法、方案及執行策略，以利未來的選擇。

㈤分析限制條件

在各種改變方法及策略中，必然會有不同程度的限制因素而導致無法執行或執行成果大打折扣。此因素來源有：

1. 領導人作風。
2. 組織文化及氣候。
3. 組織的正式基本政策及法令規章。

㈥選擇改變方法及策略

在分析限制條件後，應擇定一個較適當的組織改變方法及策略，以做為下階段執行之準則，而在此尚應考慮以下事項：

1. 從組織的何處開始著手。
2. 全盤規劃或逐步進行。
3. 改革步調快或慢的問題。

㈦實施及檢討組織改變計畫

最後才展開推動執行。

二、變革管理三部曲——創造動力、強化機制、確實執行

知名美商惠悅企管顧問公司上海分公司總經理江為加，以他的專業經驗，提出變革管理三部曲的觀念，如下：

㈠創造組織變革原動力

在推行變革之初，企業必須明確變革的原動力，建立各層級、各部門員工的危機感，使他們認識到變革的必要性。變革領導者還必須建立一支強大的支持隊伍，並使他們全盤了解變革的意義、公司的願景、未來的策略、目標和行動計畫。因此，在變革初期做好「變革重要關係人影響分析」（Stakeholder Impact Analysis）是非常重要的，我們必須了解誰是此次變革的重要影響者或支持者，而誰可能會成為此次變革的阻力。

㈡強化組織變革配套機制

要深化變革，使其在組織內部生根，高階領導者和變革小組除了推行某個變革的單項主題外，更應從組織的角度進行整體的審視，並協調相關的管理配套機制，如企業文化、組織架構、獎酬制度、激勵機制、教育培訓等。並保證配套機制能適時調整，企業才能強化組織變革的延續性，提升變革的成功率。

企業文化和組織架構必須與變革的願景緊密連結。獎酬制度和激勵機制必須體現員工的行為、績效和態度的展現。教育訓練計畫必須確保員工具備新策略之下所需要的關鍵技能。

變革準備和過程溝通格外重要，企業應透過不同的方式和管道，如全體員工大會、內部網站、總經理公告、小組討論等，將變革的目標、計畫、過程、預期成果等清楚地向各階層的員工進行雙向溝通，降低他們對變革的疑慮和反抗。同時，企業還須在變革的過程中盡早創造速贏（quick wins）的成果，進一步提升員工對變革的信心，並強化組織整體的變革執行力。

㈢執行組織變革專案流程

最後，要確保變革專案的成功，企業必須成立一個變革專案的推動小組，對小組成員慎重選擇，最合適的成員除了人力資源部的代表外，企業還應根據先前提到的變革重要關係人影響分析結果，選取組織內部重要關係人的代表做為專案成員，增強推動變革的助力。同時，清晰的專案權責分工，明確的專案執行時程規劃，及時的專案資料整理和分析，互動的專案團隊溝通聯絡機制，高效的專案預算與資源分配等，也是專案是否能夠成功的關鍵因素。此外，高階領導的適時肯定、鼓勵和支持，對專案的有效推進也是至關重要。

專案成員們必須能與高階領導者定期進行正式的專案溝通和成果彙報，並對專案的重要議題進行討論與決策，確保高階主管們能夠準確及時地掌握專案的進度、執行狀況與成效。當然，專案成員的滿意度和士氣也是不可忽略的，企業可根據專案的特色與範圍制定相應的績效管理和激勵機制，並提供相關培訓，及建立內部知識分享體系以提升專案成員的能力。

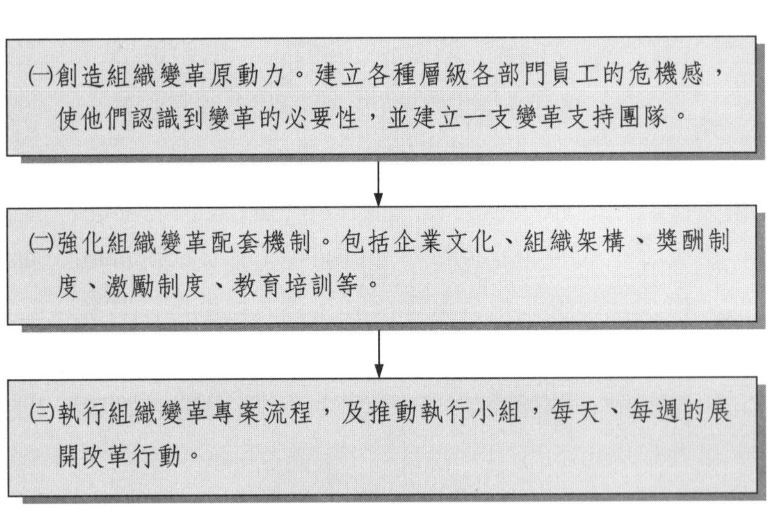

圖 16-8　變革管理三部曲

三、變革曲線四階段與做好變革管理

㈠變革曲線四階段

根據經驗，變革通常會展示一系列合理的、可以預期的，並能夠管理的動態階段，可稱之為「變革曲線」。沿著這個變革曲線，員工的情感波動大致可分為 4 個階段。

1. 在開始的時候，員工會否定變革的存在，認為此次變革可能跟以往的一樣，都會不了了之。

2. 當他們發現公司真正在推行新的政策與制度時，會因不想離開現有的「舒適圈」而強烈抵抗這些改變，唯恐其對自己目前的工作、地位造成衝擊。

3. 其後，當公司領導要求他們必須做出改變時，他們只好被迫開始嘗試新的做法。此時，公司也會進一步激勵這些新的做法與行為。

4. 經過一段時間後，他們開始看到或感受到變革的好處，才真正對變革做出承諾，逐漸改變自己的思想、工作方法與行為。當他們改變的時候，企業才能真正享受變革的成功，並促進公司策略的落實和經營的發展。

㈡努力做好變革的管理

雖然每個公司的變革都有獨特之處，但他們所經歷的變革階段和基本原理都一樣。變更曲線適用於各種行業、不同的地理位置、不同規模大小的公司、營利與非營利組織、政府或私人企業等。在變革的過程中，每一個轉捩點都很重要，必須確保對變革曲線的各個階段涵義有清楚的理解，並進行良好的管理。

變革的時間會持續多久，是否出現反覆的狀況，或能否推進，主要取決於公司領導者對變革的認識、要求、宣導、管理和堅持等。透過良好的變革管理，我們可以更從容地應對變革中的「低谷」，盡可能縮短影響時間及影響規模。

四、抗拒變革的原因

任何組織在進行組織改革時，必會面臨來自不同人員及程度之抗拒，綜合多位

學者的研究顯示，主要原因有三：

1. 個人因素

⑴影響個人在組織中權力之分配，即面臨權力被削弱之憂慮。
⑵個人所持之認知、觀念、理想不同而有歧見。
⑶負擔及責任日益加重，深恐無法完成任務。
⑷對是否變革後能帶來更多有利組織之事，抱持懷疑態度。

2. 群體因素

深怕破壞群體現存之利益、友誼關係及規範。這些均屬於組織中的保守派或既得利益群體。

3. 組織因素

在機械化組織結構（mechanic structure）裡，較不願傾向於組織變革，因為那會破壞現有組織體內人、事、物、財等事項之均衡。所以一動不如一靜，大家都習於相安無事及安逸過日子。

另外，學者 Hellriegel 也歸納個人與組織對變革抗拒之原因，如下：

1. 個人對變革的抗拒

組織中個別成員對變革抗拒的五項因素包括：
⑴習慣性問題，不喜改變。
⑵依賴性問題，不願改變。
⑶為了經濟利益的保障問題。
⑷為了安全因素。
⑸由於對未知的懼怕，不曉得未來會如何改變。

2. 組織對變革的抗拒

⑴怕變革會影響到一群有權力及影響力的人。
⑵組織結構的安定性機構化及官僚，若要改變，會不習慣。
⑶公司資源受到限制，無法真的投入做變革。

五、支持變革的原因

組織變革有人抗拒，另一方面也有人會支持，此原因係為：

㈠個人因素

當個人希望有更大發揮空間、展現個人才華，進而擁有升官權力與物質收入時，則會積極促成組織之變革，成為組織中的改革派或革新派。

㈡組織因素

在有機式組織結構（organic structure）裡，會較傾向支持組織變革，因為他們所處的環境原本就是極富彈性的組織。因此，對於變革已經習慣且能接受。

六、如何克服抗拒

對組織變革中來自各方之抗拒，應採以下方式加以克服：

1. 讓抗拒者參與變革事務，讓他們表達意見與看法並酌予採納（participation）。（參與）
2. 先從抗拒領導人著手，尋求其支持，只要領導人改變態度，其群體自不太能成氣候。（擒賊先擒王）
3. 最好以無聲的巧妙手段達成改變的實質效果。（以靜制動）
4. 透過充足的教育與溝通，將組織變革的必要性與急切性讓組織成員深入體會，形成支持的基礎（education and comm-unication）。（耐心溝通）
5. 在組織變革過程中，應給予各方面實質的支援。（給予好處與支援）
6. 有必要時，須與抗拒群體進行談判，尋求彼此之妥協（negotiation）。（妥協雙贏）
7. 最後，有必要時應採取獎懲措施，以強制手段貫徹組織變革（coercion）。（賞罰分明）

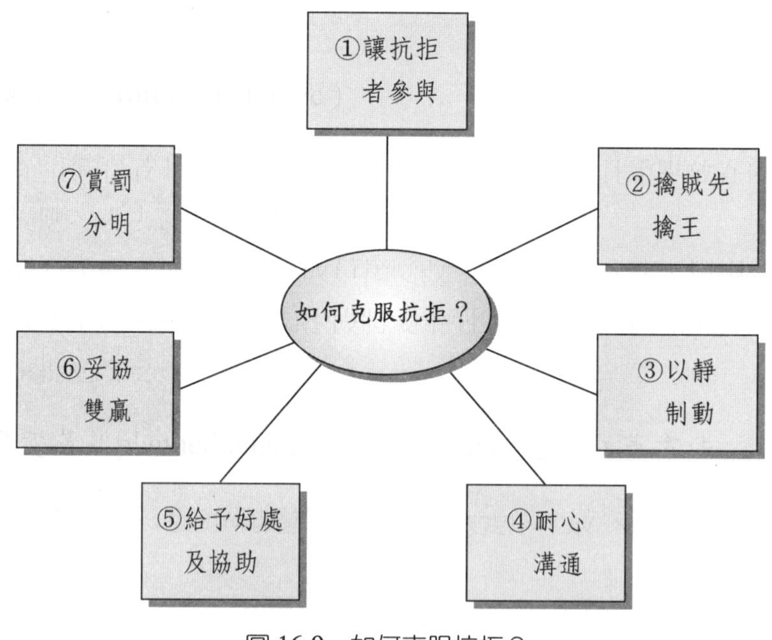

圖 16-9　如何克服抗拒？

七、不同的觀點與看法——拒絕改變，並非員工的天性

人們唯有在覺得是被強加觀念時，才會抗拒變革並製造對立氣氛。台灣資誠企業顧問公司總經理林瓊瀛先生曾為文指出，拒絕改變並非員工的天性，他有很精闢深入的見解，茲重點摘示如下：

㈠美商惠悅公司調查報告顯示：只有 49%受訪者表示了解公司為達成新經營目標所採取的行動

近來企業策略的變動常導致員工對工作和公司經營目標間的關係產生困惑，使得管理者力圖扭轉乾坤的努力大打折扣。根據美商惠悅（Watson Wyatt）2002 年調查報告，只有 49%的受訪者表示，了解公司為達成新經營目標所採取的行動，足足比 2000 年下降了 25%之多。人們只有在覺得自己是局外人時，也就是未經他們的同意，強加於他們身上時，才會抗拒變革。這一點和過去的看法恰好相反，認為人們有抗拒變革的天性，正犯下錯誤的起步，因為徒然製造了對立的氣氛，組織變革成了必須強迫員工接受的做法。於是管理階層關起門來做決策，不徵求將受到影響的員工們的意見，卻強制員工必須改變行為。

㈡管理階層應先了解員工行為改變的關鍵點

1. 由下而上的變革金融服務業有一些例子，可用來說明大規模的變革計畫中，行為面變革的重要性。全球許多金融服務機構在前一波企業浮報醜聞中已失去人們信賴，不少公司著手將新的公司治理政策和行為準則發布至各分支據點，改善風險管理的措施。但是這種傳統的實施方式既浪費時間，又缺乏效率，常見的情況是：發布一疊厚厚的技術性文件，載明員工必須遵循的政策和作業程序，隨後，管理階層擬定溝通計畫，要求員工在日常例行性工作上，依循相關手冊。

2. 結果往往是部分員工會遵守規定，有些卻不然，接下來公司進一步發布施行細則，三令五申不遵守規定的員工將遭受懲處。即使經過一段時間，員工都接收到了這些訊息，難免還是會有一些左耳進右耳出的人，讓整個過程很難完整監控。管理階層應該有能力在問題發生之前，就知道員工是否遵守這些新規定，而不是等到事發後才來檢討，而且，這種方法的出發點根本就錯了。

3. 對管理階層來說，正確的起點應是先探詢問題的根源：員工為什麼沒能做好該做的事，以有效管理風險？需要提供哪些誘因去激勵他們？他們缺少哪些知識？該如何提供與其工作相關且有用的資訊？良好的風險管理需要判斷力，員工必須培養哪些技能，才能做出最好的決策？找到這些問題的答案之後，應開辦重點教育訓練，配合有效的獎懲措施，才能以更快的速度和更高的準確性，徹底改變員工的工作行為。

八、員工變革心理三階段

組織內部員工面對企業高階經營者所發動的組織變革與事業轉型，其心理變化，亦會歷經三種階段的調整，如圖 16-10。

九、領導變革的能力

企業最高領導者及副總經理級以上的高階主管，在執行推動組織與企業轉型變革時，必須注意領導變革的方式及其必要之做法能力，如圖 16-11。

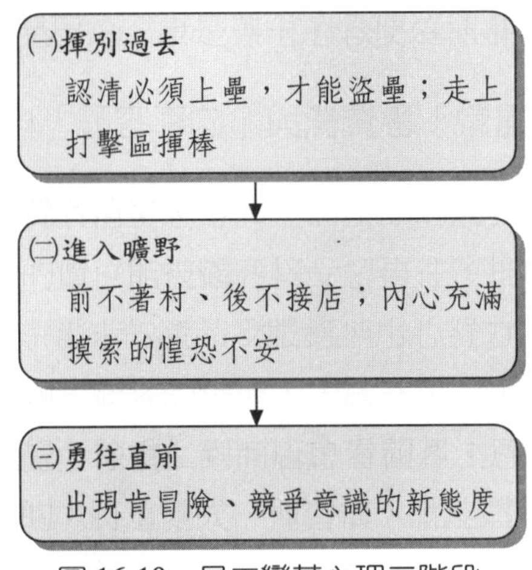

圖 16-10　員工變革心理三階段

資料來源：William Bridges & Susan Mitchell. "*Leading Transition: A New Model for Change*", 2000.

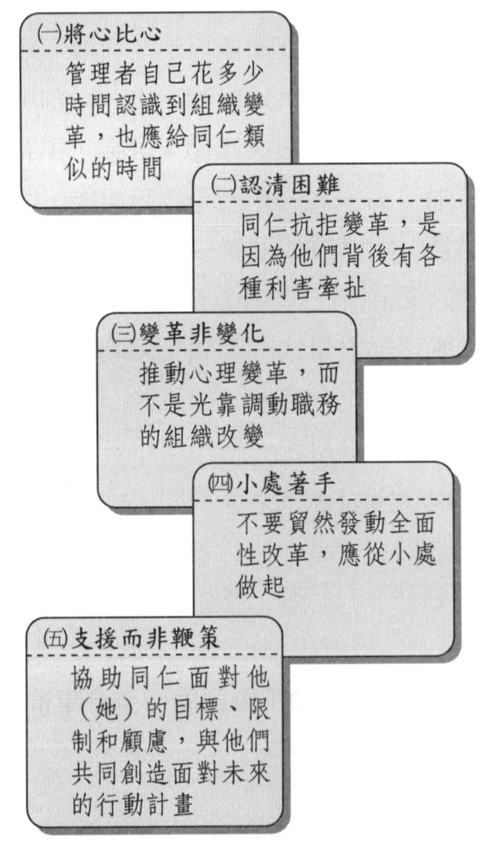

圖 16-11　培養領導變革的能力

資料來源：William Bridges & Susan Mitchell. "*Leading Transition: A New Model for Change*", 2000.

十、變革管理的「情境理論」

㈠變革方法適應性的關鍵因素

影響變革方法的適應與否，有兩個關鍵因素：企業的複雜度和社會科技的不確定性。

1. 企業的複雜度（Business Complexity）

指的是組織之間不同部分的差異紛亂的程度，其複雜度的高低並無精確的界線。觀察指標有組織規模大小、地理散布、相關聯的技術、產品和服務的數量以及相關利益人等。組織規模大小又有垂直、水平、空間的差異。另一個觀察重點在於不同工作單位倚靠其資源完成工作的程度，有些工作是需要在不同單位之間流動或合力完成而有些不用。

2. 社會科技的不確定性（Socio-technical Uncertainty）

⑴指的是變革在訊息傳遞和決策制定過程中佔有的程度為何。有些工作流程可以輕易分析成數個可重複的步驟。此時組織成員可以依據已知的技術來遵循目標；但是有些變革所要面對的挑戰是沒有正確解答的狀況，也沒有適當的技術標準化的程序可供遵循，這時候組織成員必須運用其判斷、直覺（！）和專業來面對挑戰。

⑵社會科技的不確定性也沒有精確的界線，必須依狀況的不同而有不同的做法。

㈡變革管理的框架

1. 領導變革（directed change）最適合用在企業的複雜度和社會科技的不確定性較低的環境之下。因為領導變革最適合用在有限資境之下，在這種情況下，說服性的溝通很重要，確保變革者的信任和誠心能夠展現出來。如果組織成員不信任變革者，變革就不可能被接受。

2. 「so that」問題：變革者要常使用「so that」問題使成員清楚了解變革的原因、理由及可預期的發生結果：「我們改革 X so that 我們就能夠完成 Y」。

3. 計畫變革（planned change）主要的驅動力（primary driver）是企業的複雜

度。複雜度越高，越需要計畫變革。讓組織的利益相關人（stakeholder）從事變革計畫可以：

⑴減輕變革實行時會遇到的問題。

⑵產生 buy-in（聯合討論會）針對現有或更複雜的改革。

4.關於越多人參與計畫變革可能有讓本已複雜的狀況更加複雜的潛在憂慮，但是計畫變革就是要增加越多人參與 buy-in 以維持改革。另外，變革的路線圖包括計畫管理中的關鍵元素（key elements of strong management）幫助管理者處理他們環境中的複雜程度。

5.控制變革（guidde change）主要的驅動力（primary driver）是社會科技的不確定性。

6.如果未來變革的解決方案是未知的情況，即使狀況相對簡單，管理者也無法引導變革或是計畫變革過程。相反地，他們必須運用組織成員的能力，控制變革的反覆過程的本質就是鼓勵以即興創作、實驗的精神驗證最有效果的動作和解決方案；打破階級之間的壓制，讓組織中的每個成員都能夠參予變革過程，確保適當資源能夠分配到這個持續的變革中。

十一、重新思考變革和變革管理

1.在今日競爭激烈的環境中，領導組織變革的能力日益重要。變革需要的是延伸的、擴大的，而非整合的架構。依照作者的分析，組織變革所依靠的關鍵因素有四：

⑴企業的複雜度。

⑵社會科技的不確定性。

⑶組織的變革能力。

⑷變革快慢所帶來的風險。

2.變革面臨的抗拒程度可視為檢視改革手段是否符合狀況需求。

3.現在企業環境的改革步調愈來愈快，改革能否成功端看組織持續順應改革的情形。另外，領導變革、計畫變革、控制變革三種變革方法之間也要做好平衡。任何企業都會用到這三種改革方法，只是要根據情況和變革力量大小來審視須用到哪一種方法。

第三節　日本村田製作所組織改革，放眼十年大業

村田製作所是日本一家知名的電子與電機零組件製造公司，主要產品為汽車、液晶電視機及產業機器的零組件。

村田製作所在 2000 年時的營收額為 5,800 億日圓，獲利 1,740 億，創下該公司歷史新高，可是到了 2001 年，營收額卻一下子掉到 4,000 億，獲利減為 5,240 億，出現空前絕後的大危機

一、員工不滿意公司的組織文化

當時的村田泰隆總經理在抱持危機感之下，立即召集全體高階主管會議，認真進行檢討反省，並決心要展開組織改革行動。這起因於當時也做了一項內部員工民調，民調顯示，大部分員工的意見反映出村田製作所已陷入大型官僚化的不利組織體。員工的不滿意普遍表示出：

1. 高度不滿意公司「上意下達」僵硬、威權的管理模式與組織官僚制度。
2. 員工自己感到未來沒有成長的機會。
3. 與上級的溝通感到嚴重不足。
4. 除了對自己部門及自己負責的產品知道之外，對其他部門的事，均不了解。
5. 員工感到對組織有嚴重的閉塞感。
6. 員工對公司的總體滿意度持續下滑。

雖然村田製作所的薪資福利在日本電機同業中，算是比較高的，離職率也不高，但是公司高層對此種調查結果，大感驚訝與憂心。

二、深抱危機意識，展開組織變革大計

在痛定思痛之餘，村田製作所董事會決議授權繼任者村田恆夫總經理展開史無前例的組織改革。主要有幾個做法：

㈠組織架構的改革

第一：村田公司發現既有的組織分工架構無法滿足外部產業結構與市場環境的變化，因此採取了：

1.將原有過多的組織單位，整併與集中為三個產品事業本部的組織架構，每個事業本部授權他們在人事、預算與權責之資源配置權利，並且授予他們在工廠現場判斷與因應之道的完整權力，然後以滿足客戶需求為要求目標。

2.將原有分散在全國的材料研究所、加工技術研究所等，加以統合為「技術與事業開發本部」，專責未來 5～10 年尖端新技術與新事業體的加速開發。例如，像高性能耐用時效長的新電池開發與高性能感應器開發等。並且，配置 30 人的新事業企劃與行銷業務人員，希望能協助技術研發部門，以滿足外部客戶的未來性需求。

3.集中 100 名的高級研發人員，要求將短期目標的技術研發項目，在 3 年內一定要落實為商業化及新事業化，然後移轉到工廠製程技術上。

第二：村田公司亦要求各事業本部與集團旗下公司的人事，展開活化交流、互調或輪調，這在過去僵化、很少調動的人事制度下，算是開始打破了。此舉在避免各公司各自為政、把持各自的朝政，而危及整個集團總體團隊戰力的發揮及優良人才的培養與晉升。

㈡組織文化的改革

第一：村田公司在 2004 年 6 月，下令在各公司及各事業總部都要成立「組織文化改革推進委員會」的單位，而課長與經理級的管理幹部，都是這些委員會的成員。這些委員會主要的作為，包括：

1.掃除過去被大多數員工所批評的錯誤文化，即是由上級層層向下指示、命令、統制、威權與管理的文化習氣及營運模式。這種像是軍隊一樣，一個命令、一個動作的做法，都要加以改革。因為這種文化長久下來，已使員工感到出現閉塞、冷默以對、創新力喪失、對公司向心力脫節等嚴重負面效果。

2.村田公司召集各級管理幹部合計 800 人，開始上意識改革的課程，希望由這一群中間管理層先做好腦筋的意識改革。

3.而且該公司也對這群管理職幹部的年度考績做了根本改革。亦即，過去只看他們數據實績的達成度，現在必須再加上他們對待部屬的學習性、部屬的成長性，及部屬對他們的總體滿意度評價，也納入考評項目。此舉有效改善了這些幹部過去予人高高在上的不好印象。

4. 此外並設立「幹部管理實踐會」，要求幹部研究組織營運的新知與新方法，並學習如何接受部屬的建議，及如何有效改善現狀。

5. 對基層員工也要求各個事業本部各自組成多個工作改革小組（team），每個小組每週要提出一次工作方法的精進之道與問題解決對策。然後，在每月一次召開的大型發表會上，每個小組提出報告，讓知識情報共為公司員工所有。並且由高階幹部評定各組的成果報告，各小組都非常投入討論、分析、思考，也提出很多的改革對策方案。這些大部分都是以各工廠為單位，完全落實到「由現場主導」的全員意識改革。亦即由下而上的改革。

㈢生產現場的革命

除了前述的組織結構、變革與組織文化變革外，村田公司也在總公司成立「生產本部」，同時在各工廠據點成立「生產革新研究室」，並引進外部知名的工廠改革專家顧問，藉助外力來加速工廠內部的改革成果。這些包括使成品不良率降低、庫存品降低、生產週期縮短、及時效率化生產、製造成本下降、生產線運轉更效率化、減少浪費無效益的作業，以及改善品質等，都納入改革的目標。

此外，總公司每年亦舉辦一次「生產革新大會」發表會，由各工廠代表出席簡報這一年的改革成果與績效，並使這些知識情報為各工廠所見習共有。

三、強的根源：工廠能製造出好產品

村田恆夫總經理表示：「村田製作所至今仍能夠強的根源所在，即是村田工廠能夠做出顧客信賴與想要的高品質與高性能的產品。換言之，村田製作所有很強的製造能力。」

四、訂下2015年長期經營計畫

2007年4月，村田製作所訂出了未來新的中長期經營計畫，並對外公布，此計畫稱為「村田之路：2015年」，此即：提出現有三個事業本部，加上一個未來新事業，這二者的合計營收額，將由現在的4,800億營收額，倍數增加到1兆日圓的營收額，換言之，十年營收要成長一倍以上。這是飛躍快速成長的挑戰目標。

五、向遠方目標勇往前行

村田恆夫總經理表示：「經過這幾年的組織改革大計，公司一萬四千名員工的滿意度及向心力已大為提升，作戰力與組織士氣已回復到最佳狀態。對未來2015年的經營目標，村田製作所一定有信心可以達成。」

村田製作所，這家以技術領先、製造能力強，並以生產高附加價值及高品質電子及電機零組件的世界級優先公司，在組織大改革後，已能維持過去數十年來的優良傳統，並走上革新之道，不斷向遠方目標勇往前行。

問題研討

1. 請討論村田製作所在2001年時，面臨什麼危機。
2. 請討論村田公司對員工的滿意度調查，顯示員工有哪些顯著的不滿意事項。你認為為何有這些負面結果？
3. 請討論村田製作所展開哪些組織架構的改革。
4. 請討論村田製作所展開哪些組織文化的改革？
5. 請討論村田製作所展開哪些生產現場的革命？
6. 請討論村田製作所認為該公司強的根源所在為何。
7. 請討論村田公司訂下2015年長期經營計畫的目標為何。為何要訂下如此的目標？
8. 請討論村田公司的優勢為何。
9. 總結來說，從此一個案中，你學到了什麼？你有何心得、啟發及觀點？

第四節　組織變革案例

案例 1

統一超商的「變革經驗談」

統一超商徐重仁總經理在天下標竿領袖論壇的演講中，針對統一超商過去十多年來的變革與心境，提出深入且精闢的看法。茲將該演講重點摘述如下：

㈠為何要變革？因為要存活。

為什麼要變革？可以從行銷的角度、經營管理的角度、人才培育的角度思考。沒有變革一定會被時代淘汰，一定沒辦法生存，如果只是追求存活，不可能生存，想要存活就要競爭，就是超越自己、超越競爭。

㈡變革例舉

1. 一般商品導入便利商品，代收是在便利商店發揮非常極致的一個地方。運用IT技術，讓顧客到店裡繳水費、電費、停車費，一個月將近九百萬人次到7-11來繳費。一個月六十億的營業額，代收占將近五十億，金額非常龐大。用非常少的成本提供顧客非常大的便利，這就是一個變革。另外還有在地行銷、網路購物、郵購等，也是近年的變革。

2. 最近7-11在墾丁小灣推出複合式商場。墾丁一年大概有五百五十萬到七百萬的觀光人次，年輕人占多數。小灣本來有一個水族館，經營得不是很理想，於是把它改造成商場。改造後的南二高東山服務區，是全台灣最漂亮的高速公路服務區。

這就是複合式商場（power center）的概念。台灣的機會點在Power Center，這是一個趨勢，做一個好的組合，讓顧客享受像國外一樣的方便購物。

3. 直到今天三千三百多個分店，過程中為使經營效率更好，於是產生物流公司、教育訓練公司、周邊服務的資訊公司。那時思考的是：如何使原本的部門更強大？徐重仁的概念是把它分出去，分出去他們就會自立更生、莊敬自強、水準就會提升，於是很多部門被分出去成為獨立公司，這幾年在效率上的確不錯，這是垂直發展。

在水平發展方面，像星巴克、康是美、宅急便這種事業就慢慢產生。

㈢變革思想與原始點：「顧客導向」與消費者「情境思考」

變革方法是要融入消費者情境思考，一個產品的開發，思考的邏輯是：怎樣的產品能被顧客接受？多少的價位能被顧客接受？再往後推成本結構，考慮物流如何降低成本。開發符合消費者需求的產品及服務，用心努力滿足消費者需求。

此外，也要學習如何融入顧客的情境，去觀察街上來來往往的行人、不同的商店、景像，要注意、去感覺。徐重仁到商店會看顧客注意的是什麼？買些什麼？貨架上哪個地方是顧客常拿的。將這變成一種習慣，就能體會消費的動向。

㈣變革中的必然挫折：正面思考、正面看待事情，領導人一定要有「眼光」以及靠「團隊力量」完成變革

1. 人生途中一定會有不如意，世界上沒有什麼都是很平順的。人生像坐火車，經過隧道時，整個都是黑暗的，出了隧道以後，又是柳暗花明。要正面思考，不要怨天尤人，事情都可以解決，除非天塌下來，不用太擔心，盡力就好。

2. 經營三十幾個公司，如果每件事都放在心中，可能會崩盤。支持我的正面力量是一種信念，很多事情要努力，第一個要很有熱忱，要很認真很努力，可能做得不是非常完美，但還是會進步，我的心中沒有什麼所謂的挫折。

3. 個人做不了企業，要靠團隊、群體的力量才能做到，企業領導者的風範很重要。領導者要有風範，以身作則，塑造一個好的工作條件、企業文化，讓大家覺得在這個環境中，即使工作再辛苦也是值得，這是起碼的條件。除了風範，要有領導的能力，看到企業的目標、方向，因為大家跟著你跑，如果今天走錯路，所有的人也跟著錯、跟著受苦。領導者一定要有眼光，要有這個眼光，就要不斷充實自己。

案例 2

中華電信公司在前董事長毛治國領導下的組織變革八部曲

中華電信的變革八部曲

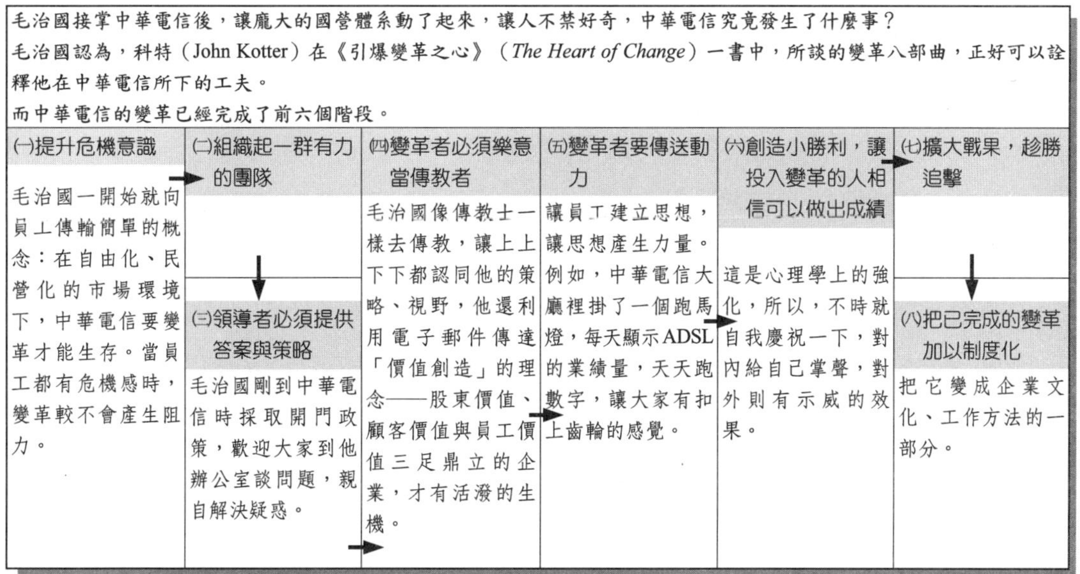

毛治國接掌中華電信後，讓龐大的國營體系動了起來，讓人不禁好奇，中華電信究竟發生了什麼事？
毛治國認為，科特（John Kotter）在《引爆變革之心》（*The Heart of Change*）一書中，所談的變革八部曲，正好可以詮釋他在中華電信所下的工夫。
而中華電信的變革已經完成了前六個階段。

㈠提升危機意識	㈡組織起一群有力的團隊	㈣變革者必須樂意當傳教者	㈤變革者要傳送動力	㈥創造小勝利，讓投入變革的人相信可以做出成績	㈦擴大戰果，趁勝追擊
毛治國一開始就向員上傳輸簡單的概念：在自由化、民營化的市場環境下，中華電信要變革才能生存。當員工都有危機感時，變革較不會產生阻力。	㈢領導者必須提供答案與策略 毛治國剛到中華電信時採取開門政策，歡迎大家到他辦公室談問題，親自解決疑惑。	毛治國像傳教士一樣去傳教，讓上上下下都認同他的策略、視野，他還利用電子郵件傳達「價值創造」的理念——股東價值、顧客價值與員工價值三足鼎立的企業，才有活潑的生機。	讓員工建立思想，讓思想產生力量。例如，中華電信大廳裡掛了一個跑馬燈，每天顯示ADSL的業績量，天天跑數字，讓大家有扣上齒輪的感覺。	這是心理學上的強化，所以，不時就自我慶祝一下，對內給自己掌聲，對外則有示威的效果。	㈧把已完成的變革加以制度化 把它變成企業文化、工作方法的一部分。

資料來源：《天下》雜誌，2003 年 4 月 1 日。

案例 3 和泰（TOYOTA）汽車公司成功推動組織改造計畫

《天下》雜誌 2003 年 4 月專訪和泰汽車公司，探索自 1998 年起所發動為期五年的「構造改革」計畫，以挽救日益下降的市占率及顧客滿意度。迄 2003 年時，記錄已奪回汽車銷售市占率第一的榮譽。

㈠二十年企業，為何要進行變革？

二十年的企業，為何要拋掉重和諧、講資歷的傳統，進行變革？

這幾年算得上是汽車市場的寒冬。1994 年前，台灣市場一年賣出約五十五萬輛汽車，2002 年，市場胃納量卻僅有四十萬輛。市場驟減的壓力成為所有汽車銷售者的緊箍咒。

和泰的表現自 1998 年開始，市占率連續四年維持第二名，而對汽車銷售影響最鉅的客戶滿意度，更從第一跌至第三。

和泰於是在 1998 年發動為期五年的「構造改革」計畫。

㈡改革，從六十位高級主管開始

早在「構造改革」計畫啟動之初，和泰先從主管層級進行一年餘的「危機塑造」。人事部門設計行銷、客戶滿意、財務等六個主題，透過閱讀、研討、心得報告，讓六十位主管了解改造的用意與目標。

在變革意識擴散的同時，人事部門也開始邀請顧問公司進駐，並研究市場上同業的薪資結構、人才資源，做為公司制度調整的參考。

建立制度的過程中，為了避免引起員工強烈反彈，和泰以較溫和的作風進行變革。

㈢業務員薪資結構改變：底薪與獎金之比例，從8：2，調為6：4。「年資主義」已捨棄，轉為「能力主義」

來到和泰經銷店面，牆面白板上的數字不斷跳動著，每面白板掛著業務員的銷售數字。這一年來，年輕業務員的數字明顯有起色，一位主管觀察，自從薪資制度調整後，年輕人很拚，領的錢也多了。

長久以來，和泰業務員的薪資結構中，80%是底薪，20%是獎金。管理部經理兼人力資源室室長劉松山表示，以往制度保障員工有穩定收入，卻造成業務員「吃大鍋飯」心態。去年起，和泰決定走激勵制，底薪與獎金改為六四比。

不僅如此，和泰近來更打破「年資主義」，轉向「能力主義」。

劉松山指出：「以前走年資，但這個人到底有沒有能力，不知道。現在不論是徵才、晉升，都要經過能力評鑑，來決定薪資、職位。」

案例4

微軟（Microsoft）面對組織四大弊病及組織精簡整併

㈠組織四大弊病出現

1.創新停滯	微軟對現有產品的改革、創新腳步較Google、蘋果等對手落後。
2.開發遲緩	高層推動的「整合創新」說來好聽，實際反而使快速成長部門被有問題的部門拖累，而放緩創新步伐。
3.繁文縟節	從產品特性跨部門策略協調都要開會，員工抱怨天天都有開不完的會。
4.士氣低落	微軟目前的股價已跌到七年前的水準，不再是創造股票選擇權富豪的金庫。

資料來源：《美國商業週刊》。

㈡整併七部門的三大部門

面對來自 Google、雅虎、甲骨文、Linux 作業系統等強大對手的挑戰，已屆而立之年的微軟公司競爭力不如從前而備感威脅。微軟因此宣布重大組織重組，將原來的七個事業部門精簡成三個，並賦予新的部門主管更大權限，整個重組側重在強化線上提供服務的能力。同時微軟也將跨足網路通訊等領域，正和 Qwest 通訊國際公司合作，針對小企業提供網路電話服務。

部門	平台產品與服務	企業	娛樂及裝置
含蓋事業	前端平台，伺服器及開發工具，MSN	資訊工作者事業及微軟企業解決方案	家用娛樂，行動與嵌入式系統

資料來源：微軟。

㈢執行長說明組織變革原因

微軟執行長鮑瑪在致全體員工的電子郵件中寫道：「我們做出這些變革的目標，是使微軟在管理今後驚人的成長及執行以軟體為主的服務策略時，能夠發揮更大的靈敏度。」

鮑瑪強調說：「有一大堆的決策，可能是通過層層關卡才到達比爾‧蓋茲和我這裡的，因為他們經過了七個部門。現在簡化為三個，我認為就某些必須做的決策而言，行動應該更乾脆、更迅速。」

案例 5

失敗的組織變革——哈佛大學校長桑默斯下台啟示錄

中山大學企管所教授葉匡時在一篇討論組織變革的文章時，提出哈佛大學桑默斯校長下台的故事，帶來組織變革失敗的啟示教訓，深值吾人深思。葉教授的文章，有如下的描述：

執國際學術牛耳的哈佛大學校長桑默斯，上任不到五年，因為推動哈佛組織變革不順，與許多校內老師發生激烈衝突，上個月宣布辭職。桑默斯曾任美國財政部長，不到30歲就成為哈佛的終身教授，當時是哈佛大學史上最年輕的終身教授之一，經濟學界公認他是世界上最聰明、最卓越的經濟學家之一。但是，這麼卓然有成的學者，何以在推動哈佛組織變革時卻弄得灰頭土臉，不得不棄甲曳兵呢？

五年前，哈佛大學董事會任命校長時，認為哈佛雖然是全球最有地位的學校，但因為歷史悠久而志得意滿，面對競爭日劇的環境，需要有魄力的領導人帶領哈佛邁入21世紀。

因此，董事會明知桑默斯傲慢魯莽，卻認為這種個性可以勇於任事，不怕挑戰包袱、不怕與人衝突，符合組織變革領導人的特質，所以決定任命桑默斯為校長。果然，桑默斯上任之後有如霹靂火，與校內老師不斷發生衝突與誤解，其中最嚴重的衝突就是得罪黑人及女性教授。

姑不論桑默斯的動作或言論是否有理，但在組織變革的過程中，桑默斯想要開刀的第一位教授，居然是美國黑人的學術領袖之一，不只得罪這位教授，也得罪了廣大的少數民族，以及一些自由派學者。他後來又在某個學術場合發表「歧視女性」的言論。同樣的，他也得罪了所有的女性學者。桑默斯疏忽了在組織變革的過程中，改革者的改革方式與對象要「精準」，要多方溝通，切忌「擴大打擊面」，以免造成無謂的阻力。

桑默斯的另一個問題是，不知道隱藏自己的聰明才華。在許多會議場所，他毫不留情地指出他人的錯誤，受到公開屈辱的老師，自然不會支持他。此外，許多人會認為，既然你這麼聰明，那就都讓你來做好了。於是，桑默斯的組織變革慢慢失去團隊的支持，注定失敗的命運。推動組織變革的領導人應該要知道，不論自己再怎麼聰明、能幹，也應該讓別人有發揮「聰明能幹」的機會。

如果桑默斯經營的不是一所大學，而是一家公司，他的領導風格或許可以成功。事實上，前奇異執行長威爾許也是敢言直行、傲慢自大的領導者，但他推動奇異組織變革卻非常成功。然而，大學不同於企業，每個教授都是自己的老闆，由上而下的專斷領導行不通。因此，在推動組織變革時，領導人要注意組織的特質，在某些組織有效的方法，引進其他組織可能完全失效。

案例 6

新思維：台北晶華大飯店潘思亮董事長計畫將該公司後勤幕僚單位，亦視為利潤中心之組織變革

㈠各餐廳、各宴會廳、客房部，已納入利潤中心制度運作

企業為保持競爭力，故將各事業單位切割為一個個利潤中心，這些利潤中心被視為一個個獨立運作的公司。晶華酒店是國內第一家導入企業利潤中心制經營的國際觀光飯店，而且做出了點成績。不過，潘思亮最近認真思考一件事，除了各個餐廳、宴會廳與客房部之外，為什麼不能把財務部、人事訓練部、採購部，以及會計部等後勤支援部門，也視為一個個的利潤中心？

㈡行政幕僚部門亦計畫納入

試想，財會部門為事業單位提供記帳、成本控制，以及會計等服務，而人事部門提供人力資源、教育訓練與差假管理等服務。如果從「服務有價」的觀點看，事業單位付費給行政後勤單位是一件「天經地義」的事。而行政後勤單位則為了創造顧客滿意度，除了應有一套「行銷計畫」，更要提供優質的服務品質，才能創造競爭力。一旦這些行政部門的服務不好，就該發包委外。

將行政部門利潤中心化有幾個好處：⑴讓消極轉積極，化被動為主動；⑵讓這些部門人員的視野更寬廣，「逼」使大家可以向外學習新知，進而與國際接軌；⑶提高他們的位階，強化這些部門的競爭力；⑷提高經營品質，在企業內形成良性循環；⑸為行政後勤部門創造新的附加價值，如果他們的水準與格局已達更高水平，更可輸出勞務或服務，為企業創造更高營收。

基於上述，著手思考讓晶華酒店行政部門，轉而成為一個個利潤中心的可行性，目標是，未來讓晶華的財務部、人事部、採購部等，都宛如一間間專業、獨立，必須自負盈虧的小公司。如此一來，晶華在市場上也將更具競爭力，並為股東創造更多利潤。

案例 7 台泥老店，改造成功，獲利創 50 年新高

㈠獲利 60 億，創 50 年新高紀錄

1. 曾是台股相當重要基礎產業股的台灣水泥，經多年沉潛，出現脫胎換骨的表現，本業部分，受內銷發貨逐月成長、外銷價格上漲影響，第四季毛利率可望突破 12%。為近十年來最佳；法人預估台泥 2005 年稅前盈餘，可穩賺 60 億元以上，創下 50 年來的最高紀錄。

2. 台灣水泥董事長兼總經理辜成允已帶領臺泥走出一片新天地，2005 年獲利創下 50 年來的新高，不僅繳出一分亮麗的成績單，也讓辜成允的改革心血沒有白廢，面對這一刻，辜成允實在百感交集，肩上所承受的重擔，遠比父親辜振甫在世時還要沉重，這家橫跨半世紀的老店，就在辜成允的堅持改革下，已跨出前所未有的新局面。

台泥這幾年正面臨著生死存亡的十字路口，「不改革就沒有明天」，但是，下手改革的時機，卻成為辜成允必須面對的嚴肅課題，父親仍在世時，辜成允一度嘗試進行改革計畫，最後卻徒勞無功，反對聲浪紛至沓來。

這是辜成允推動改革的第一次挫敗，但辜成允引用管理大師杜拉克的名言：「企業存在的價值，就是創造業績。」台泥不是公家機關，如果無法替股東創造更多獲利，勢必面臨被淘汰的命運。

廠商	92 年度				93 年度				94 年度預估			
	營收（億元）	毛利率（%）	淨利（億元）	每股盈餘（元）	營收（億元）	毛利率（%）	淨利（億元）	每股盈餘（元）	營收（億元）	毛利率（%）	淨利（億元）	每股盈餘（元）
台泥	244.2	6.54	17.62	0.58	279.15	9.52	44.21	1.35	285	11.3	60	2
亞泥	95.68	14.4	33.2	1.53	104.04	19.27	64.37	2.97	108	22	65	2.8
嘉泥	23.39	13.73	7.12	1.36	27.52	12.38	4.01	0.76	28	13	3.5	0.65
環泥	28.93	14.10	5.43	1.31	34.41	17.41	5.5	1.32	35	16.5	5.4	1.3

㈡改革與贏的策略——精簡人事、改善升遷制度、處理非核心事業

1. 辜成允再度踏出改革的第一步就是精簡人事，台泥曾有近 2,000 人的規模，經過幾波的優離優退措施，整個人事規模已下降至 1,300 人左右，減少的幅度超過 25%，不過，辜成允世考慮到人事升遷，對鼓勵士氣的重要性，這幾年內升的比例也達 76%。

台泥向來有企業福利模範生的稱號，也因而衍生不少考績不公的弊端，辜成允決定改善升遷制度，破除考績齊頭式的平等，並引進外部人才，加速台泥人事的新陳代謝，雖然這些動作都給辜成允帶來毀譽參半的批評壓力。

2. 2005 年之前的兩年多來，整個人事精簡已告一段落，下一步就是處理非核心事業，辜成允的想法是，將以水泥及相關行業與電力等為核心事業，對於閒置資產及部分轉投資事業如遠傳及電子公司等股權，都將逐一進行清倉出售，這項做法將確保台泥更專注於本業的經營。

儘管台泥 2005 年的獲利創高峰，不過，辜成允最大的願景是讓台泥能躋身最賺錢的百大績優企業，不管是業主投資報酬率（ROE）與資產報酬率（ROA），都要再往前再躍進。辜成允正帶領著台泥邁向一個新高峰，這也是辜成允掌舵台泥後，替台泥繳出的第一張成績單。

案例 8

日本 Sony 大整頓
——新任 CEO 史川傑推動 3 年計畫，要讓電子部門轉虧為盈

㈠將裁 1 萬人，占全球員工 7%

Sony 聲明，將在日本裁減 4,000 人，在海外裁員 6,000 人，合計約占全球總人力的 7%；目前 Sony 的全球雇員總數約 151,400 人。裁撤的工作有一半是公司總部的職務或行政職。

世界第二大消費電子製造商Sony公司宣布新的三年整頓計畫，將裁員 1 萬人、整併製造廠，縮減產品機型，設法讓電子事業部門轉虧為盈。Sony 並再度調降全年財測。

㈡世界工廠，65 座減為 54 座

同時，Sony計畫關閉 11 座廠，把設在世界各地的工廠總數從 65 座減為 54 座，並提高零組件由 Sony 內部供應的比率。Sony 也計畫把產品機型的總數削減 20%。

㈢達成獲利 5%目標

這是自 Sony 外國籍執行長史川傑（Howard Stringer）上任以來推動的第一樁大規模整頓措施，備受各界矚目。Sony 希望藉這次整頓在 2007/2008 會計年度（止於 2008 年 3 月）前，節省 2,000 億日圓（18 億美元），並脫售 1,200 億日圓（10.8 億美元）非核心資產，和達成銷售額逾 8 兆日圓、營運利潤 5%的目標。

㈣ CEO 必須凝聚 SONY 內部向心力

日本 Sony 公司執行長史川傑（Howard Stringer）公布企業整頓計畫，但他目前最大的挑戰可能是如何贏取內部管理團隊的向心力。

史川傑本人缺乏電子方面的經驗，他須仰賴日本下屬的經驗和專長。擔任執行長的前三個月，他主要都在學習和日本管理團隊共事。他特別推崇Sony總經理兼資深工程師中鉢良治，稱他是「慎思熟慮、行事周延的日本思維代表」。

不過他認為重整 Sony 不能採用日產汽車的方式，甚至不能沿用他在美國 Sony 的經驗。他認為日產當時是瀕臨破產的公司，Sony 則是經營陷入僵局，兩者情況不同。Sony 的業務也遠為複雜，從電影、電視機到半導體全都涉足。

案例 9
日本先鋒（Pioneer）經營不振，裁員千人，總經理、董事長雙雙下台負責

日本《經濟新聞》報導，電子產品製造商先鋒公司（Pioneer）計畫裁撤日本國內 1,000 名員工，占十分之一人力，並縮減數位影音光碟（DVD）錄放影機和電漿電視的事業，盼能重振公司營運。

報導中也提到，先鋒社長（總經理）伊藤周男和會長（董事長）松木冠也將下台以示負責，副社長須藤民彥將於 12 月接替社長遺缺。

事實上，DVD 錄放影機銷售一直不見起色，正是先鋒盈餘不斷衰退的一個因

素。由於DVD錄放影機和其他消費電子產品買氣不振，該公司上半年度陷入嚴重虧損。

該公司本會計年度上半年淨虧損 122.6 億日（1.057 億美元），相較於一年前獲利 48.1 億日圓，簡直是不可同日而語。

日本電子業正經歷一番大整頓，包括先鋒和三洋電機等大廠都不得不進行調整家電部門組織等改革措施，希望能重拾往日雄風。

案例 10

日本大和宅急便運輸公司組織變革與組織再生大作戰

大和（YAMATO）是日本第一大民營宅配運輸公司，由於該公司的標誌是一隻活躍的黑貓，因此，有人稱之為黑貓宅急便公司。大和宅急便公司在 2003 年的營收額達 8,400 億日圓，領先第二位的佐川急便公司的 7,100 億日圓營收額。同時大和公司的員工人數亦突破 10 萬人。

㈠巨大組織弊病出現

大和公司營業規模雖然超過佐川急便公司，但就用人及營運效率來看，大和公司則遜於佐川急便公司。自 1976 年開業以來，大和已有 28 年歷史，逐漸陷入組織巨大癡肥症、官僚層級化以及營業現場功能不全等重大弊病。

在 2003 年夏天，大和公司還發生兩起銀行及市公所重要客戶情報資料包裹遞送遺失的事件，其過程發生了嚴重的危機處理問題。山崎總經理也深深感受到這龐大的 10 萬員工大軍，有難以拖動之危機感，必須加速展開組織再造變革。山崎總經理指出二個問題點：

1. 在營業及配送第一線據點現場的權責與指揮體系，顯得過於遲緩。似已出現組織官僚僵化的不良症候。

2. 高成本的體質。該公司人事成本竟占總營收額的53.4%。只要每增加遞送1,000萬個包裹，就要增加 1,000 人之多。由於人事成本不合理的偏高，使大和的營業獲利率始終維持在 5%左右。因此，對成本結構的改革，似已不可避免。

㈡引進小區域獨立中心制度

組織再造變革的第一步，即是將每一個營業配送所，再細分為 3～4 個獨立的區域中心（area-center）站。每個中心站約配置 7～10 人的營業配送人力，並授以獨立的權責，不再受過去營業所所長的決策指揮，自己就是區域中心站的站長，完全獨立運作，加快營運決策，不必再有官僚組織體系的包袱。經改革後，以目前現有的 10 萬名員工，可以處理一年 15 億個包裹的數量，比現在處理 10 億個包裹的數量，明顯提升不少，但人力卻不須再增加。

大和公司過去在全日本，計有 1,600 個各地區的營業所，每個營業所又區分為 4 個單位，如今的改革，就是把這個 4 單位，分割出去為獨立的中心站。因此，在全國已被細分為 5,600 個營業據點。這 5,600 個獨立中心站，已被授與利潤中心營運制度，負責全年收益目標任務。換言之，每一個中心站平均約只有 8 人左右的編製，就是一個獨立作戰的小部隊。一方面不會有冗員的存在，二方面亦可以強化營業功能及服務顧客功能。例如，目前最大的日本郵政公司，在全國有 4,800 個營業據點，但如今大和卻有 5,600 個營業據點，足以與民營化後的日本郵政公司相抗衡。每一個中心站的經理，除了督導中心站的包裹業績目標達成外，自己還負責接聽電話、接受訂單及開立發票等內勤業務。過去接受訂單及開立發票等內勤業務，都是請助理小姐做的，如今也省下這些人事費用，由經理兼著做。

㈢組織再生的五個信條

大和公司在 2003 年底引進的 10 萬員工集團組織再造改革的計畫推動，山崎總經理下達五項基本原則信條，包括：

1. 從官僚組織的上意下達，改為區城中心站的現場獨立決策。

2. 從金字塔層層管制的組織架構，改為單線的營運小組織。

3. 從大軍團作戰，改為小單位靈活與機動戰鬥。

4. 從寄生在大樹木底下，改為全部拉出去，讓他們獨立，適者生存，不適者淘汰。

5. 從 40 人營業所負責損益，改為更小的單位——8 人制，負責損益的制度。

㈣人事薪資結構的變革

區域中心小站制度的引進，雖然使據點數增加，而設備投資也跟著增加 100 億日圓，但這些投資都還算值得。而當前組織再生改革的第二步，就是處理大和運輸司機薪資結構的問題。根據分析，大和公司送貨司機（sales driver）平均年薪加獎金，達到 600 萬日圓。比其他競爭對手公司平均多出 50～100 萬日圓。不僅是同業之冠，在很多鄉鎮城市，也是地區之冠。這也是為何人事成本占總營收 54%的高比例原因。山崎總經理下令展開薪獎制度的改革，原則是，在不影響員工現在的年收入下，必須負責比以往更多的包裹配送量目標才行。此項薪獎制度的改革，不僅保住了員工的飯碗，更達到競爭力提升的雙重目標。

㈤未來面臨二大壓力來源

日本的第一大民營宅急便大和公司市占率超過 30%，但卻沒有因為高市占率而過著輕鬆的日子。除了面臨當前日本宅配市場已飽和的狀況，大和公司還面對二大壓力來源：第一是日本郵政公司與佐川急便公司的強力猛追，壓力頗大。第二個是如何拓展新事業營收來源，以保持未來的成長性。

目前，大和公司的包裹宅急便業務占比達 78%，雜誌與書籍業務占比為 7.2%，是目前營收主力來源。但未來的發展事業策略，大和則朝向以公司行號及家庭戶為對象的完整運籌服務公司，不再強調運輸物流功能而已，還有周邊及貫串的金融、報關、收款……等，以服務為主的業務拓展。

㈥結語——10 萬集團軍的黑貓總動員

每年處理 10 億包裹及印刷品宅急便業務的大和公司，旗下所擁有的 10 萬名員工，如今在組織架構與營運制度改革再造下，已脫離組織官僚化的弊病。在面對老二、老三的競爭對手，強力追趕，這支集團軍在過去小倉老社長所帶領及創造的「小倉成長神話」的黑貓宅急便隊伍，是否能再創第二個神話，令人關注。

已有二十八年歷史的黑貓宅急便，已展開全日本 5,600 個營業據點的總動員，箭在弦上，一觸即發，3 萬多部配送車及 10 萬名員工大軍已上緊發條，準備創造大和公司的另一波成長與獲利成果。

案例 11

日本嬌聯紙尿褲 SAPS 組織變革管理——「質問與思考」重啟生命力

㈠嬌聯的弊病——受命體質

嬌聯（Unicharm）是日本嬰兒紙尿褲市場的領導品牌。1961 年為慶一朗董事長所創，四十年來成長順暢。可是在 2000 年時，營業獲利卻比 1999 年少 13%，2001 年時，營收額及獲利額，亦均持續下跌。同時期，日本花王及 P&G 的紙尿褲市占率，卻有斬獲。2002 年時，日本嬌聯老董事長慶一朗，感到時不我予，終於讓出兼任總經理的位置給自己 39 歲的兒子高原豪久擔任，展開世代交替。

年輕有為的高原總經理上任後，即深深感受到，長久以來嬌聯公司最大的積習弊病，就在於其「受命體質」。這句話的意思係指「這是董事長交辦的、這是董事長指示的」，大家都聽命辦事，不敢違抗董事長的聖旨，導致 2000 年起，嬌聯開始陷入營運衰退的惡果。

慶一朗老董事長在交出自己兼任總經理的職務，給自己兒子高原總經理時，即深深坦承說：「這二年公司的衰敗，我要負最大的責任。我們一定要捨棄掉過去近四十年來，長期成功與第一的驕傲自負。過去的成功，不必然代表未來的成功。一定要否定自我，一定要時刻抱持危機感，不能沉浸在成功的夢幻中。我老了，我已經有所覺悟，所以，我必須交出總經理的棒子才行。」

高原總經理接任後，開始改革過去「受命文化」、「體察上意」與「奉命辦事」這些組織文化惡習。

㈡ SAPS 變革管理模式

每個星期一早上 7 點半，就可以看到公司中高階主管，計 50 多人，陸續走入嬌聯公司的 11 樓會議室，出席每週經營會報。每個人臉上都帶著緊張與嚴肅的神情。高原總經理將每週的經營檢討會議，稱為「SAPS 會議」。此即指：schedule（計畫目標）、action（行動）、performance（績效）與 spiral（檢討應變）之四個經營控管的循環工作。

在此會議中，高原總經理會很嚴厲的檢討每部門上一週的工作計畫目標、達到的成效狀況、質問未能如預期達成業績的原因、分析競爭者推出新產品以及未來如何突破業績之行銷對策等問題。

在嬌聯公司「SAPS」變革管理模式中，每一個事業部門，都要明列每一週、每個月、每一季、每半年、每一年及每三年的預算目標及行動計畫等詳細資料與數據，納入一張大表格中，然後，每週均依此而做檢討與考核。

SAPS變革管理模式採行以來，每個事業部門主管，更能清楚知道自己的工作目標、資源、計畫、課題與解決對策等，使整個公司的經營幹部群，比較能自己負起完全的經營任務與決策，不必再等待老董事長關愛的眼神或是口頭指示如何辦理的錯誤管理模式。

㈢以現場主義為基準的新商品開發

高原總經理發現嬌聯公司營收及獲利衰退的三大原因，第一個是新商品上市種類太少，幾近停滯。第二個是同業價格競爭太激烈。紙尿褲產品占嬌聯公司40%的營收比例，但在1995年10月推出新商品之後，一直到2001年7月，嬌聯才再推出新商品。近五年的新產品研發及上市的停滯，促使花王及P&G公司的同質競爭商品及價格競爭的白熱化，搶奪不少嬌聯紙尿褲的市占率。

高原總經理非常強調以「現場主義」為基準的新商品開發與行銷研究之落實，才能產生超人氣的商品。

高原總經理要求商品開發人員，必須採取「家庭訪問調查」的行銷方式，以獲取新產品開發的有效概念。每一次新商品開發到試用階段，都要訪問過數百戶的家庭主婦使用者的意見及看法後，才可以正式完成。最近健康事業部門的商品開發人員，還跑到醫院去訪問病患及護理人員，以形成某項健康用品的開發設計概念。

除了家庭、醫院等現場訪問調查外，零售商店的店頭老闆意見調查，也被納入新產品開發現場訪問調查的主要來源之一。

㈣「質問與思考」經營，使嬌聯重拾光芒

高原總經理主政後的嬌聯公司，近年來在營收及獲利方面，均有了大幅改善及成長。2003年度營收額達2,400億日圓，獲利307億日圓，預計到2007年的營收目標，將挑戰4,000億日圓，獲利500億日圓的歷史新高。

高原總經理經營變革的核心主軸，即是一種「質問與思考」的經營理念，一時

之間，也曾風靡日本業界。高原總經理曾表示：「追求全體的合理質問及深度反省思考，是保持不斷成長與成功的最大根源。也才能應付競爭日益激烈的環境變化。」

嬌聯紙尿褲的變革經營，終於使嬌聯重拾嬰兒紙尿褲市場第一品牌的光芒，其啟示意義甚大矣。

☞ 自我評量

1. 試說明組織變革的意義及促進原因。
2. 試說明變革壓力的來源為何。
3. 試分析組織變革之推動目的。
4. 試說明 Leavitt 之組織變革過程的理論模式。
5. 試說明 Lewin 之變革模式。
6. 試說明 Lippit 之組織變革模式。
7. 試說明 Kotter 之組織變革模式。
8. 試說明有效的組織變革管理之步驟。
9. 組織抗拒變革之原因為何？試說明之。
10. 組織也有人支持變革，其因為何？
11. 如何克服抗拒變革？試申述之。
12. 試闡述「抗拒變革，並非員工天性」之涵義。
13. 試述領導變革時，有哪五點要做到？

chapter 17

組織學習與創新

Organizational Learning & Innovation

第一節　這是一個不斷學習的年代

第二節　組織學習的方式、因素、要件與類型

第三節　面對創新需求下的組織分析、診斷與變革分析

第四節　案　例

第一節　這是一個不斷學習的年代

一、比爾・蓋茲與彼得・杜拉克的學習名言

比爾・蓋茲說：「如果離開學校後不再持續學習，這個人一定會被淘汰！因為未來的新東西他全都不會。」管理學大師彼得・杜拉克也說：「下一個社會與上一個社會最大的不同是，以前工作的開始是學習的結束，下一個社會則是工作開始就是學習的開始。」

比爾・蓋茲與彼得・杜拉克的說法都指向一個重點，也就是我們在學校所學到的知識只占 20%，其餘 80%的知識是在我們踏出校門之後才開始學習的。

一旦離開學校之後就不再學習，那麼你只擁有 20%的知識，在職場競爭叢林中注定要被淘汰。翻遍所有成功人物的攀升軌跡，其中最重要的就是他們不斷充電學習，為自己加值，白領階級想要站穩位子並獲得升遷，不斷充電就是邁向成功的不二法門。

二、台積電公司張忠謀董事長的名言

台積電公司張忠謀董事長在接受《商業週刊》專訪時明白指出對學習的深入看法。

半導體教父張忠謀說：「我發現只有在工作前五年用得到大學與研究所學到的 20%到 30%，之後的工作生涯，直接用到的幾乎等於零。」因此張忠謀強調，在職場的任何工作者，都必須養成學習的習慣。

張忠謀坦承，在踏出校園時根本不認識 transistor（電晶體）這個字，這並非他無知，而是當時很少人了解電晶體，可是不出幾年，很多人都知道電晶體的存在，「可見知識是以很快的速度前進，如果無法與時俱進，只有等著失業的份！」「無論身處何種行業，都要跟得上潮流。」

三、奇異公司前任總裁傑克威爾許的做法

他要求幹部每年固定淘汰 10%的員工，以維持公司的高競爭力，如果幹部無法達成 10%的淘汰率，就會先遭到開除。

四、學習，首要的組織策略

知名的資誠智識服務中心，在其人資管理全球資料庫中，提出學習是首要的組織策略理念。並提出以下五項重要的原則：

㈠提供充裕的訓練預算

員工能否具備協助企業成功的必要技能，訓練預算是一項關鍵因素。最佳實務企業會了解訓練的成本與效益。視為預算流程的一環，並認為訓練費用是強制性成本，不受經濟景氣影響，即使營收下滑，仍會投入一定比例的經費訓練員工。

㈡選擇符合使用者和主題需求的訓練方法

根據訓練主題和學習目標選擇合適的訓練方法。訓練方法取決於以下因素——所需教材與設備、與講師的互動程度、必修或選修課程、學員具備何種知識與技能、學員是否有可利用的學習工具。

㈢適當結合訓練與獎勵

學習經驗的質與量受工作環境的影響極大。頂尖企業不僅支持訓練，更結合訓練與獎勵制度，以營造一個良好的學習環境。也會尋求主管的支持，要求他們了解最能激勵員工學習新技能的獎勵方式，並在適當時機給予獎勵。

㈣鼓勵各層級員工發展專業能力

職涯發展機會向來是員工最寶貴的獎勵。鼓勵各階層員工自己負起發展自我專業能力的責任，才能創造雙贏。員工對工作更滿意，管理階層也樂於減輕發展員工專業能力的責任，企業也因為擁有更具專業能力的員工，而更接近成功目標。

㈤設立專職主管負責學習活動

頂尖企業會不斷思考學習過程，以求取最大的投資報酬，並提升學習活動的重要性。它們會設置專職主管（例如，學習長、知識長或訓練主管）監管訓練和職涯發展作業，以確保員工具備有助提升競爭力及成功率的必要技能。

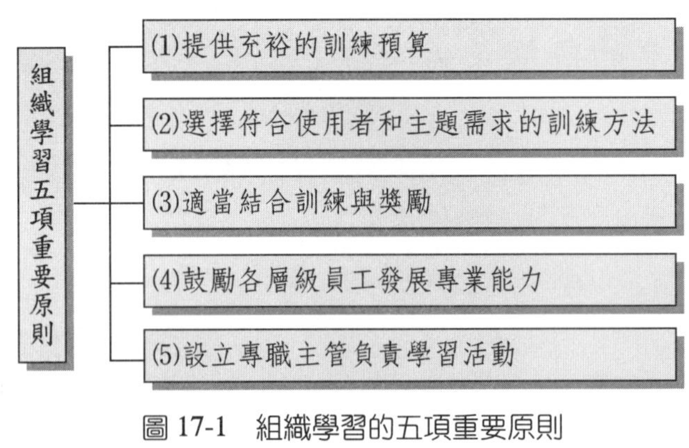

圖 17-1　組織學習的五項重要原則

五、員工素質水準決定企業競爭力——員工智能成長的條件及原則

國內知名的政大企管所教授司徒達賢認為企業競爭力的背後，須視組織與員工的素質水準好壞而定。他又提出六項影響員工知能成長的條件及原則，茲摘列如下述：

㈠企業的高階領導人必須以身作則

重視新知的追求與知能的成長，並深信知能水準是企業長期競爭力的來源。如果領導人認為企業競爭力主要是靠公關甚至政商關係，則員工難免也只在酒量或應酬技巧下功夫，以努力迎合高階的策略想法。

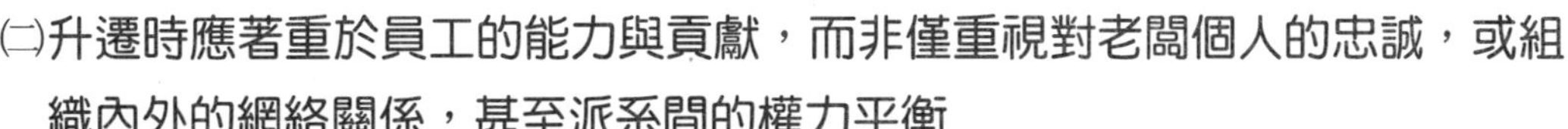

(二)升遷時應著重於員工的能力與貢獻，而非僅重視對老闆個人的忠誠，或組織內外的網絡關係，甚至派系間的權力平衡

如果在升遷方面過分重視關係或背景，員工自然會投入較多的時間於「經營關係」、參與派系，沒有餘力或精神吸收新知及追求自我成長。

(三)各級員工究竟應在哪些方面強化知能，必須考量及配合企業未來的策略發展方向

易言之，應分析將來策略發展將需要哪些知能？現有員工或各級管理人員的知能，與未來組織的發展需要之間，尚有哪些差距？經此分析之後，才能掌握大家知能應該成長的方向。如果只是由人力資源單位便宜行事，請學者專家來舉辦一場演講，或由同仁任意選擇書籍來進行讀書會，則由於學習內容與未來工作未必相關，久之可能使員工心中產生「知識學習不切實際」的印象。

(四)組織建有知識分享的機制

員工被派至外界進修，應有系統地與其他相關同仁分享其學習成果，此舉不僅可以確保員工所學之知能至少有一部分能轉化為組織所擁有的知能，同時可藉此機制要求員工用心學習，並嘗試將所學與組織的現狀相連結。

(五)員工之學習過程與成效，短期中即應有適當的評估與肯定

知能成長的效果未必能在短期的工作表現中發揮作用，因此，平日的評估與肯定，對員工的進修士氣絕對有其必要。

所謂評估與肯定，其實不需要太複雜的制度，只要高階主管經常出席員工知識分享的活動，或參與讀書會，對同仁的表現表示重視、提出回饋意見，並有所肯定即可。

(六)各級主管要有知識分享的能力與意願

各級主管如果在工作過程中，能不斷吸收新知、研究發展、自我成長，又有分享的熱忱與意願，加上一定水準以上的溝通與教學技巧，必然可以帶動組織的學習風氣，提升教與學的效果。

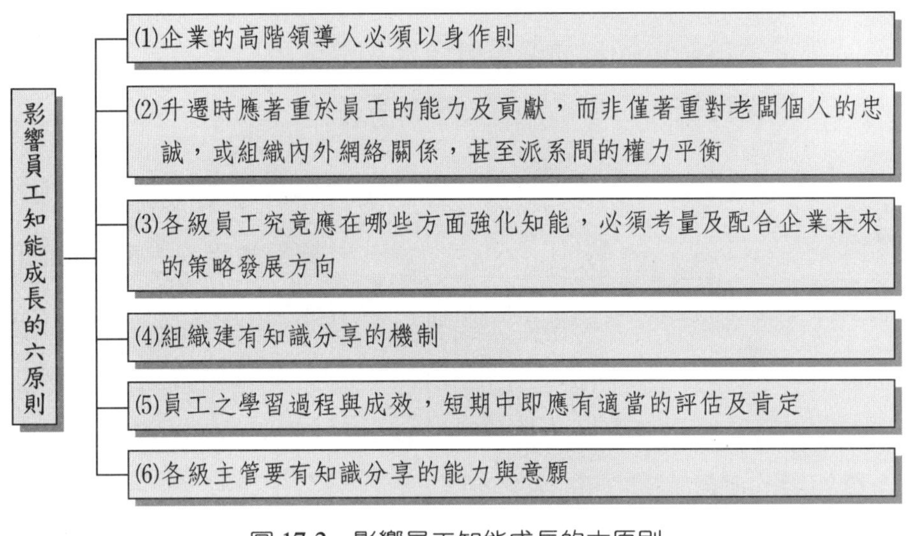

圖 17-2　影響員工知能成長的六原則

第二節　組織學習的方式、因素、要件與類型

一、組織學習的方式

組織學習（organizational learning）包括下列四種方式：

1. 向別的組織借鏡。例如，在美國許多知名的績優公司，如AT&T、IBM、柯達（Kodak）、杜邦（DuPont）、摩托羅拉（Motorola）等，所選擇做為標竿的對象並不只是他們本身所處產業的佼佼者，還包括了世界上各產業的卓越公司。

2. 根據環境的回饋（例如，顧客的不滿、供應鏈的失能），對現行的做法做系統性的改變。

3. 透過原始的或模仿的創新。

二、促使組織學習的因素

什麼因素促使組織學習呢？組織學習的驅動因素有三：

1. 問題的產生。包括利潤下降、顧客流失、公眾責難等。

2.機會。組織在創新及尋找市場機會上的努力，會促使它去學習。

3.人員。例如，高級主管的高瞻遠矚或察覺到組織重整的必要性，或組織成員對於現狀的不滿等。

三、團隊學習理論的意義

團隊能學習，意味著他們必須能「改變」原有的運作方式，成為理想的狀態，進而能達到團隊的目標。

團隊學習是指團隊成員針對任務或團隊運作方式，進行調整、改進或變革，以回應任務要求的一種動態過程。透過成員行動與反思的互動過程產生知識創新並且提升團隊的知識與能力。反思代表團隊成員彼此分享資訊、共同討論問題或錯誤，以及尋求新的洞察，行動則代表團隊進行變革行動，包括決策制定、團隊績效改進、執行實驗以及傳遞知識給他人等活動。

團隊如果無法進行反思與行動，則無法創造新的知識或工作方法，使得組織無法進行適當調整與修正。

四、團隊學習成功的要件配合

所以一個團隊學習成功與否，要有下列幾個要件的配合：

㈠團隊學習的標準

團隊成員須能相互調整對於工作任務之認知，以建立共同的學習方向與一致性的願景。

㈡建構有利的團隊學習氛圍

如團隊心理安全，是團隊成員間相互尊重與信任，彼此擁有共同信念，明白在團隊學習過程不會感到難堪、被拒絕或是被處罰。如此，將產生開放、確實傾聽、彼此信任、相互支持的環境，可降低團隊成員對於學習之抗拒與習慣性防衛。

㈢有創造力的交談技巧

包括能聽清楚、問清楚、說清楚的能力。

㈣反覆練習與精進

團隊學習需要反覆練習並持續進行，方能提升學習能力與改進績效。

五、團隊學習失敗的原因

㈠缺乏反思過程

如果團隊太過忙碌或是習於常規，則未能進行反思。

㈡討論過程成效不佳

當團隊成員缺乏心理安全時，為了維護自身利益或面子，在討論過程中可能忽略重要資訊，對職權採取不適當的防衛或是不願坦承團隊缺失。

㈢缺乏行動

團隊有能力反思團隊活動，但是受限於常規之制約，無法突破。

㈣權力分配

當團隊缺乏相關資源以及變革的自主權時，便無法有效進行學習與改變。

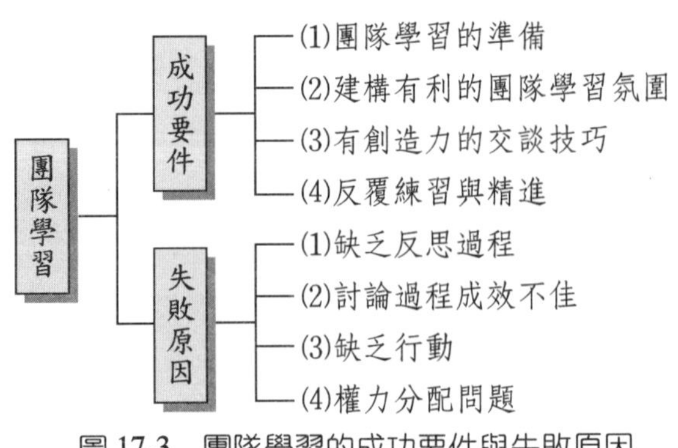

圖 17-3　團隊學習的成功要件與失敗原因

六、學習型組織的五大要件

以下分述說明彼得聖吉（Peter Senge）提倡的學習型組織所必備的五大要件。

㈠建立共同願景

公司內部若無一共同願景，各部門及個人的職務安排將變得模糊不清，且和顧客的互動模式也將無法統一，會議討論也會變得非常散漫、無法達成共識。

㈡團隊學習

集思才能廣益，集體思考的行為是塑造共同願景的步驟之一，並為下一次的共同行動做好準備。

㈢改善心智模式

陷入偏執，新創意便難以萌芽，新知識更將難以活用。「改善心智模式」有時也是一種不可或缺的重要觀念。

㈣自我超越

這是提升團隊學習效果之基礎。譬如，「喜愛將歡樂帶給別人」的人必定能夠不厭其煩地摸索、學習以提高顧客的滿意度。

㈤系統思考

所謂系統思考，簡單而言是指能夠充分掌握事件的來龍去脈。不是所有產品的銷售額均提升時，不論是優點或是缺點都應做詳盡的調查，並作圖分析以幫助釐清原因。

要讓一切從頭開始學習的企業同時實踐這些要件，無非是強人所難。但是有一點很重要，就是應先從基層單位的切身事務開始著手，真正去體驗實際的效果。

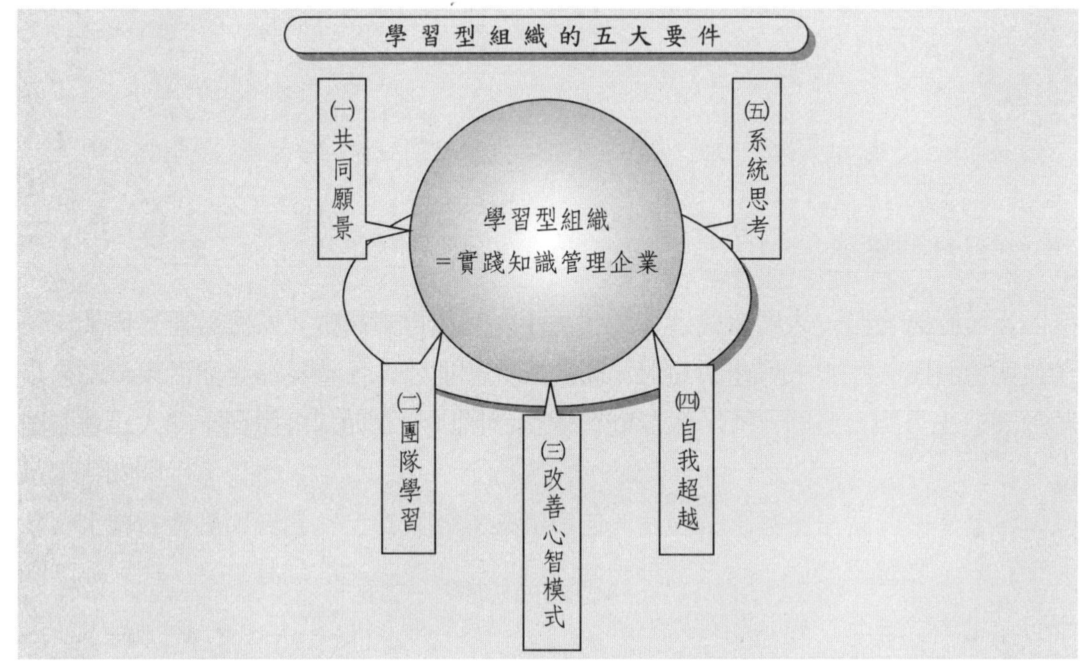

圖 17-4　學習型組織的五大要件

七、學習型組織的特徵

學習型組織有五個基本的特徵如下：

1.組織內的每位成員都願意實現組織的願景。

2.在解決問題方面，組織成員會揚棄舊的思考方式，以及其所使用的標準化作業程序（standard operation procedures, SOP）。

3.組織成員將環境因素視為一個與組織程序、活動、功能等息息相關的變數。

4.組織成員會打破垂直的、水平的疆界，以開放的胸襟與其他成員溝通。

5.組織成員會揚棄一己之私與本位主義，共同為達成組織願景而努力。

八、如何成為一個學習型組織？

如何使組織成為一個學習型組織呢？以下是必要的步驟：

㈠擬定策略（組織變革策略）

管理當局必須對變革、創新及持續的進步做公開而明確的承諾。

㈡重新設計組織結構

正式的組織結構可能是學習的一大障礙，透過部門的剔除或合併，並增加跨功能團隊，使得組織結構扁平化，如此才能增加人與人之間的互賴性，打破人與人之間的隔閡。

㈢重新塑造組織文化

學習型組織具有冒險、開放及成長的組織文化特色，企業高層可透過所言（策略）及所行（行為）來塑造組織文化的風格。管理者本身應勇於冒險，並允許部屬的錯誤或失敗（以免造成「多做多錯、少做少錯」的心理），鼓勵功能性的衝突，不要培養出一群唯唯諾諾，不敢提出異議或新觀點的應聲蟲。

九、學習型組織的四種型態

組織進行學習的風格（learning style）可區分為以下四大類型：

㈠第一類型的組織

是透過嘗試、摸索新構想來進行學習，容許針對新的產品與流程進行實驗，新的觀念如同爆米花一般不斷於組織中跳躍出來，3M、SONY就是這類公司的代表。

㈡第二類型的組織

係以鼓勵個人和團隊獲取新能力來進行學習，於策略上同時充分利用別人的經驗，而本身也不斷地進行新能力的探索，他們會花錢買下小公司以促進內部新產品的開發，或投資於訓練與發展以培養創新能力，摩托羅拉（Motorola）與奇異（GE）就是最典型的例子。

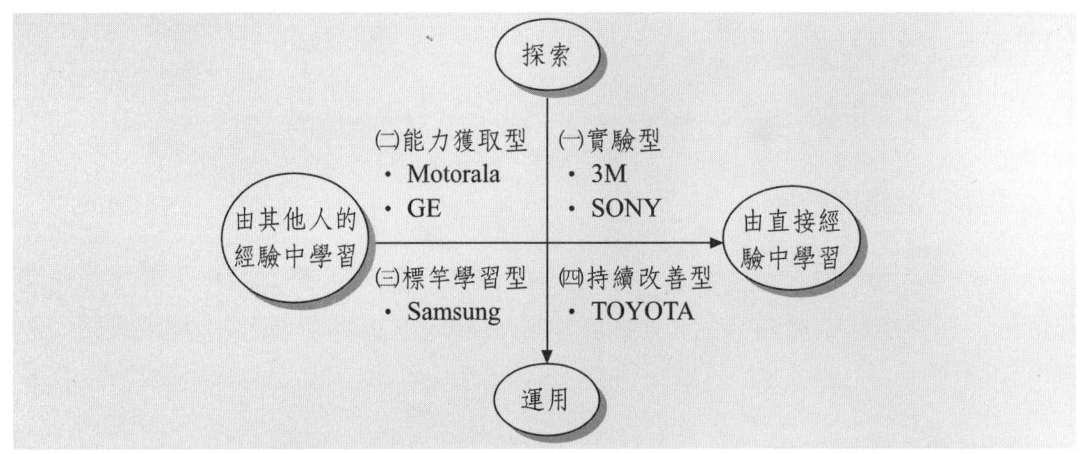

圖 17-5　學習型組織的四種型態

㈢第三類型的組織

主要透過模仿進行標竿學習，他們首先發掘其他公司的經營方式，再嘗試將所學習的知識融入組織運作當中，以充分利用現有的實務做法與技術，韓國三星集團就相當強調這一類型的標竿學習。

㈣第四類型的組織

會持續不斷地改善過去的成效，於精通每一個步驟之後才會跨入新的步驟，他們通常強調高度的員工參與，透過QCC、TQM（全面品管）等活動來解決外部顧客及內部顧客所定義的問題，日本豐田汽車就是屬於這一類型的公司。

第三節　面對創新需求下的組織分析、診斷與變革分析

一、策略與組織相關的四種成分

策略與組織有四種「成分」，分別是：⑴關鍵任務與工作流程；⑵正式組織安排；⑶人員；以及⑷文化。若能使這四種成分之間維持井然有序或「協調」狀態，就能產生立竿見影之效。反之，如果這些元素之間關係紊亂，或者欠缺協調，相互

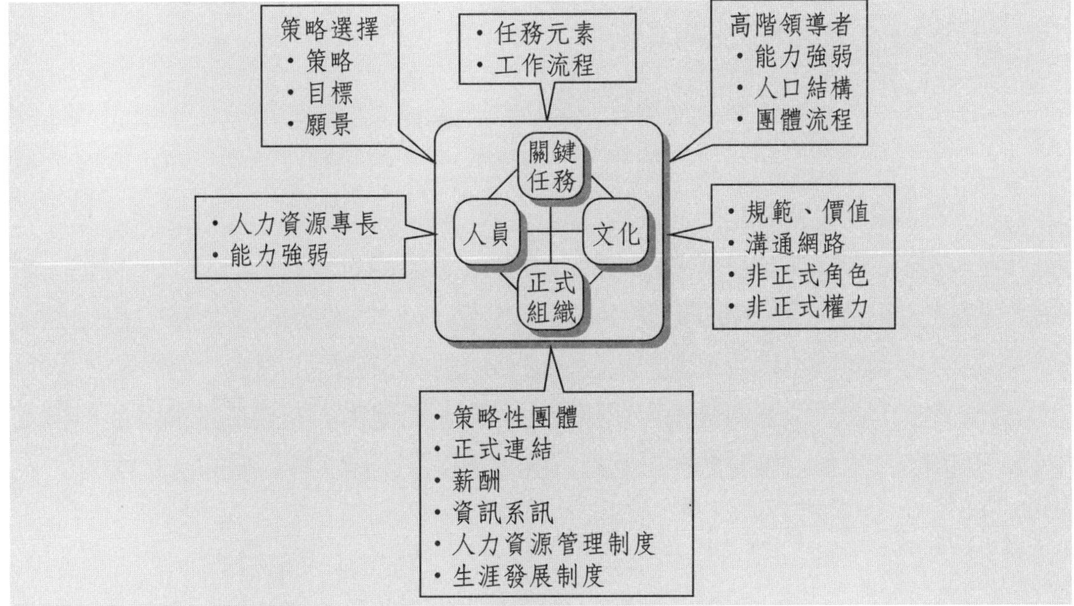

圖 17-6 組織構造：協調型組織

牴觸，保證會在眼前形成績效鴻溝。

二、組織問題解決與學習的五個流程步驟

首先我們以這套模式勾畫所謂的「協調分析」所需要的五個步驟（如圖 17-7）。

㈠辨認組織的關鍵缺口（gap）

診斷工作的第一步，是由經理人和他的團隊，先界定所屬單位或組織所面對的績效缺口。做這項工作時切記一點：你所辨認的問題或機會，必須是你的單位可能控制的範圍。

㈡描述關鍵任務與工作流程（key task and work flow）

釐清願景與策略之後，經理人便可以描述，實施策略必須執行哪些關鍵任務。以客為尊，達成目標與增添價值，必須執行哪些具體任務？在描述這些事項的同時，也須考慮各項關鍵任務之間，應建立何種程度的相互依存與整合關係。想要成功實施策略，必須在技術、結構，與文化方面，進行必要程度的整合。

㈢檢視組織協調度（coordination）

一旦界定出關鍵任務與工作流程，便可檢視其他三項組織成分（正式組織結構與制度人員，以及文化或非正式組織），是否秩序井然、相互協調，藉以確保這幾項因素可促進關鍵任務。在評估協調性時，要問幾個關鍵問題：⑴針對所必須達成的關鍵任務與工作流程，目前的正式組織安排（如結構、制度、薪酬）、文化（如規範、價值、非正式溝通網路）以及人員（如個人能力、動機）等因素，搭配或協調的程度如何？⑵這些組織元素是否切合任務所需？⑶它們之間是否能搭配？

這項診斷工作只須某個經理人或團隊，以細心的態度，有系統地描繪此一模式中的每一項組合元素，並考慮各項元素與關鍵任務及工作流程之間的搭配程度。

㈣找出解決之道（find solution）

一旦辨認出哪裡最不協調，經理人即可對症下藥，促使系統恢復協調。組織各項「成分」之間，不協調之處愈多，必須加以干預的地方也就愈多。

㈤不斷地調整自己

由於每一項行動都可能有它不完整的地方，所以不大可能完全消除所有的績效鴻溝。診斷工作以及後續行動，通常會暴露出其他問題所在。但經理人和他的團隊，可以從這些狀況學習到一些東西。重要的，其實是不斷地修正並調整單位內部的協調性，而不在於找出能夠解決一切問題的萬靈丹。

組成元素之間如果欠缺協調，不但會導致績效低落，也會導致今日的種種問題。由於任何地方都可能出現問題，所以經理人必須有系統地進行診斷。但有三種關係特別需要協調：

1. 人員

今日人力資源的技巧、能力、動機與任務要求的配合程度如何？

2. 正式組織

組織是否依據任務要求來做安排，其配合程度如何？

3. 文化

該單位的文化，是否符合特定的任務要求，其搭配程度如何？

表 17-1　組織成分之間的協調狀態

搭　配	議　題
①人員／正式組織	個人需求與組織安排的搭配程度如何？ 個人是否有完成關鍵任務的動機？ 個人對組織結構，是否有清楚的認知？
②人員／關鍵任務	個人是否具備達成任務要求所必備的技巧與能力？ 任務與個人需求的搭配程度如何？
③人員／文化	非正式組織與個人需求的搭配程度如何？
④關鍵任務／正式組織	正式組織安排是否能滿足任務要求？ 這些安排能否激勵符合任務要求的行為？
⑤關鍵任務／文化	文化是否有利於提升任務績效？ 文化是否有助於滿足任務要求？
⑥正式組織／文化	文化的目標、獎酬、結構，是否與正式組織的這些項目相一致？

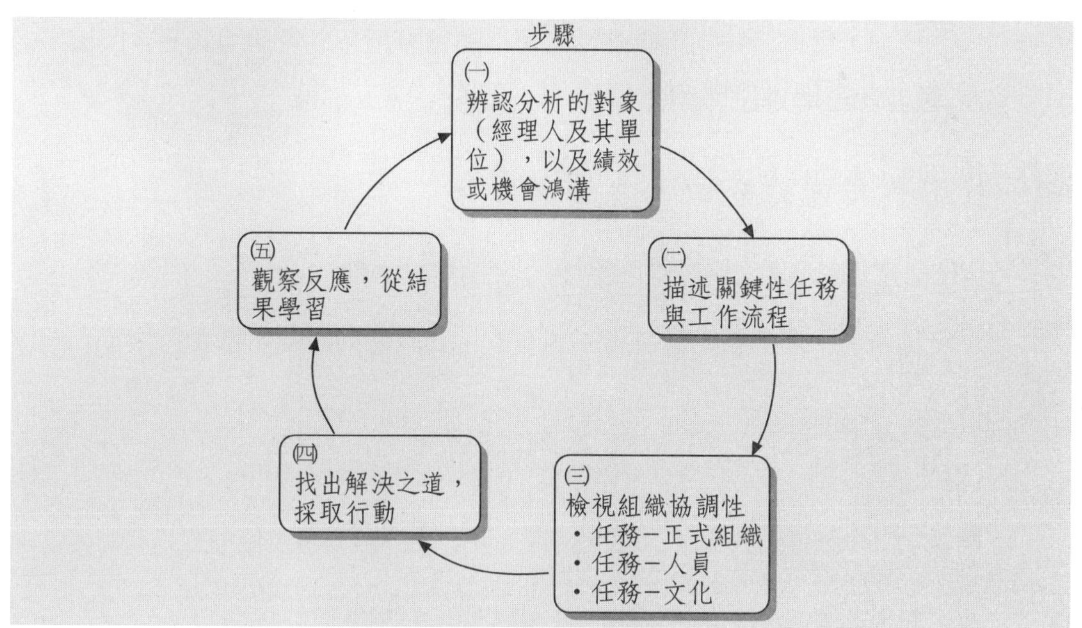

圖 17-7　組織問題解決與學習的流程

表 17-2　管理者領導創新與變革所扮演的三種角色

經理人角色	角　色
建築師	建立結構、人力資源、文化的合適性、一貫性與協調性，以執行達成策略、目標，與願景所需要的關鍵任務。
網路建造者	藉由塑造向上、向下、橫向以及經理人所屬單位之外的網路與聯盟關係，而對策略進行管理。
魔術師（變戲法者）	兼容彼此相互矛盾的策略結構、能力與文化，以利漸進式、建築式與不連續式創新，並以一套明確的願景，整合這幾項矛盾。

三、經理人員領導創新變革的「三種管理者角色」

他們都同時身兼組織建築師、網路建造者，以及魔術師等多種角色。經理人身為建築師，懂得如何運用策略、結構、能力與文化為工具，建立雙管齊下型組織。經理人的第二種角色，是網路建造者兼政治家，他必須建立黨派，形成聯盟，以利進行創新與變革。經理人的最後一種角色，是藝術家或魔術師——專門整合雙管齊下組織的固有緊張與矛盾，調和為今日與明日而管理之間的衝突。最優秀的經理人擁有足夠的能力，也有足夠的行為彈性，可以讓領導創新之流與組織更新所需要的各種管理技巧，取得一個平衡點。

四、鼓勵創新活動的四大要素與做法

大多數的創新活動都需要以下四大投入要素：

*1.*一位捍衛者：深信新點子確實是重要的，無論任何阻礙，都會持續推動新點子。

*2.*一位贊助者：這個角色在組織內的層級相當高，足以分配組織資源，如人員、資金及時間。

*3.*將聰敏且具創造力的人（以擷取創意）與老練的經營者（使創意具有可行性）加以結合。

*4.*讓點子能迅速進入組織的流程，以便盡早在「比賽」中得到高層主管的評估、

支持，以及獲得所需的資源，而不是到九局下半才做這些事。

當然，有很多種可結合這四大要素的方法。其中之一就是採用全職或兼職的專案小組（task force）。即使像寶僑（P&G）公司這樣力行品牌經理人制度的公司，也已開始在舊有結構上組成跨部門的專案小組（通常由資深經理人帶領）。其他公司也採用全職專案小組，達成類似目標。他們已發現舊有組織結構，無法盡早促成足夠的跨部門互動或高層主管的涉入與支持。

其他類似孩之寶（Hasbro）的公司，則仰賴與高層主管頻繁、常態性且無拘無束的會面，達成整合的目標。他們在既定的結構內運作，但設立一個避免僵化或延宕的流程。另一方面，嬌生公司（Johnson & Johnson）之所以成功，主要是積極將事業分割成小部門，且鼓勵全體總經理扮演獨立自主的企業家角色。在這些例子當中，公司努力打破各個部門的壁壘，獲得各種投入要素，以及勇於冒險等方面所需的自由度。他們也在公司組織不同於營運單位的創意性單位。

第四節　案　例

案例 1

韓國三星集團，每年投入五百億韓圜培育人才訓練（註：韓國三星電子集團，是韓國第一大民營製造業）

㈠韓國最大人才庫

三星電子擁有五千五百名博、碩士人力。其中，博士級就占了一千五百名。2001年新進的一百四十九名人員當中，擁有碩士以上學位的有六十一名，約占 40%。其中二十八名擁有喬治亞、哈佛等海外名校的學位，更幾乎占了一半的比例。

全體四萬八千名職員當中，除了生產機能職位（二萬五千名）之外，二萬三千名，共 25%擁有博、碩士學位。另外，還逐年以百為單位持續增加當中。規模超越首爾大學，成為韓國最大的「人力庫」。

㈡占地七千二百坪的電子尖端技術研究所

位於京畿道水原市，占地七千二百坪的電子尖端技術研究所（以下簡稱尖技所），是從新進職員到總經理，學習最新技術動向的再教育機關。

三星電子只為了R&D技術的教育而設立研習機關，在韓國國內是絕無僅有的。

1999 年，和李健熙董事長發表第二創業宣言的同時一起創立的尖技所，其主要目的是要配合公司長期策略，執行教育訓練課程。

約有四百頁的電子入門課程教材《行銷主導、市場取向企業的解決對策》（*Solution for MDC*），就是以新進職員為對象。

MDC（行銷主導、市場取向）是三星電子的企業目標。自 2001 年設立以來，單是教育課程就有九十七種、單一年度的教育職員更高達三千位。三星電子確定的軟體專業人力總共有五千三百名。集團整體超過一萬三千名，為總人力的 12%。三星更計畫到 2005 年為止，要增加到二萬名。三星電子朝著內容、軟體化目標前進的未來策略，也反映在教育課程中。

㈢與多所大學建教合作

三星電子的建教合作課程，已經發展到和韓國國內知名大學共同開設博、碩士班課程階段的地步了。

建教合作課程，就如同其所號稱的「一＋一，二＋二」。

三星電子和延世大學（數位化）、高麗大學（通訊）、成均館大學（半導體）、漢陽大學（軟體）、慶北大學（電子工學）等，共同合作碩士學位課程，也就是在研究所讀一年之後，剩下的一年到三星電子實際從事相關業務，這就是所謂的一＋一。

二＋二是博士課程。各大學與三星電子共同開發課程，每個課程的智慧財產權由雙方共同擁有。到 2001 年底為止，研修此課程而成為三星職員的人才共有一百四十九位。2002 年新登記的則有九十五位。

㈣每年投入五百億韓圜（約十五億新臺幣），每人平均三萬元

為了提高個人的生產效能，三星電子投資於再教育的課程，每年就花費五百億韓圜。每人平均超過一百萬韓圜。

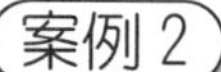

案例2 統一企業董事長高清愿的學習觀——從來不敢把學習這兩個字放下

統一企業董事長高清愿在接受《經濟日報》專訪時，指出他個人對學習的看法：

在社會上，大家都知道一個道理，時時得充實自己，吸取新觀念，以因應變遷中的大環境。不過，這個道理知易行難，真正能夠身體力行的人不多。

這種現象，在企業界也很普遍。有些人甚至流於地位愈高，愈不知上進。尤有甚者，少數人自恃年長，倚老賣老，認為求新知、學習新事物，是年輕人的事，與他無關。

這些都是很落後的觀念。一個公司的決策階層，如果凡事都是抱持這類看法，這個公司不可能有前途。

我在統一企業集團最近一次舉行的經營發展促進會上，就曾告訴集團內各企業的總經理，面對日新月異的經營環境，希望他們能夠用心學習新知，並隨時改進，這樣才能適應時代的遞嬗。

談到學日語，六十多年前，我在小學，也曾念了六年日本書，可是，在那個時候，我從來沒有機會與日本人交談。後來，因為工作的關係，必須與日人接觸，在這樣的情況下，只有強迫自己，邊學邊說，不斷利用時間，一字一句的苦學。我的日文基礎，就是這樣建立的。

學國語，也是一樣的路，最初，我是一個字一個字學，等到家境較為寬裕，請了一位年輕人幫忙家務，照顧家母。那時，我在下班後，經常練習國語會話，遇有不懂的地方，就請教這位年輕人，我常開玩笑的稱她是我的祕書，這位「祕書」，雖然國語也不算頂高明，可是我仍受益匪淺。

而今，在經營企業這個領域中，我是邊走邊學，從來不敢把學習這兩個字放下。

透過讀書、閱報、看雜誌、聽簡報、赴國外考察等途徑，隨時隨地做筆記，再融會貫通，把外界最新的資訊、觀念，或他人的好東西，化為己有，往往是我吸收新知的不二法門，同時，也是我人生的一大樂趣。

案例3

台積電董事長張忠謀的學習觀——要負責任的終身學習

台積電公司張忠謀董事長在2003年8月接受《天下》雜誌專訪時，提出要負責任的終身學習觀，並且引用五十年前，他與父親的一段小故事做為見證，讀來令人動容。故將其訪談摘述如下。

(一)要負責任的終身學習

我在自傳裡提到我在學習半導體的故事。半導體界有一本夏客雷的經典《半導體之電子與洞》，這本書到現在還是經典作。1955年我剛進半導體業時，我每晚總要看這本書二、三個鐘頭，當時我服務的公司剛在一個小城設立了實驗室，大家都先住在小旅館裡。有一位專家是個愛喝酒的人，每天下班就喝酒喝到晚上十點鐘，有時我跟他吃飯，他一邊喝酒，一邊回答我在書中不懂的地方。我那時年輕，物理底子也不錯，又有專家能解答我的問題，有時他一句話讓我茅塞頓開。

學習這事情跟我父親有關。那時他剛到美國，我還在麻省理工學院念書。我禮拜天習慣看《紐約時報》，他看到我禮拜天在看《紐約時報》就說：「你明天不是有考試嗎？要溫習要考試的東西。」我就說看《紐約時報》也很有益。他說這是「不負責任的學習」。五十幾年了，這句話我到現在還記得。「要負責的學習」跟「不需要負責的學習」比起來，通常不需要負責的學習大家都樂意為之，而我現在終身學習的部分是我認為我應該要負責的。

(二)觀察力要建立在終身學習上

問：你怎麼努力讓自己一直往前進？

答：這就是終身學習。我是終身學習非常勤力的人。我邊吃邊閱讀。現在有太太，吃晚餐還看書不太好。我吃早餐時看報，吃中餐看枯燥的東西，像美國思科、

微軟的年報、資產負債表，這能增加我對產業的知識。此外，還要跟有學問、見地的人談話，例如，梭羅、波特。

問：除了終身學習，你的觀察力好像很透徹？

答：觀察力要建立在終身學習的基礎上。

案例 4

日本富士全錄公司提供高齡員工新工作機會與學習機會

日本戰後的「團塊世代」（指戰後嬰兒潮）進入五十歲的現在，尋找新的工作方式和新的生活方式，是日本社會全體的重要課題。

富士全錄的員工中，超過五十歲的，占四分之一。高齡化問題嚴重，他們多半離開生產線，因為新的人事制度，年收銳減，指望退休後安享晚年的年金，又因為年金制度的破產而不再可靠。

去年 10 月，富士全錄設立「新工作開發中心」，為五十歲以上的員工尋找發揮能力的第二春。其中之一是「文書學院」，將企業龐大的資料電子化處理，並加以保管，這樣的服務從環保的角度來看，將有潛在的市場需求，如果員工經過培訓取得「資料專家」的資格，將能獨立創業，從富士全錄接到生意。

此外，該公司還準備支援員工「往外發展」，例如，想取得完全不同領域的資格，甚至許可兼差。

案例 5

統一超商有一個不成文的規定
——每個員工每天要「讀書半小時」

統一超商（7-11）裡頭有個不成文的規定，每個員工每天要讀書半小時。為什麼要讀書呢？「idea（點子）不可能憑空想像，吸收情報就是吸收別人的智慧，對照自己的工作經驗，就能產生創意。」總是強調自己不聰明、因此要多向別人學的統一超商總經理徐重仁說。

7-11 的員工學歷特別高於一般企業嗎？或者；有許多天才嗎？答案是否定的，但徐重仁強調組織內的創新文化，營造異質思維的企業文化，重視員工的閱讀。因而強調，每人每天讀半小時的書。

這幾年 7-11 藉著不斷掌握時代趨勢，開發新產品，成為零售業的霸主。他們不斷突破思維，創造出四十元便當、懷舊商品等風潮，更在去年創造出七百二十億的營業額，躍居《商業週刊》「五百大服務業排行」第四名。

案例 6

安泰人壽以「讀書會」模式，提升業務人員的思考格局

安泰人壽兩位優秀業務的處經理，在接受《商業週刊》專訪時提出，他們各處單位均會籌組讀書會，透過閱讀、討論與結論，可以提升所屬業務人員的思考格局與能力素質。

安泰人壽特別喜歡鼓勵年輕人多看書，藉此多吸收新知、多觀察別人的經驗，並且動腦去思考分析，絕對有助於培養創意和創新的能力。

事實上，籌組讀書會在安泰已成為一種文化，不同的安泰人在不同的職位，都會自主籌組讀書會。

今年年初開始，為了因應保險業市場的大變局，安泰處經理楊淑玉除了要求旗下五、六十位業務員要考各種證照之外，也開始要求業務員組讀書會，透過閱讀與分享，提升業務員的思考格局。雖然業務員很感覺型，很難中規中矩讀完一本書，但楊淑玉認為，今年以來壽險業大環境變化很大，要讓業務員面對挫折時比別人有彈性，基本功就是讀書，「就是去培養讓不倒翁不倒的下面那一塊基石。」

三十一歲就當上處經理的沈德耀，四年前與七、八位處經理共組「跨世紀俱樂部」，每個月聚會一次、每次長達四小時，他們從書中找出能夠應用在業務上的新方式，每次聚會也都要交一份「行動作業」，互相分享各通訊處的業務計畫。「就算我真的很厲害，想到頭裂掉也會有到頂的一天！」沈德耀說，在安泰服務滿十五年的他，確實感受到壽險從業人員已經碰到瓶頸，因為僵化以及習慣，所以需要其他外來的刺激。

案例 7

國泰人壽貫徹「學習進化論」，而國泰人壽「教育訓練電視台」更是創舉

㈠每年花費八億元在教育訓練上

從國壽每年砸下在教育訓練的資金，就可以知道國壽為了培養全方位的人才，貫徹執行「投資於人」這樣的理念不遺餘力。2000 年，教育訓練經費是五億八千五百萬元，2001 年增加到七億二千三百萬元，2002 年再提升到八億一千四百萬元。

㈡學習進化論的指導方針

國壽董事長蔡宏圖提出「學習進化論」時，就是該公司教育訓練的指導方針。

什麼是「學習進化論」？對個人而言，是一種終身學習的概念，活到老學到老的生活態度。對企業而言，必須提供有系統、有目的、有組織的教育環境，針對員工的職涯發展，提供多元化的學習管理，並推動終身學習護照。

為了達成學習進化論的目的，國泰人壽規定每位員工至少一年一訓，強制員工定期學習。

㈢教育訓練執行的三種工具：面授、衛星電視及網路教學三者並進

有了教育訓練的理念，接下來就是軟、硬體的支援。這些措施，可以用三個英文字母「CSN」來含括。

1. 所謂的「C」（classroom，教室）也就是面授學習。國壽的教室遍布全台，共有四百八十七個單位據點，負責教市場戰術、單位經營與實務演練。其次是全台十大教育訓練處基礎課程，主要在培養一個從未接觸保險的新人，使其取得各項專業證照、具備銷售與管理實務的保險尖兵。最後是淡水、新竹與高雄三大教育訓練中心，提供高階精進的專業選修課程。

2. 「S」（satellite，衛星），所指的是國壽所建立的全台唯一內部電視台。在全台二百三十棟大樓、四百六十五個據點架設接收點，每天透過衛星傳送即時資訊，包括公司訊息、保險資訊、業務行銷、財經知識、法律常識、身心保健等多元化的內容。就連澎湖、金門、馬祖的業務單位同樣都可以接收國壽的電視教育頻道。

3.「N」（net，網路），則是指沒有國界、沒有時間限制的網路教學。國壽架設線上學習系統，將傳統教室演講、平面與視訊課程等，登載在網路上，提供高階主管工作訓勉、視訊教育複習，以及壽險、財金、管理、資訊等相關知識。此外，國壽也設計資料檢索功能，與專業認證線上互動測驗。員工如果有需要，可以隨時、隨地、隨選的線上學習。

㈣國泰人壽教育訓練電視台獨一無二

國泰人壽教育訓練部經理吳重義表示，國泰新聞主要是製作給全台外勤業務單位觀看，傳達公司的訊息並進行教育訓練，觀眾人數共二萬六千人，收視率高達99%。

國內企業建造電視台的風氣未開，國壽可說首開先鋒。為了打造國泰電視台，該公司特地前往日本，向日本生命取經。現在衛星通訊設備，共架設二百三十棟大樓，四百三十個點。

以前教育訓練的做法，是召集資深業務員進行訓練，成為種子教官，再讓種子教官到全台灣各地教導業務主管，由業務主管再教導第一線的業務員。

現在，各業務單位每天早上的固定時間打開國泰人壽專屬電視頻道，不論在台灣任何一個單位，都可同步接收國泰新聞及有關的金融保險知識。這些成就不僅傲視同業，在國內企業也是難得一見的創舉。

案例 8

花旗銀行新人訓練震撼教育

外商銀行的職前訓練，是出了名的嚴格，花旗銀行更針對前線（sales，業務）與後援（service，服務）兩個部門，設計整套的訓練課程，讓新進員工可以感受到這股「震撼教育」。

㈠花旗分行新進人員訓練

業務部門的訓練項目，包括：新生訓練、公司法規、服務概念、業務課程、專業產品知識等。而服務部分，則有新生訓練、公司法規、話術（講話技巧）、產品了解、跟聽（side by side）等。其中新生訓練與公司法規兩項，則是業務與服務部門均得加強的部分。

㈡花旗信用卡部門新進人員訓練——260 小時新生課程

仔細探究這 260 個小時，其中就包括 119 個小時的專業訓練、23 個小時測驗、9.5 個小時溝通技巧、7.5 個小時角色扮演、66.5 個小時的跟聽、15 個小時實務操作、4.5 個小時自我時間、10 個小時分享時間，以及 5 個小時可拿來自我運用。

案例 9

統一集團重視教育訓練與延續企業競爭力

㈠統一每年一次為中高階主管，舉辦一次經營管理研習營

統一企業集團經營管理研習營，共有四十九位經理、協理、關係企業總經理參加研習，除安排「產、銷、人、發、財、企」六大企業經營之基礎課程外，並依「迎未來」、「知統御」、「行法度」三大主軸設計課程，共安排 72 時 25 堂課，而這些只是所有教育訓練的一小部分，也充分展露出統一重視員工教育的決心。

㈡區分短、中、長期三種規劃方向

依據統一的內部規劃，教育訓練可分為短、中、長期三種。其中短期是配合公司現行發展需要，提升工作效率，完成公司經營目標。中期則針對公司未來發展或經營所需，儲訓未來適用人才，以備適時調任。至於長期規劃方面，則重在知識、技能及態度上，班組長級人員均具專科以上水準，課長級人員均具大學以上水準，經理級人員具碩士以上水準。

案例 10

統一超商徐重仁總經理——不斷革新，自我超越

國內卓越知名的零售業龍頭公司——統一超商公司徐重仁總經理，在其一篇〈不斷革新，自我超越〉的專文中，明確指出企業變革與創新的重要性，下面摘述其重

點如下：

2003年10月21日到22日，我前往日本參加由日本經濟新聞社主辦的「2003年世界經營者大會」，聆聽許多成功企業CEO的演講，收穫很多，也發現要成為一流的企業，專注核心事業的經營相當重要。如何在核心事業深耕、升級，應是統一流通次集團各公司的重要目標，這也是我們在未來五年達到全球化願景的先決條件。

此會議邀請到的主講者，包括GE總裁伊梅爾特（Jeffery R.Immelt），以及瑞士日內瓦IMD、日本松下電器、豐田汽車、武田藥品、朝日啤酒、東芝、Canon等知名企業的社長或CEO。

這些企業在不同的產業領域都是佼佼者，經營者提出的論點幾乎都不脫企業變革與創新。顯然，即使是全球一流的企業，也必須不斷變革、自我超越。

例如，豐田汽車社長張富士夫說：「企業的大變革，最重要的是得選對時間點。但從每日工作的方法中，就可以進行許多小的改善，累積出小的變化與動力，這樣的變革對企業反而更重要。」

他也提到「單純的長期穩定雇用制度，並不是企業競爭力的泉源，經營者必須努力促進第一線基層人員發揮創意，才能提升企業的競爭力。」

這也就是我平日常鼓勵同仁的「用心就有用力之處」，以及多年來推動執行的提案制度，希望每位員工都能盡量主動發現問題，提案解決，共同參與企業的經營。

案例11

TOYOTA和泰汽車
——學習型組織觀念，已融入和泰汽車的企業文化與價值觀中

和泰汽車公司負責人力資源與教育訓練的副總經理黃正義先生，在接受《經濟日報》記者專訪時，談到如何把彼得．聖吉的《第五項修練》一書中的觀念，落實到和泰汽車公司中。

㈠由上而下，高階主管帶頭學習，建構出學習型組織

《第五項修練》的觀念，更被和泰汽車落實在經營面上。五年前，為了因應競爭激烈的經營環境，訂出將和泰汽車推向「最值得信賴的汽車標竿集團」的願景，研訂構造改革、組織再造計畫。

要求員工學習，主管須先帶頭做起，才有由上而下的效果。和泰汽車在進行構造改革前，所有經理級以上主管先組成「實踐班」，每週六花一整天的時間，進行讀書會、個案研究與邀請外界專家演講，持續了十三個月之久，先凝聚主管改革的意識，建構出學習型管理者，再推動全企業成為學習型組織。

和泰汽車一直在推動學習型組織概念，提供員工各項學習、進修的課程與機會。例如，每天上班前與下班後，提供員工免費學習英語的視聽教學課程，推動全英語運動，並定期邀請成功人士來公司進行菁英講座，分享經驗，設法建立企業學習風氣。

㈡學習成長，納入升遷考核

和泰汽車主管的升遷考核，還訂出 AC（Assessment Center）評鑑制度，了解他過去幾年來有多少成長，以及與過去有何不同，做為能否勝任高階職務的依據。

㈢不斷學習，不斷自我超越，才能保持市場第一名的地位

如今，學習型組織觀念已融入和泰汽車的企業文化、價值觀中，現在各部門都有主動學習、成長的動力，會提出參觀成功企業的要求，了解自己的不足，個人與組織才能不斷學習、不斷超越自我。

企業再造有「3C」很重要，分別是 Competition（競爭）、Consumer（顧客）與 Change（改變）。一個企業一定不斷會有來自競爭者的挑戰、消費者的挑剔，必須透過不斷的改變、創新，才能生存。

以《第五項修練》為基礎的和泰汽車企業構造改革，經過五年的修練，成果獲得肯定，不但讓和泰汽車保持獲利穩定成長，並不斷提升產品競爭力，銷售成績更連續兩年成為市場冠軍，並在今年成為國內第一家奪下國家品質獎的汽車銷售業者。

案例 12

統一企業
——顛覆傳統，創新求進，永遠革命

㈠歡迎搞革命

統一有 36 年歷史，規模大，牌子老，但統一的產品卻讓人覺得新鮮年輕，原因在於統一重用年輕人，並且主管沒有「老大心態」，行動力超強。

統一企業非常肯給年輕人機會與舞台。往往 30 歲出頭的品牌經理，就扛 10 幾億營收的產品。創造出「茶裏王」的柳孋倩，才 38 歲，和她合作的中央研究所研究員當時也是個菜鳥。雖然高階主管當時對顛覆的點子「有點受到驚嚇」，但最後還是全力支持。年輕人喜歡造反、搞革命，「老闆歡迎你革命，他們就怕你不革命！」38 歲的乳品部副經理黃釗凱笑說。

不斷地顛覆、創新，不代表一定成功。奧美廣告副董事長葉明桂指出，統一有一半產品很有實驗性，太早推出而失敗，「不過有一半成功就好了。」

他也認為，統一能誠實面對失敗，不會推卸責任，且一定會把失敗的真相弄清楚。但就是這種追求徹底的精神，才把年輕一代創新顛覆的爆發力，一點一滴化為組織實力，儲存起來。這也是統一傳承與創新的銜接點。

㈡市場飽和，沒有防禦策略，只有不斷超越

「早期市場在成長，統一是老大，要有防禦策略；但現在市場很飽和，統一只有『超越』一途。」飲料部經理王瑞陞解釋。

龍頭的唯一生存之道——超越，讓統一拉開和同業的距離。

「超越」的心念，反映在統一積極的研發投入上。業界知名的「中央研究所」，從十年前 92 人，如今成長到 149 人，並且近一半是博士、碩士，去年投入的研發經費高達 2.9 億元。

經濟不景氣時，高清愿常指示：「什麼都可以省，研究開發、市場開拓、設備更新三項不能省。」

㈢蒐集與掌握國內外最新市場資訊情報

為了掌握第一手訊息，統一也建立資訊平台，要求經銷商、供應商、包裝公司蒐集到的資訊、世界趨勢，即時傳給統一，並且中央研究所及事業單位各持一份，定期開會，確保沒有重要訊息遺漏，再研判可以如何因應趨勢。此外，統一也不惜血本，聘用國際市調公司調查。

中央研發所也很「客戶導向」。譬如「純喫茶」訴求年輕族群，年輕人不愛苦味，香氣要濃郁，中央研究所實驗再實驗，因為純喫茶是紙包裝，而紙會吸走香氣。又譬如「茶裏王」主打白領上班族，講究清香醇味。中央研究所特別赴日考察，最後在製程技術上有重大突破，加上創意行銷，讓茶裏王在兩年內從零衝破 10 億的營業額。

案例 13

P&G 最寶貴的東西，就是創新

策略上，寶僑將整個注意力集中在促進核心（即核心事業、核心能力和核心技術）成長並從中獲益，其次在於擴展保健、個人衛生用品和保養品事業的範疇。因為這些能夠服務更廣大的消費群眾，並且提供更長時間的服務，其三則是服務不一定買得起寶僑產品的低收入消費者，尤其是開發中市場的消費者，這是雷富禮的理念，而寶僑在全球的每一個事業體也都熟悉此一理念。

雖然寶僑的領導團隊主要由寶僑人所組成，但雷富禮要這些主管到外頭去找五成的點子，因為寶僑最寶貴的東西就是創新。創新是寶僑的命脈。雷富禮表示，坦白說，創新領導者就是產業領導者，他實在想不出來有哪個產業的長期領導者不是創新領導者。

案例 14

台塑企業向國際標準企業取經，不斷提升獲利績效與競爭力

㈠向國外花費購買數據指標，找出落後原因與尋出改進之道

隨著台塑集團積極躍上國際舞台，經營管理方式也有重大變革，從以往專注自己內部成本合理化控管，朝向標竿管理放眼國際，向國際標竿企業取經。台塑公司總經理李志村表示，台塑對比歐美標竿企業，從開工率、人事成本、產品售價等指標數字發現自己管理上盲點，進一步提升經營利潤與競爭力。

台塑每年花數萬美元向國外研究機構 Philip Townson 購買歐美石化企業的營運細部資料，如聚乙烯、聚丙烯、聚氯乙稀等產品的開工、產品良率、人事成本、產品售價等指標數字，只要自家公司的數字是Philip Townson資料庫的前四分之一強，即表示該產品該操作項目已達標竿企業的水準。

李志村解釋，透過一一對比，可以知道台塑的競爭力，哪些產品的指標數字符合標竿企業的水準，哪些方面仍落後，找到落後的原因及思尋出改進之道，「其實就是 Benchmark（標竿管理）」。

㈡施行標竿管理最大的好處

李志村表示，施行標竿管理最大的好處，就是透過跟標竿企業比較方式，可看出原本公司內部經營上的盲點，李志村舉例說，台塑以往曾發生過聚氯乙烯粉（PVC）在銷售量方面與指標企業相差不遠，但獲利卻出現明顯差距，再對比標竿企業的指標數字才發現，原來對方的 PVC 粉售價較台塑來得高，當然獲利能力較佳，「後來發現，我們過度集中在幾個大客戶，對方訂貨量大，相對擁有較大議價權，壓縮了我們的獲利空間。」

李志村解釋，這類問題若沒有透過對比方式，僅靠以往專注內部成本合理化控管，是不容易發現的，但發掘了問題，如何找到解決之道才是重點。

透過跨部門不斷地討論，台塑最後決定建立獎勵機制，鼓勵業務人員多開發中小客戶，以擴大顧客群，藉此平衡對大顧客的依存度，不到半年，台塑的PVC售價就已達指標企業的水準。

㈢成本合理化與標竿管理，都是追求永遠進步的空間

事實上，就美國 *Chemical Week* 雜誌所報導 2003 年全球前百大石化企業排名中，台塑集團名列第 7，而其中關於營收成長及營業利益排名中，台塑集團分別以 25%

及 58%的幅度，位居第二，突顯出台塑集團擠進全球前五大石化企業的潛力。

李志村強調，標竿管理的目的在於「清楚現在所處的位置」，只有知道自己的優劣勢，才能知道還有哪些進步空間，「不管是成本合理化控管或是標竿管理，為的都是讓台塑不斷進步、永遠追求進步空間。」

(四)台塑四寶，半年內獲利千億元

國內石化巨擘，台塑集團將於本週陸續召開董事會確認上半年財報，儘管油價高漲影響成本甚鉅，惟在台塑優異成本管理以及業外挹注下，初估台塑四寶上半年獲利仍有近千億元水準，高居國內集團獲利之冠，與去年同期表現毫不遜色。

(五)不怕比，才有進步空間

中經院院長的台灣智庫副董事長柯承恩表示，每一家公司都有不同的競爭優勢，也許某公司的優勢是在降低成本，但在創造價值上有些不足，透過與標竿企業對比的方式，就可以發現其優缺點，並進一步改善，「一家（台灣）產業龍頭企業要做標竿管理向國外取經，就表示著眼國際，進軍世界舞台。」

柯承恩進一步說，亞洲國家企業較為保守，對於自身企業營運資料都視為業務機密或know-how，相對較不願意提供資料，無法知己知彼，就無法發覺很多經營上的盲點，「唯有開放心態，不怕比較、競爭，才能有進步的空間」柯承恩強調地說。

案例 15

組織學習

——國泰金控，送主管赴美國唸 MBA，每年支出 600 萬留學費

(一)透過留學進修制度，導入最新企管理論及策略

國泰人壽（後併為國泰金控）早在 1979 年，即開始送員工出國受訓，從 1993 年開始，增加全由公司出資，送主管到海外頂尖管理學院拿 MBA 學位的制度。目前，國泰人壽有 9 位念過史隆管理學院的高階主管。

透過他們，國泰這家本土公司得以學習到最先進的知識。例如，國泰金控協理李孔石 1993 年回國，負責國泰人壽的策略規劃，他把 MIT 學到的麥可・波特

（Michael E. Porter）競爭理論用在策略分析上，讓國泰成為第一批導入「環境因素分析」等分析工具的公司。

國泰金控送一個主管到 MIT 進修，每人每年要花掉公司 600 萬元。

㈡有兩個模式，送員工出國

1. 國泰送員工出國，分成兩個模式。第一種是「TOP 30」計畫，服務滿五年的員工，連續兩年考績優等，申請到《金融時報》MBA 排行榜前三十名學校，員工可選擇保留薪水，或由公司出學費。過去三年已有八個人拿到學位。

2. 另一個模式，是國泰每年會選出一名優秀員工，參加時代基金會徵選，到史隆管理學院花一年進修 MBA 學位，每年全台灣只有一個機會，十三年來，國泰共有九個主管拿下這個機會。

想進 MIT 的國泰主管，得有十年資歷，考績連續兩年優等，再經過主管推薦。之後還得「過三關」，先得經過語文能力測驗，證實有托福接近滿分的實力。再來是主考官口試，「看看他對未來的企圖心、計畫是什麼，能力在哪裡？」曾擔任主考官的李孔石說，如果還不能選出最後人選，還會加考企業個案分析，測驗候選人的分析能力。

過關後，公司會支付學費，還按月發薪水，但要求主管回國後要在公司繼續服務五年。

㈢讓受訓員工培養出更寬廣的視野

如今，曾出國接受培訓的幹部，已有人成為國泰的核心，像國泰金控策略長李長庚，1994 年還是國泰證券主管時，就曾到賓州大學華頓商學院深造。當時綜合在美國的觀察，寫了一份報告，分析國壽未來的轉型，讓老闆蔡宏圖印象深刻。留學就像一顆種子，培養出未來國泰和國際接軌的核心人材。

案例 16

組織學習
——人材，是和泰（TOYOTA）汽車的最重要資產

導入日本豐田汽車模式，紮實的學習與三種能力培養的訓練

1.「高穩定、低流動率」絕非偶然，這跟和泰對「人材」的想法與主張有關。和泰汽車執行副總經理黃正義表示：「人，是資產，尤其對屬於服務業的汽車產業來說更為重要，因為唯有優秀的人員，才能提供顧客最好的服務。」

2.黃副總強調：和泰是一個講求「能力主義」的公司，而能力的培養可以分為三種：最紮實的方法是 OJT（On Job Training）在職教育，透過實際執行與操作從而了解熟悉所謂的「豐田模式 Toyota Way」——藉由 PDCA 的過程，分析現況發現問題、設定目標擬定策略（Plan）、實際執行計畫（Do）、檢核修正並提出改善計畫（Check）、執行改善計畫（Action）。PDCA 是豐田模式的基礎，也是新進同仁循序漸進、訓練邏輯思考最好的方法，即使員工達到獨立作業階段後，仍可依循PDCA的方式不斷地調整與學習，從而內化到潛意識中，這是最有效也最紮實的學習方式。

3.另一種與 OJT 相輔相成的學習就是 OFF JT（Off Job Training），意即離開工作崗位的集中式訓練。和泰一年投資超過 300 萬元做為員工的教育訓練經費，光是去年一年就開了 50 堂以上的課程，累計超過 3,000 人次受訓。上課的內容豐富多元，針對不同的功能或職級有不同的課程規劃，例如，針對服務部門主管就安排了亞都麗緻飯店的標竿企業外訓課程，針對服務廠同仁也開設了禮儀訓練、顧客抱怨處理等結合實務需求的多元課程。最後一種學習類型為 SD（Self Development）自我發展學習，諸如學電腦、語言等個人進修，和泰都提供員工學習與提升能力的機會。

☞ 自我評量

1. 試說明組織學習的方式及促進組織學習之原因。
2. 試申述學習型組織的五大要件為何。
3. 學習型組織的特徵有哪些？
4. 學習型組織的四種型態為何？
5. 如何成為一個學習型組織？
6. 組織問題解決與學習的五個流程步驟為何？
7. 經理人員在領導創新變革時，應扮演哪三種角色？
8. 試述鼓勵創新活動的四大要素及做法。
9. 試闡述韓國三星集團對培育人才庫之做法。

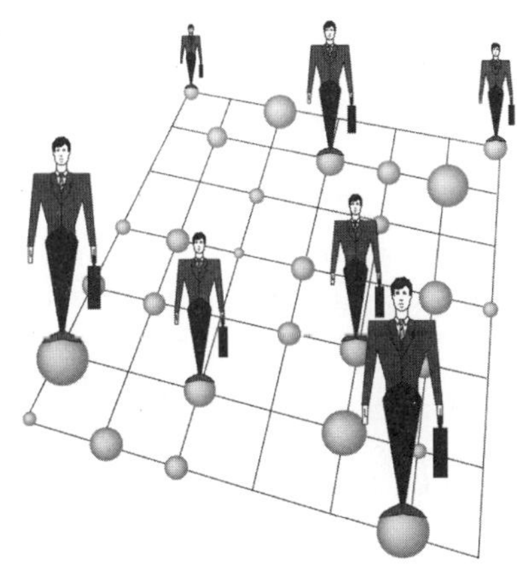

chapter 18
績效評估與獎酬
Performance Evaluatin & Reward

第一節　高績效組織與績效評估

一、確保高績效組織工作關係的六要件

運用資源創造績效，貢獻企業獲利，是經理人的天職。當然，創新產品、產品特徵、行銷力量、品牌知名度、廣告促銷、財務結構、生產製造技術等外在環境的優越，是經營績效的最佳保障，但經理人如何在這些優越條件下，創造更高績效，應注意是否做到下列六要件：

㈠重視人才

企業成功在於找到合適人才，以其工作技巧完成公司所賦予的使命，經理人最重要的工作就是把這些人留下來為公司效命。

三流人才占據工作崗位，耗費公司資源，又無法發揮績效，久而久之，他們營造出來的工作環境，可能會汙染好的人才，造成組織無能。這時候主管可能要耗用80%的寶貴時間來輔導不稱職的員工，到頭來，所有的人都變成無能。精選人才，讓好的人才感染好的人才，才能創造高績效。

㈡良好的工作環境

經理人的重責大任就是創造一個有生產力的工作環境，讓每一位工作同仁都能樂在其中。有幸能在同一個辦公室工作，主管的任務便是讓每個人能夠互相支援，朝共同的目標前進。

良好的工作環境就是使每一位同仁能在工作中學習成長，誠如彼得‧聖吉所言，沒有學習成長的企業，就如同沒有學習成長的嬰兒，終將成為白癡，後果堪慮。同仁之間的和諧關係，不但促進工作效率，而且能夠激發彼此學習的動機。

㈢融洽的關係

經理人必須營造主管與部屬的融洽關係，更應促使同仁與公司建立積極正面的關係。經理人必須以誠實、正直的態度與方法，來和同仁互動，才能提升員工的生產力。

員工與主管的關係融洽，才能毫無保留的討論工作上的難題，共同探討改善的方法，因為員工是接觸問題的人，只有他才能解決現場問題。

㈣現場的教練

在劇烈競爭的球賽中，教練穿梭球場上，研擬攻防策略，適時調動球員，並指導球員的動作。成功的經理人應像教練一樣，輔導同仁將工作做對、做好。教練也應利用現場的指導，將工作技巧與方法傳授給同仁。同仁與教練的關係是建立在彼此依存的信任關係中，因此，經理人要學好教練技巧，建立彼此良好的雙向溝通，才能發揮教練的功能。

㈤發揮工作成效

正如彼得・杜拉克所言，經理人的工作成效在於做正確的事、把事情做對，這是指主管提供正確的工作方向，讓同仁全心投入，然後在處理的過程中，把工作做好，讓工作成果展現出來。

所以，每個員工的責任範圍，必須明確訂定。這些責任範圍必須在主管與部屬的彼此認知下，形成共識。部屬對工作投入，主管輔以指導，就可發揮工作績效。

㈥讚美與肯定

對於部屬以正確方法完成的工作績效，主管必須立即給予肯定或讚美，讓部屬了解他已完成一項完美的工作。肯定與讚美是明確告訴部屬，這樣的好行為應該繼續讓它發生，經由肯定與讚美可以建立主管與部屬的工作默契，並潤滑彼此的關係。

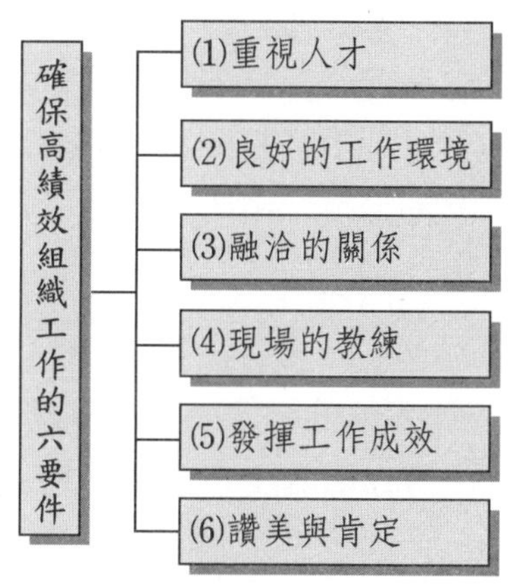

圖 18-1　確保高績效組織工作關係的六要件

二、高績效組織（HPO）——必先強化績效目標管理

環顧世界一流企業如奇異、IBM的管理經驗，都是以達到高績效組織（High Performing Organization, HPO），做為企業強化體質的重要手段，但如何才能轉化成為高績效組織？

首先，必須先強化績效管理，明確訂立每位員工的績效目標和考核標準，把公司的成敗責任，下放到每一位員工身上，徹底分層負責。

其次，營運成果也必須下放到員工，堅守賞罰分明的原則，讓每一位員工都能達到公司期望的生產力。

所謂的「績效管理制度」，也就是貫徹目標管理（Management by Objectives）的精神，公司的年度總目標，經由各級主管和部屬面對面討論，細分到每一位員工當年度的目標和績效評估標準。

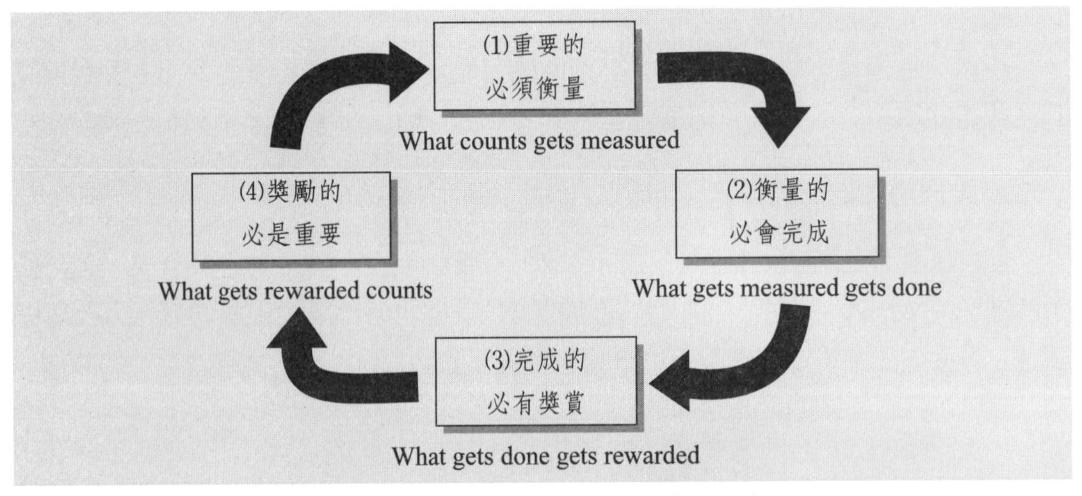

圖 18-2　設定目標重要性的四個循環關係

三、績效評估之程序

對組織個人及群體的績效評估，是一種控制工具功能，其基本程序包括：

1. 績效指標的制度（key performance indicator, KPI）。
2. 實際達成績效的衡量。
3. 評估比較（實際與預算）。

4.採取賞罰的行動。

四、績效評估的目的

對人的績效評估，有以下幾項目的：

1.可做為一般人事決策之參考。例如，晉升、降級、輪調、資遣等。

2.可做為獎酬分派的基礎。例如，調薪、年終獎金、股票紅利分配及業績獎金等。

3.做為甄選及訓練計畫之標準。

4.做為評估甄選及工作指派之標準。

5.提供員工資訊，使之了解組織對該名員工績效考核狀況。

6.了解個人、群體（部門）對公司營運績效目標達成之貢獻程度。

7.做為確認員工個人或幹部之教育訓練計畫需求。

8.提供資訊以做為未來人力資源規劃之依據參考。

五、績效評估與激勵關係

在前面章節中，述及「期待激勵理論」（expectancy theory）中，績效是一個重心。該理論在闡述：

1.對努力與績效關係之預期。

2.績效與獎酬關係之預期。換言之，員工對「努力→績效→獎賞」之關係愈明確及相信者，則愈具激勵效果。而獎賞的依據，就是依員工對公司的績效成果而定。

第二節 獎 酬

一、獎酬之目的

公司對個人或部門群體的獎酬表現，主要在達成對內／對外之目的，如下：

㈠對內目的

1.提高員工個人工作績效。

2.減少員工流動離職率。

3.增加員工對公司的向心力。

4.培養公司整體組織的素質與能力，以應付公司不斷成長的人力需求。

㈡對外目的

1.對外號召吸引更高與更佳素質的人才，加入此團隊。

2.對外號召公司重視人才的企業形象。

二、獎酬的決定因素

現代企業對員工個別獎酬的制度，逐漸採用「能力主義」或「表現主義」，而漸漸放棄年資主義。

換言之，只要有能力、對公司有貢獻、看得到，在部門內績效也表現優異者，不論其年資多少，均會有良好的差異獎酬。

一般來說，獎酬（含薪資、年終獎金、學總獎金、股票紅利分配等）的決定因素，包括幾項：

1.實際績效（performance）：績效是對工作成果的衡量，應有客觀指標，不管是直線業務部門或幕僚單位均是一樣。一般公司均是採預算管理及目標管理的指標。

2.除此之外，可能還會衡量其他次要因素，包括：

⑴**工作年資（在公司多少年以上）**。

⑵**努力程度**。

⑶**工作的簡易度與難度**。

⑷**技能水準**。

三、獎酬的實施內容

就實務而言，公司對員工個人或群體的獎酬，可以從二種角度說明：⑴內在獎

酬（較重視心理、精神層面）；⑵外在獎酬（較重視外在實際物質報酬）。

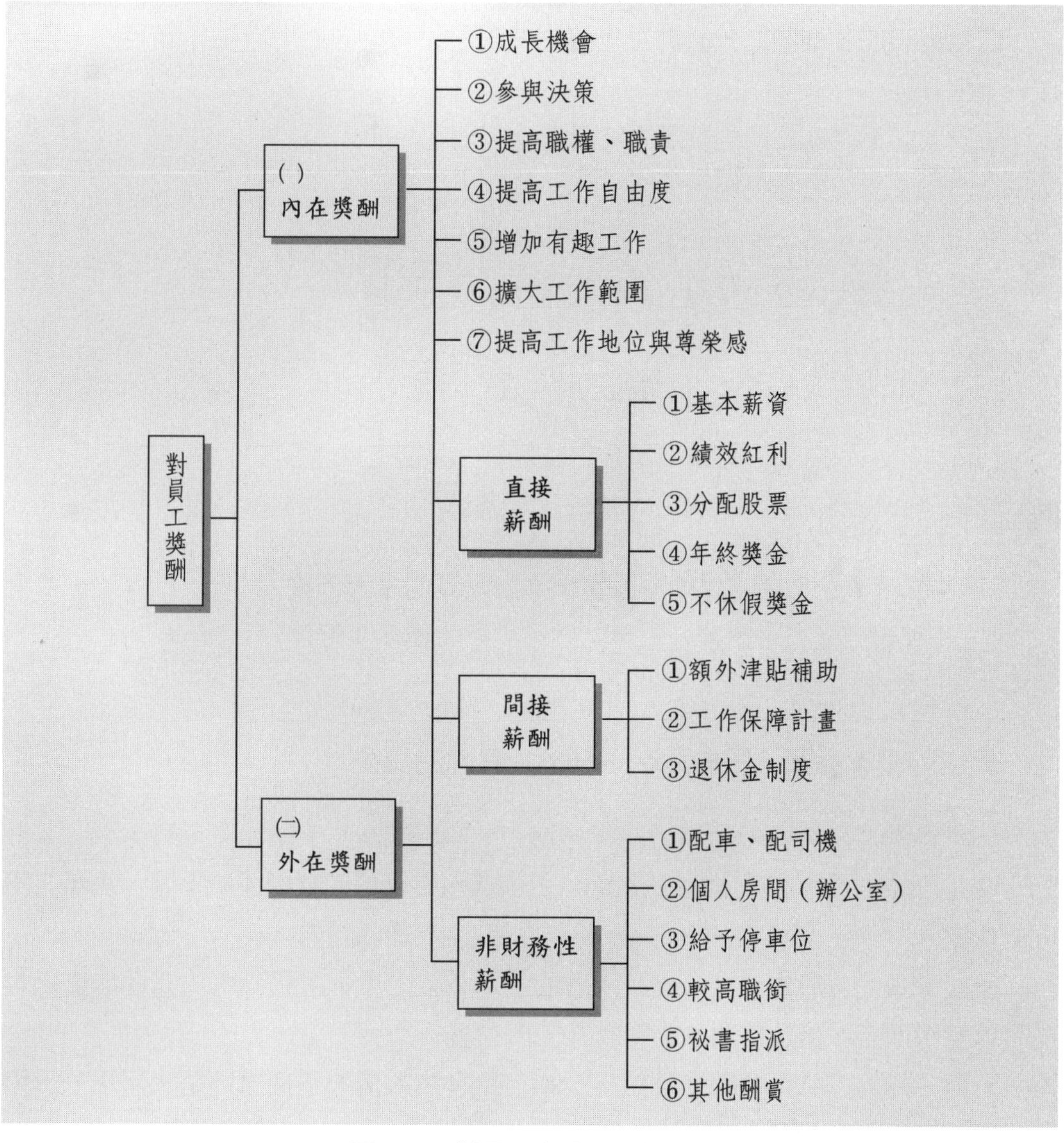

- 對員工獎酬
  - ( ) 內在獎酬
    - ①成長機會
    - ②參與決策
    - ③提高職權、職責
    - ④提高工作自由度
    - ⑤增加有趣工作
    - ⑥擴大工作範圍
    - ⑦提高工作地位與尊榮感
  - ㈡ 外在獎酬
    - 直接薪酬
      - ①基本薪資
      - ②績效紅利
      - ③分配股票
      - ④年終獎金
      - ⑤不休假獎金
    - 間接薪酬
      - ①額外津貼補助
      - ②工作保障計畫
      - ③退休金制度
    - 非財務性薪酬
      - ①配車、配司機
      - ②個人房間（辦公室）
      - ③給予停車位
      - ④較高職銜
      - ⑤祕書指派
      - ⑥其他酬賞

圖 18-3　對員工之獎酬內容項目

四、獎酬對組織行為之涵義

公司優良的獎酬制度，必然可以提高員工對公司的向心力與工作滿足感，但須注意下列條件：

1. 員工必然認為公司的獎酬制度具有公平性（equity）。
2. 獎酬必與績效結果相聯結。
3. 績效考評必須公平、公正、有效與客觀。
4. 獎酬愈往中高階主管看，愈須配合個別員工的個人差異化需求。

第三節　案　例

案例 1

韓國三星電子集團：以能力及實績做為薪獎的最大依據
——有幾分能力，給幾分對待；做多少事，給多少報償

㈠員工的基本薪資，只占25%～60%，其餘為獎金

三星集團子公司CEO所獲得的年薪當中，職薪的基本支給比重只有15%。其餘的75%是股票上漲率和收益性指標EVA，依據預定目標的實績達成率等，每年有不同的決定。

一般職員的情形也一樣，年薪所占的基本職薪比重不超過60%。其餘的當然也是根據實績而定。這是賞罰分明與成果補償主義。

有幾分能力，給幾分對待；做多少事，給多少報償。這個原則是三星電子具備世界競爭力的背後主因之一。

㈡頗具激勵性的三種獎金制度

1. 利潤分享制（profit sharing）

一年期間評鑑經營實績，當所創利潤超過當時預設目標時，超過部分的20%將

分配給職員的制度。每年於結算後發給一次。

每人發放額度的上限是年薪的50%。無線事業部和數位錄影機事業部，就在2002年獲得年薪的 50%。人事組相關人士說明，獲得追加 PS50%的職員，相當於每年以5%調整年薪，連續調整七年後才能得到的年薪。

三星 PS 的引進是在 2000 年。彌補以個人職等來敘薪的限制，目的是為了要激發動機，讓小組或公司對整個集團的經營成果有所提升。

2.生產力獎金（productivity incentive）

PI 所評鑑的是經營目標是否達成，以及改善程度，然後以半季（一，七月）為單位，根據等級支付獎額。評鑑過程分成公司——事業部——部門及小組等三部分。

評鑑基準以公司、事業部、部門（組）各自在半季內創造多少營利，計算EVA、現金流轉、每股收益率等，各自訂定 A、B、C 等級。

因此，評鑑等級從 AAA（公司——事業部——組）到 DDD，共有二十七個等級。依照評鑑結果，最傑出的等級將獲得年度基本給薪的 300%，反之，最低等級者一毛也得不到。

例如，無線事業部或數位錄影機事業部所屬職員們，於 2001 年下半季為（三星電子）A 級、事業部及組也同為 A 級，評定可獲得 150%的 PI。

相對地，記憶體事業部，或是 TFT-LCD 事業部，則只能獲得 50%。

3.技術研發獎勵金

2002 年年初，三星電子半導體、無線事業部所屬課長級六位工程師，各自從公司一次獲得一億五千萬韓圜的現金。這是與年薪不同，另外的「技術研發獎勵金」（technology development incentive）。這是和投資股票、不動產、創投企業一樣，美夢實現的暴利。以前，公司賺再多錢，最多也只能獲得薪水 100～200%的特別獎金。

案例 2

美國西南航空公司
——早自 1973 年就開始執行員工分紅入股獎勵計畫

員工常在公司年度報告，或是在主管的演說裡常聽到「員工是我們最寶貴的資產」這句話。很多公司的員工會告訴你這是句空話，但是西南航空不是這樣。這句話是有意義的，因為公司以非常實際的方式表明他們非常注重員工。事實上，西南航空自創辦開始就說到做到。

西南航空在 1973 年成為第一家實施員工分紅入股計畫的民航公司。所有西南航空的員工自元旦起自動加入這個計畫。凱勒說：「分紅是一項我們希望能愈多愈好的開支，以便讓員工得到更多的獎勵。」西南航空把稅前營運所得的 15%挹注於分紅計畫。以 1995 年而言，員工分紅幾乎達到五千四百萬美元，這其中有四分之一的分紅被用以購買公司的股票，而且員工還可以選擇再多買一些股票。在 1970 年代，西南航空是全世界唯一讓員工入股而不要求扣減員工薪資的航空公司。

也許這樣說來簡單，但只有在公司賺錢的時候才談得上讓員工分紅。西南航空從 1973 年來年年賺錢，股價在 1995 年 12 月 31 日結束前五年中大漲了將近 300%，所以，讓員工分紅入股對員工非常有利。

案例 3

日本 SONY 公司，改採依員工績效給薪，放棄依年資敘薪

㈠停止發放年功俸與房屋津貼，占薪水的 5%

Sony 公司決定 2004 年 4 月起，停止給付年功俸和房屋、家庭等津貼，實施完全依賴績效決定薪資的新制度，對象是日本國內一般員工約 1.2 萬人。

繼日立製作所和松下電器產業公司之後，Sony 也決定廢止依年資敘薪的制度，而這幾家廠商向來對日本電機業的薪資水準和制度改革影響甚深，預料會促使同業也重新檢討薪資制度。

目前Sony的給薪方式，除了參考年資因素的本俸外，還包括房屋津貼、扶養親

屬等津貼，約占薪資的 5%。4 月起不再發放這些津貼，只發反映績效的基本薪資。

㈡薪資與獎金決定於績效，優良且年輕員工，可以快速爬升到高位，不必依資歷年年排隊

該公司每年會依績效把員工分為三等，最高是「一」，最低是「三」，並依此決定基本薪資。每一等還會再細分為七級。此外，獎金也會和評等有關，每年會另外評估兩次來計算金額。

目前 Sony 薪資制度依個人能力分成七級，且和年資的關係密切。大學畢業生通常要花十年才能達到最高級。改採新制度後，優秀員工幾年內就可能達到最高級。

案例 4

中鋼公司高級主管分紅減半，福利明顯向基層員工傾斜

中鋼董事會決議，更換一半的副總經理，活化升遷管道，並調降經理人分紅，全員加薪 2.7%，福利明顯向員工傾斜。這是中鋼董事長江耀宗上任四個月來，首次進行的高階經理人事及薪酬調整，讓鋼鐵業界刮目相看。

董事會還通過修改委任經理人分紅制度，中鋼總經理、執行副總及六大部門副總共八人，原本可享員工分紅總額的 3%，新方案調降為 1.5%，經理人少領的 1.5% 則轉由績優員工或模範員工分享。績優員工的認定標準將另訂辦法。

中鋼 2006 年員工分紅總額為 22.88 億元，現金 9.15 億元、股票 13.73 億元。但因股票部分是以面值 10 元計算，若依中鋼 2006 年 3 月 21 日收盤價 28.9 元計算，分紅總額高達 48.83 億元。如依舊規定，八名經理人共可分得 1.46 億元，平均每人可得 1,800 餘萬元。

不過，董事會決定，經理人分紅減半，八名經理人共少領了 7,300 萬元，平均每人減少分紅高達 900 多萬元。中鋼預估，經理人分紅制度改變後，經理人年薪大幅縮水達 50%至 60%。但今年表現好的員工，共可多領 7,300 多萬元，對績優員工是一大鼓舞，有助提升整體組織動能。

中鋼這項重大變革，令下游鋼廠刮目相看。包括燁輝、盛餘、聚亨、豐興、高興昌等主管都說，中鋼大刀闊斧拿高層開刀「在很多企業都要鬧革命的」，對業界會有所啟發，回歸「員工是公司最大資產」觀念，可望產生新的動能，中鋼「產業

模範生」美名再現，將成為公司治理的新話題。

案例 5

利潤分享，是王品人才養成的關鍵——努力及收穫成正比

「王品式」人才策略，是王品集團成為最大套餐連鎖體系的關鍵。透過「努力及收穫成正比」貼近人性的獎賞制度，王品的店長策略不僅留才，也產生更多元的內部創業動能。

王品集團的成功，主要是與戴勝益深入了解人性與大方分享的個性有關，旺盛的信念帶動人才的凝聚力及士氣。王品的店長策略就是架構在分享的制度下，不斷培育優秀店長及創業人才。

入股分紅是王品留住店長成為事業夥伴的重要策略之一，王品的店長可以出資持有 11%股權分享入股分紅的利益，主廚可入股 7%，每位店長每月的分紅都高出本薪甚多，年收入遠超過不少科技新貴。

案例 6

美國 GE（奇異）公司如何激勵員工——前 CEO 傑克．威爾許經驗談

⑴獎金；⑵有趣的工作；⑶和善的同事；⑷公開褒揚；⑸慶祝；⑹了解企業使命

你一定見識過金錢能夠誘發的無比動力，即使在那些聲稱錢財不重要的員工身上，金錢一樣有效！金錢的效果無須多談。

我們也不談另外兩項已證明有效的工作誘因：有趣的工作及和善的同事。你一定很清楚，這些環境能促使人身心投入。

這兩項條件和金錢一樣是老生常談。但是如果只要有這三項條件，就能激發人對工作的熱愛，挑戰就不會如此艱鉅。

所以，還有什麼其他誘因？幸運的是我們還有另外四項工具可以用，全都和金錢無關，而且非常有效。第一項很簡單：公開的褒揚。當某人或某團隊有傑出表現時，要大力褒揚。公開宣布優良事蹟，有機會就談優良表現，提出獎勵。

對激勵士氣來說，慶祝勝利有驚人的持續效果。此處所指的「勝利」可不只是特大號的成就，每筆大訂單、每次生產效能的提升，都是值得慶祝的里程碑。這些小成就都是激勵團隊的機會，讓員工士氣高昂地面對下一個挑戰。

慶祝不一定要奢華。慶祝終究是公開褒揚的一種，只是加入更多樂趣。慶祝可以是下午一場突如其來的派對，或者是球賽、電影的入場券，或者是招待員工一家人去迪士尼樂園。任何能激勵士氣的方式都能當作慶祝。

企業的使命是企業所有成員都共享的目標，是集體的方向感。一個企業若有明確的使命，老闆就能對員工說：「這是我們要克服的困難，我們將爬上這座山。」有使命的企業能強力激勵員工。最後一項工具很微妙，老闆們可能很難掌握。

這項工具是塑造一個成就感與挑戰性兼備，且保持平衡的工作環境。成就感使員工感到滿足，但是缺乏挑戰的工作讓人感到枯燥。

老闆要塑造的環境是，讓員工自覺像是站在山巔俯瞰世界，同時又像是正在山脊向上攀爬。

人們希望每天八小時工作（事實上往往遠遠超過）能有意義。幸運的是，你能以各種方式向他們展現工作的意義：包括公開褒揚、趣味性、令人振奮的共同目標，以及每個職位帶來的挑戰。這些方法不用花錢但效果往往驚人。

案例 7

台塑集團員工年終獎金將制度化，隨各公司 EPS（每股稅後盈餘）而變動

台塑集團數十年來旗下所有公司不論盈虧年終獎金相同的「同幅制」將劃下句點。2006 年起集團擬建立制度，旗下四十餘家公司年終發放幅度，將隨每股稅後盈餘（EPS）高低而起伏，發放幅度不再統一。副董事長王永在表示，建立制度後，公司好（年終）就好、公司不好（年終）就縮水，最快將從 2006 年開始正式施行。

93 年	台　塑	1219.38	384.20	7.13	6 個月本薪
	南　亞	1657.85	452.04	6.23	同上
	台　化	1463.06	432.34	8.46	同上
	台塑化	3474.20	538.75	6.05	同上

案例 8

搖蘋果——《蘋果日報》績效檢討文化相當嚴格

《蘋果日報》內部戲稱績效檢討為「搖蘋果」，因為績效檢討極為慘烈，只要績效不佳，就會有一堆人走人，就好比爛蘋果掉下來，而黎智英，就是在那個一段時間會去用力搖蘋果樹的人，把營養不良、長得不好的蘋果搖下來，免得阻礙好蘋果的成長。

媒體人都知道，在《蘋果日報》工作有高薪可領，問題是能領多久？因為《蘋果日報》嚴密的流程管理，不斷進行的讀者滿意調查，再加上六親不認的績效評比，形成高度內部競爭的組織氛圍，就好比是一台榨汁機，每個人都被逼得使出渾身解數，才能應付，稍一不慎，就會成為掉在地上的蘋果。

而搖蘋果的關鍵步驟，就是要有一個清楚、簡單的關鍵績效評估指標（KPI），《蘋果日報》的唯一指標是不斷進行的Focus Group的讀者閱讀意向調查，有人看的報導就是好的，寫有人看的報導的記者就留下來，好的欄目就留下來，好的版面就留下來，其實黎智英不只對人搖蘋果，對產品更是嚴格的搖蘋果。

對大多數老闆而言，成功是功成名就，但是成功如何維持才是問題，而搖蘋果則是維持成功的關鍵。成功的老闆們，你會搖蘋果嗎？

案例 9

台積電每年淘汰 5%的內規

台積電內部也有每年替換 5%的內規，他們的 PMD 制度（performance management & development），每年評比之後，被列在最後一級的大約 5%的人，會被嚴格要求改進，結果是大多數被要求改進的人都會以離職收場，這就是台積電的內部人材換血制度。

案例 10

以員工分紅入股吸引人才——王品餐飲集團吸引卓越人才

㈠挖角統一超商人才，引起震憾

2002年，王品集團董事長戴勝益宣布：未來30年王品集團要有60個餐飲品牌。目前王品集團旗下已有王品、西堤、陶板屋等7個餐飲品牌、共有6個總經理及2個副總，因應30年計畫，王品集團還缺52個總經理！

最近戴勝益挖角的動作，甚至伸向連鎖服務業最多人才的統一超商，而且，「挖」到在統一超商服務長達17年，曾任統一多拿滋總經理的林盟欽。

2004年10月，統一超商引進日本甜甜圈專賣店，林盟欽用主題店的方式操作成功，創造甜甜圈的排隊風潮。2005年12月1日，林盟欽卻轉赴上海，擔任王品集團大陸事業體總經理。

㈡員工分紅制度，顯示老闆開闊心胸

1. 王品集團特有的入股分紅制度，讓集團中高階主管的所得傲視同業，甚至連科技業都未必比得上。例如，旗下各餐飲品牌總經理，加上分紅，年所得逾千萬元很正常。

2. 這套分紅制度實際做法是，新門市開幕，從店長、主廚、區經理、品牌總經理、總管理處部門主管都可以參加認股。一家店有40%股權，是由該店的管理人員集資入股。除了認股，每店每月盈餘還提撥21%給現場人員作分紅獎金。

3. 就薪資而言，王品與同業差異不大，加上分紅就天差地別。在王品旗下的店長，年薪從200萬元至3、400萬元不等，比起統一超商的中階主管所得毫不遜色。「薪資只是零頭！」戴勝益笑著說。

4. 戴勝益估算，平均王品集團員工的年薪，正常薪資只占10%到20%，其餘均來自股票分紅。這種「高未來所得」，是王品集團最吸引專業經理人的關鍵制度。

☞ 自我評量

1. 試說明績效評估之程序及目的。
2. 試闡述績效評估與激勵之關係。
3. 試說明獎酬之目的何在。
4. 試分析獎酬之決定因素。
5. 試圖示獎酬內容項目包括哪些。
6. 試分析獎酬對組織行為之涵義。
7. 試闡述韓國三星電子集團，以能力及績效做為薪獎最大依據之意義。

☞ 參考書目

・英文部分・

1. Berlo, D. K. (1960), *The Process of Communication*, (New York: Holt, Rinehart & Winston), pp. 30-32.
2. Bass, B. (1965), *Organizational Psychology*, Boston: Allyn and Bacon.
3. Cofer, C. (1964) & Appley M., *Motivation Theory & Research,* (New York: Johny Wiley and Sons).
4. Drucker, P. F. (1974), *Management: Tasks, Responsibilities, Practices*, (London: Heinemann).
5. French, W., *Organization Development: Objectives Assumptions and Strategies.*
6. French, J. R. & Raven, B. (1960), "The Bases of Social Power", in Catwright and Zander, A. F. (eds.), *Group Dynamics*, 2nd ed. (Evanston, Ill.: Row Peterson and Co.,)
7. Hickson, et al., (1971), "A Strategic Contingencies Theory of Interoganizational Power", *Administratives Science Quarterly.*
8. Hellriegel, H., Slocum, J., W. Jr. & Woodman, R. W. (1968), *Organizational Behavior*, West Publishing Co., 3rd ed.
9. Hackman J. Richard (1977), "Work Design", *In Improving Life at Work*, ed. Hackman J. Richard & Suttle. J. Lloyd (Santa Monica, Calif. Good Year).
10. Ivancevich, J. M., Szilagyi, A. D. & Wallace Jr. M. J. (1977), *Organizational Behavior and Performance*, (Reprinted by HWA-TAI Book Co.).
11. Hamptor, D. R; Summer, G. E; & Webber, R. A. (1992), *Organizational Behavior and the practice of Management*, Scott, Foresman and Company.
12. Kelman, H. C. (1958), "Compliance, Identification and Internalization: Three Processes of Attitude Change", *Journal of Conflict Resolution*, Vol. 2.
13. Kantor, R. M. (1979), "Power Failure in Management Circuits", *Harvard Business Review*, Vol. 57, No. 7.

14. R. M. Hodgetts & S. Altman (1979), *Organizational Behavior*, W. B. Saunders Co.

15. Lippitt, R., Watson J., and Wesley, B. (1958), *Dynamics of Planned Change*, (New York). Harcourt, Brace, Iovanceich, Inc.

16. Leavitt, H. J. (1964), "Applied Organization Change in Industry: Structural, Technological and Human Approaches", In *New Perspectives in Orgatuzation Research*, (New York: John Wiley and Sons).

17. Lewin, K. (1951), *Field Theory in Social Science*, (New York: Harper & Row).

18. Litwin, H. & Stringer, Jr, R. A. (1968), *Motivation and Organizational Climate*, Boston: Graduate School of Business Administration, Harvard University.

19. Maanen, J. V. & Schein, E. H. (1977), "*Career Development*," Improving Life at Work, ed. Hackman, J. R. & Suttle, J. L., (Santa Monica, Calif. Goodyear).

20. Mattson, M. T., and Ivancevich, J. M. (1979), "Organizational Stressors and Heart Disease: A Research Model," *Academy of Management Review*, Vol. 4.

21. Robbins, S. P. (1983), *Organizational Behavior: Concepts, Controversies and Applications*, Prentice-Hall, Inc.

22. Russell, Bertrand. (1938), *Power: A New Social Analysis,* (London: Allen & Unwin).

23. Robbins Stephen P. (1983), *Organizational Behavior: Concepts, Controversies and Applications*, Prentice-Hall Inc. Englewood Cliffs, N. J. ed.

24. Quick, J. C. and Quick J. D. (1984), "A Model of Preventive Stress Management for Organizations", *Personnel*, Sept. Oct.

25. Reitz, H. J. (1981), *Behavior in Organizations*, Richard D. Irwin, Inc. (Revised).

26. Robbins, S. P. (1983), *Organizational Behavior*, Prentice-Hall Inc. Englewood Cliffs, N. J.

27. Schein E. H., *Organization Psychology*, Englewood Cliffs, N. J. Prentice-Hall.

28. Schein, E. H. (1970), *The Psychological Contract*, (Prentice-Hall Inc., New Jersey).

29. Schuler, R. S. (1980), "Definition and Conceptualization of Stress in Organizations", *Organizational Behavior and Human Performance*, Vol. 25.

30. Scott, W. G. & Mitchell, T. R. (1972), *Organizational Theory:* Homewood, Ill.: Richard D. Irwin, p.124.

31. Shaw, M. E. (1971), Group Dynamics, *The Psychology of Small Group Behavior*, (New York: McGraw-Hill Book Co.).

32. Seott, W. G. and Mitchell, T. R. (1976), *Organization Theory*, 3rd ed. (Homewood, Ill.: Richard D. Irwin).

33. Thomas, K. W. (1976), "Conflict and Conflict Management," in *Handbook of Industrial and Organizational Psychology*, ed. M. Dunnett, (Chicago: Rand McNally).

34. Tannenbaum, R. I., Weschler, R. and Massarick F. (1961), *Leadership and Organization: A Behavioral Science Approach*, (N.Y.: McGraw-Hill, p. 24).

35. Weber, Max. (1947), *The Theory of Social and Economic Organization*, (New York: Free Press.)

36. Webber, R. (1979), *Management: Basic Elements of Managing Organizations*, Richard P. Irwin, Inc. (Homewood, Illinois), Revised ed.

・中文部分・

1. 傑克・威爾許（2005），《致勝：威爾許給經理人的二十個建言》，天下文化出版公司，2005年6月。

2. 邱如美譯（2004），《教導型組織：奧林匹克級的雙螺旋領導》，天下文化出版公司，2004年5月。

3. 江為加（2006），〈變革管理三部曲：創造動力、強化機制、確實執行〉，《工商時報》經營知識版，2006年4月6日。

4. 資誠智識服務中心（2005），〈學習，首要組織策略〉，《經濟日報》企管副刊，2005年12月1日。

5. 林秀津（2005），〈專訪Google執行長〉，《工商時報》，2005年12月7日。

6. 湯淑君譯（2005），〈福特大整頓特將裁3萬人〉，《經濟日報》，2005年12月9日。

7. 林聰毅（2005），〈惠普執行長扁平組織，帶動成長〉，《經濟日報》，2005年12月12日。

8. 龔俊榮（2005），〈台泥改造成功，獲利50年新高〉，《工商時報》，2005年12月23日。

9. 資誠智識服務中心（2005），〈領導人作為企業價值表率〉，《經濟日報》，2005年8月25日。

10. 官振萱（2004），〈統一企業顛覆傳統，永遠革命〉，《經濟日報》，2004年10

月 20 日。

11. 洪良浩（2004），〈領導人的好 EQ〉，《經濟日報》，2004 年 11 月 15 日。
12. 杜書伍（2005），〈維持公平正義的組織氣候〉，《工商時報》，2005 年 10 月 17 日。
13. 楊仁壽（2005），〈啟動變革建立組織團隊學習能力〉，《工商時報》，2005 年 11 月 11 日。
14. 王振容（2005），〈聰明管理績效四季紅〉，《經濟日報》，2005 年 11 月 13 日。
15. 陳泳丞（2005），〈友達組織變革，老實聰明人掌舵〉，《工商時報》，2005 年 11 月 15 日。
16. 洪雅齡（2005），〈人才培訓的藍海策略〉，《工商時報》，2005 年 10 月 24 日。
17. 杜書伍（2005），〈對人的了解〉，《經濟日報》企管副刊，2005 年 9 月 20 日。
18. 洪致仁（2005），〈組織順利進行轉型與傳承之鑰〉，《工商時報》經營知識版，2005 年 9 月 15 日。
19. 智識服務中心（2005），〈培養領導人，資深主管擔重任〉，《經濟日報》企管副刊，2005 年 9 月 15 日。
20. 吳鴻麟（2006），〈領導是責任〉，《經濟日報》，2006 年 1 月 11 日。
21. 姚惠珍（2006），〈台塑年終獎金，明年制度化〉，《工商時報》，2006 年 1 月 12 日。
22. 林貞美（2006），〈華碩再造，規模 16 年最大〉，《經濟日報》，2006 年 2 月 28 日。
23. 司徒達賢（2006），〈員工素質水準決定企業競爭力〉，《工商時報》，2006 年 2 月 25 日。
24. 林貞美（2006），〈華碩再造，後年營收衝刺 8000 億〉，《經濟日報》，2006 年 3 月 20 日。
25. 王家英（2005），〈活血，先打通經絡〉，《經濟日報》企管副刊，2005 年 9 月 30 日。
26. 葉信宏（2006），〈創造隨時學習的工作環境〉，《經濟日報》企管副刊，2006 年 1 月 20 日。

27. 姚舜（2006），〈台北晶華飯店推動中階幹部倍增計畫〉，《工商時報》，2006年1月26日。

28. 周慧如（2006），〈善用三訣帶領員工登高峰〉，《工商時報》，2006年2月7日。

29. 蔡翼擎（2006），〈接班者的必要〉，《經濟日報》企管副刊，2006年2月7日。

30. 林淑惠（2006），〈摩托羅拉全球組織重整〉，《工商時報》，2006年3月7日。

31. 陳穎柔（2006），〈雷富禮積極栽培後進厚植P & G續航力〉，《工商時報》經營報，2006年3月10日。

32. 傑克・威爾許（2006），〈嚴厲好主管，企業真英雄〉，《經濟日報》，2006年3月28日。

33. 葉匡時（2006），〈組織變革精準為要〉，《經濟日報》企管副刊，2006年3月28日。

34. 楊仁壽（2005），〈組織變革理論〉，《工商時報》經營知識版，2005年11月11日。

35. 杜書伍（2006），〈培養正確的組織氣候〉，《工商時報》經營知識版，2006年3月28日。

36. 江為加（2006），〈理解並管理變革曲線〉，《工商時報》經營知識版，2006年3月23日。

37. 杜書伍（2006），〈溝通能力的基礎〉，《經濟日報》企管副刊，2006年3月20日。

38. 洪雅齡（2006），〈分享，是王品人才養成關鍵〉，《工商時報》，2006年1月16日。

39. 杜書伍（2006），〈矩陣式組織兼顧功能與專業〉，《工商時報》，2006年1月16日。

40. 齊若蘭譯（2002），《縱A到A+》，遠流出版社。

41. 羅耀宗譯（2002），《誰說大象不會跳舞——葛斯納親撰IBM成功關鍵》，時報出版社。

42. 高清愿（2002），《總裁一番Talk：高清愿咖啡時間》，商訊文化出版社。

43. 彼得・杜拉克（2003），《杜拉克談未來管理》，時報出版社。

44. 林瓊瀛（2003），〈拒絕改變，絕非員工的天性〉，《工商時報》，2003 年 8 月 12 日。
45. 徐重仁（2003），〈讓他單飛吧：談授權與效率〉，《經濟日報》，2003 年 8 月 1 日。
46. 高清愿（2003），〈團隊精神是企業的靈魂〉，《經濟日報》，2003 年 7 月 25 日。
47. 吳婉芳（2003），〈優先建立危機管理機制〉，《經濟日報》，2003 年 7 月 18 日。
48. 李尊龍（2003），〈微軟高階主管薪資，業績掛帥〉，《工商時報》，2003 年 7 月 25 日。
49. 吳婉芳（2003），〈領導者要確立願景〉，《經濟日報》，2003 年 6 月 28 日。
50. 卷孝純（2003），〈運用薪酬政策提升員工績效〉，《經濟日報》，2003 年 5 月 1 日。
51. 楊平遠（2003），〈葛斯納指揮大象跳舞〉，《經濟日報》，2003 年 5 月 15 日。
52. 楊望遠（2003），〈管理 14 原則〉，《經濟日報》，2003 年 5 月 29 日。
53. 廖孟秋（2003），〈溝通高手五條件〉，《經濟日報》，2003 年 6 月 8 日。
54. 吳美娥（2003），〈管理者的挑戰〉，《經濟日報》，2003 年 7 月 24 日。
55. 周芳苑（2003），〈施振榮：因應變革，須換腦袋〉，《工商時報》，2003 年 4 月 24 日。
56. 沈瑋（2003），〈主管不授權，癥結何在〉，《經濟日報》，2003 年 4 月 29 日。
57. 王怡心（2003），〈如何做好企業文化的創新工程？〉，《經濟日報》，2003 年 8 月 14 日。
58. 許士軍（2003），〈組織走向團隊化〉，《經濟日報》，2003 年 8 月 2 日。
59. 王怡心（2003），〈如何建立有系統的風險管理機制？〉，《工商時報》，2003 年 8 月 7 日。
60. 鄭致文（2003），〈提升員工作戰力的 6 項法則〉，《工商時報》，2003 年 8 月 9 日。
61. 王伯松（2003），〈發展整體獎酬制度贏得人才資產〉，《經濟日報》，2003 年 8 月 8 日。
62. 蕭美惠（2003），〈企業革新要先從員工革心做起〉，《工商時報》，2003 年 8

月 5 日。

63. 何薇玲（2003），〈危機管理與適應力〉，《經濟日報》，2003 年 2 月 24 日。

64. 許士軍（2003），〈管理是什麼？〉，《經濟日報》，2003 年 8 月 9 日。

65. 芊振奇（2003），〈企業文化，永續經營萬靈丹〉，《經濟日報》，2003 年 8 月 9 日。

66. 盧正昕（2003），〈用對人才，落實執行力〉，《經濟日報》，2003 年 6 月 30 日。

67. 徐炳勳譯（1898），《與領導有約》，天下文化出版社。

68. 邱如美譯（2000），《領導引擎》，天下文化出版社。

69. 羅雅萱譯（2002），《成功領導配方》，麥格羅希爾出版。

70. 楊純惠（2003），《三星祕笈：超一流企業的崛起與展望》，大塊文化出版社。

71. 張殿文（2003），《做世界第一幸福的人》，天下雜誌，2003 年 9 月 1 日。

72. 阿爾特・克萊納（2003），〈核心團體是影響決策的黑手〉，《工商時報》，2003 年 9 月 3 日。

73. 陳昱銘譯（2003），《日本 7-11 鈴木敏文的統計心理學》，東販出版社。

74. 陳名君（2003），〈徐重仁的變革與心境〉，《天下雜誌》，2003 年 8 月 1 日。

75. 林燕翎（2003），〈就業情報調查：企業主看主管最重要的職能排行榜〉，《經濟日報》，2003 年 9 月 5 日。

76. 邱展光（2003），〈台塑六人決策小組成員〉，《經濟日報》，2003 年 9 月 5 日。

77. 許勝雄（2003），〈卓越領導與團隊經營〉，《經濟日報》，2003 年 9 月 6 日。

78. 謝春滿（2003），〈職場如戰場，不充電，就淘汰〉，《今週刊》，2003 年 7 月 8 日。

79. 吳修辰（2003），〈三星電子從一流到超一流〉，《商業週刊》，2003 年 7 月 28 日。

80. 莊素玉（2003），〈張忠謀：要負責任的終身學習〉，《天下雜誌》，2003 年 8 月 15 日。

81. 孫曉萍譯（2003），〈日本企業用動機挑起工作幹勁〉，《天下雜誌》，2003 年 6 月 7 日。

82. 李宜萍（2003），〈如何培育高績效高階人才〉，《管理雜誌》，第 349 期。

83. 黃惠娟（2003），〈加點異質因子，讓企業功力大增〉，《商業週刊》，2003 年 7 月 14 日。
84. 譚家瑜譯（2003），《Nissan 反敗為勝》，天下文化出版社。
85. 董更生譯（2003），《美國西南航空公司讓員工熱愛公司的瘋狂處方》，智庫文化出版公司。
86. 李振昌譯（2003），《威名創辦人山姆威頓自傳：天下第一店》，智庫文化出版公司。
87. 簡大為（2003），〈發現 Canon〉，《數位時代週刊》，2003 年 4 月 15 日。
88. 李雪莉（2003），〈毛治國低調搞變革〉，《天下雜誌》，2003 年 4 月 1 日。
89. 李雪莉（2003），〈人力資源的寧靜革命〉，《天下雜誌》，2003 年 4 月 1 日。
90. 陳怡如（2003），《GE 奇異之眼》，麥格羅希爾出版公司。
91. 李淑慧（2003），〈國壽貫徹學習進化論〉，《經濟日報》，2003 年 5 月 22 日。
92. 張志榮（2003），〈花旗震撼教育，新人脫胎換骨〉，《經濟日報》，2003 年 7 月 31 日。
93. 陳彥淳（2003），〈統一集團靠教育訓練延續企業競爭力〉，《工商時報》，2003 年 5 月 13 日。
94. 徐重仁（2003），〈不斷革新，自我超越〉，《經濟日報》，2003 年 11 月 19 日。
95. 陳信榮（2003），〈和泰訂出願景，改革再造〉，《經濟日報》，2003 年 11 月 11 日。
96. 高清愿（2003），〈烏鴉報憂，勝於喜鵲報喜〉，《經濟日報》，2003 年 12 月 1 日。
97. 徐重仁（2003），〈大企業的體力，小企業的精神〉，《經濟日報》，2003 年 11 月 15 日。
98. 朱宗信（2003），〈危機處理得當，理律度過難關〉，《經濟日報》，2003 年 11 月 28 日。
99. 孫蓉萍（2003），〈SONY 明年改依績效給薪〉，《經濟日報》，2003 年 11 月 30 日。
100. 林宏達（2006），〈國泰金控送主管念MBA，培養改革種子〉，《商業週刊》，2006 年 4 月 24 日，頁 73-75。

101. 宋窋窋（2006），〈戴勝益挖走徐重仁愛將〉，《商業週刊》，2006 年 1 月 19 日，頁 69-70。

102. 蓋瑞尼爾森（2006），《組織為什麼會生病》，商智文化公司出版，2006 年 2 月，頁 9-14。

國家圖書館出版品預行編目資料

組織行為學／戴國良 著.
--三版.--臺北市：五南，2008.10
面； 公分
ISBN 978-957-11-5185-4（平裝）
1.組織行為
494.2　　97006024

1FG6
組織行為學

作　　者 — 戴國良(445)
發 行 人 — 楊榮川
主　　編 — 張毓芬
責任編輯 — 吳靜芳　楊如萍
封面設計 — 童安安
出 版 者 — 五南圖書出版股份有限公司
地　　址：106台北市大安區和平東路二段339號4樓
電　　話：(02)2705-5066　傳　　真：(02)2706-6100
網　　址：http://www.wunan.com.tw
電子郵件：wunan@wunan.com.tw
劃撥帳號：01068953
戶　　名：五南圖書出版股份有限公司

台中市駐區辦公室/台中市中區中山路6號
電　　話：(04)2223-0891　傳　　真：(04)2223-3549
高雄市駐區辦公室/高雄市新興區中山一路290號
電　　話：(07)2358-702　傳　　真：(07)2350-236

法律顧問　元貞聯合法律事務所　張澤平律師

出版日期　2004年 3月初版一刷
2006年10月二版一刷
2008年10月三版一刷
2010年 3月三版二刷

定　　價　新臺幣550元